天然物全合成の最新動向

New Trends in Total Synthesis of Natural Products

監修：大阪大学 名誉教授・立命館大学 薬学部 教授
北 泰行
Supervisor：Yasuyuki Kita

シーエムシー出版

巻頭言

天然物の化学は近年学問的興味からだけでなく，創薬という産業的見地からもその重要性を増しつつある。著者が薬学部の大学院生であった1970年代の大学では創薬に関する教育や研究は殆ど行われていなかった。企業との共同研究は珍しく，特に国立大学に於いては産学連携の是非を問われていた頃である。さらに，当時は“くすりづくり”の方向は大学の学問的方向とはかなり異なるものであり，大学で創薬研究を主要テーマとして行うことが難しい時代であった。

1990年代に入ると，分子生物学，構造生物学などの学問領域の急速な進展により，くすりの開発方法が理論的に展開され，大学に於いても創薬研究の重要性が強く意識されるようになってきた。現在は，ポストゲノム時代と呼ばれ，大学に於ける創薬研究は大きく変化している。ゲノミクス，プロテオミクスなど，オミクス技術がバイオマーカに応用され，くすりの評価に革新的な変革が見られるようになった。

一方，あらゆる情報を基にした最終的なくすりとなる標的化合物の創成（合成）は，有機化学者に依存しなければならない。さらに，目的化合物を安全に大量に効率良く合成するのも有機化学者である。これまでも，有機化学者が生物活性天然物から活性物質を単離し，医薬品候補化合物を創成する役目を果たして来た。しかし，複雑な構造を有する天然物の全合成を達成した後に *in vivo* で活性を示す優れた医薬品候補化合物を探索するには，数多くの生物活性サンプル類を大量に必要とするため，大学では全合成を達成した段階で研究を終結することが多く，企業と共同研究がうまく進まない限り，実際のくすりの創成には結びつきにくかった。現在では，微量のサンプルでの薬効評価方法が確立されつつあり，くすりの開発の可能性は産学両方から，これまでと比較にならない程大きくなっている。

天然物全合成の医薬開発への重要性を示し，平成20年に学士院賞を受賞された竜田邦明早大教授は，ご自身の数々の全合成の成果を既に単行本として出版されている（朝倉書店，2006年）。また，平成17年度より21年の3月まで続いた福山透東大教授の“生体機能分子の創製”文部科学省科学研究費補助金特定領域研究プロジェクトは，全合成，反応開発，および天然物探索研究者が協力した極めて時を得たものであり，その成果が反応式でまとめられている（天然物の全合成，有機合成化学協会編，化学同人，2009年）。

近年の天然物全合成では，生物活性が強く構造が複雑で合成困難と思われる天然物をスマートかつ高効率的に合成することが求められており，極めてチャレンジングな研究テーマである。しかもその中に新反応や新コンセプトが含まれることが多く，有機化学そのものの発展に大きく貢献している。天然物の化学は創薬研究における分子の設計合成に不可欠の領域となってきただけでなく，合成研究者育成という重要な人材供給の面でも，これまで以上に大きな役割を果たす時が到来していると言えよう。

本書では，分野をリードする先生方の世界に誇りうる天然物合成の力量を，若い研究者や研究者を目指す大学生，大学院生に知って欲しいと願うと共に，研究を進める上での一助になればと祈念する次第である。

最後に，本書の出版に際し，多忙の中，編集者の意向を理解し，快く執筆をお引き受け頂いた先生方に心から御礼を申し上げたい。さらに本書の編集にご協力頂いた藤岡弘道大阪大学教授，宮下和之大阪大谷大学教授に御礼申し上げたい。

平成 21 年 6 月

北　泰行

監修：北　泰行　大阪大学 名誉教授；立命館大学 薬学部長

執筆者一覧（執筆順）

井上将行　東京大学　大学院薬学系研究科　有機反応化学　教授

佐藤隆章　慶應義塾大学　理工学部　応用化学科　分子有機化学　助教

平間正博　東北大学　大学院理学研究科　化学専攻　天然物合成化学　教授

千葉俊介　Nanyang Technological University, Division of Chemistry and Biological Chemistry, School of Physical Sciences and Mathematical Sciences (Singapore), Assistant Professor

北村　充　九州工業大学　大学院工学研究院　有機合成化学　准教授

奈良坂紘一　東京大学　名誉教授；Nanyang Technological University,Division of Chemistry and Biological Chemistry, School of Physical Sciences and Mathematical Sciences (Singapore), Nanyang Professor

只野金一　慶應義塾大学　理工学部　応用化学科　有機合成化学　教授

加藤　正　東北薬科大学　医薬合成化学　教授

宮下和之　大阪大谷大学　薬学部　有機化学　教授

今西　武　大阪大学　名誉教授；大阪大学先端科学イノベーションセンター　客員教授

福山　透　東京大学　大学院薬学系研究科　天然物合成化学　教授

徳山英利　東北大学　大学院薬学研究科　医薬製造化学　教授

北　泰行　大阪大学　名誉教授；立命館大学　総合理工学院　薬学部　精密合成化学　教授

藤岡弘道　大阪大学　大学院薬学研究科　分子合成化学　教授

横島　聡　東京大学　大学院薬学系研究科　天然物合成化学　講師

赤井周司　静岡県立大学　薬学部　医薬品創製化学　教授

長　澤　和　夫　東京農工大学　大学院共生科学技術研究院　生命有機化学　教授
岩　本　　　理　東京農工大学　大学院工学府　博士課程
樹　林　千　尋　東京薬科大学　薬学部　名誉教授
青　柳　　　榮　東京薬科大学　薬学部　機能性分子設計学　教授
村　竹　英　昭　㈶乙卯研究所　副所長
宮　下　正　昭　北海道大学　名誉教授；工学院大学　工学部　応用化学科　有機合成化学　教授
谷　野　圭　持　北海道大学　大学院理学研究院　化学部門　教授
吉　村　文　彦　北海道大学　大学院理学研究院　化学部門　助教
中　田　　　忠　東京理科大学　理学部第二部　化学科　教授
佐　々　木　誠　東北大学　大学院生命科学研究科　生命構造化学　教授
塚　野　千　尋　京都大学　大学院薬学研究科　薬品分子化学　助教
中　村　精　一　北海道大学　大学院先端生命科学研究院　薬品製造化学　准教授
橋　本　俊　一　北海道大学　大学院薬学研究院　薬品製造化学　教授
渡　辺　賢　二　静岡県立大学　薬学部　生薬学　准教授
大　栗　博　毅　北海道大学　大学院理学研究院　有機反応論　准教授
及　川　英　秋　北海道大学　大学院理学研究院　有機反応論　教授
高　橋　孝　志　東京工業大学　大学院理工学研究科　応用化学専攻　分子機能設計講座　教授
布　施　新一郎　東京工業大学　大学院理工学研究科　応用化学専攻　分子機能設計講座　助教
田　上　克　也　エーザイプロダクトクリエーションシステムズ　原薬研究部長

目　次

【第Ⅰ編　脂肪族生物活性天然物】

第1章　対称性を利用したメリラクトンAの全合成 ―遠隔不斉誘導と不斉非対称化―

井上将行，佐藤隆章，平間正博

第2章　ソルダリンの合成

千葉俊介，北村　充，奈良坂紘一

第3章　γ-ラクタム型天然有機化合物の全合成

只野金一

第4章　(+)-スキホスタチンの全合成

加藤　正

第5章　フォストリエシンおよびロイストロダクシンBの全合成

宮下和之，今西　武

【第Ⅱ編　含芳香環生物活性天然物】

第 6 章　FR 900482 の全合成

福山　透，徳山英利

第 7 章　ディスコハブディン類の合成

北　泰行，藤岡弘道

第 8 章　(+)-ビンブラスチンの全合成

福山　透，横島　聡

第 9 章　γ-ルブロマイシンの全合成

赤井周司，北　泰行

【第Ⅲ編 環状含窒素生物活性天然物】

第10章 グアニジン系天然物サキシトキシン類の全合成

長澤和夫，岩本 理

第11章 三環性海洋アルカロイドの全合成

樹林千尋，青柳 榮

第12章　7環性トリカブト毒 (±)-ノミニンの全合成

村竹英昭

第13章　ゾアンタミン系アルカロイドの全合成

宮下正昭，谷野圭持，吉村文彦

【第Ⅳ編　環状エーテルおよびペプチド生物活性天然物】

第14章　海洋産ポリエーテル系天然物ブレベトキシンBの全合成

中田　忠

第15章　巨大ポリエーテル天然物・ギムノシン-Aの全合成

佐々木誠，塚野千尋

第16章　ピンナトキシンAの全合成

中村精一，橋本俊一

第17章　生合成酵素による天然物の全合成—抗腫瘍性物質エキノマイシンの合成を中心に—

渡辺賢二，大栗博毅，及川英秋

【第Ⅴ編　生物活性天然物の高効率大量合成】

第18章　ラボオートメーション技術を活用したタキソールおよび9員環エンジイン化合物の合成

高橋孝志，布施新一郎

第19章　新規抗癌剤E 7389（eribulin mesylate）の工業的製造プロセスの開発

田上克也

第Ⅰ編
脂肪族生物活性天然物

第1章

対称性を利用したメリラクトンAの全合成

—遠隔不斉誘導と不斉非対称化—

井上将行　東京大学 薬学系研究科 教授
佐藤隆章　慶應義塾大学 理工学部 助教
平間正博　東北大学 理学研究科 教授

1　はじめに

近年，創薬化学の分野で特に顕著に見られるように，有機合成により大量供給が望まれる分子構造は，複雑化している。複雑な天然物やその誘導体の供給には，実用的な新規反応の開発はもちろん，基本合成戦略そのものが劇的な効率向上を遂げなければならない。

標的化合物の対称性を利用する方法論は，天然物の全合成において有力な基本合成戦略の1つである。これまで部分構造が C_2-あるいはCs-対称性を有する天然物に対して，しばしば用いられてきた本合成戦略は，①2官能基同時変換，②非対称化反応の2つのプロセスから構成される[1)]。一般的に本戦略は，対称性が高い直鎖構造をもつ標的化合物に応用されてきた。2つのプロセスについて，Schreiberらによるヒキジマイシンの全合成を例に解説する[2)]（図1）。

2官能基同時変換では，一分子に対して試薬を2ヵ所同時に作用させる。本方法では，直線的な合成と比較して，合成ルートの工程数が1/2となる。実際，ヒキジマイシンの合成では，酒石

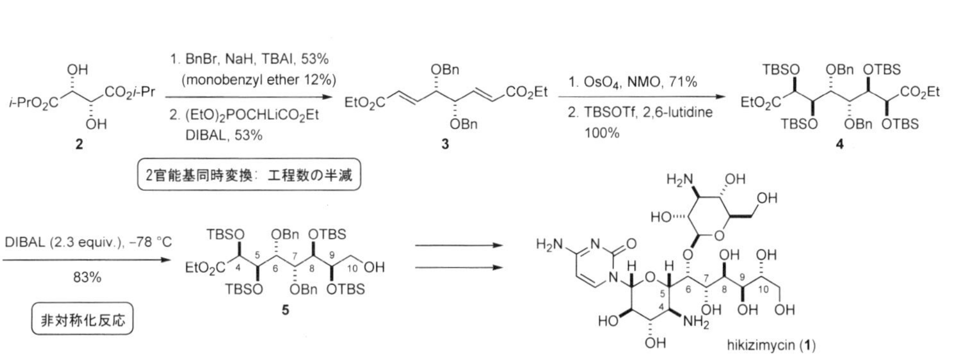

図1　対称性を利用した合成戦略の例：Schreiberらによるヒキジマイシンの全合成

酸ジイソプロピル（2）からわずか4段階で，ヘキサオールジエステル4の合成に成功している。このプロセスにおいては，2官能基が同様の反応性を示すことが重要である。一方の官能基が反応した後，もう一方の反応が阻害される場合，目的化合物の収率は低下する。例えば，2のベンジル化の際に得られた副生成物モノベンジル体（12%）の生成は，1つ目のベンジル化で生じた立体障害に起因する。すなわち，2官能基同時変換では，試薬が作用する2ヵ所の官能基が，反応前後に相互作用しない中間体の設計が重要となる。これに対し，非対称化反応では，2つの官能基のうち一方にだけ，試薬が選択的に作用する反応・中間体設定が不可欠となる。ヒキジマイシン合成では4に対し，2.3等量のDIBALを注意深く加えると，一方のエステルのみ選択的に還元された5を収率良く与えた。4はC_2-対称化合物であるため，どちらのエステルが反応しても同一の光学活性なアルコール5を与える。どのような戦略で一方の官能基のみを選択的に反応させ，合成中間体を非対称化するかは，対称性を利用した合成戦略の鍵である。

我々は，本合成戦略の進化形として，現在の精密有機合成化学をもってしても合成困難な高度に縮環した生物活性天然物への応用に挑戦した。一見対称性の存在しない複雑な縮環天然物において，分子中に潜在する対称性を特定し，全合成ルートの設計に利用できれば，これまでにない効率的な合成方法論の開発が可能となる。

2 メリラクトンA

高齢化社会の到来にともない，アルツハイマー病に代表される神経変性疾患が社会的に大きな問題になっているが，根本的な治療法・予防法は確立されていない。近年，神経細胞の生存・保護・分化ならびに突起伸展に関わる内因性たんぱく質である神経栄養因子の治療への応用が期待されている。しかし，神経栄養因子は，分子量数万を超えるタンパク質であり，①血液脳関門を通過できない，②血液中の半減期が短い（数分）など，薬物動態に大きな問題がある。そのため，神経栄養因子類似の活性を示す非ペプチド系低分子化合物が治療薬として望まれてきた[3]。

徳島文理大学の福山らは中国産シキミ科植物 *illicium merrillianum* の果実からメリラクトンA［(−)-6］を単離・構造決定した（図2）[4]。(−)-6は，低濃度（0.1μM）で神経突起伸展活性・神経細胞生存保護作用を示す低分子神経栄養因子である。しかし，この重要な生物活性の発現機構は未解明である。また，オキセタンを含む高度に酸化された5つの環が縮環した6の複雑な構造は，有機合成化学的に大変興味深く，挑戦的である[5]。我々は，メリラクトンA（6）に潜在する対称性を利用した不斉全合成ルートの開発と活性発現機構解明を目的とし，2001年に研究を開始した。本稿では，①（±）-メリラクトンA全合成ルートの確立[6]，②遠隔不斉誘導を利用した天然体（−）-6の不斉全合成，および③不斉非対称化を利用した非天然体（+）-6の

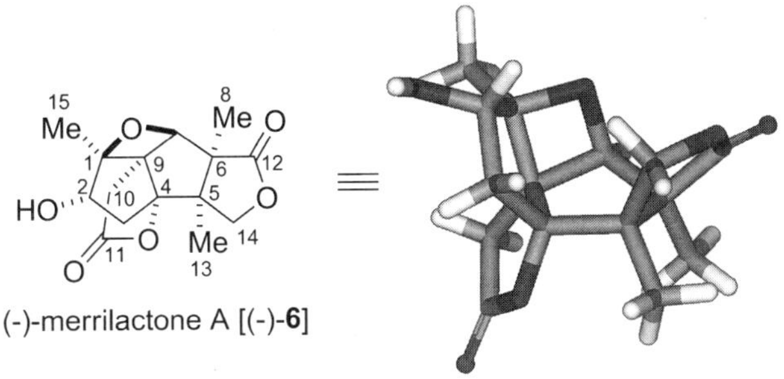

図２　天然体（−)-メリラクトンＡ（6）の構造

不斉全合成を述べる[7]。また，合成したメリラクトンＡの両鏡像体の神経突起伸展活性を合わせて紹介する。

2.1　合成計画

メリラクトンＡ（6）に対して，対称性を利用する戦略を応用するには，２官能基同時変換と非対称化反応を実現することができる合成中間体の設計が必要である。一見すると，これまで一般的に用いられてきた対称性の高い鎖状の標的天然物よりも，複雑に縮環した天然物から分子内に潜在する対称部分構造を抽出するのは困難である。言い換えれば，隠れた対称部分構造の抽出による合成中間体の決定は，本メリラクトンＡ全合成の根幹であった。

メリラクトンＡ（6）の隠れた対称部分構造を抽出するにあたり，我々はビシクロ［3.3.0］オクタン骨格 10 に着目し，メソ８員環ジケトン 8 を最も適当な中間体として設計した（図３）。8 はその Cs-対称性を利用し，ジメチル無水マレイン酸 7 から２官能基同時変換により短工程で合成する。鍵反応となる非対称化反応では，8 の渡環型分子内アルドール反応を用いることにした。8 を塩基で処理すると，２つのケトンの α 位のうち，一方のみ脱プロトン化が進行し，続いて歪んだ８員環 9 からの C–C 結合生成を経て，歪みの少ない *cis*–5/5 縮環システム 10 が得られると

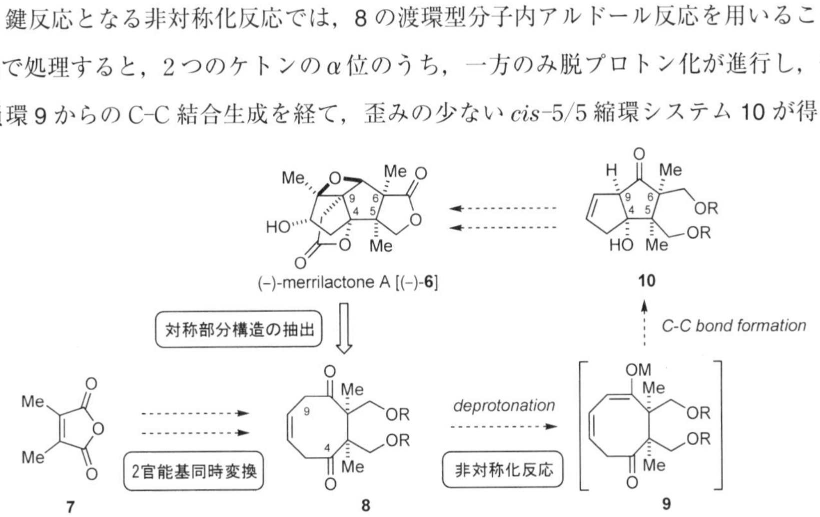

図３　メリラクトンＡの合成計画

予想した。本反応では，メソ体8の非対称化の際に，10の4つの不斉点（C4，C5，C6，C9）の相対配置が同時決定でき，極めて効率的である。さらに，不斉脱プロトン化反応（3.3項参照）を開発すれば，光学活性な10を同一原料8から得ることができる。

2.2　2官能基同時変換：メソ体8員環ジケトンの合成

2官能基同時変換によるメソ8員環ジケトンの合成を示した（図4）。原料7と *trans*-ジクロロエチレン11の［2+2］光付加環化により，2つの連続したC5・C6四級炭素を構築した[8)]。塩素を亜鉛で還元してオレフィンとした後，水素化リチウムアルミニウムで処理し，1，4-ジオール13を得た。13の水酸基をDCB基で保護し，オスミウム酸化により1，2-ジオール14とした。14のSwern酸化では，生じたジケトン15が分液処理で，求核剤と反応困難な水和物となった。そこで15を単離せずにワンポットでGrignard試薬と処理したところ，16αα，16ββが収率良く得られた。この際に重要であったのは，アリル基が選択的にsyn付加した点である。2つのアリル基がsyn配置であることで，続くGrubbs触媒を用いた閉環オレフィンメタセシス反応においてシクロヘキセン環が容易に生成し，*cis*-ビシクロ［4.2.0］オクタン骨格17が得られた。17に対してワンポットで四酢酸鉛を加えて酸化開裂により環拡大し，8員環ジケトン8dを合成した。このように対称性を最大限に駆使した合成経路を開発し，7からわずか7工程・総収率41%で高度に官能基化された8dを得た。次の鍵反応である分子内アルドール反応を詳細に検討するため，様々な保護基を有するメソ8員環ジケトン8a-cを合成した。

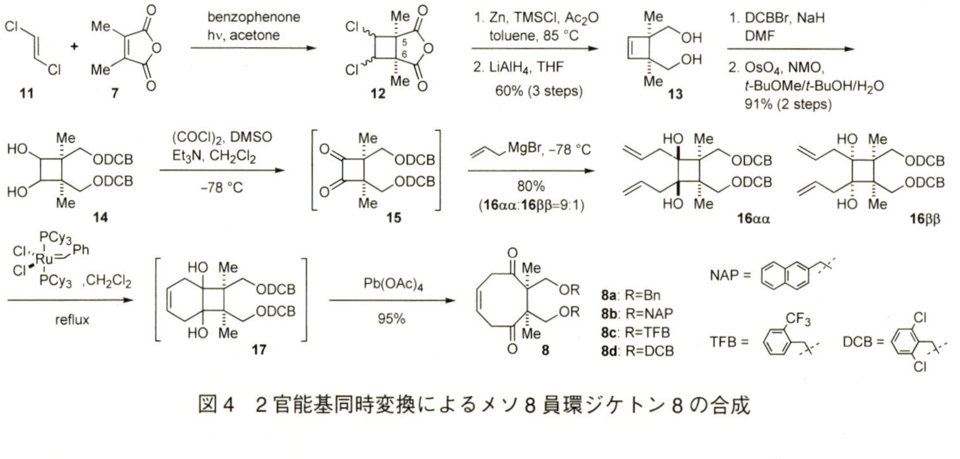

図4　2官能基同時変換によるメソ8員環ジケトン8の合成

2.3　非対称化反応：ジアステレオ選択的分子内アルドール反応

2.3.1　反応条件・第一級水酸基の保護基の最適化

鍵反応である分子内アルドールは，脱プロトン化（8→9）とC-C結合生成（9→10）の2段階から構成される（図5）。このため，メソ体である8から，4つのキラルな化合物（10，18，*ent*-10，*ent*-18）が生じる可能性がある。最終的な目的は，エナンチオ選択的脱プロトン化（9 vs. *ent*-9）とジアステレオ選択的C-C結合形成（10 vs. 18）の2段階同時制御による，10の選択的生成である。我々はこの挑戦的な二つの課題を分割して，それぞれに解決法を見出すこととした。すなわち最初に，ジアステレオ選択性制御（(±)-10 vs. (±)-18）を実現する計画を立てた。そのために，反応条件と第一級水酸基に対する保護基の二つの要素を変化させ，詳細に条件を検討することにした。

まず始めに，ベンジル保護された8aに対して，様々な塩基・溶媒を適用した（表1左）。DBUを用いると，望みの生成物（±)-10aが得られたが，ジアステレオ選択性は見られなかった（エントリー1）。LiN(TMS)$_2$を用いると，(±)-10aが（±)-18aに対して選択的に得られた（エントリー2）。低温ほど（±)-10aの選択性が上がり（エントリー2，3），(±)-10aを再びLiN(TMS)$_2$で処理しても（±)-18aへ異性化しなかった。このことから，本反応条件における選択性は速度論支配であると示唆された。興味深い事に，MgBrN(TMS)$_2$（エントリー4）あるいはトルエン溶媒中LiN(TMS)$_2$/Et$_3$N[9]（エントリー5）では，(±)-18aが選択的に得られた。さらに，リチウムアミドについて詳細に検討したところ，リチウムアニリド[10]が良い結果を与え，LiNMe(*p*-ClPh)を用いた時，(±)-10aが最も高い立体選択性で得られた（エントリー6）。

次に，8員環ジケトン8の保護基の効果について検討した（表1右）。その結果，ジアステレオ選択性はベンジル基のオルト位に存在する置換基の嵩高さに依存することが明らかになった。オルト位に置換基のないナフチル（NAP）基では，ベンジル基と同様な選択性を示したが（エントリー1，2），オルト位が一置換された2-トリフルオロメチルベンジル（TFB）基では（±)

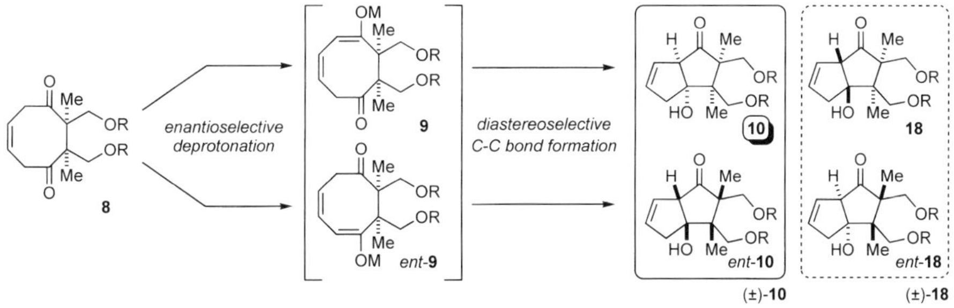

図5　分子内アルドール反応で生じる4つの立体異性体

表 1　ジアステレオ選択的分子内アルドール反応：塩基効果（左）と保護基効果（右）

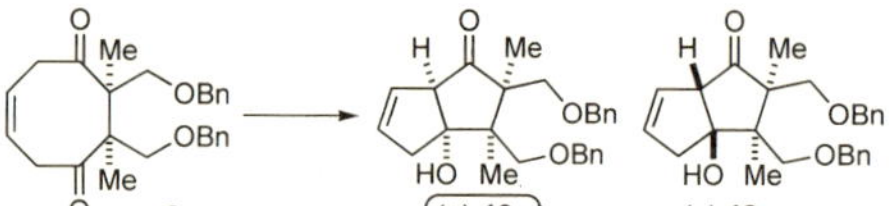

8a　(±)-10a　(±)-18a

entry	reagents and conditions	(±)-10a : (±)-18a	combined yield
1	DBU, CH_2Cl_2, 0 °C	1.1 : 1	63%
2	$LiN(TMS)_2$, THF, −100 °C	3.1 : 1	85%
3	$LiN(TMS)_2$, THF, −40 °C	2.6 : 1	78%
4	$MgBrN(TMS)_2$, Et_2O, rt	1 : 3.0	81%
5	$LiN(TMS)_2$/Et_3N, toluene, −78 °C	1 : 5.1	79%
6	LiNMe(*p*-ClPh), THF, −100 °C	11.2 : 1	89%

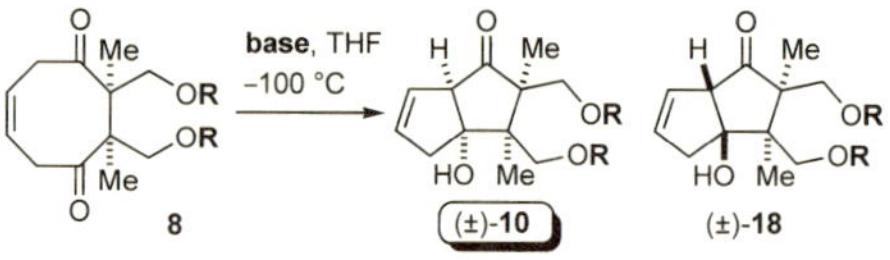

8　(±)-10　(±)-18

entry	8	base	(±)-10 : (±)-18	combined yield
1	8a: R = 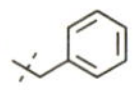	$LiN(TMS)_2$	3.1 : 1	85%
2	8b: R = 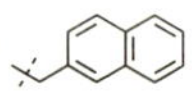	$LiN(TMS)_2$	3.2 : 1	92%
3	8c: R = 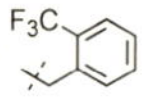	$LiN(TMS)_2$	3.9 : 1	93%
4	8d: R = 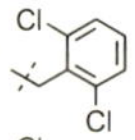	$LiN(TMS)_2$	6.0 : 1	88%
5	8d: R = 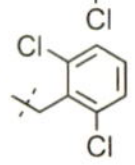	LiNMe(*p*-ClPh)	16.0 : 1	97%

-8 c の選択性が改善された（エントリー 3）。さらに二置換された2,6-ジクロロベンジル（DCB）基では，ジアステレオ選択性がさらに向上した（エントリー 4）。保護基を DCB 基とし，LiNMe（*p*-ClPh）を用いると，（±）-10 d の選択的生成をほぼ完全に制御できた（エントリー 5）。このように，本分子内アルドール反応は，用いる反応条件と保護基により，2 つのアルドール環化体（±）-10，（±）-18 いずれも選択的に誘導可能であり，メリラクトン A だけではなく合成類縁体調製に優れている。

2.3.2　分子内アルドール反応の推定反応機構

ジアステレオ選択的 C–C 結合形成における推定反応機構を以下のように考察した（図 6）。8 d（R＝DCB）の X 線結晶構造解析では，2 つのケトンは 8 員環に対して垂直かつそれぞれが反対方向を向くことが明らかになった。また 8 d の温度可変 ^{1}H NMR（50～－100℃）から，1:1 の二つの配座が相互変換していることがわかった。これらの分光学的データは，8 員環ジケトン 8 において，鏡像関係にある 8′，*ent*-8′ が 1:1 の平衡混合物であることを強く示唆している。配座 8′ あるいは *ent*-8′ において，それぞれの 2 つのカルボニル α 位には 4 つのプロトンが存在し，そのうち太字で示した 2 つがカルボニル基と垂直方向を向いており立体電子効果的に脱プロトン化できる。しかし，8 員環においてトランスエノラートの生成はエネルギー的に不利であるため，ひずみの少ない 8 員環シスエノラートを与えるプロトンのみが，塩基と反応すると推察した。表 1 の反応では 8′，*ent*-8′ の両方から反応が進行し（path a : path b＝1 : 1），ラセミ体の環化体を与えたが，ここでは path a に注目してジアステレオ選択性発現理由を説明する。脱プロトン化により得られたシスエノラート 9 A では，保護基を有する C 14-オキシメチレン基と C 7-OM 結合の間の，大きな 1,3-ジアキシアル相互作用が予想される。この立体反発を避けるため，C 7 オ

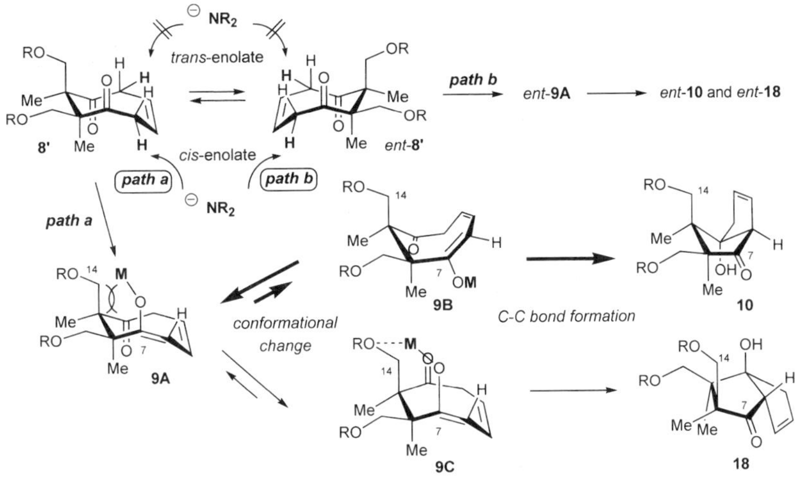

図6　分子内アルドール反応の推定反応機構

レフィンが反転して立体配座9Bを経由し，望みのジアステレオマー10を与える[11]。本推定機構は，保護基が嵩高いほど，10の選択性が向上した実験結果（表1右）と符合する。一方，Mg^{2+}や低極性溶媒中でLi^{+}を用いた場合（表1左，エントリー4，5），C7-OとC14-オキシメチレン基が金属配位により固定され，立体配座9Cを経由して望まない18を与える。このように，ジアステレオ選択性は，C7-OMとC14-オキシメチレン基の立体障害と金属配位のバランスにより制御されていることが示唆された。

2.4　メリラクトンAの炭素骨格の構築

第四級炭素の立体選択的な構築は，現代の有機合成化学をもってしても困難な課題である。特にメリラクトンAのC9第四級炭素構築は，3つの第四置換炭素（C4，C5，C6）が隣接するため，極めて困難であった（図7）。種々の反応・基質を検討後，分子内ラジカル環化反応を用い，この問題を解決した。3工程で（±）-10dをエンジオン20へと変換し，立体障害の大きな第三級アルコールにα-ブロモアセタールを導入した[12]。21の分子内ラジカル環化では，C1での6-エンド環化は観測されず，望む5-エキソ環化によるC9四級炭素形成が高収率で進行した。得られたC11エピマー23αはエタノール溶媒中，酸処理によりラジカル反応の主生成物23βへ異性化できた。

全合成のために必要な選択的な官能基導入・変換では，各中間体が高度に縮環しているため，試薬由来による反応性・選択性の制御は難しい。中間体の三次元構造や，配座を緻密に設計し，基質由来の制御によるアプローチが不可欠であった。ラジカル環化体23βの立体配座をNOE実験により詳細に解析した。するとC3メチレンのα面はエトキシ基と，β面はC14オキシメ

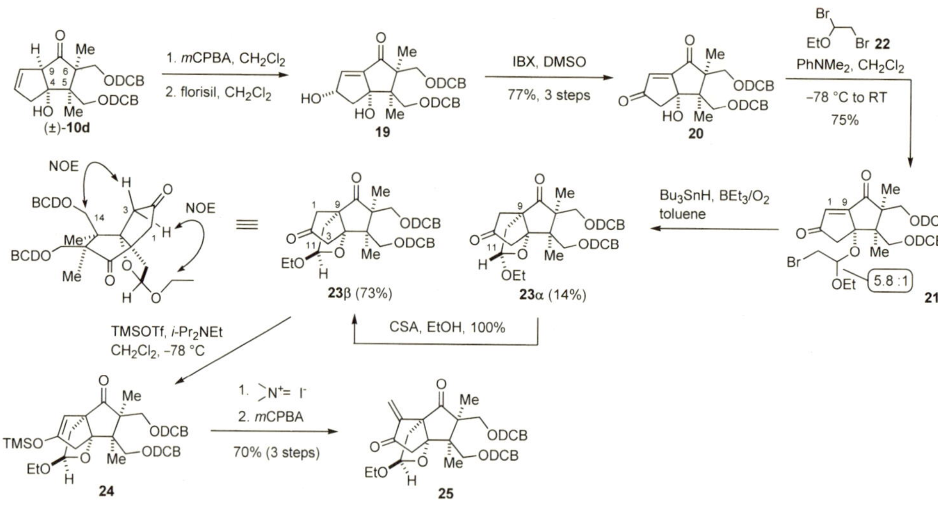

図7　メリラクトンＡの炭素骨格の構築

チレン基と近接していることがわかった。この 23β 特有の三次元的構造は，C3 メチレンへの試薬の接近を阻害し，C1 への位置特異的な一炭素ユニット導入を可能にした。すなわち，23β からシリルエノールエーテルの誘導において，塩基は C1 メチレンからプロトンを選択的に引き抜き，24 を単一異性体として与えた。24 の Eschenmoser 試薬による処理を経て，メリラクトン A のすべての炭素を有するエノン 25 が合成できた。

2.5　(±)-メリラクトン A の全合成

メリラクトン A 全合成のための残る課題は，酸化度の調整である（図 8）。アセタール 25 をラクトン 26 へと酸化し，2 工程でエノンを三置換オレフィン 28 へと変換した。28 の Birch 還元は，DCB 基の除去とともに，C7 ケトンが立体選択的に還元されたラクトール 30 ならびにラクトン 31 の混合物を与えた。この選択性の発現は，6 員環キレーション中間体 29 を経由したためと説明できる。このように分子内の隣接官能基を活用し，C7 ケトンの立体選択的還元を実現した。

続く分子右側の γ-ラクトン構築を 1 工程で達成した。すなわち，ラクトール 30 とラクトン 31 の混合物を炭酸銀セライト[13]で処理すると 31 を経て，C7・C14 水酸基存在下，C12 水酸基が位置選択的に酸化された γ-ラクトン 32 を与えた。本酸化の化学選択性は基質の立体配座により説明できる（図 9）。分子力場計算により，トリオール 31 の最安定配座において，C7-OH，C14 が擬アキシアル，C12 が擬エクアトリアル配置と示唆された。このため，もっとも酸化剤が接近しやすい C12-OH が選択的に酸化された。これとは対照的に，C7-OH の TBS 保護体 35

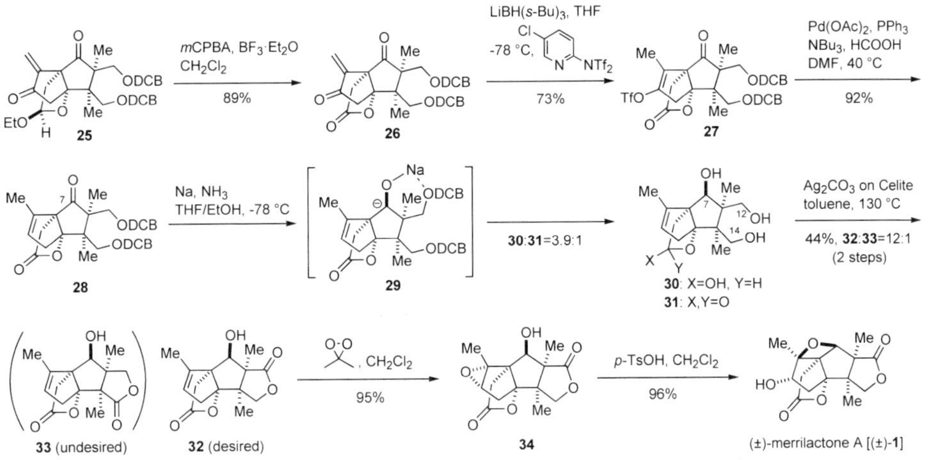

図 8　(±)-メリラクトン A の全合成

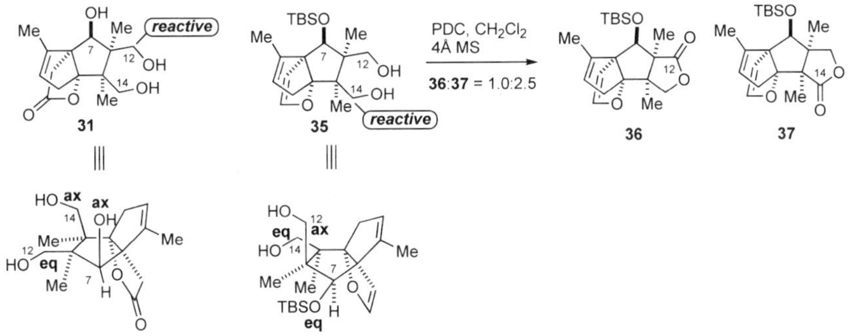

図 9　位置選択的な酸化反応に関する考察

では，C 14-OH が選択的に酸化された。35 では嵩高い TBSO が擬エクアトリアルとなるため，中央の 5 員環の立体配座が反転し，反応性が高い擬エクアトリアルとなった C 14 での酸化が起きたと考察できる。このように，三次元的構造の制御が位置選択的酸化においても重要な寄与を果たした。

得られたビス-γ-ラクトン 32 のジメチルジオキシランを用いたエポキシ化は立体選択的に進行した（図 8）。34 を酸処理するとエポキシドの開環に伴いオキセタンが構築し，(±)-メリラクトン A［(±)-6］の全合成を達成した[3]（23 工程，総収率 3.0%）。以上のように，精密な中間体設計と官能基変換の配列設計により，ビシクロ［3.3.0］オクタン骨格 10 d から 15 工程で (±)-6 へ変換できた。

3　メリラクトンAの不斉全合成

3.1　二つの合成計画

(±)-メリラクトン A (6) の全合成ルートを確立したので，不斉全合成を開始した。不斉合成には，非対称化反応である分子内アルドール反応において，光学活性なエノラート（例：9 あるいは *ent*-9，図5）を得る必要がある。位置選択的な脱プロトン化を誘導する合成戦略として，ラセミ体全合成の知見を応用した二つの計画［ルート1（遠隔不斉誘導），ルート2（不斉非対称化）］を立案した（図10)。保護基の選択により（±)-10 の立体選択性が制御できたことから，ルート1では基質内に大きさの異なる二つの保護基を有する光学活性な擬メソジケトン 38 を設計した。38 では立体障害の大きな保護基の遠隔立体相互作用により，C3-H に対する塩基の接近が抑制され，望みの C9-H から選択的に脱プロトン化が進行すると予想した。(±)-6 の全合成ルートを最大限利用するために，一方はベンジル基を採用し，もう一方は新しいベンジル系保護基である 2,6-ビス-（トリフルオロメチル）ベンジル基（BTB 基）を設計した。BTB 基は，大きな立体障害を導入でき，さらにベンジル基とともに除去できることが特徴である。ルート2では，キラル塩基 41[14]がメソジケトン 8d における C3-H，C9-H の不斉環境の差異を認識し，不斉脱プロトン化により生じた 9d を経て 10d が生成すると予想した。それぞれの合成ルートから得られる 40 あるいは 10d は，15 工程の官能基変換によって，それぞれ光学活性なメリラクトン A へ誘導できる。我々はルート1により，天然体（−)-6 を全合成して天然物の絶対配置を明らかにした。その後，ルート2に基づき，非天然体（+)-6 を合成した。

3.2　遠隔不斉誘導（ルート1）

ジアステレオ選択的な［2+2］光付加環化反応[15]を鍵反応とし，擬メソ化合物 38 を合成した（図11)。7 から誘導したジエノン 42 に対する Sharpless 不斉ジヒドロキシ化を経由して，光学的に純粋なラクトン 43 を得た。ラクトン 44 と *cis*-ジクロロエチレンの立体選択的な［2+2］

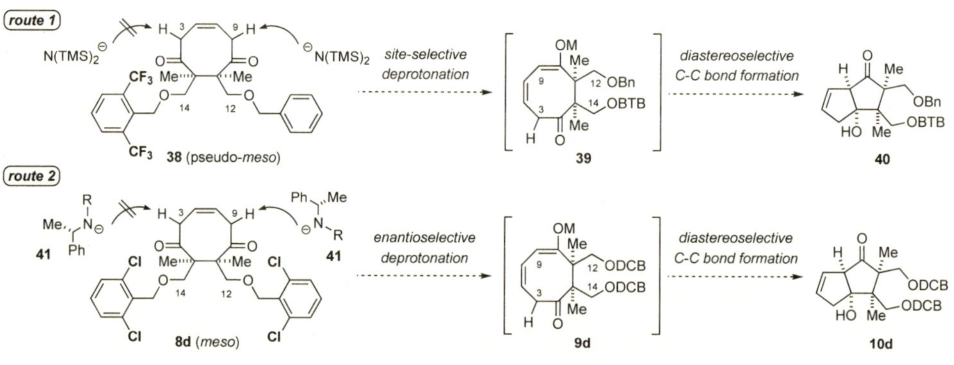

図10　メリラクトンAの不斉全合成に向けた合成ルート

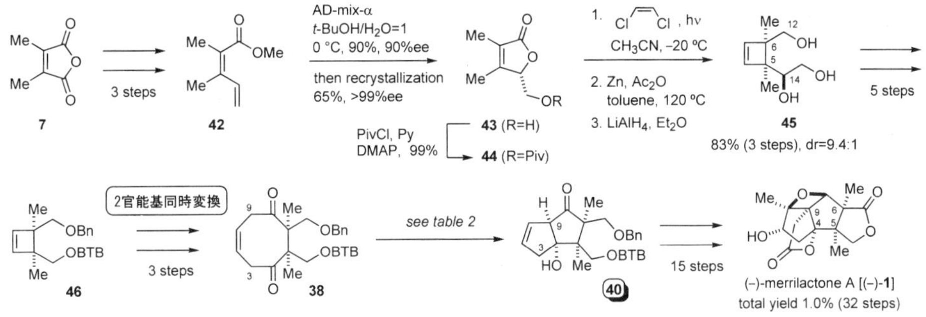

図 11　天然体（－)-メリラクトン A（1）の全合成

表2　遠隔不斉誘導を利用した分子内アルドール反応

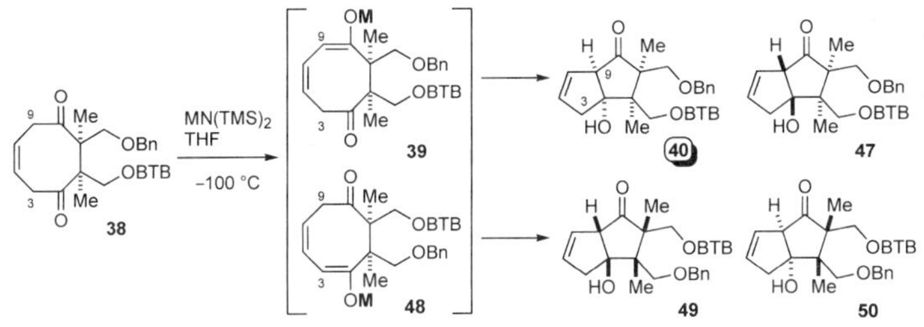

entry	M+	(40+47) : (49+50)	40 : 47	yield of 40
1	Li+	3.5 : 1	9.2 : 1	65%*
2	Na+	4.5 : 1	17.0 : 1	75%
3	K+	2.5 : 1	9.5 : 1	51%

* The yields was based on recovered starting material (82% conversion).

光付加環化でシクロブタンを構築した後，2工程を経てトリオール 45 を合成した。45 から，ベンジル基ならびに BTB 基を段階的に導入し擬メソ対称な 46 を得た。46 から3工程の2官能基同時変換を経て，光学活性なジケトン 38 を誘導した。

38 の分子内アルドール反応では，4つのジアステレオマーから1つを選択的に誘導することに成功した（表2）。8員環ジケトン 38 を LiN(TMS)$_2$ で処理すると予想どおり，C9 における脱プロトン化が位置選択的に進行し，続くジアステレオ選択的 C–C 結合生成を経て，望みの環化体 40 が選択的に得られた（エントリー1）。カウンターカチオンは選択性に影響し，ナトリウムカチオンが最も高い収率（75%）で，40 を与えることがわかった（エントリー2，3）。以上のように，新たに設計した嵩高い保護基 BTB は，C3-H を有効に速度論的に保護し，C9 での位置選択的な脱プロトン化を可能にした。本反応は，合成上必要な保護基が4つの不斉点を遠隔立体制御する点で新しい。

40 に対し，ラセミ体全合成スキームを適用し，15工程を経て（－)-メリラクトン A の不斉全合成を達成した（図 11，32工程，総収率 1.0%）[6a]。新しい保護基である BTB 基は，アルドール後の各反応条件において安定であり，Birch 還元により容易に除去可能であった。合成（－)-6 と天然（－)-6 との各種分光学的データ，旋光度の比較により天然物の絶対構造を初めて確認した。

3.3 不斉非対称化（ルート 2）

遠隔不斉誘導を用いたメリラクトン A の不斉合成により天然物の絶対配置を決定できた。一方，光学活性な 8 員環ジケトン 38 の合成は，メソ体の 8 員環ジケトン 8 d の合成に比べ工程数を要する（16 工程 vs. 7 工程）。そこで，より効率的な不斉合成ルートの開発を目的とし，メソ体 8 員環ジケトン 8 d の不斉非対称化による光学活性な 10 d の合成を実行することにした（図 10，ルート 2）。

図 6 に示したように，8 は鏡像関係にある 2 つの配座（8′：*ent*-8′ = 1 : 1）の平衡で存在しており，8′の脱プロトン化からは 9 のみが（path a），*ent*-8′ の脱プロトン化からは *ent*-9 のみが得られる（path b）。つまり，キラル塩基は，脱プロトン化部位の不斉環境を認識し，8′ あるいは *ent*-8′から選択的に反応する必要がある。さらに，高収率なエナンチオ選択的反応のためには，2 つの鏡像配座異性体間の相互変換を経由した動的速度論分割が必要であり，挑戦的な反応と推察された。

様々なリチウム（*R*）-1-フェニルエチルアミド置換体 41 a–e を用いて，8 d の不斉分子内アルドール反応を検討した（表 3）。表 1 から予想されるとおり，すべてのリチウムアミドにおいて，C–C 結合生成反応はジアステレオ選択的に進行し，10 d + *ent*-10 d が 18 d + *ent*-18 d に対して選択的に得られた。一方，10 d と *ent*-10 d のエナンチオマー比はキラル塩基の構造に大きく依存した。41 a では，ほとんどエナンチオ選択性が見られなかった（エントリー 1）。41 b は *ent*-10 d を優先的に与えたが（エントリー 2），41 c–e は 10 d をエナンチオ選択的に与えた（エントリー 3–5）。結果的に 41 e により，もっとも良い選択性（10 d : *ent*-10 d = 4.7 : 1，エントリー 5）が得られた[16]。こうして，我々は動的速度論分割を経る不斉脱プロトン化反応と続くジアステレオ選択的なアルドール反応の 2 段階同時制御を実現した。本反応は，4 つの不斉点の絶対配置を 1 工程で決定できる新しい不斉非対称化反応である。

神経突起伸展活性試験を目的とし，天然物の光学異性体（+）-6 を全合成した（図 12）。8 d

表 3　不斉分子内アルドール反応

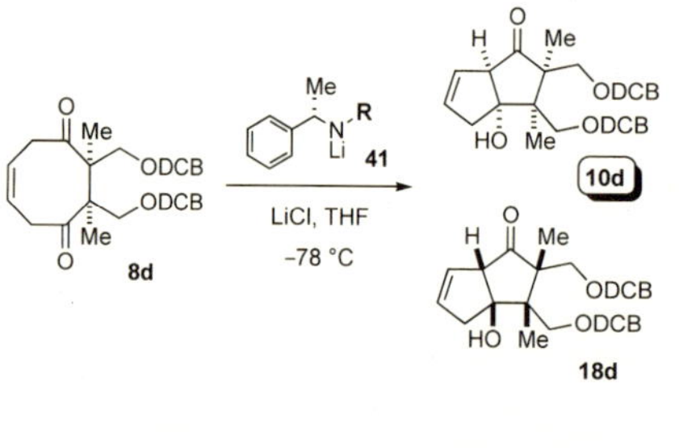

entry	R		(10d+*ent*-10d) : (18d+*ent*-18d)	10d : *ent*-10d	combined yield
1		**41a**	6.0 : 1	1 : 1	100%
2	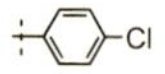	**41b**	19 : 1	1 : 2.4	87%
3	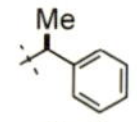	**41c**	7.0 : 1	1.9 : 1	88%
4		**41d**	3.0 : 1	2.7 : 1	94%
5	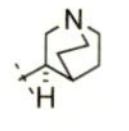	**41e**	6.0 : 1	4.7 : 1	90%

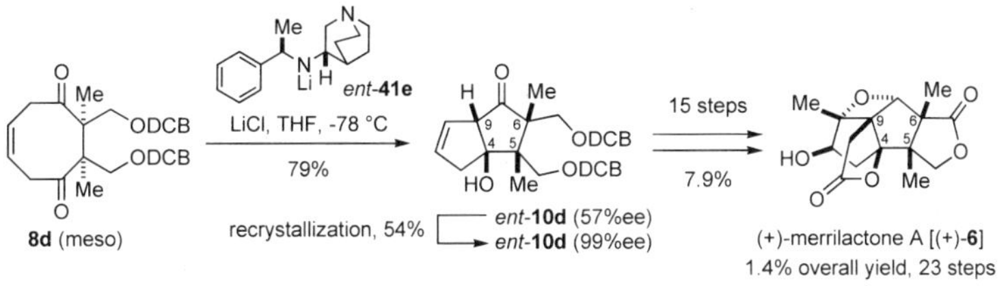

図 12　非天然体（＋)-メリラクトン A（1）の全合成

に対してキラル塩基 *ent*-41 e を作用させると *ent*-10 d（57% *ee*）が合成できた。DCB 基で保護された基質は結晶性が高く，アルドール反応で得られた *ent*-10 d は，一度の再結晶で光学的に純粋にすることができた（99% *ee* 以上)。本化合物から，スキーム 6，7 に示した 15 工程を経て，(＋)-メリラクトン A の全合成を達成した（23 工程，総収率 1.4%)。

4　両鏡像体の神経突起伸展活性

合成した天然体（－)-メリラクトン A ならびに非天然体（＋)-メリラクトン A のラット胎児大脳皮質由来の初代神経培養系において，神経伸展活性を測定した。その結果，両鏡像体とも同様な活性を示すことが初めて明らかになった。メリラクトン A のような複雑に縮環した分子が，両鏡像体とも同様な生理活性を示す例は極めて珍しく，今までにない作用機構により神経栄養因子様活性が発現している可能性が示唆された。今後，両鏡像体を分子プローブとして利用し，メリラクトン A が細胞内で作用するターゲット分子の同定を含めた活性発現機構の解明研究を進めたい。

5　おわりに

我々は，対称性を利用した基本合成戦略の進化形として，メリラクトン A（6）の効率的全合成に挑戦した。縮環骨格中に潜在する対称性を巧みに抽出した合成中間体を設計し，新しい概念に基づいた二つの不斉全合成ルートを開発することができた。どちらのルートも 8 員環ジケトンの渡環型分子内アルドール反応によって，6 の全合成上の最大の課題である炭素縮環骨格を立体選択的に構築できた。ルート 1 では，新しい保護基 BTB を設計・適用し，遠隔立体選択性制御による（－)-6 の不斉全合成を達成した。ルート 2 では，メソ化合物の不斉非対称化による 1 工程での 4 つの不斉炭素同時制御を実現し，(＋)-6 を合成した。また，全合成した両鏡像体は，ともに同様の活性を示す事がわかり，6 の神経突起伸展作用機構解明へ向けての基礎を築くことができた。

文　　献

1) 二方向同時合成に関する総説：(a) C. S. Poss, S. L. Schreiber, *Acc. Chem. Res.*, 27, 9 (1994)；(b) S. R. Magnuson, *Tetrahedron*, 51, 2167 (1995)；(c) R. W. Hoffmann, *Angew. Chem. Int. Ed.*, 42, 1096 (2003)
2) N. Ikemoto, S. L. Schreiber, *J. Am. Chem. Soc.*, 112, 9657 (1990)
3) Y. Xie, F. M. Longo, *Prog. Brain Res.*, 128, 333 (2000)
4) (a) J.-M. Huang, R. Yokoyama, C.-S. Yang, Y. Fukuyama, *Tetrahedron Lett.*, 41, 6111 (2000)；(b) J.-M. Huang, C.-S.Yang, M. Tanaka, Y. Fukuyama, *Tetrahedron*, 57, 4691 (2001)
5) 他の研究グループによる (±)-メリラクトン A の全合成：(a) V. B. Birman, S. J. Danishefsky, *J. Am. Chem. Soc.*, 124, 2080 (2002)；(b) G. Mehta, S. R. Singh, *Angew. Chem. Int. Ed.*, 45, 953 (2006)；(c) W. He, J. Huang, X. Sun, A. J. Frontier, *J. Am. Chem. Soc.*, 129, 498 (2006). Danishefsky グループによるメリラクトン A の不斉全合成：(d) Z. Meng, S. J. Danishefsky, *Angew. Chem. Int. Ed.*, 44, 1511 (2005)；(e) H. Yun, Z. Meng, S. L. Danishefsky, *Hetereocycles*, 66, 711 (2005)
6) M. Inoue, T. Sato, M. Hirama, *J. Am. Chem. Soc.*, 125, 10772 (2003)
7) (a) M. Inoue, T. Sato, M. Hirama, *Angew. Chem. Int. Ed.*, 45, 4843 (2006)；(b) M. Inoue, N. Lee, S. Kasuya, T. Sato, M. Hirama, M. Moriyama, Y. Fukuyama, *J. Org. Chem.*, submitted.
8) (a) G. O. Schenck, W. Hartmann, R. Steinmetz, *Chem. Ber.*, 96, 498 (1963)；(b) N. Gauvry, C. Comoy, C. Lescop, F. Huet, *Synthesis*, 574 (1999)
9) P. Zhao, D. B. Collum, *J. Am. Chem. Soc.*, 125, 4008 (2003)
10) L. Xie, K. M. Isenberger, G. Held, L. M. Dahl, *J. Org. Chem.*, 62, 7516 (1997)
11) 歪みが大きい *trans*-ビシクロ [3.3.0] オクタン骨格の生成は，本反応において確認されていない。
12) (a)Y. Ueno, K. Chino, M. Watanabe, O. Moriya, M. Okawara, *J. Am. Chem. Soc.*, 104, 5564 (1982)；(b)G. Stork, R. Mook Jr., S. A. Biller, S. D. Rychnovsky, *J. Am. Chem. Soc.*, 105, 3741 (1983)
13) M. Fetizon, M. Golfier, *Compt. Rend.*, 267, 900 (1968)
14) キラル塩基を用いた不斉反応に関する総説：(a) P. J. Cox, N. S. Simpkins, *Tetrahedron: Asymmetry*, 2, 1 (1991)；(b) 古賀憲司，新藤充，有合化，53, 1021 (1995)；(c) J.-C. Plaquevent, T. Perrard, D. Cahard, *Chem. Eur. J.*, 8, 3300 (2002)
15) R. Alibés, P. de. March, M. Figueredo, J. Font, M. Racamonde, A. Rustullet, A. Alvarez-Larena, J. F. Piniella, T. Parella, *Tetrahedron Lett.*, 44, 69 (2003)

16)　41 e は市販試薬であるが，興味深いことに不斉脱プロトン化に使用された報告はない。B. A. Kowalczyk, J. C. Rohloff, C. A. Dvorak, J. O. Gardner, *Synth. Commun.*, 26, 2009 (1996)

第2章

ソルダリンの合成

千葉　俊介　Nanyang Technological Univ., Div. of Chemistry and Biological Chemistry, Assistant Professor
北村　　充　九州工業大学 工学研究院 准教授
奈良坂紘一　東京大学 名誉教授
Nanyang Technological Univ., Div. of Chemistry and Biological Chemistry, Professor

ソルダリンは1971年にHauserらによって子嚢菌 *sordaria araneosa* の代謝産物として単離された天然物である（図1）[1)]。この化合物は四環性ジテルペンの母核に，糖が結合した特徴的な構造を有し，抗真菌活性を示す。その生理作用機構が1998年Justiceらによって明らかにされ[2)]，この化合物群に非常に注目が集まるようになった。Sordarin類は，真菌の伸長因子（eEF 2）に選択的に結合し，リボソームへの結合を安定化する。このため，translation過程におけるeEF 2の解離が妨げられ，真菌のタンパク質合成を選択的に阻害する。このような生理活性機構は，真菌の細胞膜や細胞壁を標的とする従来の抗真菌剤とは全く異なっている[3)]。しかし，ジテルペン母核部位の化学修飾は困難であり，これまでに合成されたソルダリン類縁体は，ほとんどが単糖部位を修飾したものである。我々は，このようなソルダリンの構造的な特徴と生理活性に興味を

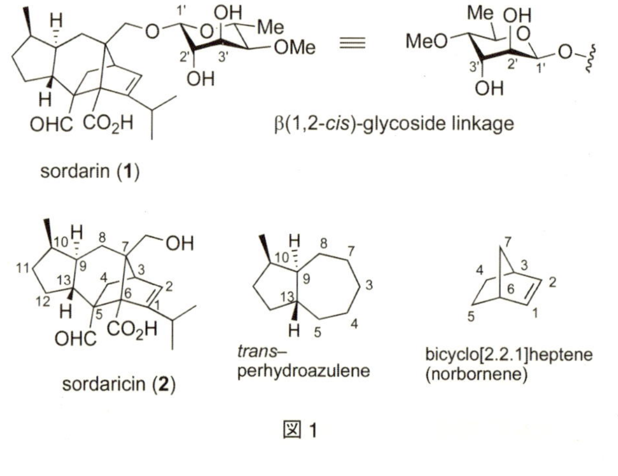

図1

持ち，ソルダリンの合成研究を開始した[4]。

ソルダリンは合成化学的な観点からも，非常に興味深い標的である。すなわち，アグリコンであるソルダリシン（2）は，多置換ノルボルネン（ビシクロ［2.2.1］ヘプテン骨格）と*trans*-ペルヒドロアズレンを含む歪んだ四環性ジテルペンである。多置換ノルボルネン部位の3つの連続するC-5，C-6，C-7は，それぞれホルミル基，カルボキシル基，ヒドロキシメチル基という酸化度の異なった酸素官能基が置換した第四級炭素である[5]。さらに*trans*-ペルヒドロアズレン部位はC-10，C-9，C-13に3つの連続した不斉中心を有しており，これらを制御しながら，ソルダリシンの歪んだ炭素骨格を構築しなければならない。一方，糖部位は，3位の立体化学がマンノースとは異なる6-デオキシ糖であり，立体選択的構築が難しいβ(1,2-*cis*)-グリコシド結合でアグリコンとつながっている。

我々が，ソルダリンの合成に着手した時点では，加藤らによってジテルペン部位であるソルダリシンのメチルエステルが合成されていた（スキーム1）[6]。また，最近になって，Manderらや，Ciufoliniらによってソルダリシンの合成研究が報告されている（スキーム2）[7]。これらの合成戦略は，いずれも生合成経路として提唱されている分子内［4+2］付加環化反応を用いたノルボルネン骨格構築に基づくものである[8]。

一般に，ビシクロ［2.2.1］骨格は，シクロペンタジエン誘導体とアルケンの［4+2］付加環化反応で構築されている[9]。我々は，パラジウム触媒を用いる分子内アリル化反応を用いて多置換ノルボルナノン骨格を構築する方法を開発して，アグリコンであるソルダリシンの合成に成功し，また，1,3-遠隔立体制御を利用するβ(1,2-*cis*)-グリコシド結合の構築法を考案して，ソルダリンの合成を初めて達成した。以下，詳細を述べる。

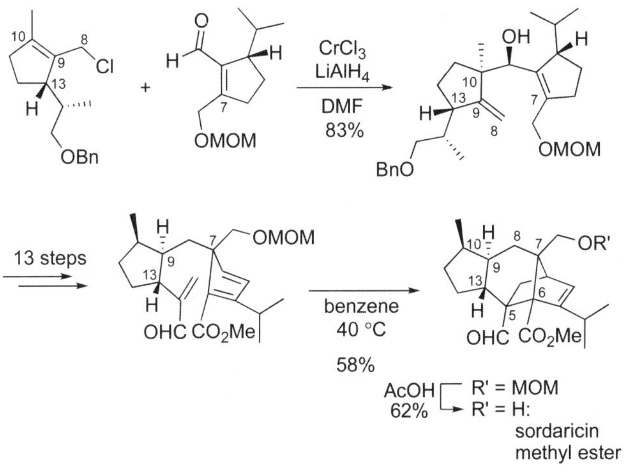

スキーム1　加藤らによるソルダリシンメチルエステルの合成

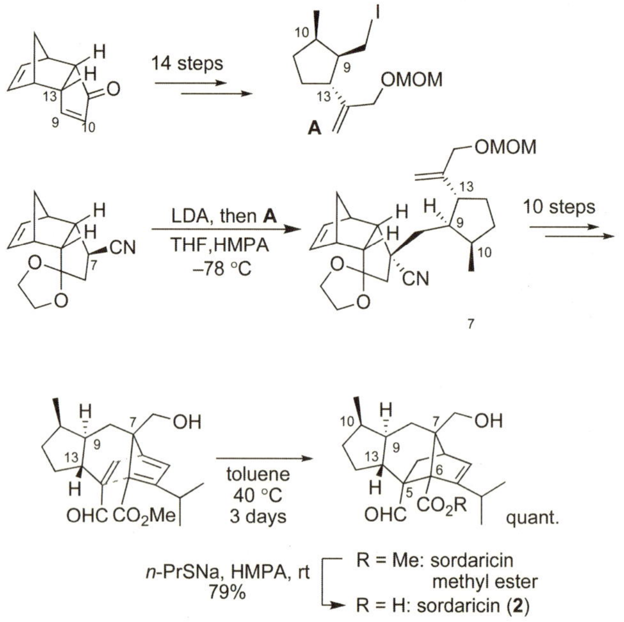

スキーム2　Mander らによるソルダリシンの合成

1　アグリコン，ソルダリシンの合成

1.1　合成計画

スキーム3に，ソルダリシン（2）の逆合成解析を示す。ソルダリシンのホルミル基，ヒドロキシメチル基はビニル基の酸化開裂によって，イソプロピル基はカルボニル基を足がかりとして導入しようと考え，ノルボルナノンⅠに逆合成した。この多置換ノルボルナノンⅠは，三環性化合物Ⅱから合成できると考えた。すなわち，もしパラジウム触媒反応によってアリル位と活性メチン部位，C-5位とC-6位の2つの第四級炭素間で，分子内カップリングを行うことができれば，Ⅰが得られると考えた[10]。ⅡのC-7位ビニル基は，共役エノンへビニル基を面選択的に1,4-付加させ導入することとし，C-5位を含むアリルアルコール部位はカルボニル基へのビニル金属試薬の1,2-付加で構築することを考え，前駆体としてエノンⅢを設定した。Ⅲは，二環性化合物ⅣのC-3位へ位置および立体選択的にβ-ケトエステル等価体となる4炭素ユニットを導入し，続いて脱水縮合させることで合成できると考えた。

1.2　シクロプロパノールの酸化的ラジカル反応による二環性化合物Ⅳの合成

これまでに我々は酸化的なラジカル生成手法を用いた炭素—炭素結合形成反応を開発してい

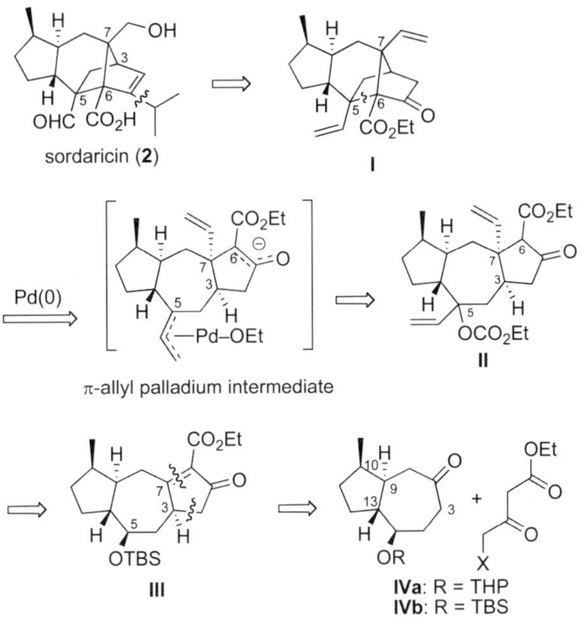

スキーム３

る[11]。その過程で，ピコリン酸マンガン（Ⅲ）［Mn(pic)$_3$］[12]が穏やかな一電子酸化剤として作用し，シクロプロパノール誘導体からβ-ケトラジカルを発生させることができることを見出している[13]。この反応を用いれば，二環性化合物Ⅳを立体選択的に合成することが可能である[14]。すなわち，分子内にアルケン部位を有する二環性シクロプロパノール３に，DMF中1.5倍モル量のピコリン酸マンガンとラジカル捕捉剤としてトリブチルスズヒドリドを加えて反応させると，望みの立体化学を有するビシクロ［5.3.0］デカン-3-オン誘導体Ⅳaが収率良く得られる（スキーム4)。まず，シクロプロパノール３がピコリン酸マンガン（Ⅲ）で一電子酸化され，β-ケトラジカル５が生成する。このラジカル種が分子内のアルケンに付加し，生じたラジカル６がトリブチルスズヒドリドに捕捉され，目的の二環性化合物Ⅳaが得られる。

しかし，この反応はピコリン酸マンガン（Ⅲ）や毒性のあるスズヒドリドを化学量論量以上用いなければならず，大量スケール合成には不向きである。そこで，この酸化的ラジカル生成反応の触媒化を目指すことにした[15]。

まず，1-フェニルシクロプロパノール（７）とシリルエノールエーテル８との分子間反応をモデルとして，触媒化の検討を行った（スキーム5)。この反応では，シクロプロパノール７が一電子酸化を受けβ-ケトラジカル10が生成し，これが電子豊富なシリルエノールエーテルに付加して生成するラジカル中間体11がカチオンへ一電子酸化されるため，併せて二電子分の酸化が必要となる。

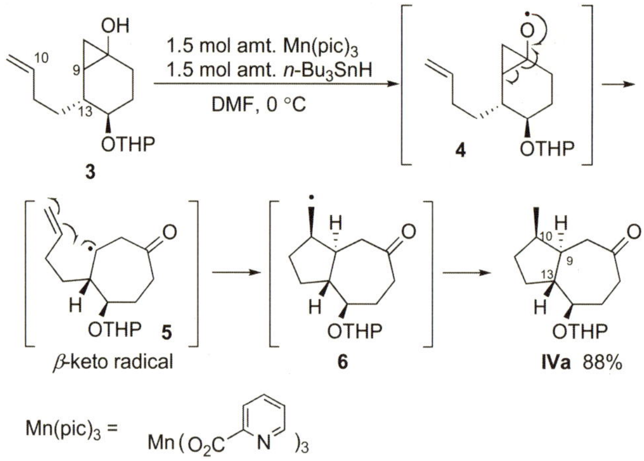

スキーム4

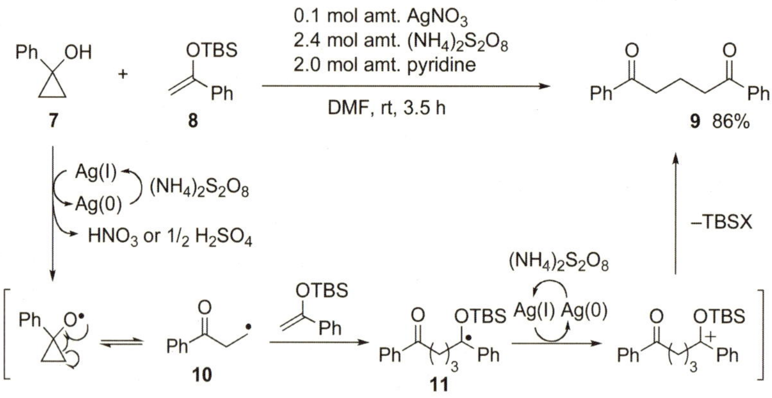

スキーム5

検討の結果，シクロプロパノール7とシリルエーテル8のDMF溶液に，酸化剤として触媒量の硝酸銀，再酸化剤としてペルオキソ二硫酸アンモニウム[16]，添加剤としてピリジンを加えて反応させると，目的の1,5-ジケトン9が触媒的に，収率良く得られることを見出した。この触媒反応では，一価銀が酸化剤として作用し，添加剤として用いたピリジンは，一価の銀の配位子および系中に生じる酸を捕捉する塩基という，2つの役割を果たしている。この手法により，シクロプロパノールの一電子酸化によるβ-ケトラジカルの生成を触媒化することができた。

次に，この触媒反応を分子内反応に応用して，二環性化合物IVbの合成を行った（スキーム6）。キナ酸を出発原料として，既知の光学活性なシクロヘキサノン12[17]を合成し，これより二環性シクロプロパノール14へと導いた。このシクロプロパノール14に，先の分子間反応の酸化条件下，ラジカル捕捉剤としてスズヒドリドに代えて，1,4-シクロヘキサジエンを加えて反応を行うと，光学活性な二環性化合物IVbを立体選択的に，大量スケールで合成することが可能と

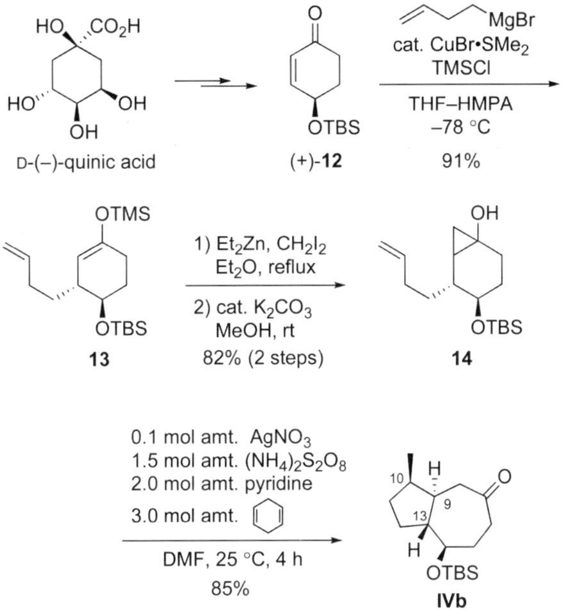

スキーム6

なった。

1.3　環化前駆体Ⅱの合成

まず，β-ケトエステル等価体となる炭素ユニットを，ケトンⅣbのC-3位へ位置および立体選択的に導入する手法を探ることとした。位置選択的にエノラートを生成させることは難しい。例えば，Ⅳbにリチウムジイソプロピルアミド（LDA）を作用させ速度論支配下でエノラートを調製し，これをクロロトリメチルシランで捕捉すると，シリルエノールエーテルが1：1の位置異性体混合物で得られる（式1）[14]。

この問題を解決するために，ケトンⅣbの*N,N*-ジメチルヒドラゾンを利用することを考えた

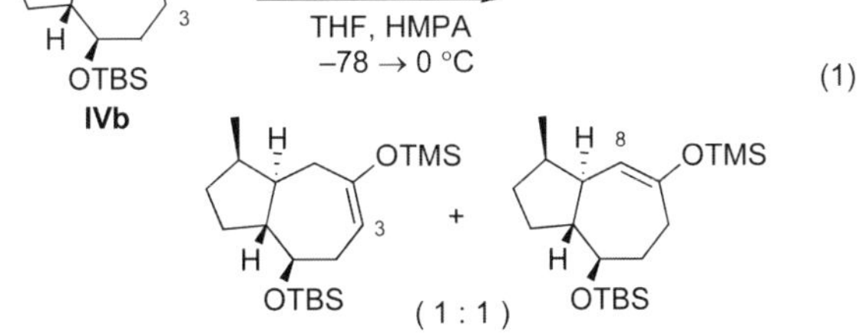

式1

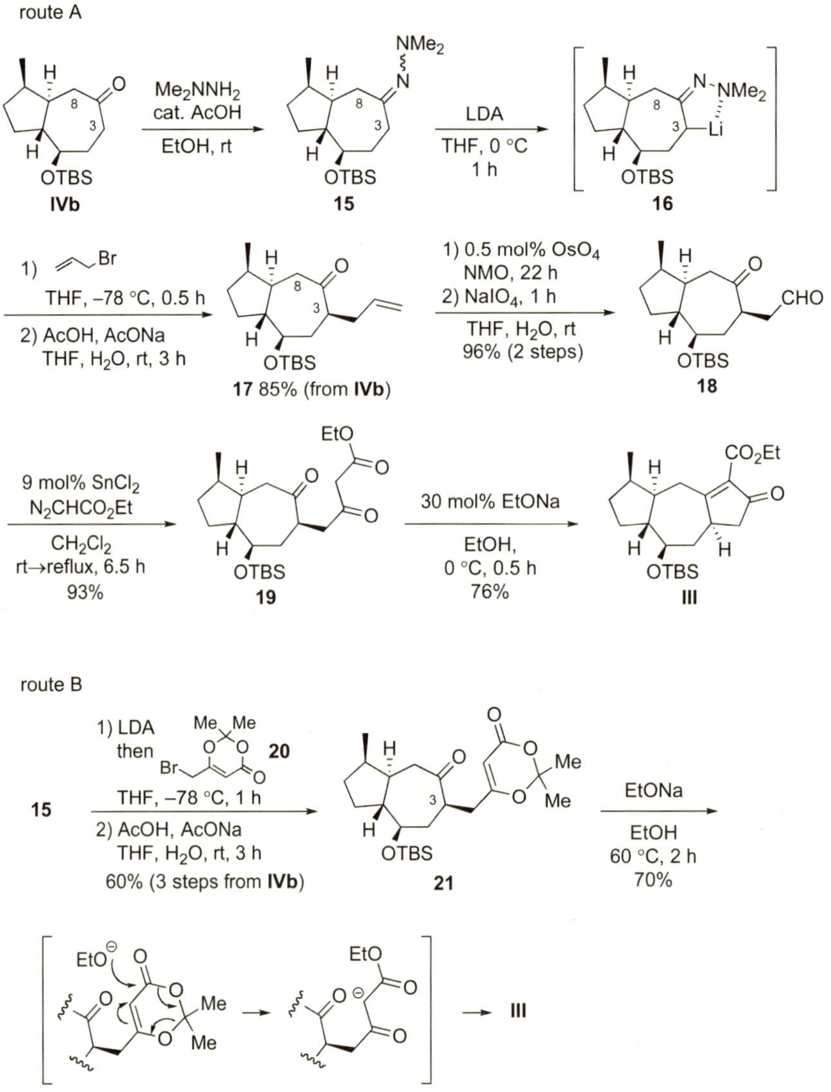

スキーム7

(スキーム7, route A)。非対称ケトンのアルキル化において，ヒドラゾンに変換することによって，高い位置選択性でアルキル化を行えることが知られているからである[18]。実際，Ⅳbの*N,N*-ジメチルヒドラゾン 15 に，LDA，引き続き臭化アリルを作用させると，位置選択的にC-3位がアリル化されることがわかった。ヒドラゾンを酸性加水分解する際に，C-3位のα,β-エピメリ化も進行し，熱力学的に安定なβ-アリル化体 17 が選択的に得られた。17 より3段階を経て，β-ケトエステル 19 に変換し，これをエタノール中で，触媒量のナトリウムエトキシドを作用させると，脱水縮合し，三環性化合物Ⅲが得られた。

このようにして目的の三環性化合物Ⅲを合成することができたが，*N,N*–ジメチルヒドラゾン15からの変換に6工程必要であり，効率的なルートとはいえない。そこで，より短段階な変換ルートを探索した（route B）。その結果，ヒドラゾンのリチウムアザエノラートのアルキル化剤として，6–ブロモ–2,2–ジメチル–1,3–ジオキセン–4–オン（20）[19]を，*β*–ケトエステル等価体として利用できることを見出した。すなわち，ヒドラゾン15にLDA，引き続き臭化物20を作用させると，位置選択的にアルキル化が進行した。先程と同様に，ヒドラゾンを加水分解することで立体選択的に21を得ることができた。これに，エタノール中ナトリウムエトキシドを加えて加熱すると，アセトニドが脱保護されて生じる*β*–ケトエステルが，さらに脱水縮合して，三環性化合物Ⅲへ一挙に誘導できた。このように，20をアルキル化剤として用いることによって，ヒドラゾン15からⅢへの変換を半分の3工程に短縮することができた。

続いて三環性化合物ⅢのC–7位に，ソルダリシンのヒドロキシメチル基等価体として，ビニル基を*α*–選択的に1,4–付加させ[20]，生じるエノールをアセチル基で保護して，22を合成した（スキーム8）。22の*t*–ブチルジメチルシリル（TBS）基を除去し，得られるアルコールをクロロクロム酸ピリジニウム（PCC）で酸化してケトン23とした。23のカルボニル基へビニルGrignard試薬を1,2–付加させ，アリルアルコール部位を構築した後，アセチル基をTBS基に置

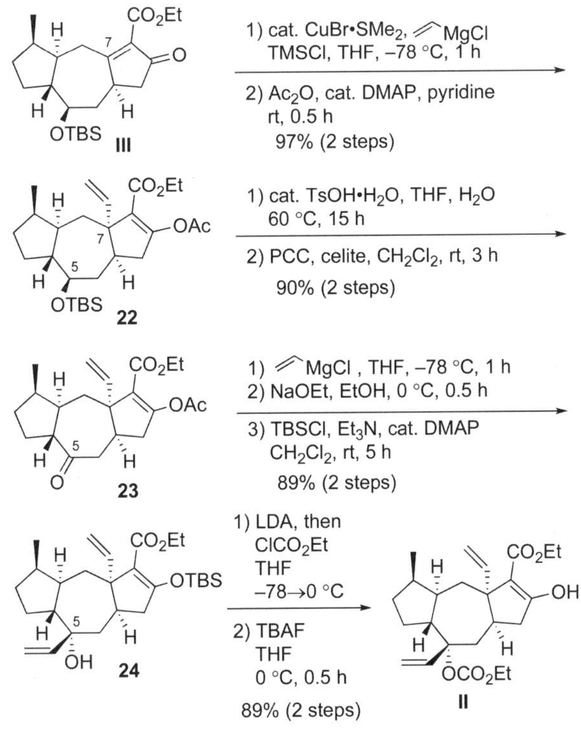

スキーム8

き換えて 24 を得た。アリルアルコールをエトキシカルボニル化してアリル炭酸エステルとした後，TBS 基を除去することで環化前駆体Ⅱを合成した。

1.4 パラジウム触媒を用いた多置換ビシクロ［2.2.1］骨格の構築

三環性化合物Ⅱを用いて，分子内カップリングによる多置換ノルボルナノン合成の検討を行った。一般に，パラジウム触媒を用いたアリル炭酸エステルによる活性メチレン化合物のアリル化反応は，塩基を添加することなく進行する。そこで，アリル炭酸エステルⅡに触媒量のテトラキストリフェニルホスフィンパラジウムを加えて 1,4-ジオキサン中で加熱したが，望みの環化反応は全く進行せず，π-アリルパラジウム中間体から β-水素脱離したジエン 25 と 26 が得られてくるのみであった（式 2）。

そこで，アリルパラジウム中間体が生じた際に速やかに配位子交換させるために，あらかじめⅡに水素化ナトリウムを作用させてナトリウムエノラートを調製した後に，触媒量のテトラキストリフェニルホスフィンパラジウムを加えて加熱を行った。このような改良を加えることによって β-水素脱離が抑制され，速やかに環化反応が進行して望みの多置換ノルボルナノンⅠを 92% の収率で合成することができた（スキーム 9)。Ⅰはソルダリン（2）のすべての不斉炭素中心を有している。

なお，Ⅱから生じる π-アリルパラジウム種 27 の C-5 位は sp^2 炭素平面構造であり，Ⅲより数段階を経て得られる三環性化合物 28 も C-5 位が sp^2 炭素を持つため，27 と 28 のそれぞれの構造には類似性が見られると考えられる。28 の X 線結晶構造解析を行ったところ，図 2 に示すよ

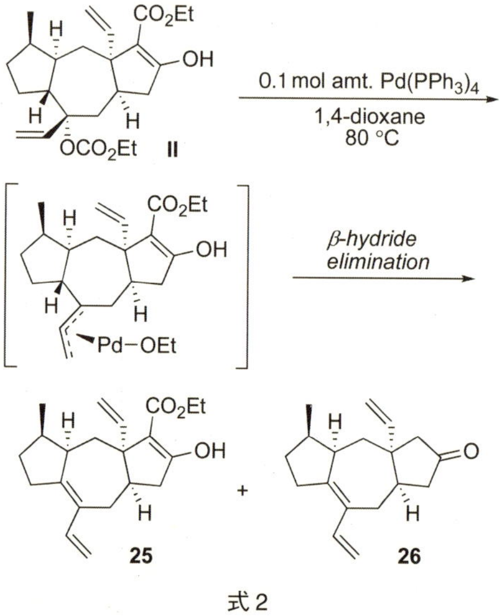

式 2

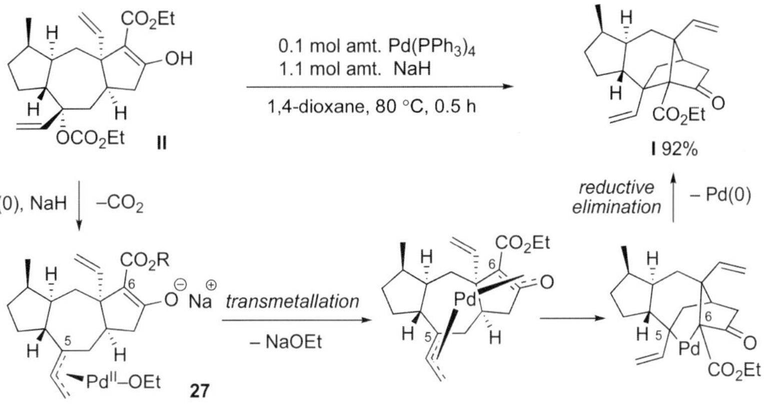

スキーム 9

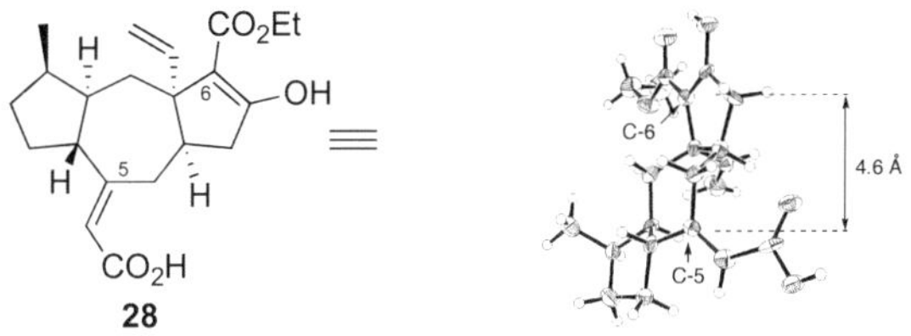

図 2

うに C-5 位と C-6 位の距離は約 4.6 Å と非常に離れていることが分かった。Ⅱの環化反応を進行させるためには，あらかじめナトリウムエノラートを生成させておくことが必要である。反応点が離れているにもかかわらず，カップリング反応が円滑に進行したのは，ナトリウムエノラートを生成させることによって，π-アリルパラジウムとの分子内配位子交換が速やかに起こり，β-水素とのアゴスティック相互作用を抑制するとともに，反応点も近づいたためと推測している（スキーム 9）。

また，この分子内アリル化反応は多置換ノルボルナノンの一般的な合成法として利用できる（式 3）。すなわち，分子内にアリル炭酸エステルと活性メチン部位を有する 5 員環化合物 29 の 1,4-ジオキサン溶液に，水素化ナトリウム，続いて触媒量のテトラキストリフェニルホスフィンパラジウムを加えて加熱したところ，収率良く多置換ノルボルナノン 30 を合成することができ

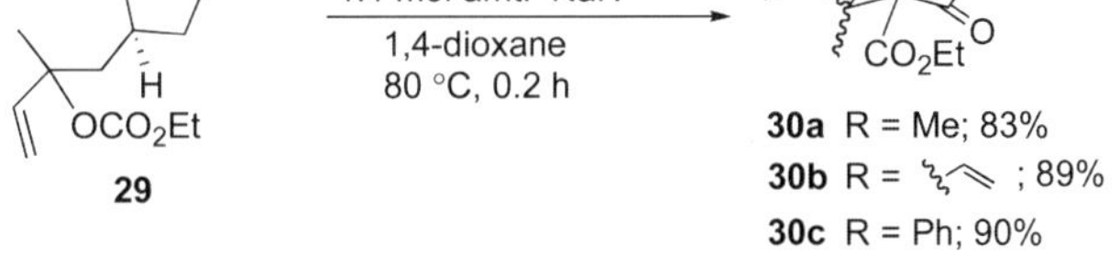

式 3

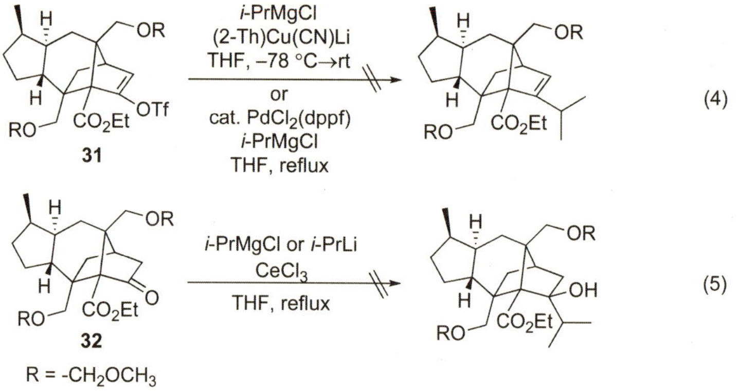

式4，5

た[21]。

Ｉからソルダリシン（2）へ導くために残された段階は，ⅰ）2つの末端ビニル基のヒドロキシメチル基およびホルミル基への変換と，ⅱ）C-1位へのイソプロピル基の導入である。まず，2つの末端ビニル基の酸化的開裂を経て合成したトリフラート 31 やケトン 32 へ，イソプロピル基の導入を試みた。ところが，トリフラート 31 とイソプロピル Grignard 試薬のカップリング反応（式4）や，ケトン 32 へのイソプロピル金属試薬の 1,2-付加反応（式5）は全く進行せず，出発原料が回収されるのみであった[22,23]。

この原因としては，31 のエノールトリフラート部位や，32 のカルボニル基が立体的に遮蔽されているためであろうと考えた。そこで，反応部位周辺の立体的な混雑を軽減するため，ビニル基を残したままイソプロピル基を先に導入することを試みた。実際，Ｉから合成したエノールトリフラート 33 に，ヘキサメチルリン酸トリアミド（HMPA）存在下，イソプロピル Grignard 試薬と 2-チエニルシアノクプラートから調製されるイソプロピル銅試薬を反応させると，収率良く目的のイソプロピル化体 34 を得ることができた（スキーム 10）[24,25]。

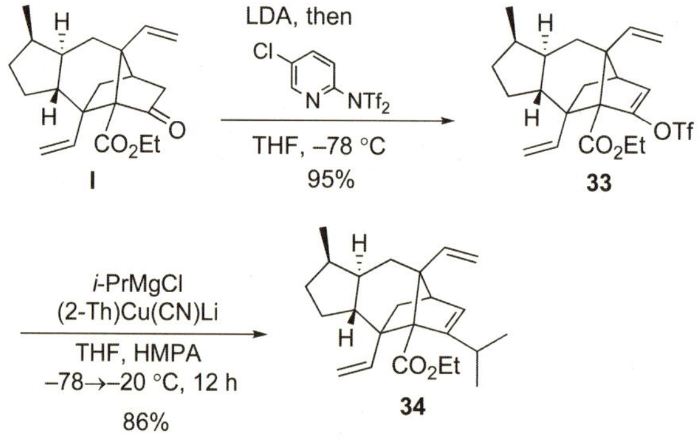

スキーム 10

次に，ノルボルネン部位のアルケンを残したまま，34の2つの末端ビニル基だけを酸化開裂する手法について検討を行った。予想通りこの変換は，非常に難しいものであった。アルケンの酸化開裂によく用いられるオゾンや四酸化オスミウム—過ヨウ素酸ナトリウムを用いる反応を試みたが，いずれも複雑な混合物を与えてしまう。ノルボルネン型アルケン部位が歪みのため反応性に富むからであろう。一方，我々の研究室では，アルケンの四酸化オスミウムによる触媒的ジヒドロキシ化において，無水条件でフェニルボロン酸を加えて反応を行うと，含水条件に比べて反応が速く，また生成物のジオールがボロン酸エステルとして得られることを見出している[26)]。仮に，34の末端アルケンが先に酸化され，ボロン酸エステルとなれば，ノルボルネン部位のオレフィンが効果的に遮蔽されるのではないかと考えた。そこで，上述の酸化条件をトリエン34に適用したところ，ビスフェニルボロン酸エステル35の生成を^{1}H NMRで確認することができた（スキーム11）。引き続き，35を含んだ粗生成物を含水THF中，過ヨウ素酸ナトリウムを加えて加熱すると，フェニルボロン酸エステル部位の加水分解と生じるジオールの酸化的開裂が一挙に進行し，ジアルデヒド36を2段階53%の収率で得ることができた。

得られたジアルデヒド36をジオール37へ還元し，次に2つのヒドロキシ基周辺の立体障害の差を利用して，C-19位のヒドロキシ基を選択的にTBS保護することができた。38の残った

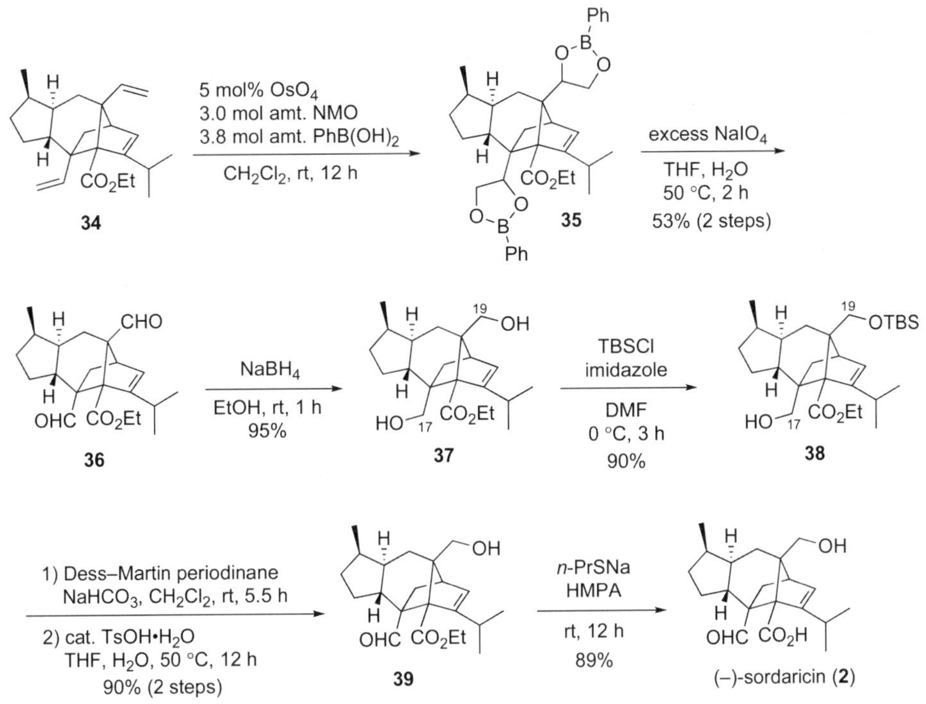

スキーム11

C-17位のアルコールをアルデヒドへ酸化した後，TBS基を酸性条件下で除去してソルダリシンエチルエステル39を得た。最後に，プロパンチオラート[27]によるエチルエステル部位の脱エチルによって，(－)-ソルダリシン（2）へと導いた。

2　ソルダリンの合成

2.1　合成計画

前述の通り，ソルダリンの構造は，アグリコン［ソルダリシン（2）］に，3位の立体化学がマンノースとは異なる6-デオキシ糖がβ(1,2-*cis*)-グリコシド結合で結ばれたものである。我々は，ソルダリンのβ(1,2-*cis*)-グリコシド結合の構築を行うにあたり，その3位ヒドロキシ基を立体制御に利用することを考えた（スキーム12）。すなわち，3位ヒドロキシ基にアシル系置換基を導入し，その1,3-遠隔関与によってグリコシル化をβ(1,2-*cis*)-選択的に進行させようというものである[28,29]。

2.2　グリコシル化の検討

糖供与体はスキーム13に示す方法で合成した。D-マンノースより文献既知の方法に従って合成した6位にトシルオキシ基を有するα-フェニルチオ糖40[30]を，水素化リチウムアルミニウムで処理して6位をデオキシ化した。これより数段階を経て，4位をメチルエーテル，2位を4-メトキシベンジルエーテルとした42へと導いた。次に，42の3位のアルコールを酸化し，生じるケトン43を水素化ホウ素ナトリウムで還元すると，3位の立体化学が反転した44を立体選択的に合成することができた[31]。44の3位ヒドロキシ基を，各種置換ベンゾイル基，および，TBS基で保護した後，これらを含水アセトン中，*N*-ブロモコハク酸イミドで処理して1-ヒドロキシ糖45 a–dを合成した。

グリコシル化の立体選択性を検討するため，ソルダリシンのモデルとしてネオペンチルアルコ

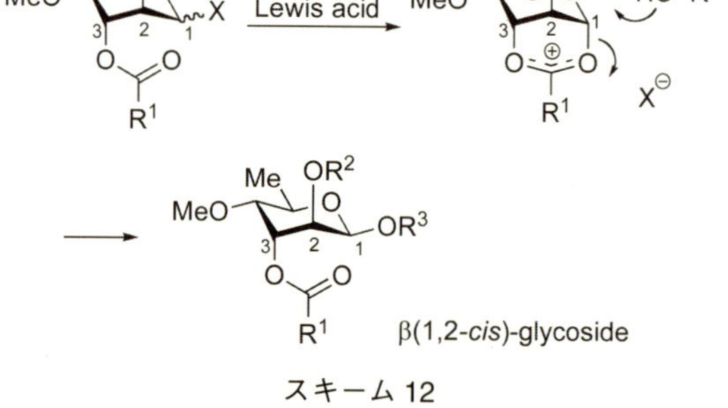

スキーム12

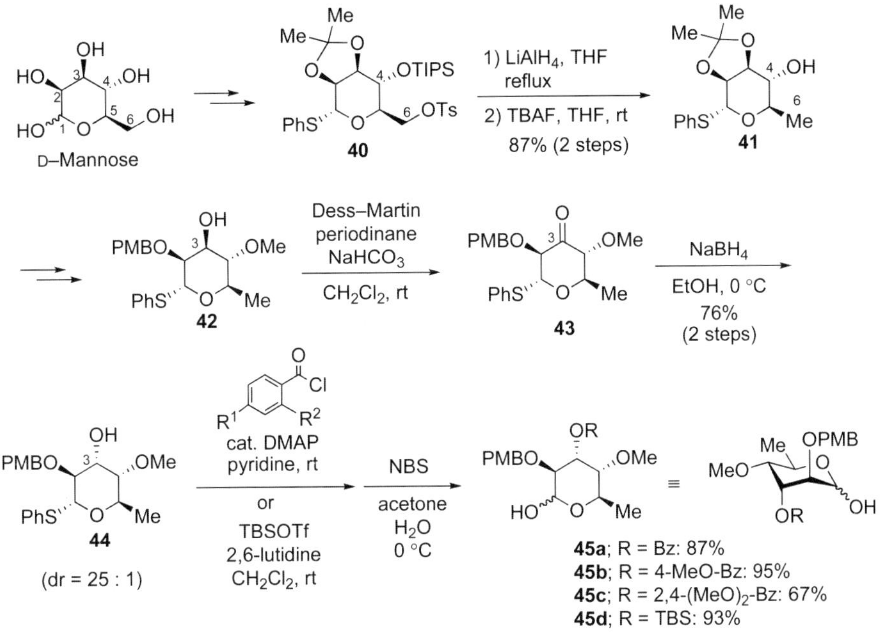

スキーム 13

ールを用い，糖供与体は 1–ヒドロキシ糖 45 に DAST（Et_2NSF_3）を作用させて調製したフッ化糖 46 を精製せずにそのまま用いた。向山らの方法に従い，ネオペンチルアルコールとフッ化糖 46 の混合物に，ジエチルエーテル中でモレキュラーシーブ 4 A 存在下，塩化スズ（II）と過塩素酸銀の混合ルイス酸を作用させグリコシル化を試みた（表 1）[32]。

まず，ベンゾアート 46 a を用いて反応を行ったところ，室温でグリコシル化が進行し，$\beta:\alpha=2.5:1$ の選択性で 47 a が収率良く得られた（run 1）。狙い通り，ベンゾイル基の 1,3–遠隔関与によって，β–選択的なグリコシル化が進行しているとすれば，芳香環上に電子供与基を導入してアシロキソニウム中間体を安定化させることにより，さらに選択性が向上すると期待できる。そこで次に，4–メトキシベンゾアート 46 b を用いて同様の反応を行った。その結果，若干ではあるが，β–選択性が向上した（$\beta:\alpha=3:1$）（run 2）。しかし，さらに電子供与性の高い 2,4–ジメトキシベンゾアート 46 c を用いた場合は，反応時間が長くなり，収率も低下した（run 3）。

この反応では，アキシアルに配向した 3 位ベンゾイルオキシ基の立体障害によって，β–選択性が生じている可能性も考えられる。そこで，より嵩高く 1,3–遠隔関与を起こすことのない TBS エーテル 46 d を用いてグリコシル化反応を試みたところ，β–選択性は低下した（$\beta:\alpha=1.5:1$）（run 4）。これより，3 位のベンゾイル基の 1,3–遠隔関与が，β–選択性の向上に寄与しているものと考えられる。

表 1

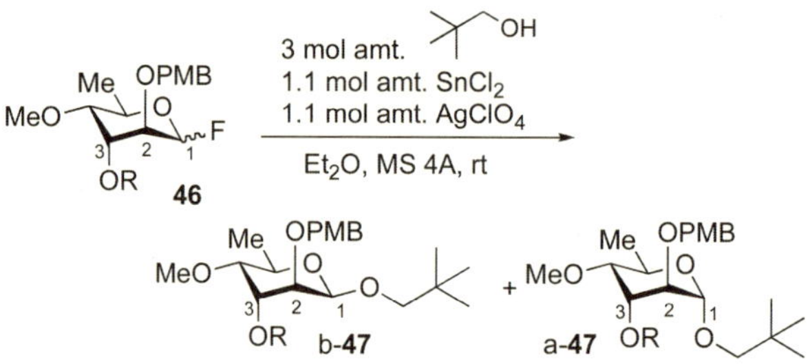

run	R		time/h	yield/%	b：a
1	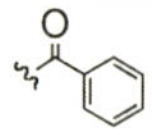	**46a**	1.5	**47a** 92	2.5：1
2	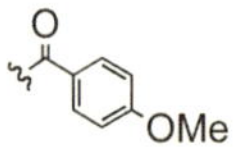	**46b**	1.5	**47b** 92	3：1
3	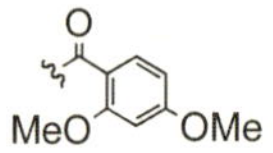	**46c**	5	**47c** 69	2.5：1
4	*t*-$BuMe_2Si$	**46d**	1	**47d** 80	1.5：1

2.3 ソルダリンの合成

モデル実験の結果をもとに，ソルダリシンエチルエステル **39** のグリコシル化を試みた（スキーム 14)。**39** とフッ化糖 **46 b** の混合物にジエチルエーテル中モレキュラーシーブ 4 A 存在下，塩化スズ（II）と過塩素酸銀の混合ルイス酸を作用させたところ，良好な選択性（$\beta:\alpha=6.5:1$）で目的のグリコシル化体 **48** が得られた。**48** の 4-メトキシベンジル基を DDQ 酸化によって除去した段階で，α および β 体の両異性体を分離することができた。分離して得た β-**49** の 4-メトキシベンゾイル基を除去しソルダリンエチルエステル **50** とし，最後にエステル部位をプロパンチオラートによって脱エチルしてソルダリン（**1**）へと導いた。合成したソルダリンの各種スペクトルデータおよび生物活性は，天然物のものと完全に一致した。

以上のように，抗真菌活性天然物ソルダリン（**1**）の初の合成を達成することができた。本合成の特徴は，アグリコン部の歪んだビシクロ［2.2.1］骨格を，三環性化合物 **II** から Pd（0）触媒による，分子内アリル化反応で構築する点にある。また，触媒的な β-ケトラジカル生成法の開発することにより，合成計画の初期段階である二環性化合物 **IVb** を大量に得ることが可能となった。さらに，1,3-遠隔関与を用いる β-選択的なグリコシル化を開発し，ソルダリンの有する異常糖の効率的導入に成功した。本合成ルートに従えば環化前駆体となる三環性化合物 **II** の置換基の修飾や構造変換も容易に行うことができると考えられ，これより得られる多置換ノルボルナノン

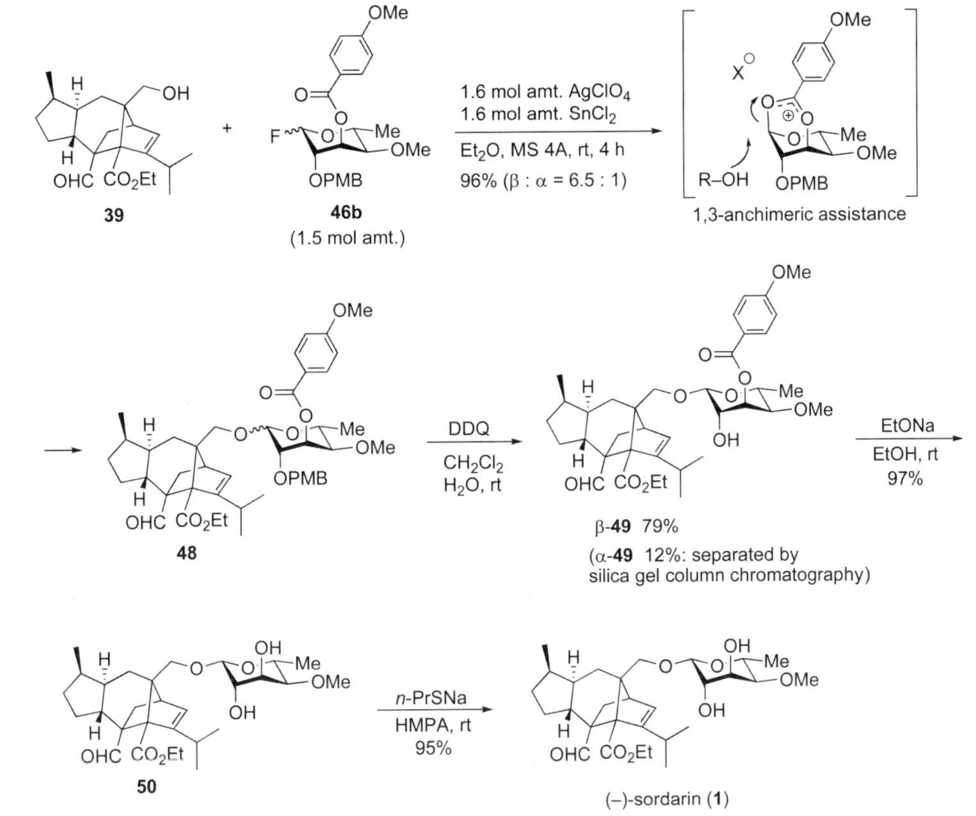

スキーム 14

中間体から，従来困難であった誘導体合成が可能になると考えている。

謝辞

中間体のX線結晶構造解析を行っていただいた東京大学大学院理学系研究科狩野直和博士に感謝いたします。ソルダリンの標品をご恵与くださいました三共㈱および合成したソルダリンの生物活性試験をしてくださいましたアステラス㈱に感謝いたします。本研究の一部は文部科学省科研費補助金，日本学術振興会科研費補助金，文部科学省21世紀COEプログラム「動的分子論に立脚したフロンティア基礎化学」，㈶医薬資源研究振興会研究助成金の支援を受けて行ったものであり，この場を借りて深謝いたします。

文　　献

1) D. Hauser, H. P. Sigg, *Helv. Chim. Acta.*, **54**, 1178 (1971)
2) M. C. Justice, M. J. Hsu, B. Tse, T. Ku, J. Balkovec, D. Schmatz, J. Nielsen, *J. Biol. Chem.*, **273**, 3148 (1988)
3) a) B. DiDomenico, *Curr. Opin. Microbiology*, **2**, 509 (1999); b) N. H. Georgopapadakou, *Curr. Opin. Microbiology*, **1**, 547 (1998)
4) a) M. Kitamura, S. Chiba, K. Narasaka, *Chem. Lett.*, **33**, 942 (2004); b) S. Chiba, M. Kitamura, K. Narasaka, *J. Am. Chem. Soc.*, **128**, 6931 (2006)
5) 化合物の炭素番号は，その化合物中での優先順位をもとに決めたものではなく，ソルダリシンの分子中の炭素番号に対応したものである（図1参照)。
6) N. Kato, S. Kusakabe, X. Wu, M. Kamitamari, H. Takeshita, *J. Chem. Soc. Chem. Commun.*, 1002 (1993)
7) a) L. N. Mander, R. J. Thomson, *J. Org. Chem.*, **70**, 1654 (2005); b) L. N. Mander, R. J. Thomson, *Org. Lett.*, **5**, 1321 (2003); c) A. Achulé, H. Liang, J.-P. Vors, M. A. Ciufolini, *J. Org. Chem.*, **74**, 1587 (2009); d) H. Liang, A. Schul, J.-P. Vors, M. A. Ciufolini, *Org. Lett.*, **9**, 4119 (2007)
8) H. J. Borschberg, PhD Dissertation, ETH, Zurich, Switzerland, 1975.
9) K. C. Nicolaou, S. A. Snyder, T. Montagnon, G. Vassilikogiannakis, *Angew. Chem. Int. Ed.*, **41**, 1668 (2002)
10) J. Tsuji, *Acc. Chem. Res.*, **2**, 144 (1969)
11) T. Mikami, K. Narasaka, in "Advances in Free Radical Chemistry", Vol. 2, p, 45-88, ed. by S. Z. Zard, JAI Press Inc., Greenwich, 1999.
12) 奈良坂紘一，有機合成化学協会誌，**48**, 972 (1990); K. Narasaka, N. Miyoshi, K. Iwakura, T. Okauchi, *Chem. Lett.*, 2169 (1989)
13) N. Iwasawa, S. Hayakawa, M. Funahashi, K. Isobe, K. Narasaka, *Bull. Chem. Soc. Jpn.*, **66**, 819 (1993); b) N. Iwasawa, S. Hayakawa, K. Isobe, K. Narasaka, *Chem. Lett.*, 1193 (1991)
14) a) N. Iwasawa, M. Funahashi, S. Hatakawa, T. Ikeno, K. Narasaka, *Bull. Chem. Soc. Jpn.*, **72**, 85 (1999); b) N. Iwasawa, M. Funahashi, S. Hayakawa, K. Narasaka, *Chem. Lett.*, 545 (1993)
15) S. Chiba, Z. Cao, S. A. A. El Bialy, K. Narasaka, *Chem. Lett.*, **35**, 18 (2006)
16) F. Minisci, A. Citterio, *Acc. Chem. Res.*, **16**, 27 (1983)
17) M. T. Barros, C. D. Maycock, and M. R. Ventura, *J. Chem. Soc., Perkin Trans. I*, 166 (2001)
18) E. J. Corey, D. Enders, *Tetrahedron Lett.*, 3 (1976)
19) M. Sato, J. Sakaki, K. Takayama, S. Kobayashi, M. Suzuki, C. Kaneko, *Chem. Pharm. Bull.*, **38**, 94 (1990)
20) S. Matsuzawa, Y. Horiguchi, E. Nakamura, I. Kuwajima, *Tetrahedron*, **45**, 349 (1989)
21) 遷移金属触媒を用いるビシクロ[2.2.1]ヘプタン-2-オン誘導体の合成：a) P. Langer, E. Holtz, N. N. R. Saleh, *Chem. Eur. J.*, **8**, 917 (2002); b) T. Miura, H. Nakazawa, M. Mu-

rakami, *Chem. Commun.*, 2855 (2005) ; c) T. Miura, T. Sasaki, H. Nakazawa, M. Murakami, *J. Am. Chem. Soc.*, **127**, 1390 (2005)
22) T. Hayashi, M. Konishi, Y. Kobori, M. Kumada, T. Higuchi, Ken Hirotsu, *J. Am. Chem. Soc.*, **106**, 158 (1984)
23) T. Imamoto, N. Takiyama, K. Nakamura, T. Hatajima, Y. Kamiya, *J. Am. Chem. Soc.*, **111**, 4392 (1989)
24) J. E. McMurry, W. J. Scott, *Tetrahedron Lett.*, **21**, 4313 (1980)
25) B. H. Lipshutz, M. Koerner, D. A. Parker, *Tetrahedron Lett.*, **28**, 945 (1987)
26) N. Iwasawa, T. Kato, K. Narasaka, *Chem. Lett.*, 1721 (1988)
27) P. A. Bartlett, W. S. Johnson, *Tetrahedron Lett.*, 4459 (1970)
28) a) Y. Ichikawa, H. Kubota, K. Fujita, T. Okauchi, K. Narasaka, *Bull. Chem. Soc. Jpn.*, **62**, 845 (1992) ; b) J. F. Lavallee, G. Just, *Tetrahedron Lett.*, **32**, 3469 (1991) ; c) R. J. Young, S. Shaw-Ponter, G. W. Hardy, G. Mills, *Tetrahedron Lett.*, **35**, 8687 (1994) ; d) T. Mukaiama, N. Hirano, M. Nishida, H. Uchiro, *Chem. Lett.*, 99 (1996) ; e) T. Mukaiyama, H. Uchiro, N. Hirano, T. Ichikawa, *Chem. Lett.*, 629 (1996)
29) Wiesner らは 1,3-隣接基関与による β 選択的 2-デオキシピラノース誘導体の報告を行っている。K. Wiesner, T. Y. R. Tsai, H. Jin, *Helv. Chim. Acta*, **68**, 300 (1985)
30) K. C. Nicolaou, R. M. Rodriguez, H. J. Mitchell, H. Suzuki, K. C. Flyaktakidou, O. Baudoin, F. L. van Delft, *Chem. Eur. J.*, **6**, 3095 (2000)
31) 立体選択性の発現は α-アキシアルに配向した嵩高いチオフェニル基の立体障害によって，ヒドリドがカルボニル基の β 面から攻撃したことによると考えている。

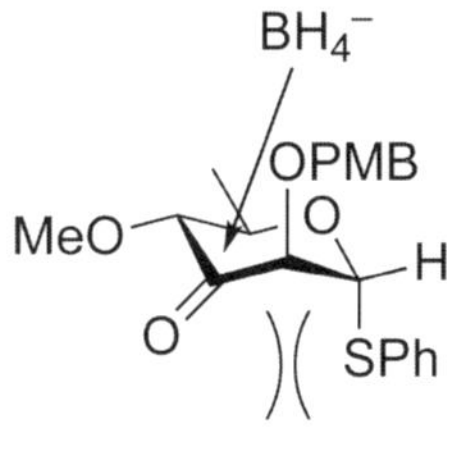

43

32) T. Mukaiyama, Y. Murai, S. Sonoda, *Chem. Lett.*, 431 (1981)

第3章

γ-ラクタム型天然有機化合物の全合成

只野金一　慶應義塾大学 理工学部 教授

1 はじめに

人類の健康維持に多大な貢献をしている抗生物質の主流をなすものの一つとして，ペニシリンやセファロスポリンに代表される，構造中に4員環骨格を含むβ-ラクタム系天然有機化合物が挙げられる。この一群の抗生物質については，これまでに膨大な基礎および応用研究がなされてきた。これに対し近年，5員環骨格であるγ-ラクタム構造，およびスピロ構造の一部としてγ-ラクタム環を含む天然有機化合物がいくつも単離され，注目を集めている。これらのγ-ラクタム型化合物の多くは，高度に酸素官能基されていることに加えγ位に炭素および酸素官能基が存在することにより，その構造の特異性を際立たせている。加えて，それらの多くが薬理活性の面においても興味深い特徴を有することが明らかにされており，それらの合成研究が現在盛んに行われている[1)]。本章では，私達のグループで全合成を達成したγ-ラクタム型天然有機化合物，すなわち（－）-PI-091（1），（－）-プラマニシン（pramanicin）（2），（－）-シューロチンA（pseurotin A）（3），（－）-シューロチンF_2（4），および（－）-アザスピレン（azaspirene）（5）（図1）に関し，それらの全合成の概略を紹介する。いずれの全合成も，「D-グルコース等の糖質をキラルプールとして活用する，天然有機化合物のエナンチオ特異的なキラル合成」研究の一環として遂行されたものである[2)]。これらの天然有機化合物の絶対立体化学の確立を意図し，さらには全合成の標的化合物が構造中に多くの酸素官能基を含む事より，私達は絶対立体化学の決まっている糖質を出発物質とする合成戦略の有利さ故に，キラル合成ルートを選択した。

2 （－）-PI-091の全合成[3)]

（－）-PI-091（1）は，*Paecilomyces* sp. F-3430菌株より単離，構造解析された化合物で，血小板凝集抑制作用を有することが1990年に大正製薬の研究グループにより報告された[4)]。私達

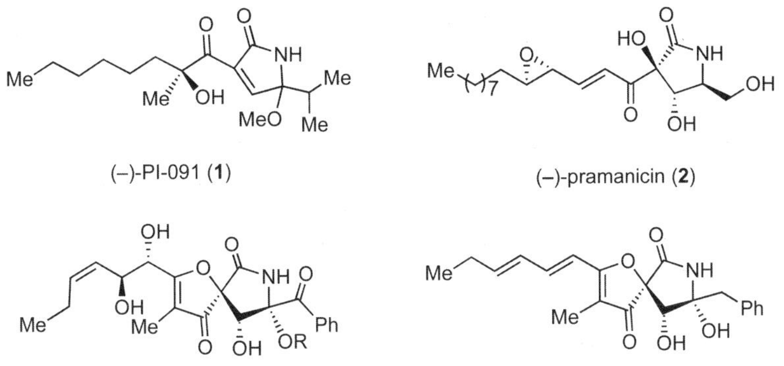

(−)-PI-091 (**1**)　(−)-pramanicin (**2**)

(−)-pseurotin A　(**3**): R = Me
(−)-pseurotin F_2　(**4**): R = H

(−)-azaspirene (**5**)

図1

のグループでは1の合成研究に関わることから，その後の一連のγ-ラクタム型天然有機化合物の合成研究をスタートすることとなった。標的化合物1は，ケトカルボニルのα位に不斉三級ヒドロキシ基を有する長鎖アシル基と，イソプロピル基とメトキシ基の双方を，それぞれα,β-不飽和-γ-ラクタム構造のα位，およびγ位に有し，比較的小分子でありながらの特異な構造をもつ。

図2に示すように，私達は文献記載の方法[5]にてD-グルコースより誘導される3位に立体化学の明確な三級水酸基を含む化合物6を，1の全合成の出発物質として選んだ。2工程の操作を経て6をヘミアセタール7とし，ジオール部を酸化的に切断，保護基の操作を経てアルデヒド8とした。Wittig反応にて5炭素増炭しオレフィン9を経て，水素添加，保護基の部分的除去にてジオール10とした。ついで，イソプロピリデンアセタールへの保護基の付け替え等にて11とし，その後の2工程にてケトン12とした。3-メチル-2-ブタノン（13）由来の速度論支配のエノラートを，12へと求核攻撃させ，3：7のジアステレオマー混合物としてアルドール付加体14を得た。この混合物14をMeONaにて処理したところ，ピバロイル基の脱保護にて得られるアルコキシド15が速やかにカルボニル基へ分子内攻撃し，テトラヒドロフラン16が得られた。化合物16は酢酸処理にて2分子の脱水反応が起こり，フラン環へと変換された。得られたフラン体のα位をトリメチルシリル（TMS）化し活性基を導入したのち[6]，得られた17を高圧水銀ランプにて光照射下，一重項酸素による付加反応に付したところ[7]，高効率にてγ-ヒドロキシブテノリド骨格が構築され18が得られた。この18の脱保護，引き続くメチルアセタール化にてジオール19とした。このブテノリド19をメタノール中液体アンモニアにて処理したところ，α,β-不飽和γ-ラクタム構造へと変換され，20が得られた（この際に回収された19は再利用）。なおこの反応において，メチルアセタール部がアミナール構造へ戻ることが判明したため，アミ

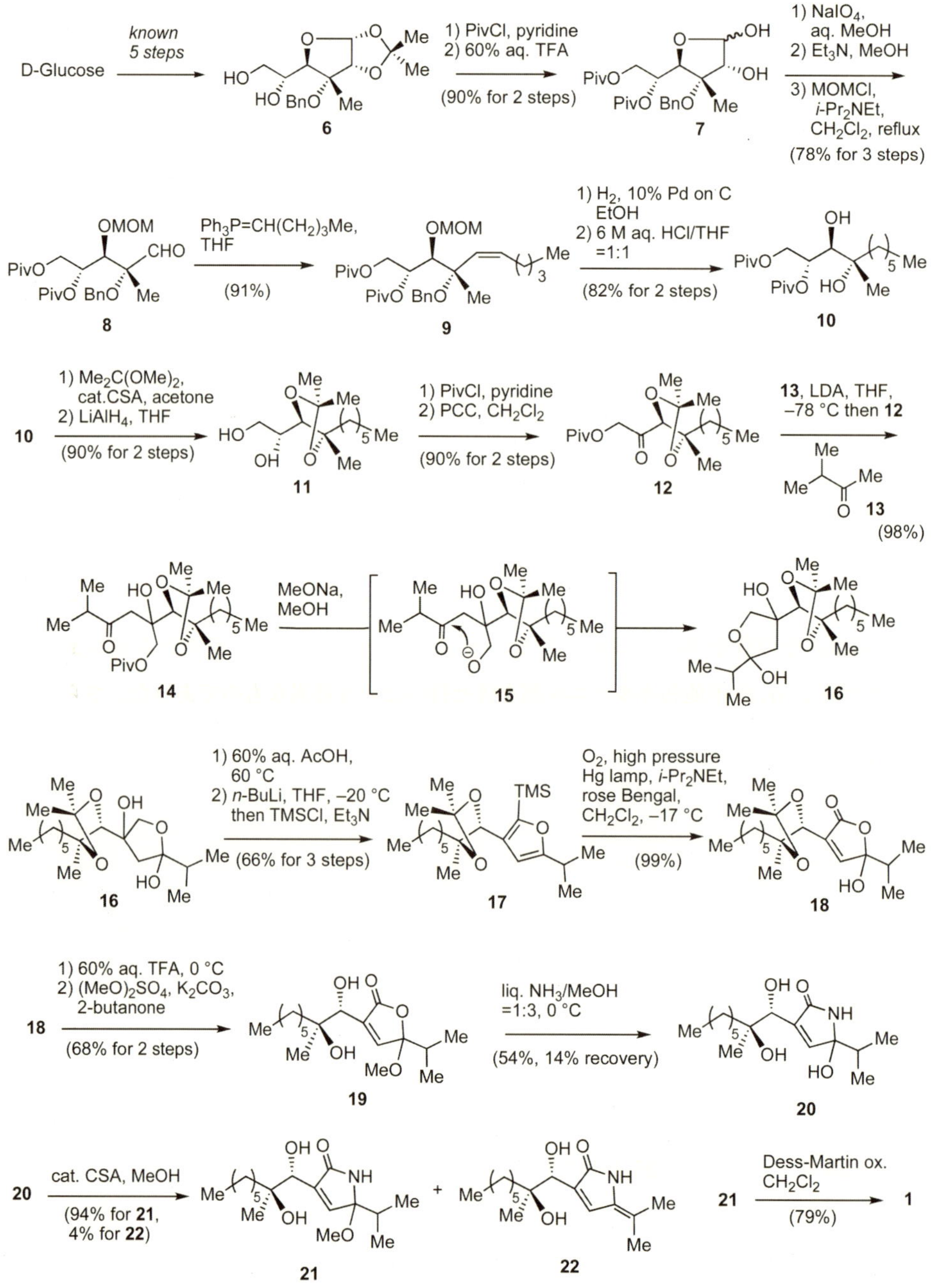
D-Glucose
known
5 steps
6
1) PivCl, pyridine
2) 60% aq. TFA
(90% for 2 steps)
7
1) NaIO4, aq. MeOH
2) Et3N, MeOH
3) MOMCl, i-Pr2NEt, CH2Cl2, reflux
(78% for 3 steps)
8
Ph3P=CH(CH2)3Me, THF
(91%)
9
1) H2, 10% Pd on C EtOH
2) 6 M aq. HCl/THF =1:1
(82% for 2 steps)
10
1) Me2C(OMe)2, cat.CSA, acetone
2) LiAlH4, THF
(90% for 2 steps)
11
1) PivCl, pyridine
2) PCC, CH2Cl2
(90% for 2 steps)
12
13, LDA, THF, −78 °C then 12
13
(98%)
14
MeONa, MeOH
15
16
1) 60% aq. AcOH, 60 °C
2) n-BuLi, THF, −20 °C then TMSCl, Et3N
(66% for 3 steps)
17
O2, high pressure Hg lamp, i-Pr2NEt, rose Bengal, CH2Cl2, −17 °C
(99%)
18
1) 60% aq. TFA, 0 °C
2) (MeO)2SO4, K2CO3, 2-butanone
(68% for 2 steps)
19
liq. NH3/MeOH =1:3, 0 °C
(54%, 14% recovery)
20
cat. CSA, MeOH
(94% for 21, 4% for 22)
21
22
Dess-Martin ox. CH2Cl2
(79%)
1

図2

ナール体20を酸性条件下メタノールにて処理し，メチルアセタール体21とした（少量のエナミド体22が副生)。最後に，Dess-Martin試剤にて21の二級水酸基を酸化し，(－)-PI-091 (1) の全合成を達成した。合成品の旋光性より，天然より得られた (－)-PI-091の絶対立体化学が図示したものであることも確認された。さらに合成品は，天然品と同程度の血小板凝集抑制作用（ウサギ）を有した。なお，(－)-PI-091 (1) は，γ位における1：1のジアステレオマー混合物として存在する。

その後，岩澤らはFischer型モリブデンカルベン錯体のエンイン型化合物への付加反応，引き続くトシルイソシアナートとの反応による新規なγ-ラクタム骨格形成反応を駆使し，化合物1の不斉全合成を達成し報告している[8]。なお彼らは，側鎖ジオール部をSharpless不斉ジヒドロキシル化反応を用いて導入している。

3 (－)-プラマニシンの全合成[9]

Merck社の研究グループは，*Stagonospora* ap. MF 5868株より抗カビおよび抗菌活性を有する物質として (－)-プラマニシン (2) を単離，構造決定し1994年に報告した[10]。各種スペクトル解析の結果，その構造はα,β-ジヒドロキシ-γ-ヒドロキシメチル-γ-ラクタム環のα位に，長鎖γ, δ-エポキシ-α, β-不飽和カルボニル部を併せ持つという特異なものであった。さらに，2には内皮細胞依存性血管緊張低下作用[11]，およびある種の白血病細胞に対するアポトーシス誘引作用[12]があることも報告された。一方，Harrisonらの研究[13]により8つの酢酸ユニットと1つのL-セリンより2が生合成されることが，実験的に検証されている。またこの生合成研究を通じて2の絶対立体化学が提唱され，さらにはBarrettらの非天然型 (＋)-エナンチオマーの全合成を通じて確立された[14]。Barrettらの全合成は，L-glutamic acidを出発物質としたキラル合成法にて遂行された。図3に，D-キシロースより出発した私達の2の全合成の概略を示す。

文献記載の方法[15]にてD-キシロースをデオキシ糖23へと変換後，3位水酸基の酸化にて得られたケトン体への立体選択的Grignard反応にてビニル基を導入し，三級アルコール24とした。酸加水分解引き続くヘミアセタール性水酸基の*N*-ヨードこはく酸イミド (NIS) による選択的酸化にて，24をγ-ラクトン25とした後，ジオール部を保護して得られた26を，ヒドリド還元し直鎖ジオール27とした。ついで3工程の保護基の操作で27を一級アルコール28とし，続くDess-Martin酸化にて得られたアルデヒド29へ1,3-ジチアン由来のアニオンを付加させたところ，反応は高立体選択的に進行した。生成した水酸基をメトキシメチル (MOM) 基にて保護し，30を得た。ジチアン体30を含水アセトニトリル中MeIにて処理し，生じたアルデヒド基をヒドリド還元し，生じた一級水酸基をベンジル基にて保護して31とした。この31のビニル

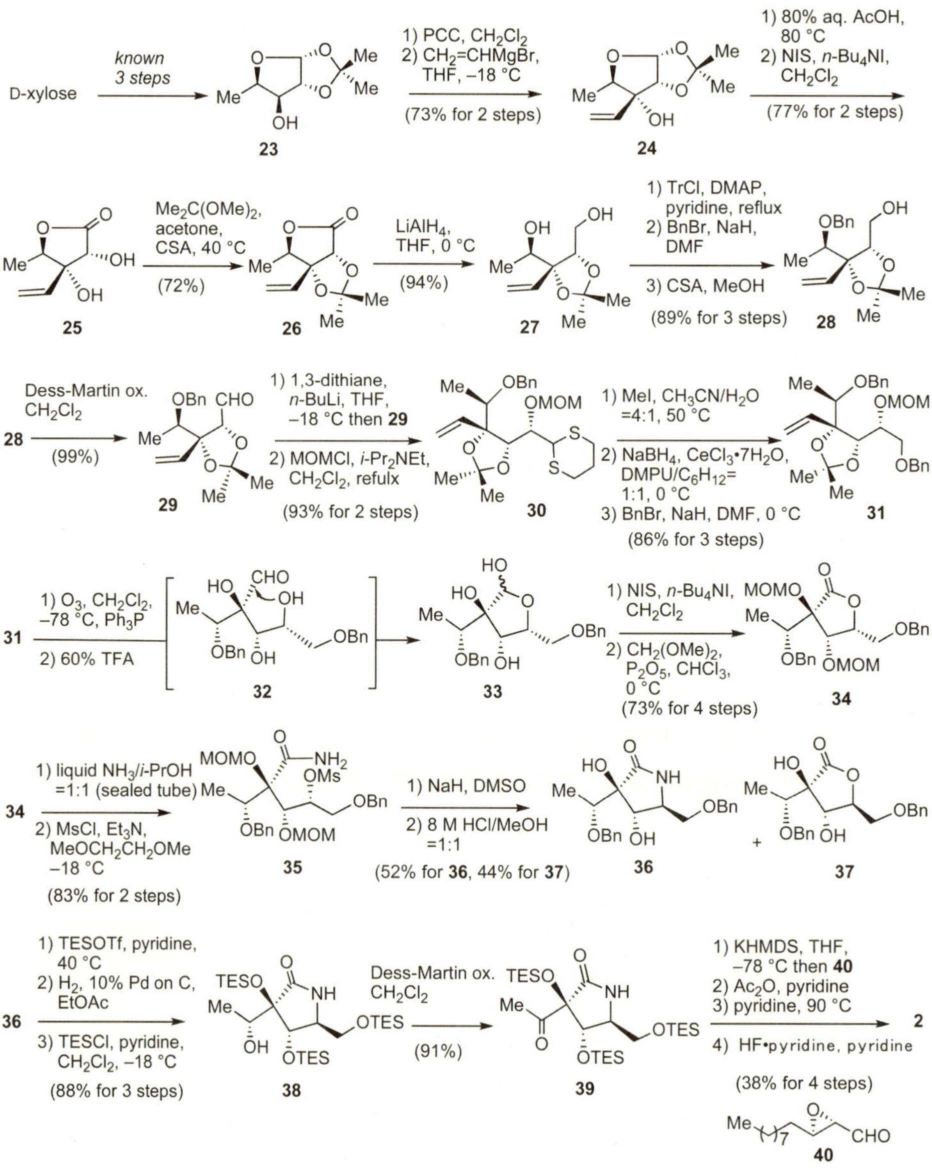

図3

基をオゾン分解，還元的後処理ののち，アセタール性保護基を加水分解すると，32 に示すように分子内アセタール化が進行しラクトール 33 が得られた。この 33 の NIS 酸化，引き続く MOM 基による保護にて，γ-ラクトン 34 を得た。引き続く 34 の液体アンモニアによる処理にて γ-ラクトン環を開環させ，生成したアミド体に存在する水酸基をメシル化し，35 とした。メシル体 35 を NaH にて処理したところ，生じたアミドアニオン（*N* アニオン）がメシルオキシ基に S_N2 攻撃して得られる γ-ラクタム体と，イミノオキシ基（*O* アニオン）が攻撃して得られる環化体の混合物が得られた。この混合物を酸加水分解してMOM基を除去した後に分離し，望むγ-ラクタム体36とγ-ラクトン体37をおよそ1.2：1の比で分離した。γ-ラクタム体36の収率向上を目指し，種々条件を検討したが収率の改善には至らなかった。ついで，3工程の保護基の操作にて36をトリ-*O*-トリエチルシリル（TES）体38へと変換した後，遊離の水酸基を酸化して，メチルケトン体39とした。別途Barrettらの報告に準じ合成した光学的に純粋なα,β-エポキシアルデヒド40（>99% *ee*）[14]と，メチルケトン39とのカリウムヘキサメチルジシラジド（KHMDS）を塩基としたアルドール反応にて，側鎖部の伸長を達成した。ついでアルドール反応にて生成した水酸基を，2工程（アセチル化／ピリジン中加熱処理）にて脱離させ（*E*）-エノン構造を構築し，最後にシリル保護基を除去して天然型（－）-プラマニシン（2）の全合成を達成した。

4　(－)-シューロチンA（3）および（－)-シューロチンF₂（4）の全合成[16]

（－）-シューロチンA (3) は，バーゼル大学のTammらにより*Pseudeurotium ovalis* STOLKの培地から単離され，1976年に最初に報告された天然有機化合物である[17a]。また同時にTammらにより，各種スペクトル解析[17b]ならびに12，13位-ジブロモ誘導体を用いたX線結晶構造解析[18]により，絶対立体化学を含めた3の立体構造が明らかにされた。一方，1981年には同種の培地からTammらにより側鎖部の構造の異なる4種類の構造類縁体，シューロチンB，C，DおよびEが報告された[19]。その後，*Aspergillus fumigatus* 株から（－）-シューロチンF_2（8-*O*-デメチルシューロチンA）（4）が単離，構造決定され，あわせて3と4にはキチン合成酵素に対する弱い阻害活性があることが，2つの研究グループにより1993年に報告された[20]。これらシューロチン類は，いずれもが先例のない1-オキサ-7-アザスピロ［4.4］ノネン-4,6-ジオン骨格を基本構造として有し，加えて多くの酸素官能基を含む点からも，合成化学上も興味深い化合物群である。その後，日本化薬の研究グループによって3には，ラット褐色腫細胞（PC 12細胞）に対する神経突起誘導活性がある事も報告され，生物学的にも注目を集めている[21]。（－）-シューロチンA（3）の生合成経路がTammらにより研究され，その炭素骨格は1分子のプロピオニルCoAをスターターとして，4分子のマロニルCoA，1分子のL-フェニルアラニン，そして2分子のL-メチオニンが順次縮合して生成されていることが解明された[22]。シューロチン関連の化合物として，三共の研究グループは，*Aspergillus fumigatus* より抗カビ活性を有する（＋）-シネラゾールを単離および構造決定し，1991年に報告した[23]。この化合物は，シューロチンAの側鎖ジオール部がエポキシ環となったものであり，その絶対立体化学を含めた構造確認が，2004年に五十嵐らによって報告された[24]。また林らによりその全合成も2005年に報告されている[25]。薬理学上の見地から最近に至るまで，シューロチン類の化学的研究も検討されている[26]。

シューロチン類の合成研究に関しては，1990年代のTammらによる数編の報告[27]以来途絶えていたが，私達のグループの全合成の達成とほぼ同時期に林らも3および4の全合成を報告した[28]。彼らのアプローチは，(*E*)-2-ペンテン酸メチルへのSharpless不斉ジヒドロキシル化によるキラル中心の立体選択的導入より出発する不斉合成ルートであり，その後の塩基を用いたアミド窒素のフェニルアルキン部への分子内環化によるγ-ラクタム環の構築を鍵反応としている。

一方私達の3および4の全合成[16a, c, d]は，D-グルコースより簡便に誘導される既知の5,6-デオキシ糖41[29]より出発した。その概略を図4〜7に示す。図3に示した立体選択的ビニルGrignard反応を鍵とした23から28への変換と同様な操作にて，化合物41を42–45を経由して部分保護されたヘキサン-1,2,3,4-テトラオール誘導体46へと誘導した。化合物46の水酸基をDess–Martin酸化して得られるアルデヒド47に対し，1-ブロモ-1-フェニルエテン（α-ブロモスチレン）より調製したリチオ体を求核付加させた結果，アルデヒド29の場合と同様に反応は高立体選択的に進行し，α-フェニルアリルアルコール48を唯一の生成物として与えた。アルデヒド47のα-アルコキシアルデヒド部でのキレーション形成による結果と考えている。アリルアルコール48の二カ所の二重結合をオゾン分解／還元的後処理にて一挙にベンゾイル基およびアル

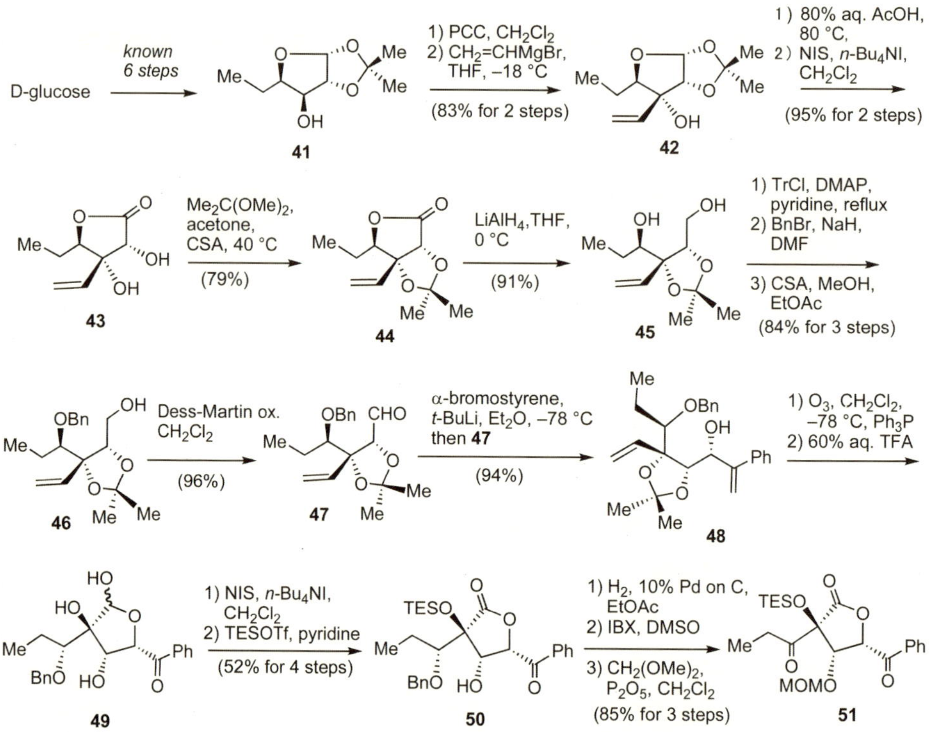

図4

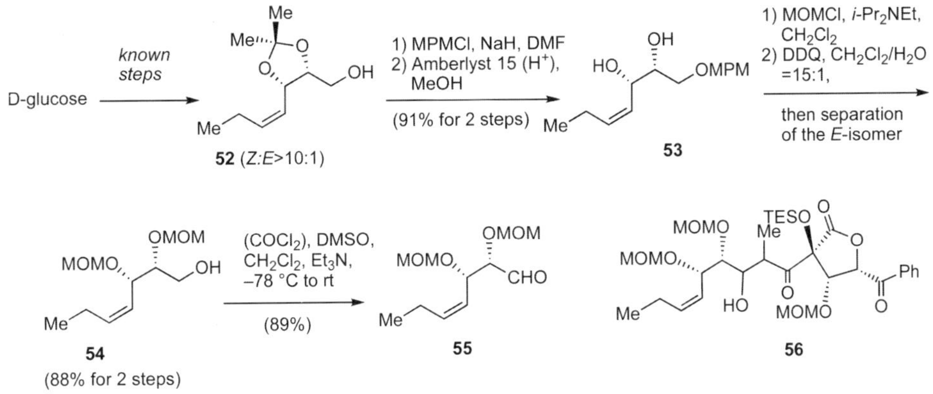

図5

デヒド基とした後，イソプロピリデンアセタール部を酸加水分解すると，分子内アセタール化が速やかに進行し，ヘミアセタール 49 が得られた。NIS 酸化にて 49 をγ-ラクトンとし，ついで立体的により空いている三級水酸基を選択的に TES 保護し，50 を得た。化合物 50 のベンジル基の加水素化分解，引き続く IBX 酸化，その後の遊離水酸基の MOM 基による保護にて，ベンゾイルエチルケトン 51 へと誘導した。

得られたエチルケトン 51 を用いた，アルドール反応による側鎖増炭反応を次に検討した。図5に示すように，アルドール反応の相手基質となるアルデヒド 55 を Tamm らの報告[27a]を参考に合成した。すなわち，D-グルコースよりキラルな（*Z*)-4-ヘプテン-1,2,3-トリオール誘導体 52 を 10：1 以上の *Z* 選択性にて合成したのち，4工程の保護基の操作にて 53 を経由して，54 とした。この段階で混在していた *E* 異性体由来の化合物が除去でき，純粋な *Z* 体として 54 を得た。化合物 54 の水酸基を酸化し得られたアルデヒド 55 と，前述のエチルケントン体 51 とのアルドール反応を種々の塩基条件にて検討した。しかし，いずれの条件においても複雑な混合物を与えるか，または分解反応が主として起こり，目的とするアルドール体 56 を収率良く得るには至らなかった。この好ましくない結果は，アルドール反応条件下で 51 に存在するベンゾイル基のα位での脱プロトン化も同時に引き起こされた結果と推測した。

そこで，γ-ラクトン骨格のγ位にベンゾイル基ではなく，ベンジル基を導入した基質を用いるアルドール反応を計画した。図6に示すように，前述のアルデヒド 47 への Grignard 反応によるベンジル基の求核付加を検討した。この反応を塩化ベンジルマグネシウムのみで行なうと，望みのベンジル付加体 57 と，58 にて示す遷移状態を経て得られる *o*-トリル付加体 59 のおよそ 1：3.5 の混合物が得られた[30]。そこでこの反応系内に1価銅塩（CuBr・Me_2S in THF/Me_2S 溶媒）を添加したところ[31]，化合物 59 の生成は押さえられ所望の 57 が高立体選択的かつ高収率にて得られた。ベンジル付加体 57 は，オゾン分解，還元的処理，引き続く酸加水分解を経て，

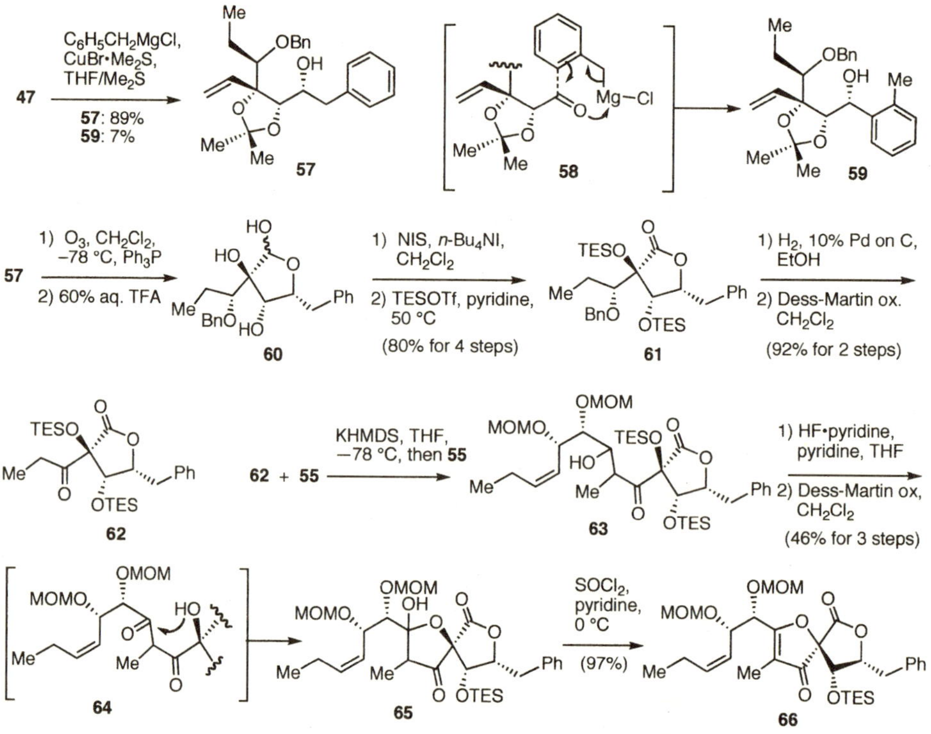

図6

ヘミアセタール60へと変換された。ついで，60のγ-ラクトン化，二つの水酸基のTES基による保護，ベンジル保護基の加水素化分解，酸化により61を経てエチルケトン体62へと誘導した。期待通り，KHMDSを塩基とした62由来のエノラートと，アルデヒド55の反応は副反応を伴う事なく進行し，ジアステレオマー混合物としてアルドール付加体63を与えた。この混合物をHF・pyridineにて処理したところ，立体障害の少ない三級水酸基のTES保護基のみが除去された。ついでアルドール反応にて生成した水酸基を酸化すると，64で示すように分子内アセタール化が進行し，スピロ骨格が構築された65が得られた。このアセタール型化合物65を，ピリジン存在下塩化チオニルにて処理すると，脱水反応が速やかに進行し，フラノン骨格が高収率にて構築され，1,7-ジオキサ［4.4］ノネン-4,6-ジオン構造を有する多官能性化合物66が効率よく得られた。

(−)-シューロチン類の全合成のために残された課題は，化合物66からのγ-ラクタム環およびα-ヒドロキシベンゾイル部の構築である。この課題は図7に示す工程にて達成された。検討の結果，TES基で工程を進めた場合には後の工程に不都合が生じたため，66の保護基を全てMOM基に変換し67とし，その後アンモニア飽和イソプロパノールにて処理したところ，開環したアミド体が得られた。さらに二級水酸基を酸化し，得られたケトアミド体を炭酸ナトリウム

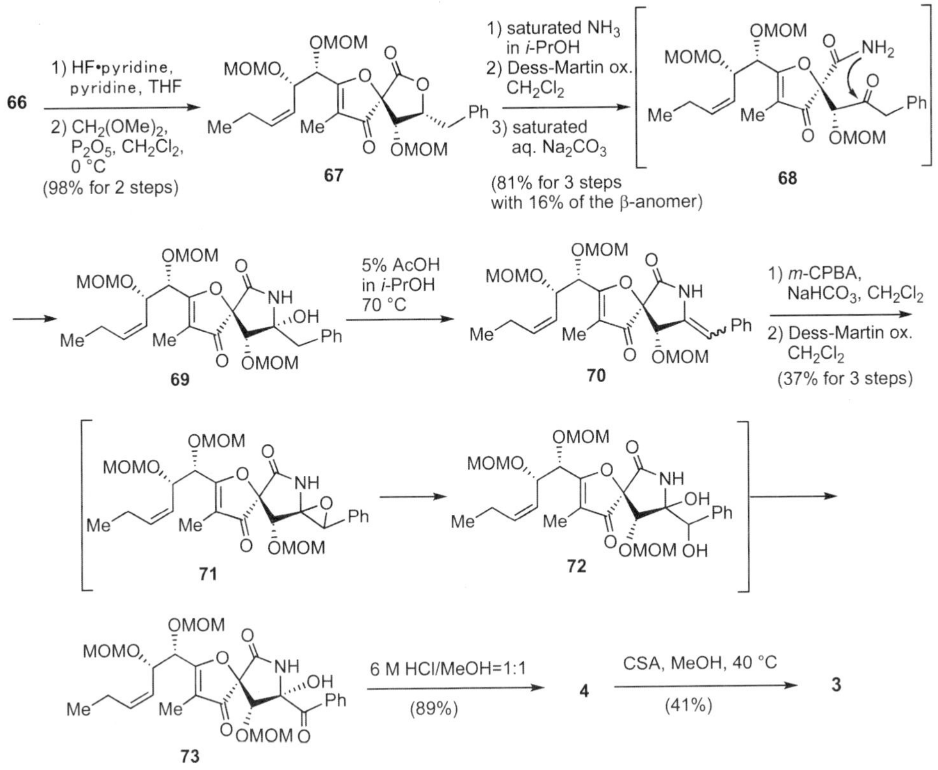

図7

にて処理したところ，図示したように中間体 68 のアミド窒素のカルボニルへの分子内攻撃が起こり，高収率にてα体としてヘミアミナール 69 がβ体との分離可能な約5：1混合物にて得られた。得られた 69 のベンジル部のベンゾイル構造への変換は以下のように達成された。ヘミアミナール 69 を希酸にて処理すると，脱水反応が速やかに起こり環状エナミド体 70 が *E, Z* 混合物として得られた。次に *m*-CPBA を用いて，この混合物中の二重結合への位置選択的なエポキシ化を試みた。ついで得られた生成物を直ちに Dess-Martin 酸化に付したところ，α-ヒドロキシベンゾイル誘導体 73 が 69 より3工程，中程度の収率にて単離された。なお，図示したエポキシ体 71 および反応系中に存在した水の攻撃により開環，生成したジオール 72 を単離することは出来なかった。さらにアミナール体 73 は唯一α体として得られた。酸加水分解にて 73 の保護基を除去した結果，(−)-シューロチン F_2 (4) の全合成が達成された。また，4 を CSA 存在下メタノールでアセタール化したところ，(−)-シューロチン A (3) が得られた。得られた 3 および 4 のいずれものスペクトルは天然品のものと一致し，それらの全合成の完成が確認された。

5 (−)-アザスピレン(5)の全合成[16c, d)]

(−)-アザスピレン(5)は,*Neosartorya* sp. から単離,構造決定された天然有機化合物として,2002年に理化学研究所の掛谷および長田らのグループにより報告された[32)]。このγ-ラクタム型天然有機化合物5は,血管内皮増殖因子が誘導する内皮細胞の遊走を抑制し,その結果血管新生阻害活性を示すことで新しいタイプの抗がん剤のリードと期待されている。興味ある点は,その構造中のスピロ骨格部がシューロチン F_2(4)と同一であり,側鎖として(*E,E*)-1,3-ヘキサジエニル基およびベンジル基を有している点である。なお,林らのグループはシューロチンA(3)の全合成に先立ち,不斉合成アプローチにてこの5の全合成を達成している[33)]。

私達のグループは,シューロチン類の全合成の中間体を用いて,5の全合成を達成した。その概略を図8に示す。前述のエチルケトン62由来のエノラートを,臭化リチウム共存下で(*E,E*)-2,4-ヘプタジエナール(74)と反応させ,アルドール付加体75を得た。生成物75の選択的脱TES化にて三級水酸基を遊離にし,酸化と分子内アセタール化,得られたテトラヒドロフラノン中間体よりの脱水を経て,フラノン76とした。なおこの際TES基が転移の後,一連の反応が進行して生成した77が副生したがこれらは分離可能であった。化合物76の保護基の操作によりMOMエーテル78を経て,アンモニアによるγ-ラクトンの開環,酸化,中間体ア

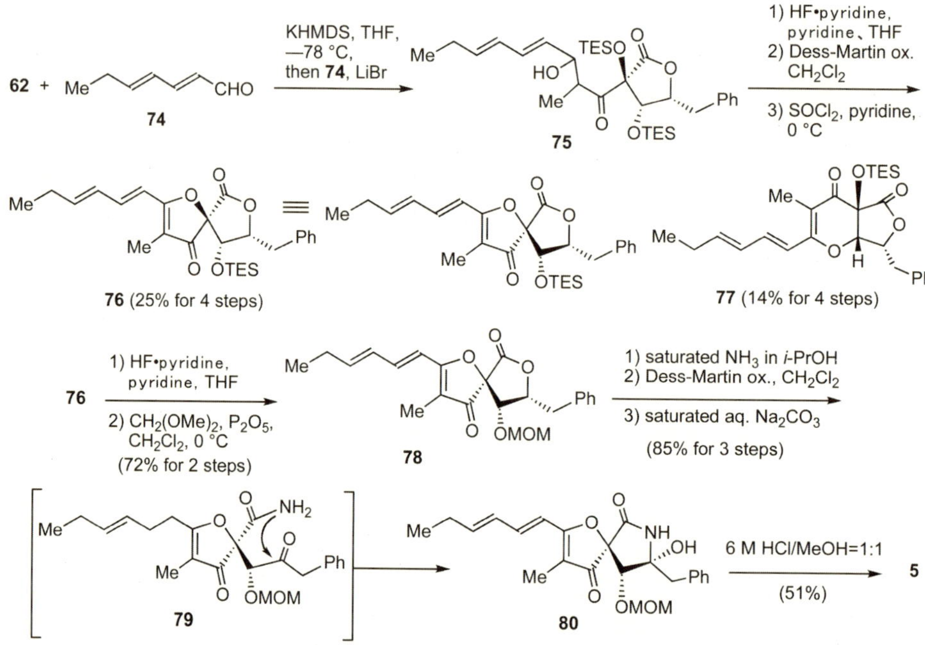

図8

ミド79のγ-ラクタム環への巻き直しにて80を高収率にて得た。最後に，脱保護を経て（−)-アザスピレン（5）の全合成を達成した。

6　おわりに

私達のグループで25年来展開している「糖質をキラルプールとした有用な化合物の全合成研究」の一環として，γ-ラクタム構造を中心骨格とした数種の天然有機化合物の全合成を紹介した。それらのなかには，薬理学上の重要性より今後の開発が期待されるものもあり，その量的供給も今後の研究推進のためには必須である。今回紹介した私達の全合成ルートは，そうした要望への一つの有効な解決法であると思っている。不斉合成ルートの開発をも含め，今後のγ-ラクタム型天然有機化合物の新規合成法の開発を期待したい。

文　　献

1) γ-ラクタム型天然有機化合物の合成に関する最近の総説：高尾賢一，青木伸也，只野金一，有機合成化学協会誌，65巻，460-469（2007）
2) 糖質をキラルプールとして用いた天然有機化合物のエナンチオ特異的全合成に関する総説：(a) 只野金一，須網哲夫，有機合成化学協会誌，44巻，633-646（1986）；(b) 只野金一，石原淳，小川誠一郎，有機合成化学協会，49巻，327-339（1991）；(c) K. Tadano in Studies in Natural Products Chemistry（Ed.: Atta-ur-Rahman), Elsevier, Amsterdam, vol. 10, 405-455（1992）；(d) 高尾賢一，石原淳，只野金一，有機合成化学協会誌，56巻，1026-1035（1998）；(e) K. Takao, J. Ishihara, K. Tadano in Studies in Natural Products Chemistry（Ed.: Atta-ur-Rahman), Elsevier, Amsterdam, vol. 24, 3-51（2000）
3) (a) R. Shiraki, A. Sumino, K. Tadano, S. Ogawa, *Tetrahedron Lett.*, **36**, 5551-5554（1995）；(b) R. Shiraki, A. Sumino, K. Tadano, S. Ogawa, *J. Org. Chem.*, **61**, 2845-2852（1996）；(c) 白木良太，只野金一，日化誌，1-14（1999）；(d) R. Shiraki, K. Tadano, *Rev. Heteroatom Chemistry*, **20**, 283-307（1999）
4) 川嶋朗，吉村祐子，酒井則善，神郡邦男，水谷卓，大村貞文，特開平2-62859
5) (a) J. S. Brimacombe, A. J. Rollins, S. W. Thompsom, *Carbohydr. Res.*, **31**, 108-113（1973）；(b) M. Funabashi, S. Yamazaki, J. Yoshimura, *Carbohydr. Res.*, **44**, 275-283（1975）
6) M. R. Kernan, D. J. Faulkner, *J. Org. Chem.*, **53**, 2773-2776（1988）
7) S. Katsumura, K. Hori, S. Fujiwara, S. Isoe, *Tetrahedron Lett.*, **26**, 4625-4628（1985）
8) (a) N. Iwasawa, K. Maeyama, *J. Org. Chem.*, **62**, 1918-1919（1997）；(b) 岩澤伸治，有機合成化学協会誌，56巻，413-423（1998）

9) S. Aoki, T. Tsukude, Y. Miyazaki, K. Takao, K. Tadano, *Heterocycles*, **69**, 49–54 (2006)

10) R. E. Schwartz, G. L. Helms, E. A. Bolessa, K. E. Wilson, R. A. Giacobbe, J. S. Tkacz, G. F. Bills, J. M. Liesch, D. L. Zink, J. E. Curotto, B. Pramanik, J. C. Onishi, *Tetrahedron*, **50**, 1675–1686 (1994)

11) C. -Y. Kwan, P. H. M. Harrison, P. A. Duspara, E. E. Daniel, *Jpn. J. Pharmacol.*, **85**, 234–240 (2001)

12) O. Kutuk, A. Pedrech, P. Harrison, H. Basaga, *Apoptosis*, **10**, 597–609 (2005)

13) P. H. M. Harrison, P. A. Duspara, S. I. Jenkins, S. A. Kassam, D. K. Liscombe, D. W. Hughes, *J. Chem. Soc. Perkin Trans.*, **1**, 4390–4402 (2000)

14) A. G. M. Barrett, J. Head, M. L. Smith, N. S. Stock, A. J. P. White, D. J. Williams, *J. Org. Chem.*, **64**, 6005–6015 (1999)

15) B. Hildebrand, Y. Nakamura, S. Ogawa, *Carbohydr. Res.*, **214**, 87–93 (1991)

16) (a) シューロチン類の全合成：青木伸也，大井隆宏，清水和哉，白木良太，高尾賢一，只野金一，第44回天然有機化合物討論会要旨集（東京），pp. 73–78 (2002)；(b) S. Aoki, T. Oi, K. Shimizu, R. Shiraki, K. Takao, K. Tadano, *Heterocycles*, **58**, 57–61 (2002)；(c) S. Aoki, T. Oi, K. Shimizu, R. Shiraki, K. Takao, K. Tadano, *Heterocycles*, **62**, 161–166 (2004)；(d) S. Aoki, T. Oi, K. Shimizu, R. Shiraki, K. Takao, K. Tadano, *Bull. Chem. Soc. Jpn.*, **77**, 1703–1716 (2004)

17) (a) P. Bloch, C. Tamm, P. Bollinger, T. J. Petcher, H. P. Weber, *Helv. Chim. Acta*, **59**, 133–137 (1976)；(b) P. Bloch, C. Tamm, *Helv. Chim. Acta*, **64**, 304–315 (1981)

18) H. P. Weber, T. J. Petcher, P. Bloch, C. Tamm, *Helv. Chim. Acta*, **59**, 137–140 (1976)

19) W. Breitenstein, K. K. Chexal, P. Mohr, C. Tamm, *Helv. Chim. Acta*, **64**, 379–388 (1981)

20) (a) J. Wink, S. Grabley, M. Gareis, R. Thiericke, R. Kirsch, Eur. Pat. Appl. EP 546, 474, DE Appl. 4,140.382 (*Chem. Abstr.*, **119**, 137528 y (1993))；(b) J. Wenke, H. Anke, O. Sterner, *Biosci. Biotech. Biochem.*, **57**, 961–964 (1993)

21) D. Komagata, S. Fujita, N. Yamashita, S. Saito, T. Morino, *J. Antibiot.*, **49**, 958–959 (1996)

22) P. Mohr, C. Tamm, *Tetrahedron*, **37**, 201–212 (1981)

23) O. Ando, H. Satake, M. Nakajima, A. Sato, T. Nakamura, T. Kinoshita, K. Furuya, T. Haneishi, *J. Antibiot.*, **44**, 382–389 (1991)

24) Y. Igarashi, Y. Yabuta, T. Furumai, *J. Antibiot.*, **57**, 537–540 (2004)

25) Y. Hayashi, M. Shoji, T. Mukaiyama, H. Gotoh, S, Yamaguchi, M. Nakata, H. Kakeya, H. Osada, *J. Org. Chem.*, **70**, 5643–5654 (2005)

26) (a) Y. Igarashi, Y. Yabuta, A. Sekine, K. Fujii, K. Harada, T. Oikawa, M. Sato, T. Furumai, T. Oki, *J. Antibiot.*, **57**, 748–754 (2004)；(b) M Ishikawa, T. Ninomiya, *J. Antibiot.*, **61**, 692–695 (2008)

27) (a) M. Dolder, X. Shao, C. Tamm, *Helv. Chim. Acta*, **73**, 63–68 (1990)；(b) X. Shao, M. Dolder, C. Tamm, *Helv. Chim. Acta*, **73**, 483–491 (1990)；(c) Z. Su, C. Tamm, *Helv. Chim. Acta*, **78**, 1278–1290 (1995)；(d) Z. Su, C. Tamm, *Tetrahedron*, **51**, 11177–11182 (1995)

28) Y. Hayashi, M. Shoji, S. Yamaguchi, T. Mukaiyama, J. Yamaguchi, H. Kakeya, H. Osada, *Org. Lett.*, **5**, 2287–2290 (2003)

29) (a) J. K. N. Jones, J. L. Thompson, *Can. J. Chem.*, **35**, 955–959 (1957) ; (b) J. S. Brimacombe, O. A. Ching, *Carbohydr. Res.*, **8**, 82–88 (1968)

30) (a) R. A. Benkeser, W. DeTalva, D. J. Darling, *J. Org. Chem.*, **44**, 225–228 (1979) ; (b) R. A. Benkeser, D. C. Snyder, *J. Org. Chem.*, **47**, 1243–1249 (1982)

31) (a) G. Fouquet, M. Schlosser, *Angew. Chem., Int. Ed. Engl.*, **13**, 82–83 (1974) ; (b) J. F. Normant, *Pure Appl. Chem.*, **50**, 709–715 (1978)

32) Y. Asami, H. Kakeya, R. Onose, A. Yoshida, H. Matsuzaki, H. Osada, *Org. Lett.*, **4**, 2845–2848 (2002)

33) Y. Hayashi, M. Shoji, J. Yamaguchi, K. Sato, S. Yamaguchi, T. Mukaiyama, K. Sakai, Y. Asami, H. Kakeya, H. Osada, *J. Am. Chem. Soc.*, **124**, 12078–12079 (2002)

第4章

(+)-スキホスタチンの全合成

加藤　正　東北薬科大学 教授

1　はじめに

スフィンゴ脂質は生体膜の構成成分として細胞を構造的に維持することや，生体内で栄養素として機能していると考えられていた。しかしながら，近年，分子生物学・分子細胞学の急速な進歩に伴い，スフィンゴ脂質は細胞内シグナル伝達物質（セカンドメッセンジャー）として，細胞の増殖・分化，アポトーシスなどのさまざまな細胞機能発現に関与していることが明らかにされた[1,2]（図1）。中でもスフィンゴミエリンの加水分解生成物であるセラミドは，アポトーシス誘導，細胞増殖抑制のみならず，神経突起の伸長，ストレス応答，老化現象，炎症反応，遺伝子転

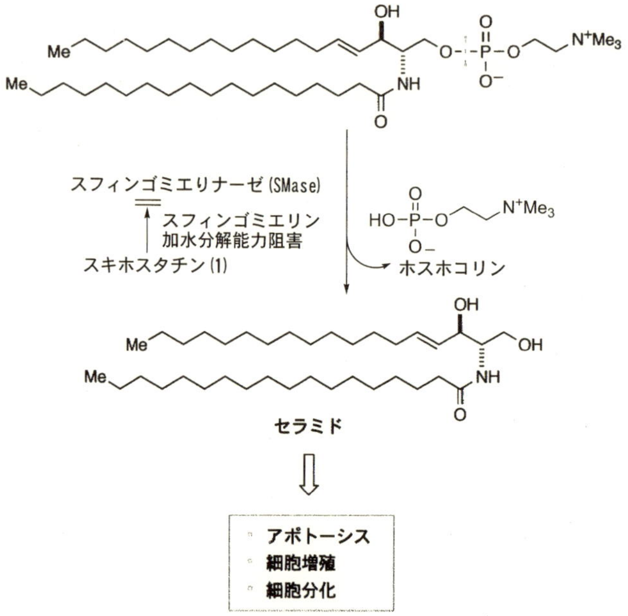

図1　スフィンゴミエリン代謝およびスキホスタチン（1）の作用機序

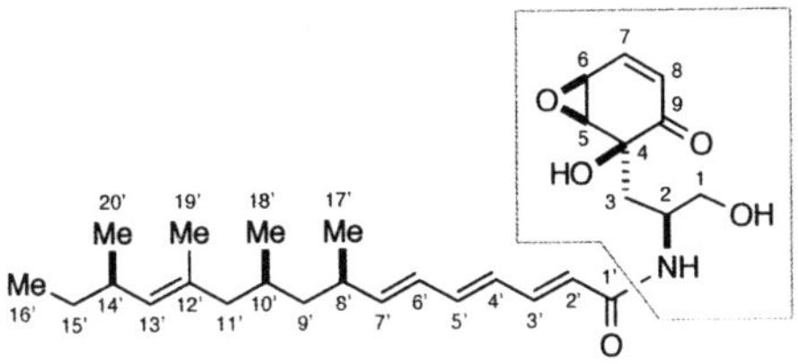

図2　スキホスタチン（1）の化学構造

写，脂質代謝などにも関与していることが明らかにされている[1,2]。したがって，スフィンゴミエリンの特異的な加水分解酵素であるスフィンゴミエリナーゼ（SMase）の強力かつ特異的な阻害剤[3]は，セラミドを介する細胞内（外）の情報伝達機構解明のための有効な分子プローブとなるほか，細胞内のセラミドレベルの上昇によって引き起こるさまざまな疾患（例えばAIDS[4]，炎症系[5]，免疫系および神経系疾患[6]など）の治療薬としての臨床応用が期待されている。

1997年，三共（現第一三共）㈱の荻田らにより糸状菌（*Trichopeziza mollissima* SANK 13892）から単離・構造決定されたスキホスタチン（1）（図2）は，中性スフィンゴミエリナーゼ（N-SMase）に対して強力かつ選択的な阻害作用を示し（$IC_{50} = 1.0\,\mu M$）[7,8]，多くの生物系研究者および創薬研究者から注目を集めている。また，本化合物は高度に官能基化されたエポキシシクロヘキセノン環部（C-1～C-9）と長鎖不飽和脂肪酸部（C-1′～C-20′）がアミド結合した特異な化学構造を有しており，合成化学的にも大変興味深い。スキホスタチンが単離・構造決定された当初，長鎖不飽和脂肪酸部の相対および絶対立体配置（C-8′，10′，14′位）は不明であったが，2000年になって古源ら[9]およびHoyeら[10]によって決定された。エポキシシクロヘキセノン環部は高度に官能基化されているため，その合成はチャレンジングであり，主な合成上の問題点として，①C-4位の不斉四級炭素をいかにして構築するか？　②不安定であると考えられるC-5，6位のエポキシ環をいかにして立体選択的に導入するか？　③反応性に富んだエノンをいつどのように構築するか？　の3点が挙げられる。これまでに多くの研究グループによりスキホスタチンのエポキシシクロヘキセノン環部の合成研究（Gurjar[11]，著者ら[12]，Taylor[13a, b, d, e]，大方—高木[14a, b, d]，北—藤岡[15]，Maier[16]，Pistino[17]），および長鎖不飽和脂肪酸部の合成研究（古源[9]，Hoye[10]，大方—高木[14c]，根岸[18]，Taylor[13c]）が報告されている。

著者らはスキホスタチン（1）の特異な化学構造と優れた生物活性に興味を持ち，1998年4月に合成研究を開始し，2004年6月に（+)-1の最初の全合成を報告した[19]。その後，2007年5月に大方—高木ら[20]（広島大学・理学部）によって，また，2007年9月には北—藤岡ら[21]（大阪大学・薬学部）によって（+)-1の全合成が相次いで報告された。本稿では，筆者らを含めた上記3つの研究グループで行われたスキホスタチン（1）の全合成について紹介する。

2　著者らによる(＋)-スキホスタチン（1）の全合成[19)]

2.1　合成計画

著者らの合成計画を図3に示す。スキホスタチン（1）はシクロヘキセン環部2と長鎖不飽和脂肪酸部3とのアミド結合形成を行い，その後，エノンシステムの導入とエポキシ環の構築により合成できると考えた。シクロヘキセン環部2は，ジエン4の閉環メタセシス（RCM）反応により合成し，C-4位の不斉四級炭素の構築とアミノプロパノール側鎖の導入は，メチルエステル5とセリナール誘導体6[22)]とのアルドール反応により，高立体選択的に行えると考えた。メチルエステル5の連続する3つの不斉炭素（C-4，5，6位）は，D-アラビノース（7）が有する不斉炭素を利用することにした。

長鎖不飽和脂肪酸部3の共役トリエン部は不安定であると予想されたので[8a)]，合成の最終段階

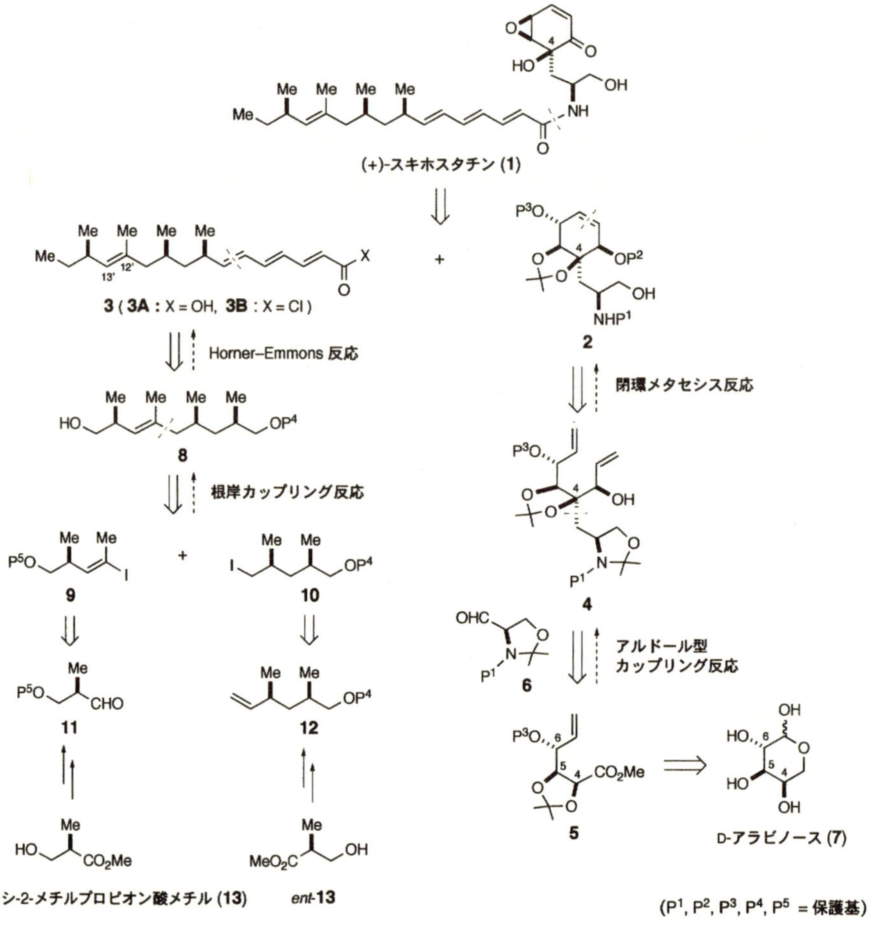

図3　著者らによる（＋）-スキホスタチン（1）の合成計画

でHorner-Emmons反応[23]により導入することにした。化合物3の合成において最も重要な工程は，三置換オレフィン部位（C-12′，13′）の*E*選択的な構築であり，これはヨウ化ビニル9とヨウ化アルキル10との根岸カップリング反応により達成できると考えた。中間体9と10は，アルデヒド11およびオレフィン12からそれぞれ合成できると考えた。化合物11[24]および12[25]は文献既知であり，それぞれ市販の（*R*)-3-ヒドロキシ-2-メチルプロピオン酸メチル（13）とその対掌体（*ent*-13）から合成可能である。

2.2　シクロヘキセン環部2の合成

市販のD-アラビノース（7）より既知の方法[26]で容易に得られるベンジルグリコシド14を出発物質として用い，図4に示す合成経路に従い，シクロヘキセン環部2の合成を行った（15工程，総収率5.8%）。

化合物14の水酸基を*p*-メトキシフェニルメチル（MPM）基で保護し，次いでベンジル（Bn）基の脱保護，さらにWittig反応による一炭素増炭を行い，アルコール15に導いた。続いて，化合物15をSwern酸化，$NaClO_2$酸化，メチルエステル化を経てエステル5へと変換した。C-4位の不斉四級炭素の構築およびアミノプロパノール側鎖の導入を行うために，メチルエステル5とGarnerアルデヒド[22]（6）とのカップリング反応について検討を行った。まずはじめに，リチウム系の塩基［LiN*i*-Pr_2(LDA) or LiN$(SiMe_3)_2$］を用いて本アルドール反応を行ったところ，

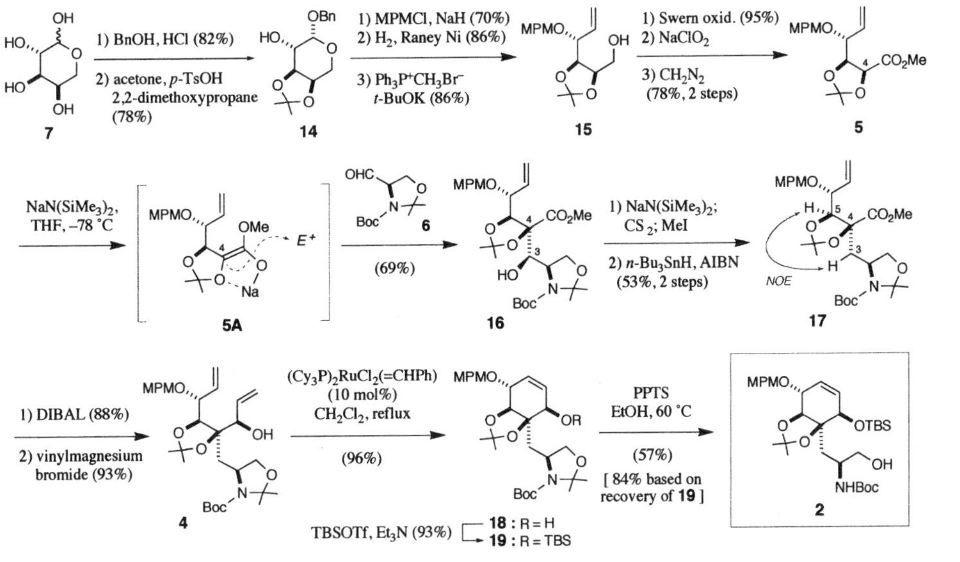

図4　著者らによるシクロヘキセン環部2の合成

Bn = benzyl, *p*-TsOH = *p*-toluenesulfonic acid, MPM = *p*-methoxyphenylmethyl, Boc = *tert*-butoxycarbonyl, AIBN = 2,2'-azobisisobutyronitrile, DIBAL = diisobutylaluminum hydride, TBS = *tert*-butyldimethylsilyl, Tf = trifluoromethanesulfonyl, Cy = cyclohexyl, PPTS = pyridinium *p*-toluenesulfonate.

反応速度が遅く，また，カップリング体 16 の収率（～40%）も満足いくものではなかった。種々条件検討を行った結果，1.2 当量の $NaN(SiMe_3)_2$ を塩基として用い，1.1 当量の 6 を −78℃で 4 時間反応させることで，目的とするカップリング体 16 を高立体選択的に満足できる収率（69%）で得ることができた。カップリング体 16 の水酸基は，Barton 法[27]により除去して化合物 17 とし，この段階で NOESY 測定を行うことにより，C-4 位の不斉四級炭素の立体化学を確認した。このアルドール型カップリング反応の立体選択性は，メチルエステル 5 から生じるナトリウムエノラート 5 A に対して，求電子剤 E^+（=6）が立体的に空いている α 面より接近してくることより発現したものと思われる。

C-4 位に望みの立体化学でアミノプロパノール側鎖を導入することができたので，次に第 2 の鍵工程となる RCM 反応の基質（ジエン 4）の合成を行った。すなわち，メチルエステル 17 を水素化ジイソブチルアルミニウム（DIBAL）還元によりアルデヒドとし，次いで臭化ビニルマグネシウムとの反応を行ったところ，望むジエン 4 が単一のジアステレオマー（Felkin-Anh 生成物）として収率よく得られた。ジエン 4 の RCM 反応[28]は，Grubbs 触媒[29]（第一世代）（10 mol%）を用いることにより速やかに進行し，望みのシクロヘキセン 18 を 96% という高収率で得ることができた。最後に，化合物 18 の水酸基の *tert*-ブチルジメチルシリル（TBS）保護および *N*,*O*-アセトニド基の選択的な脱保護により，シリルエーテル 19 を経て目的とするシクロヘキセン環部 2 の合成を達成した。

2.3　長鎖不飽和脂肪酸部 3 B の合成

まずはじめに，想定した根岸カップリング反応の基質となるヨウ化ビニル 9 とヨウ化アルキル 10 の合成を図 5 に従って行った。化合物 9 の合成は，既知化合物 11[24]を出発物質として用い，Corey-Fuchs 法[30]によりメチルアセチレン 20 とし，次いでヒドロジルコネーション［Cp_2ZrHCl（Schwartz 試薬）[31]］およびヨウ素化により行った。一方，化合物 10 の合成は，既知化合物 12[25]を出発物質として用い，オレフィン部位のオゾン分解／$NaBH_4$ 還元によりアルコール 22 とし，次いで一級水酸基のメシル化／ヨウ素化により行った。

ヨウ化ビニル 9 とヨウ化アルキル 10 をそれぞれ合成することができたので，次に両セグメントを用いた根岸カップリング反応について検討を行った（図 5）。根岸カップリング反応[32]において，有機亜鉛試薬の調製が重要なポイントとなる。いくつかの条件を検討した結果，Smith らによって開発された改良法[33]が良い結果を与えた。すなわち，$ZnCl_2$ 存在下，10 に対して 3 当量の *t*-BuLi を作用させて，次いで Pd 触媒存在下，ヨウ化ビニル 9 と反応させたところ，目的とするカップリング体 23 を 81% の高収率で得ることができた。本反応には有機亜鉛試薬 10 A が介在しているものと思われる。

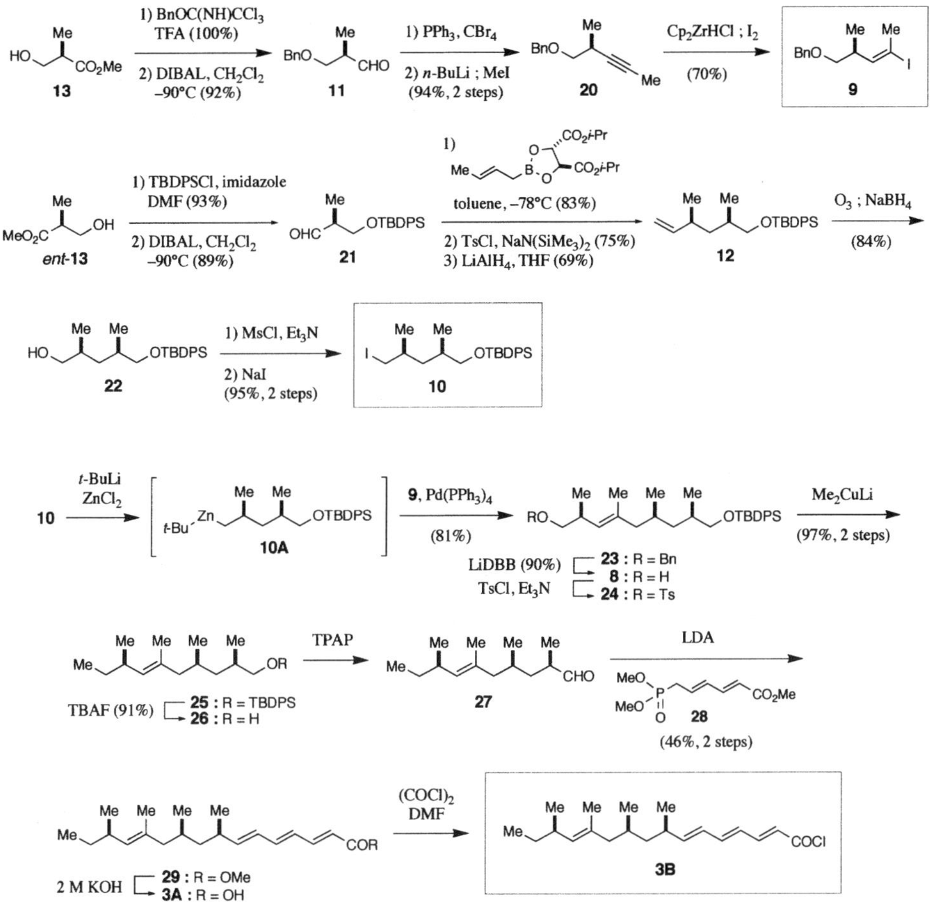

図 5　著者らによる長鎖不飽和脂肪酸部 **3 B** の合成

TFA = trifluoroacetic acid, TBDPS = *tert*-butyldiphenylsilyl, Ts = *p*-toluenesulfonyl, Ms = methanesulfonyl, LiDBB = lithium 4,4'-di-*tert*-butylbiphenylide, TPAP = tetra-*n*-propylammonium perruthenate, LDA = lithium diisopropylamide, TBAF = tetra-*n*-butylammonium fluoride.

以上のようにして重要中間体となる三置換オレフィン 23 を合成することができたので，さらに合成を進めることにした。化合物 23 の Bn 基の脱保護は，Birch 還元条件下では *t*-ブチルジフェニルシリル（TBDPS）基の二つのベンゼン環の部分還元も同時に起きてしまったが，リチウムジ-*t*-ブチルフェニリド（LiDBB）を用いたところ，望むアルコール 8 を高収率（90%）で得ることができた。本化合物は Hoye らのスキホスタチンの脂肪酸側鎖部の合成中間体[10]であり，その後は Hoye のルートに沿って合成を進めることにした。すなわち，化合物 8 をトシラート 24 とし，次いで Me_2CuLi と反応させて一炭素増炭し，さらに得られた 25 の TBDPS 基の脱保護と *n*-Pr_4NRuO_4（TPAP）酸化[34]を行い，アルデヒド 27 に導いた。このアルデヒドに対してホスホナート 28[23]を用いる Horner-Emmons 反応を行い，共役トリエン 29 に変換した。本品の各種機器スペクトルデータ（^{1}H and ^{13}C NMR，MS）は文献値[9]と良い一致を示した。最後に，メチルエステル29をアルカリ加水分解し，得られたカルボン酸3Aを酸塩化物に変換することで，目的とする長鎖不飽和脂肪酸部3Bの合成を行うことができた。

2.4 (＋)-スキホスタチン（1）の全合成

シクロヘキセン環部2と長鎖不飽和脂肪酸部3Bを合成することができたので，次に両セグメントを用いて（+)-スキホスタチン（1）の全合成に向けて検討を行った（図6)。まずはじめに，シクロヘキセン環部2のBoc基とMPM基を同時に除去し[35]，次いで生じたアミノアルコール2Aに対して脂肪酸部3Bを作用させることにより，アミド30を73%の収率で得ることができた。続いて，アミド30の一級水酸基を選択的にアセチル化し，生じたアセタート31をメシラート32に変換した。さらに，化合物32のTBS基の脱保護とDess-Martin酸化[36]を行い，重要中間体であるエノン33を得た。全合成を達成するのに残された工程は，エポキシ環の構築とアセチル基の脱保護である。まず，エノン33に対して，アセトニド基の脱保護と続く塩基処理（2 M NaOH）をワンポットで行うことにより，目的とするエポキシシクロヘキセノン34（45%）を得た（原料回収を考慮した収率は82%)。

最終工程は化合物34の脱アセチル化である。まずはじめに，一般的な化学的条件（NaOMe，K_2CO_3，$NaHCO_3$，or KOH in H_2O，MeOH，or THF）による検討を行ったが，エポキシシクロヘキセノン環部の分解がおこり，（+)-スキホスタチン（1）はまったく得られなかった。そこで，化学的条件をあきらめ，より温和な条件で行える酵素的手法を用いることにした。その結果，

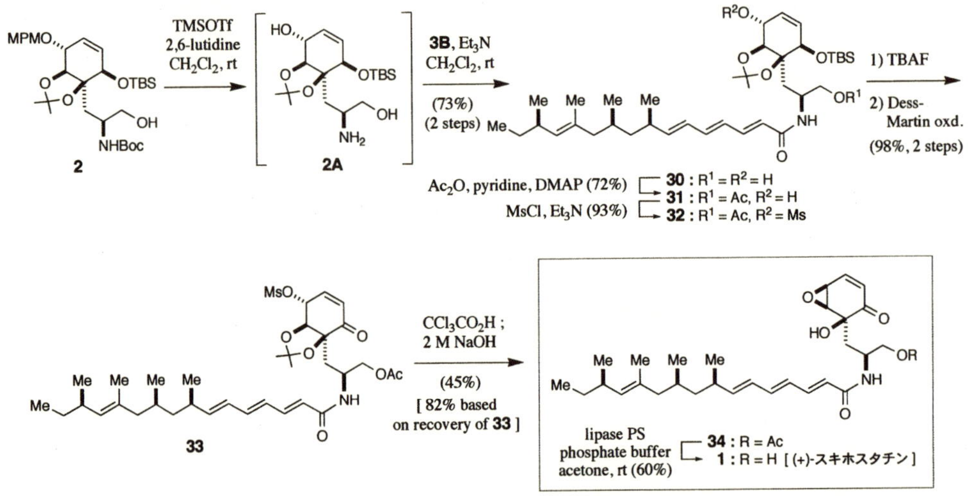

図6　著者らによる（＋)-スキホスタチン（1）の合成
TMS = trimethylsilyl, DMAP = 4-(dimethylamino)pyridine.

リン酸緩衝液—アセトン混合液中，リパーゼPS存在下室温という条件で，エポキシシクロヘキセノン環部がまったく分解することなく望む脱アセチル化が進行し，目的とする（+)-スキホスタチン（1）を満足できる収率（60%）で得ることができた。合成した（+)-1の各種機器スペクトルデータ（^{1}H NMR，^{13}C NMR，IR，MS，$[\alpha]_D$）は天然物[7]のそれらと良い一致を示した。本全合成は22工程，総収率は1.4%である。

3　大方—高木らによる（+)-スキホスタチン（1）の全合成[20]

3.1　合成計画

大方—高木らの合成計画を図7に示す。彼らはエポキシシクロヘキサン環部35を合成するに

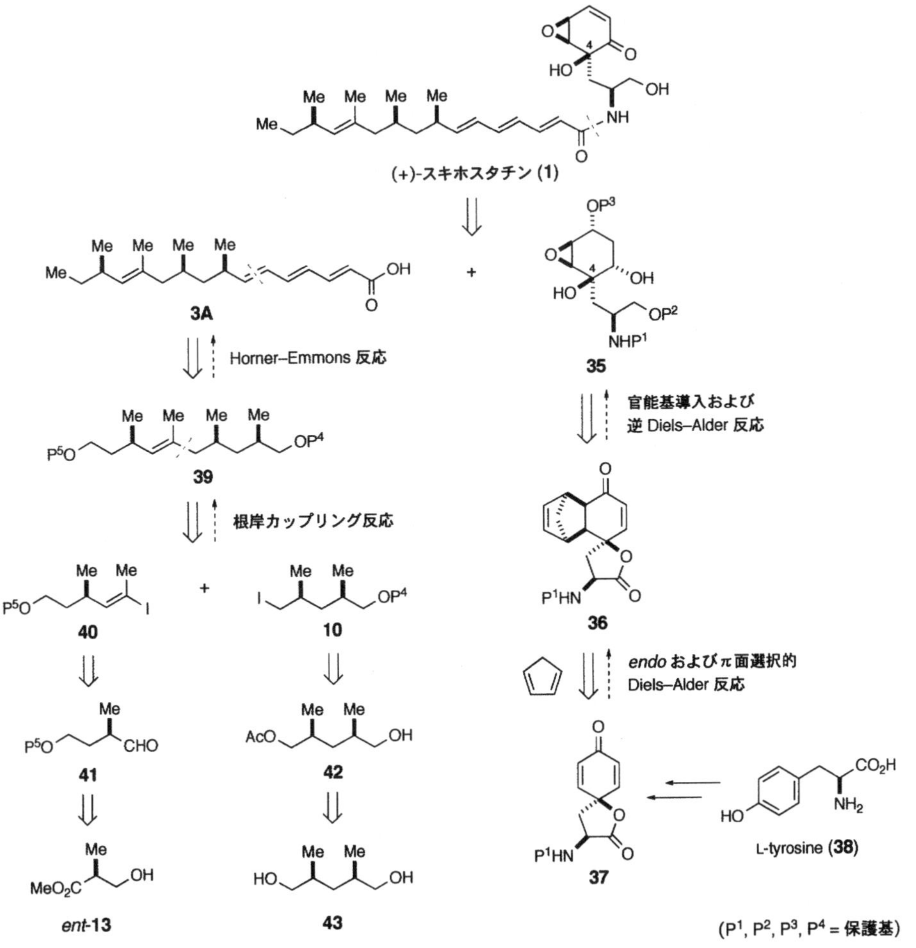

図7　大方—高木らによる（+)-スキホスタチン（1）の合成計画

あたり，L-チロシン（38）より誘導可能なスピロラクトン37[37]を出発物質として用いている。すなわち，化合物37とシクロペンタジエンとの*endo*およびπ面選択的Diels-Alder反応により，ジエンの一方をマスクした環化付加体36を合成し，この四環性化合物に対して必要な酸素官能基を位置および立体選択的に導入し，エポキシシクロヘキサン環部35を得ようとするものである。本合成法の特徴は，出発物質37にアミノプロパノールユニットが潜在的に組み込まれており，アミノ基の導入やC-C結合形成を行う必要がない点である。

一方，長鎖不飽和脂肪酸部3Aの合成は，ヨウ化ビニル40とヨウ化アルキル10との根岸カップリング反応と，それに続くHorner-Emmons反応を経て行うものであり，著者らの方法論（参照：図3，9+10→8）と同じであるが，ヨウ化ビニル40の炭素数が1つ多く，また，基質となる40と10の合成法が異なっている。すなわち，化合物40は（*S*）-3-ヒドロキシ-2-メチルプロピオン酸メチル（*ent*-13）を出発物質として用い，アルデヒド41を経由して合成できると考えている。また，化合物10はHoyeらの方法[10]（参照：図11，43→42）と同様に，メソ-2,4-ジメチル-1,5-ペンタンジオール（43）のリパーゼを用いる不斉アセチル化により光学活性アセタート42とし，次いでいくつかの官能基変換を経て合成しようとするものである。

3.2 エポキシシクロヘキサン環部35の合成

エポキシシクロヘキサン環部35の合成は，市販のL-チロシン（38）よりWipfらの方法[37]で得られるスピロラクトン37を出発物質として用い，図8に示す合成経路に従って行われている（15工程，総収率5.2%）。

まずはじめに，化合物37をシクロペンタジエンとジクロロメタン中，室温にてDiels-Alder反応を行い，環化付加体36と45（1：1）を*endo*およびπ面選択的に高収率（96%）で得ている（本反応では位置選択性は発現していない）。位置異性体36および45は分離が困難であったため，混合物のまま塩基存在下，H_2O_2を用いてエポキシ化を行い，*exo*-エポキシド46（24%）および*endo*-エポキシド47（24%）に変換している。このエポキシ化の条件でラクトン部分が開環するため，1-(3-ジメチルアミノプロピル)-3-エチルカルボジイミド（EDCI）処理により再度環化させている。*endo*-エポキシド47の生成は，過酸化物イオン（$^{-}$OOH）が立体的により込み合っているconcave面からの攻撃によるものと考えられるが，その理由は良くわからない。なお，エポキシド46および47はシリカゲルカラムクロマトグラフィーにより分離精製が可能である。次に，所望のエポキシド46に対して，−78℃にてSmI_2で処理してエポキシ環の還元的開裂を行い[38]，さらに，生じた水酸基をトリエチルシリル（TES）基で保護して，TESエーテル48に導いている（83%，2工程）。化合物48の逆Diels-Alder反応は速やかにかつ定量的に進行し，シクロヘキセノノン49を得ている。続いて，49のエノンカルボニル基のLuche還

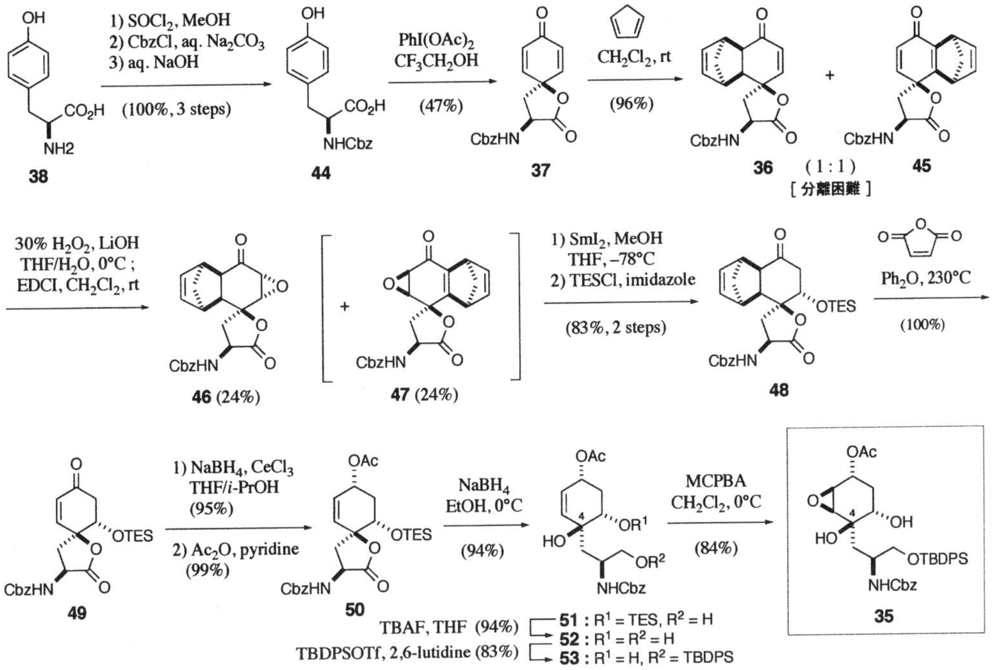

図8　大方—高木らによるエポキシシクロヘキセン環部（34）の合成
Cbz = benzyloxycarbonyl, EDCI = 1-(3-dimethylaminopropyl)-3-ethylcarbodiimide,
TES = triethylsilyl, MCPBA = *m*-chloroperbenzoic acid.

元および生じた水酸基のアセチル化により，シクロヘキセン誘導体 50 に変換している（94%，2 工程)。化合物 50 のラクトン環部分の開環は $NaBH_4$ 還元により行われ，目的とするジオール 51 を高収率（94%）で得ている。さらに，化合物 51 の TES 基の脱保護および一級水酸基の選択的な TBDPS 化を行い，トリオール 52 を経て，TBDPS エーテル 53 に変換している（78%，2 工程)。化合物 53 の C-5，6 位のオレフィンに対するエポキシ化（MCPBA，CH_2Cl_2，0℃，70 h）は，C-4 水酸基の立体化学を反映して高立体選択的に進行し，望む β-エポキシド 35（エポキシシクロヘキセン環部）を単一の立体異性体として 84% の収率で得ている。

3.3　長鎖不飽和脂肪酸部 3 A の合成

まずはじめに，図 9 の合成経路に従い，根岸カップリング反応の基質となるヨウ化ビニル 40 とヨウ化アルキル 10′（10 の水酸基の保護基が TBS 基に変わったもの）の合成を行っている。化合物 40 の合成は，*ent*-13 を出発物質として用い，化合物 54 および 55 を経由してアルデヒド 41 とし，次いで Corey-Fuchs 法[30]によりメチルアセチレン 56 に誘導し，さらにヒドロシリレーション［$(PhMe_2Si)_2CuLi$・LiCN[39]］とそれに続くヨウ素化を経て行われている。一方，化合物 10′ の合成は，既知化合物 43[40]を出発物質として用い，リパーゼ（PPL = porcine pancre-

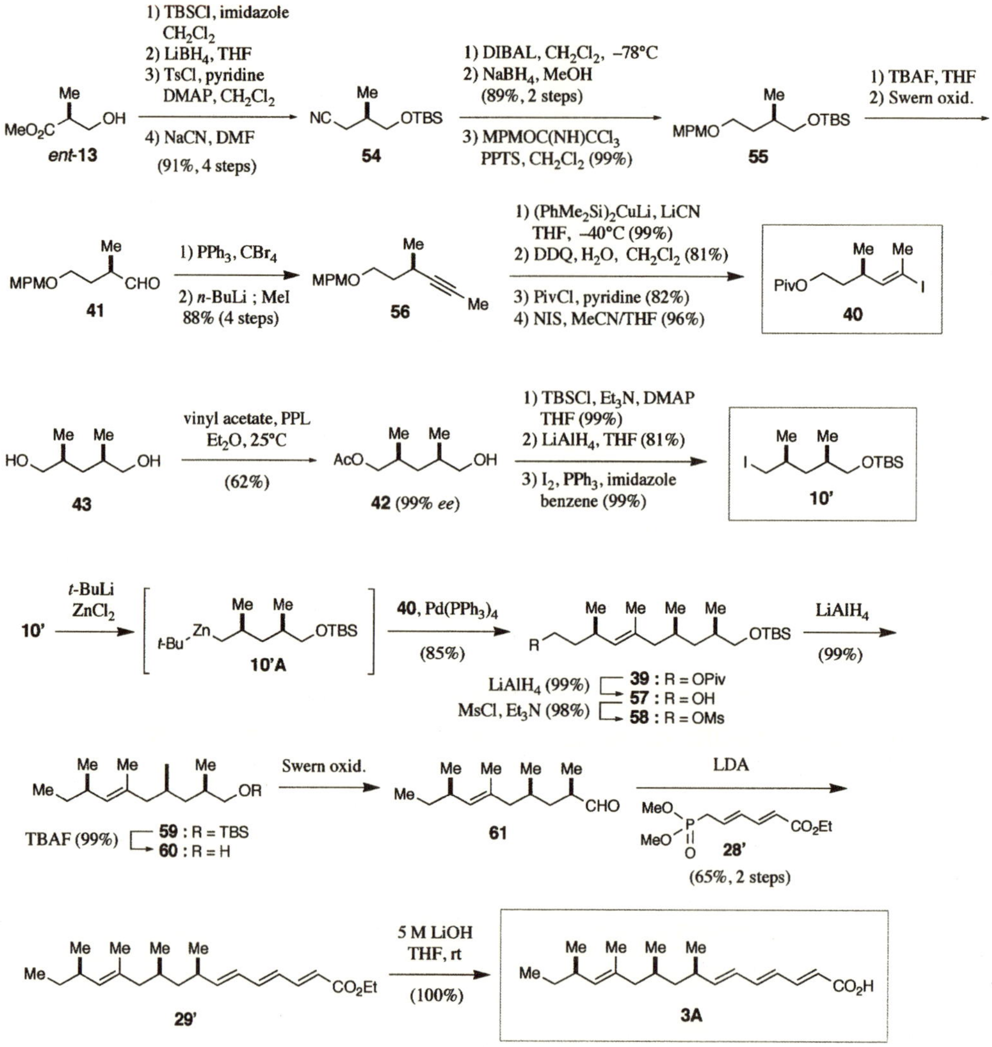

図9　大方―高木らによる長鎖不飽和脂肪酸部３Ａの合成
DDQ = 2,3-dichloro-5,6-dicyano-1,4-benzoquinone, Piv = pivaloyl, NIS = *N*-iodosuccinimide, PPL = porcine pancreatic lipase.

atic lipase）を用いる不斉アセチル化により光学活性アセタート 42（99% *ee*）とし[10]，次いで3工程の官能基変換を経て行われている。

ヨウ化ビニル 40 とヨウ化アルキル 10′ を用いた長鎖不飽和脂肪酸部３Ａの合成は，著者らの方法と同様に，根岸カップリング反応（40＋10′ → 39）および Horner–Emmons 反応（61＋28′ → 29′）を経て行われている。

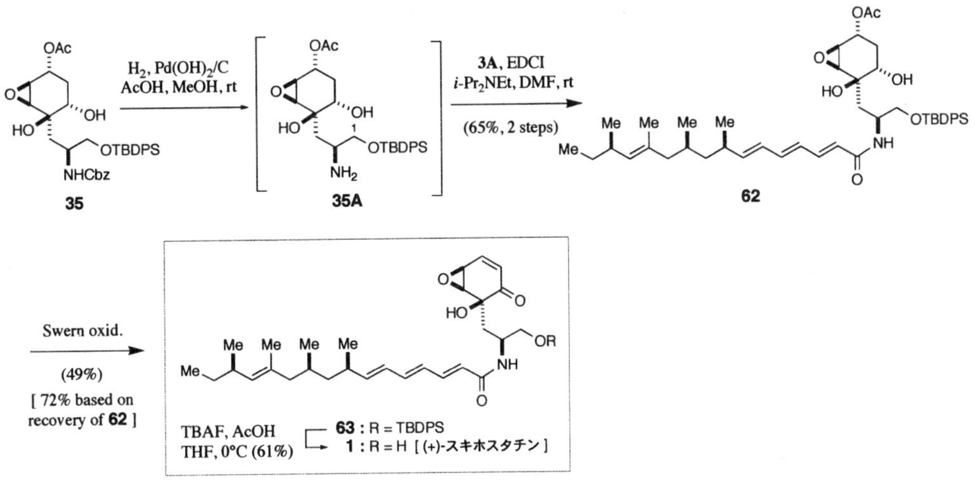

図10　大方―高木らによる（+)-スキホスタチン（1）の合成

3.4　(+)-スキホスタチン（1）の全合成

まずはじめに，エポキシシクロヘキサン環部35のN-Cbz基を加水素分解［H_2(1 atm)，$Pd(OH)_2/C$，AcOH，MeOH，rt，30 min］により除去してアミン35Aとし，次いで脂肪酸部3Aとの縮合を行い，アミド62を2工程65%の収率で得ている（図10）。続いて，化合物62をSwern酸化に付すことにより，エノン63へ変換している（49%，原料回収を考慮した収率は72%）。本工程は酸化とアセトキシ基の脱離がワンポットで連続して進行しており，一挙にエノンシステムを構築している点で興味深い。最後に，化合物63のTBDPS基の脱保護を穏和な条件下（TBAF，AcOH，THF，0℃→rt，9 h；61%）で行い，(+)-スキホスタチン（1）の全合成を達成している。本全合成は18工程，総収率は1.5%である。

4　北―藤岡らによる(+)-スキホスタチン（1）の全合成[21]

4.1　合成計画

北―藤岡らの合成計画を図11に示す。彼らは独自に開発したC_2対称性ジエンアセタールの分子内ハロエーテル化反応[41]を機軸として，シクロヘキセン環部64の合成を行っている。すなわち，容易に入手可能な（R,R)-ヒドロベンゾインを不斉源として組み込んだシクロヘキサジエンアセタール67の分子内ブロモエーテル化反応により，光学活性シクロヘキセン誘導体66を高ジアステレオ選択的に合成し，次いで，脱ブロム化，C-4位への位置および立体選択的な三級水酸基の導入，および不斉源の除去を順次行いアルデヒド65に導き，さらに，アミノアルコー

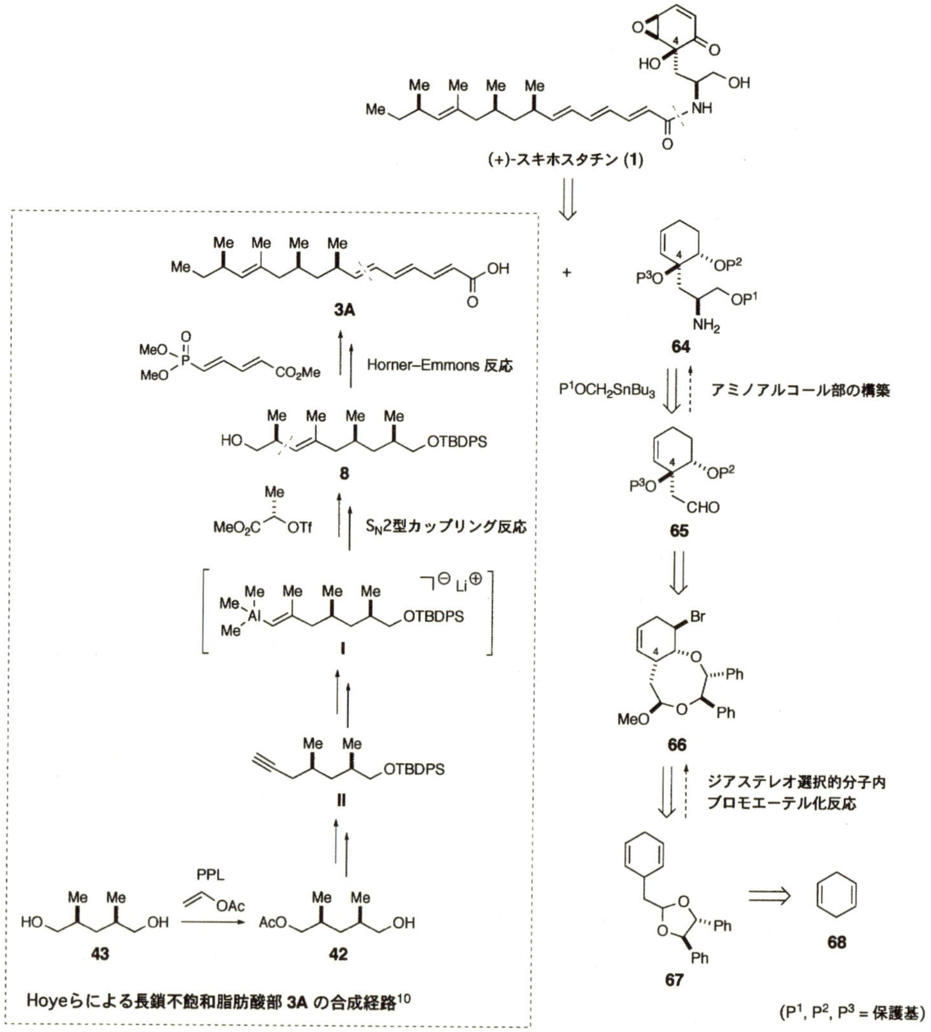

図 11　北—藤岡らによる（＋)-スキホスタチン（1）の合成計画

ル部の構築を行い，シクロヘキセン環部 64 を合成しようとするものである。

一方，長鎖不飽和脂肪酸部 3 A の合成はオリジナルなものではなく，Hoye らの方法[10]をそのまま適用している。すなわち，メソ-2,4-ジメチル-1,5-ペンタンジオール（43）のリパーゼ（PPL）を用いる不斉アセチル化により（2*R*, 4*S*)-5-アセトキシ-2,4-ジメチルペンタノール（42）とし，次いで，数工程を経てアルキン II へと誘導している。その後，アルキン II から調製したアルケニルアラナート I と光学活性トリフラートとの S_N2 型のカップリング反応を経て三置換オレフィン 8 を合成し，さらに Horner–Emmons 反応を経て長鎖不飽和脂肪酸部 3 A に変換している。

4.2　シクロヘキセン環部 64 の合成

市販の 1,4-シクロヘキサジエン（68）を出発物質として用い，図 12 に示す合成経路により，シクロヘキセン環部 64 の合成を行っている（11 工程，総収率 7.9%）。

最初の鍵工程の基質となるシクロヘキサジエンアセタール 67 は，化合物 68 からジエチルアセタール 69 を経て，2 工程で合成されている。化合物 67 に対してメタノール存在下，*N*-ブロモコハク酸イミド（NBS）で処理すると，分子内ブロモエーテル化反応が速やかに進行し，高ジアステレオ選択的にブロモエーテル 66 を収率 64% で得ている（67→［67 A］→66）。続いて，化合物 66 のブロモ基を還元的に除去して化合物 70 とし，さらに，C-4 位に位置および立体選択的に三級水酸基の導入を行い，化合物 71 を得ている。化合物 71 の不斉源（ヒドロベンゾイン部分）の除去は，ジメチルアセタール 72 を経て行われ，収率良く化合物 73 に変換されてい

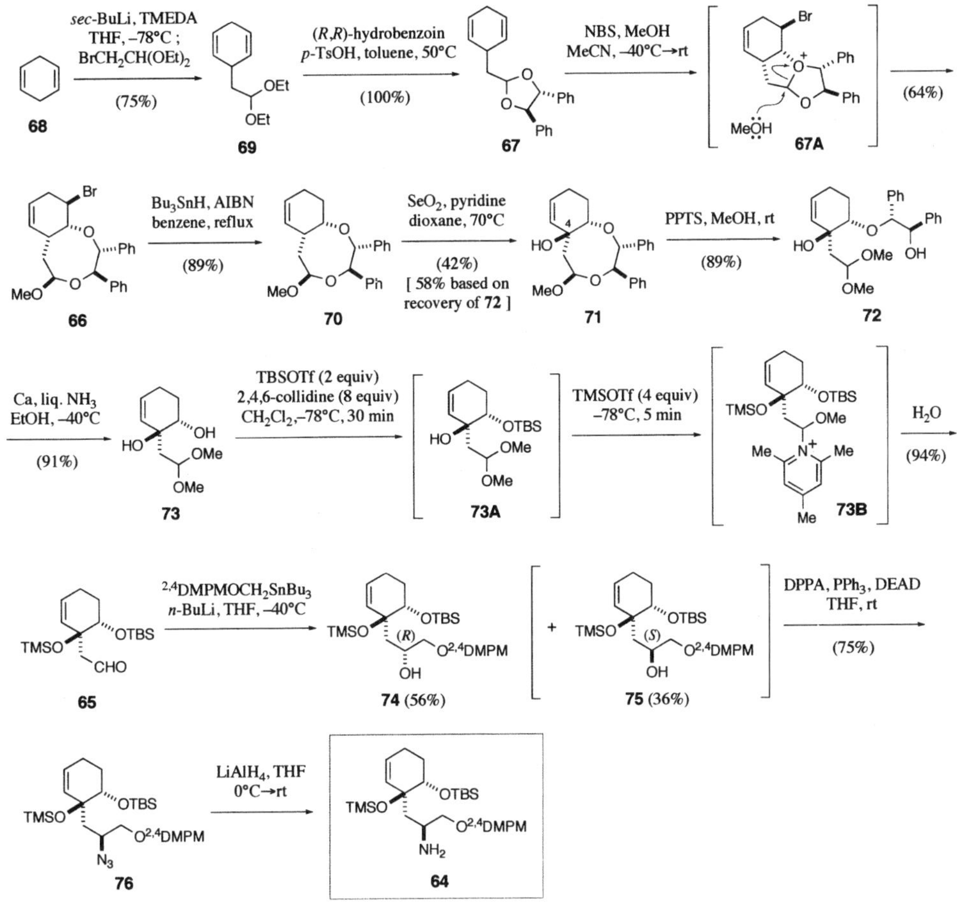

図 12　北―藤岡らによるシクロヘキセン環部 64 の合成

TMEDA = *N,N,N',N'*-tetramethylethylenediamine, NBS = *N*-bromosuccinimide, 2,4 DMPM = 2,4-dimethoxyphenylmethyl, DPPA = diphenylphosphoryl azide, DEAD = diethyl azodicarboxylate.

る。次に，化合物 73 に対して，ジメチルアセタール部の脱保護と 2 つの水酸基のシリル化を同時にワンポットで行い，ジシリルアルデヒド 65 を効率良くかつ高収率（94%）で得ている（73 → [73 A] → [73 B] →65）。化合物 65 に対して炭素鎖の伸長を行うべく，一級水酸基を 2,4-ジメトキシフェニルメチル（^{2,4}DMPM）基で保護したヒドロキシメチルアニオンをアルデヒドに求核付加させ，*R* 体の 74（56%）と *S* 体の 75（36%）を得ている。望む生成物は 74 であり，その立体選択性は約 3：2 と不十分であるが，これ以上の立体選択性向上についての検討は行われていない。なお，ここで一級水酸基の保護基として^{2,4}DMPM 基を用いているのは，全合成の最終段階でより穏和な条件で脱保護を行うためである［参照：図 13，79 → 1（スキホスタチン）］。最後に，アミノ基を導入すべく，化合物 74 の光延条件下での立体反転を伴うアジド化により化合物 76 とし，続く $LiAlH_4$ 還元により，シクロヘキセン環部 64 を合成している。

4.3 (＋)-スキホスタチン（1）の全合成

前節で合成したシクロヘキセン環部 64 と Hoye らの方法[10]により合成した長鎖不飽和脂肪酸部 3 A との縮合を行い，アミド 77 を得ている（アジド 76 からの収率は 59% である）（図 13）。化合物 77 の C-5，6 位のオレフィンに対するエポキシ化[42]［TBHP，VO(acac)$_2$，toluene，0℃］は，C-4 水酸基の立体化学を反映して高立体選択的に進行し，望む *β*-エポキシドを単一の立体異性体として与え（73%），続く Dess-Martin 酸化によりケトン 78 に変換している。化合物 78 は向山法[43]によりエノン 79 に導き，最後に，^{2,4}DMPM 基の脱保護を穏和な条件下[44]（$Ph_3C^+BF_4^-$，CH_3Cl_3，THF，0℃，5 min；66%）で行い，(＋)-スキホスタチン（1）の全合成を達成している。本全合成は 17 工程，総収率は 1.4% である。

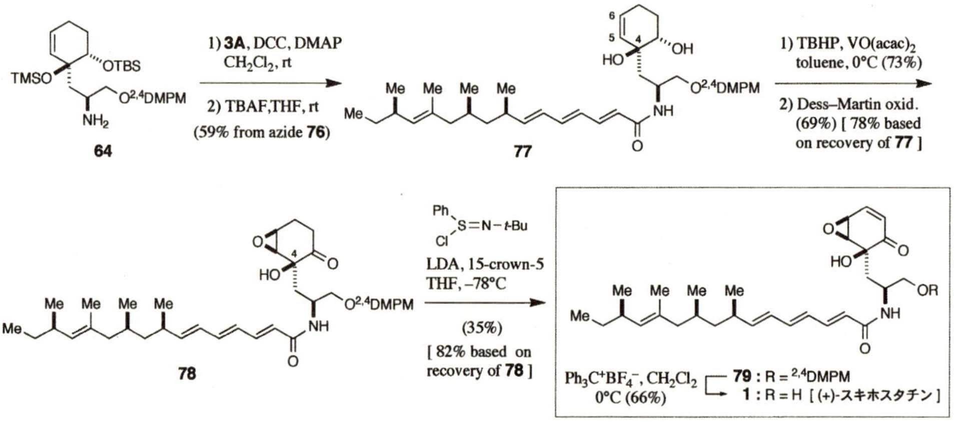

図 13　北―藤岡らによる (＋)-スキホスタチン（1）の合成
DCC＝*N,N*-dicyanohexylcarbodiimide, TBHP＝*tert*-butylhydroperoxide.

5 おわりに

以上，著者らを含む3つの研究グループにより行われたスキホスタチンの全合成について紹介した。スキホスタチンは小分子化合物であるにもかかわらず，複数の不斉炭素に加え，酸素や窒素などの官能基が密集した特異な構造を有し，また，化学的不安定性から，全合成の標的化合物として非常にチャレンジングである。各研究グループにより，全合成達成に向けて，出発物質の選定や個々の反応および保護基の選択などさまざまな創意工夫がなされており，合成経路を比べてみると非常に興味深い。また，全合成研究の途上で，新しい炭素骨格構築法，立体制御法，および官能基導入法が開発されたことは，我国の有機合成化学のさらなる発展に大いに貢献するものである。

セラミドを介するシグナル伝達経路は「医薬品の新しい分子標的」として非常に注目されているにもかかわらず，依然不明な点が多い。今後，スフィンゴ脂質機能解明と創薬を視野に入れたN-SMase阻害剤の開発に向けて，有機合成化学者の果たすべき役割は大きいと考えられる。

文　　献

1) スフィンゴ脂質の代謝に関する総説：(a) R.-D. Duan, A. Nilsson, *Prog. Lipid Res.*, **48**, 62 (2009)；(b) R.-D. Duan, *Eur. J. Lipid Sci. Technol.*, **109**, 987 (2007)；(c) Y. A. Hannun, C. Luberto, K. M. Argraves, *Biochemistry*, **40**, 4893 (2001)；(d) Y. A. Hannun, "Sphingolipid-Mediated Signal Transduction" ed. by Y. A. Hannun, Springer, New York, 1997, p. 1

2) (a) M. P. Wymann, R. Schneiter, *Nature Rev. Mol. Cell Biol.*, **9**, 162 (2008)；(b) T. Kolter, K. Sandhoff, *Angew. Chem. Int. Ed.*, **38**, 1532 (1999)

3) SMase阻害剤に関する総説：(a) P. Nussbaumer, *ChemMedChem*, **3**, 543 (2008)；(b) S. Pandey, R. F. Murphy, D. K. Agrawal, *Exp. Mol. Pathol.*, **82**, 298 (2007)；(c) V. Wascholowski, A. Giannis, *Drug News Perspect.*, **14**, 581 (2001)

4) S. Chatterjee, *Arterioscler. Thromb. Vasc. Biol.*, **18**, 1523 (1998)

5) (a) S. Soeda, A. Sakata, T. Ochiai, K. Yasuda, Y. Kuramoto, H. Shimeno, A. Yoda, R. Yanagi, S. Hikishima, T. Yokomatsu, S. Shibuya, *Curr. Drug Ther.*, **3**, 218 (2008)；(b) E. Amtmann, M. Zöller, *Biochem. Pharmacol.*, **69**, 1141 (2005)

6) (a) S. Lépine, B. Lakatos, M.-P. Courageot, H. Le Stunff, J.-C. Sulpice, F. Giraud, *J. Immunol.*, **173**, 3783 (2004)；(b) T. Numakawa, H. Nakayama, S. Suzuki, T. Kubo, F. Nara, Y. Numakawa, D. Yokomaku, T. Araki, T. Ishimoto, A. Ogura, T. Taguchi, *J. Biol. Chem.*, **278**, 41259 (2003)；(c) H.-M. Shin, T.-H. Han, *Mol. Immunol.*, **36**, 197 (1999)

7) M. Tanaka, F. Nara, K. Suzuki-Konagai, T. Hosoya, T. Ogita, *J. Am. Chem. Soc.*, **119**, 7871 (1997)
8) (a) F. Nara, M. Tanaka, T. Hosoya, K. Suzuki-Konagai, T. Ogita, *J. Antibiot.*, **52**, 525 (1999) ; (b) F. Nara, M. Tanaka, S. Masuda-Inoue, Y. Yamasato, H. Doi-Yoshioka, K. Suzuki-Konagai, S. Kumakura, T. Ogita, *J. Antibiot.*, **52**, 531 (1999)
9) S. Saito, N. Tanaka, K. Fujimoto, H. Kogen, *Org. Lett.*, **2**, 505 (2000)
10) T. R. Hoye, M. A. Tennakoon, *Org. Lett.*, **2**, 1481 (2000)
11) M. K. Gurjar, S. Hotha, *Heterocycles*, **53**, 1885 (2000)
12) (a) T. Katoh, T. Izuhara, W. Yokota, M. Inoue, K. Watanabe, A. Nobeyama, T. Suzuki, *Tetrahedron*, **62**, 1590 (2006) ; (b) T. Izuhara, W. Yokota, M. Inoue, T. Katoh, *Heterocycles*, **56**, 553 (2002) ; (c) T. Izuhara, T. Katoh, *Org. Lett.*, **3**, 1653 (2001) ; (d) T. Izuhara, T. Katoh, *Tetrahedron Lett.*, **41**, 7651 (2000)
13) (a) M. N. Kenworthy, R. J. K. Taylor, *Org. Biomol. Chem.*, **3**, 603 (2005) ; (b) M. N. Kenworthy, G. D. McAllister, R. J. K. Taylor, *Tetrahedron Lett.*, **45**, 6661 (2004) ; (c) G. D. McAllister, R. J. K. Taylor, *Tetrahedron Lett.*, **45**, 2551 (2004) ; (d) L. M. Murray, P. O'Brien, R. J. K. Taylor, *Org. Lett.*, **5**, 1943 (2003) ; (e) K. A. Runcie, R. J. K. Taylor, *Org. Lett.*, **3**, 3237 (2001)
14) (a) R. Takagi, K. Tojo, M. Iwata, K. Ohkata, *Org. Biomol. Chem.*, **3**, 2031 (2005) ; (b) W. Miyanaga, R. Takagi, K. Ohkata, *Heterocycles*, **64**, 75 (2004) ; (c) R. Takagi, S. Tsuyumine, H. Nishitani, W. Miyanaga, K. Ohkata, *Aust. J. Chem.*, **57**, 439 (2004) ; (d) R. Takagi, W. Miyanaga, Y. Tamura, K. Ohkata, *Chem. Commun.*, 2096 (2004)
15) H. Fujioka, N. Kotoku, Y. Sawama, Y. Nagatomi, Y. Kita, *Tetrahedron Lett.*, **43**, 4825 (2002)
16) M. Eipert, C. Maichle-Mössmer, M. E. Maier, *Tetrahedron*, **59**, 7949 (2003)
17) (a) V. Wascholowski, A. Giannis, E. N. Pitsinos, *ChemMedChem*, **1**, 718 (2006) ; (b) E. N. Pitsinos, A. Cruz, *Org. Lett.*, **7**, 2245 (2005)
18) Z. Tan, E. Negishi, *Angew. Chem. Int. Ed.*, **43**, 2911 (2004)
19) (a) 井上宗宣，横田和加子，加藤　正，有機合成化学協会誌，**65**，358 (2007) ; (b) M. Inoue, W. Yokota, T. Katoh, *Synthesis*, 622 (2007) ; (c) M. Inoue, W. Yokota, M. G. Murugesh, T. Izuhara, T. Katoh, *Angew. Chem. Int. Ed.*, **43**, 4207 (2004)
20) R. Takagi, W. Miyanaga, K. Tojo, S. Tsuyumine, K. Ohkata, *J. Org. Chem.*, **72**, 4117 (2007)
21) H. Fujioka, Y. Sawama, N. Kotoku, T. Ohnaka, T. Okitsu, N. Murata, O. Kubo, R. Li, Y. Kita, *Chem. Eur. J.*, **13**, 10225 (2007)
22) (a) A. Dondoni, D. Perrone, *Synthesis*, 527 (1997) ; (b) P. Garner, J. M. Park, *J. Org. Chem.*, **52**, 2361 (1987)
23) M. Kinoshita, H. Takami, M. Taniguchi, T. Tamai, *Bull. Chem. Soc. Jpn.*, **60**, 2151 (1987)
24) T. F. Walsh, R. B. Toupence, F. Ujjainwalla, J. R. Young, M. T. Goulet, *Tetrahedron*, **57**, 5233 (2001)
25) W. R. Roush, A. D. Palkowitz, K. Ando, *J. Am. Chem. Soc.*, **112**, 6348 (1990)

26)　C. E. Ballou, *J. Am. Chem. Soc.*, **79**, 165 (1957)
27)　D. H. R. Barton, S. W. McCombie, *J. Chem. Soc., Perkin Trans.*, **1**, 1574 (1975)
28)　RCM 反応の最近の総説：(a) T. Gaich, J. Mulzer, *Curr. Top. Med. Chem.*, **5**, 1473 (2005)；(b) T. M. Trnka, R. H. Grubbs, *Acc. Chem. Res.*, **34**, 18 (2001)
29)　P. Schwab, M. B. France, J. W. Ziller, R. H. Grubbs, *Angew. Chem. Int. Ed. Engl.*, **34**, 2039 (1995)
30)　E. J. Corey, P. L. Fuchs, *Tetrahedron Lett.*, 3769 (1972)
31)　D. W. Hart, T. F. Blackburn, J. Schwartz, *J. Am. Chem. Soc.*, **97**, 679 (1975)
32)　根岸カップリング反応の最近の総説：(a) E. Negishi, *Bull. Chem. Soc. Jpn.*, **80**, 233 (2007) (b) E. Negishi, Q. Hu, Z. Huang, M. Qian, G. Wang, *Aldrichimica Acta*, **38**, 71 (2005)；(c) E. Negishi, S, Gagneur "Handbook of Organopalladium Chemistry for Organic Synthesis" ed. by E. Negishi, Wiley-Interscience, New York, 2002, p 597
33)　A. B. Smith Ⅲ, T. J. Beauchamp, M. J. LaMarche, M. D. Kaufman, Y. Qiu, H. Arimoto, D. R. Jones, K. Kobayashi, *J. Am. Chem. Soc.*, **122**, 8654 (2000)
34)　W. P. Griffith, S. V. Ley, G. P. Whitcombe, A. D. White, *J. Chem. Soc. Chem. Commun.*, 1625 (1987)
35)　M. Sakaitani, Y. Ohfune, *J. Org. Chem.*, **55**, 870 (1990)
36)　(a) R. E. Ireland, L. Liu, *J. Org. Chem.*, **58**, 2899 (1993)；(b) D. B. Dess, J. C. Martin, *J. Am. Chem. Soc.*, **113**, 7277 (1991)；(c) D. B. Dess, J. C. Martin, *J. Org. Chem.*, **48**, 4155 (1983)
37)　P. Wipf, Y. Kim, *Tetrahedron Lett.*, **33**, 5477 (1992)
38)　G. A. Molander, G. Hahn, *J. Org. Chem.*, **51**, 2596 (1986)
39)　I. Fleming, T. W. Newton, F. Roessler, *J. Chem. Soc., Perkin Trans.*, **1**, 2527 (1981)
40)　G. M. R. Tombo, H.-P. Schär, X. F. Busquets, O. Ghisalba, *Tetrahedron Lett.*, **27**, 5707 (1986)
41)　H. Fujioka, N. Kotoku, Y. Sawama, H. Kitagawa, Y. Ohba, T.-L. Wang, Y. Nagatomi, Y. Kita, *Chem. Pharm. Bull.*, **53**, 952 (2005)
42)　K. B. Sharpless, R. C. Michaelson, *J. Am. Chem. Soc.*, **95**, 6136 (1973)
43)　(a) T. Mukaiyama, J. Matsuo, H. Kitagawa, *Chem. Lett.*, **29**, 1250 (2000)；(b) T. Mukaiyama, J. Matsuo, M. Yanagisawa, *Chem. Lett.*, **29**, 1072 (2000)
44)　D. H. R. Barton, P. D. Magnus, G. Streckert, D. Zurr, *J. Chem. Soc. Chem. Commun.*, 1109 (1971)

第5章

フォストリエシンおよびロイストロダクシンBの全合成

宮下和之　大阪大谷大学 薬学部 教授
今西　武　大阪大学 名誉教授
大阪大学 先端イノベーション 客員教授

1　はじめに

フォストリエシン（1）は，1983年，Warner-Lambert/Parke-Davis社のグループが，*Streptomyces pulveraceus*（sbsp. *fostreus*）から単離した抗腫瘍性抗生物質で，L 1210白血病，乳がん，肺がん，子宮がんに対して抗腫瘍活性を示し，米国NCIにより第1相臨床試験が行われたが，化合物の安定性の問題から中止になっている[1)]。ロイストロダクシンA–C（3 a–c）は，1993年，三共のグループにより*Streptomyces platensis* SANK 60191から単離され，中でもロイストロダクシンB（3 b）は，NF-κB活性化によるコロニー刺激因子の誘導活性を示し，血小板増多作用を有することが報告されている[2)]。その他，フォストリエシンのC-4位に水酸基を有するPD 113,271（2），ロイストロダクシンと同一骨格を有するホスラクトマイシン類（4，細胞毒性，抗真菌活性），類縁天然物としてサイトスタチン（5，細胞毒性，がん転移抑制作用），スルトリエシン（6，抗腫瘍，抗真菌活性）が報告されており，様々な生物活性を示すことが知られている（図1）。

フォストリエシンの興味深い生物活性として，高いPP 2 A選択的阻害作用を挙げることができる。タンパク質のセリン，スレオニンの脱リン酸化に関与する4種類の主要Ser/Thrプロテインホスファターゼ（PP 1，PP 2 A，PP 2 B，PP 2 C）の中でも，PP 1およびPP 2 Aは，真核生物の細胞質に普遍的に存在し，リン酸化が関与する様々な信号伝達系で重要な役割を果たしている。これまでにも多くのPP阻害剤が知られているが一般に両酵素に対する選択性は低く，トウトマイシンがPP 1に対して，オカダ酸がPP 2 Aに対して比較的選択的な阻害作用を示すことが知られている[3)]。フォストリエシンはオカダ酸をしのぐ高いPP 2 A選択的阻害作用を示すことが報告され，ロイストロダクシンH（3 h）にも同様に高いPP 2 A選択的阻害作用が報告さ

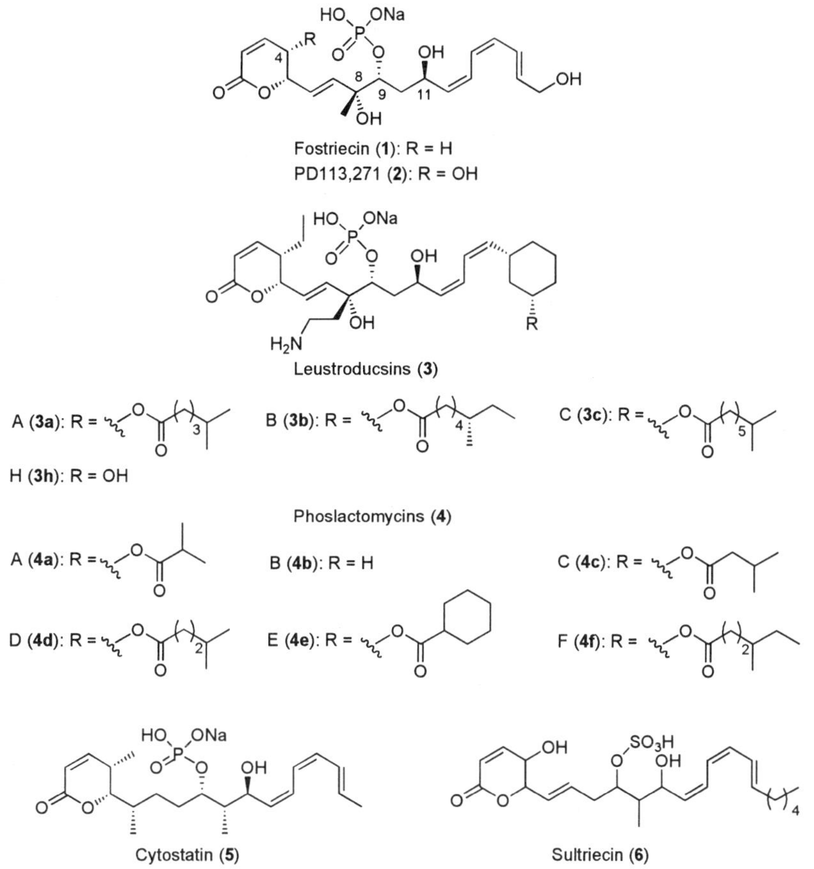

図1　フォストリエシンおよびその類縁体の構造

れている。これら化合物は，高いPP2A選択的阻害作用に加えて，一般にPP阻害剤は腫瘍化促進作用を示すものが多いにも関わらず，フォストリエシンは抗腫瘍性を示すことから，その作用機構に興味がもたれ，ケミカルバイオロジー，医薬品化学の観点から非常に注目を集めている。

以上のような背景から，またその特徴的な構造と相まって，これら天然物の全合成研究は世界中で展開されているが[4]，本稿では著者らの研究室で行われた収束型合成経路によるフォストリエシン（1）[5]およびロイストロダクシンB（3b）[6]の全合成について紹介する。

2　フォストリエシンおよびロイストロダクシンの合成計画

これら天然物の構造は，不飽和ラクトン部分（C-1〜C-5），リン酸エステルと連続した不斉中心を含む部分（C-8〜C-11），共役オレフィン部分（C-12以降）に分けることができる。合成計画立案に当たっては，各種立体異性体および類縁天然物も含めた様々な誘導体合成が，同じ方法

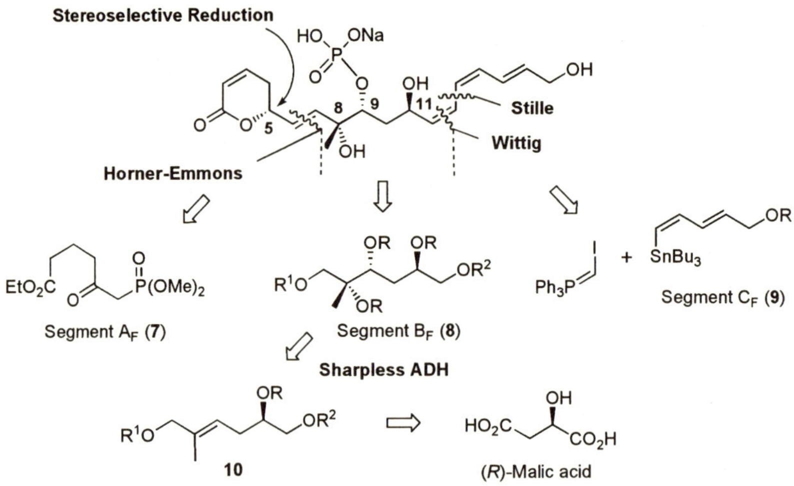

図2　フォストリエシンの合成計画

論により効率的に達成できることを念頭に，これら構造的特徴からなる3個のセグメントA，B，Cのカップリングによる収束型合成経路を考えた。

フォストリエシンの合成において（図2），セグメントA_F（**7**）とセグメントB_F（**8**）はHonor-Emmons反応によりカップリングすることとし，C-5位不斉中心は，カップリング後の立体選択的還元により構築することとした。セグメントB_F（**8**）の不斉中心の内，C-11位は原料の（*R*）-リンゴ酸，C-8，9位はSharpless不斉ジヒドロキシル化（Sharpless ADH）反応[7]に求めることとした。トリエン構造は，Wittig反応によるヨードメチレン化と文献既知のスタナン**9**（セグメントC_F）[8]を用いるStilleカップリング反応[9]の組み合わせにより構築することとした。

ロイストロダクシン（**3**）の場合も，同様に3個のセグメントA_L，B_L，C_Lから合成可能と考えられる（図3）。ロイストロダクシンのセグメントA_L合成にあたってセグメントA_F（**7**）との違いは，C-4位に不斉中心を有する点であり，セグメントA_Lに対応するHorner-Emmons試薬を用いた場合，この位置での異性化が予想されることから，ロイストロダクシン合成においてはセグメントB_LとのカップリングにHorner-Emmons反応は使用できない。そこでセグメントA_LとB_Lのカップリングには，Juliaカップリング反応[10]，あるいは野崎—檜山—岸（NHK）反応[11]を活用することとし，それぞれ対応するセグメント$A_{L\text{-}J}$（**11**）およびセグメント$A_{L\text{-}N}$（**12**）を用いることを計画した。セグメント$A_{L\text{-}J}$（**11**）は，不飽和アルコール**16**のSharpless不斉エポキシ化（Sharpless AE）反応[12]と，続くアルキンアニオンによるエポキシド開環反応を利用してC-4，5位の立体化学を制御しつつ合成することとした。セグメント$A_{L\text{-}N}$（**12**）は，マロン酸エステル誘導体**18**を原料として，途中リパーゼPSによる速度論的光学分割を鍵反応とする

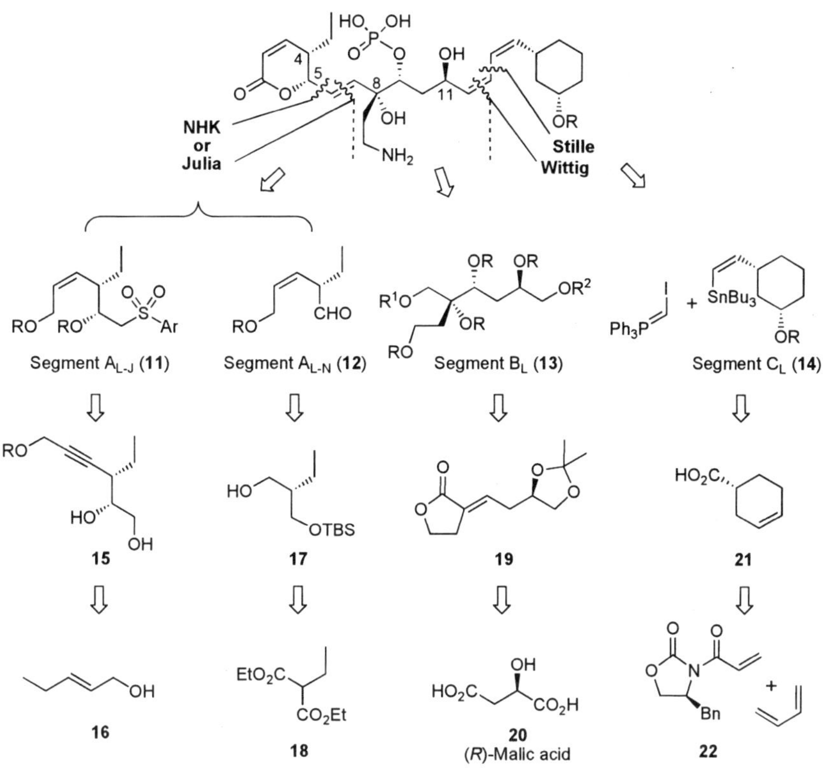

図3　ロイストロダクシンの合成計画

合成法がすでに報告されている光学活性アルコール 17[13] を原料として，合成することとした。

セグメント B_L（13）は，フォストリエシンの場合と同様，(*R*)-リンゴ酸を出発原料として，Wittig 反応，Sharpless ADH 反応を鍵反応として合成できるものと考えた。

C-12〜14 位のジエン構造も，基本的にはフォストリエシン合成と同様の反応（Wittig 反応と Stille カップリング反応）により構築することとし，セグメント C_L（14）のシクロヘキサン構造部分は，不斉 Dield-Alder 反応により得られる光学活性シクロヘキセンカルボン酸 21 より合成することとした。

本合成計画の特徴は，まずセグメントB部分の立体化学に関して，出発原料の立体配置，Wittig 反応の幾何異性，Sharpless ADH 反応の触媒の立体配置を使い分けることにより，理論上全ての立体異性体を作り分けることが可能である点にある。さらに収束型合成経路の特徴を活かし，両天然物の各セグメントの組み合わせにより，ハイブリッド型類縁体や部分構造欠損型類縁体等，天然型，非天然型を問わず様々な類縁体合成に適応可能である。従って，構造活性相関の解明や新規 PP 2 A 選択的阻害剤の開発にあたって，化合物ライブラリー構築のための有用な合成法になるものと考えられる。

3　フォストリエシンの全合成[5]

3.1　セグメント B_F の合成

C-11位立体配置の不斉源として（*R*）-リンゴ酸を出発原料とし，文献既知のアルコール体23[14]を経て，酸化，Wittig反応により立体選択的にオレフィン25とした。さらに還元，保護の後，Sharpless ADH反応によりC-8，9位の立体配置の構築を行い，ジオール27を立体選択的に合成した。最後にジオール27をアセトニド保護しビスアセトニドとした後，末端アセトニド基の位置選択的除去[15]，環状スタナン経由の1級および2級水酸基の位置選択的保護によりセグメントB_F（8）の合成を行った（図4）。

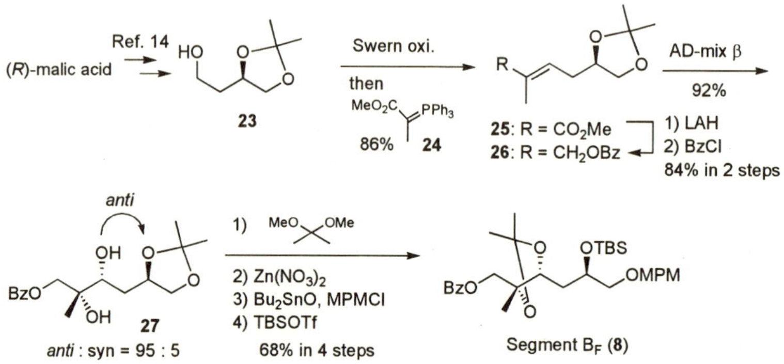

図4　セグメントB_Fの合成

3.2　フォストリエシンの全合成

セグメントB_F（8）は，両末端1級水酸基の保護基（Bz基あるいはMPM基）の選択的除去により，セグメントA_FあるいはC_F，どちらのセグメントからでも結合可能であり，高い融通性を有している。フォストリエシンの全合成にあたっては，トリエン部分の安定性を考慮して，セグメントA_F（7）から結合させることとした（図5）。すなわちBz基を除去した後，酸化，続く7とのHorner-Emmons反応により（*E*）-選択的に不飽和ケトエステル28とした。C-5位立体配置の構築は，ケトンの還元条件を種々検討した結果，野依らの（*R*）-BINAL試薬[16]を用いることにより高立体選択的に望む29を得た。酸触媒によりラクトン30とした後，常法に従ってα-セレノ体31を経由して不飽和ラクトンを構築し，セグメントA_FおよびB_Fのカップリング体へと導き，最後に末端水酸基のMPM基を除去しアルコール32とした。

セグメントA_F-B_Fカップリング体32へのトリエン構造の導入は，まず32の酸化，Wittig反応により（*Z*）-ヨードオレフィン33へと導いた。続いてトリエン構造構築前に酸による脱保護が必要なアセトニド基の除去を行ったところ，トリオール34が得られた。C-8，9，11位水酸基

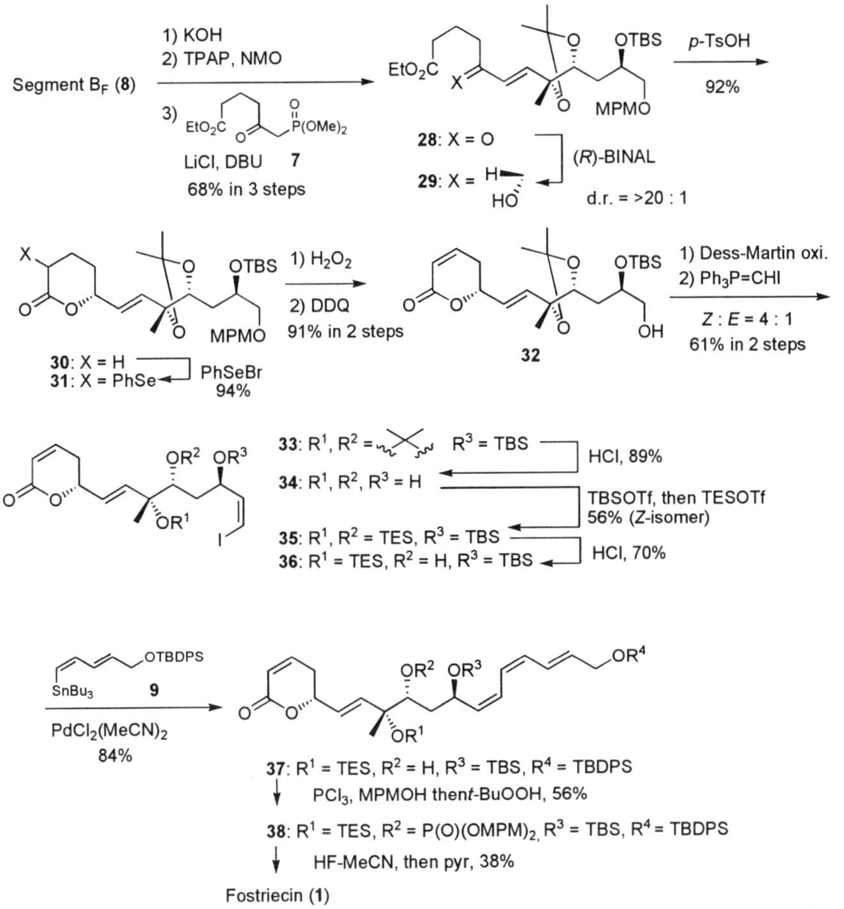

図5　フォストリエシンの合成（1）

の立体的環境の差を利用して，シリル系保護基によるワンポットでの位置選択的保護，脱保護により C-9 位水酸基無保護の 36 を得た。Pd 触媒下，セグメント C_F（9）との Stille カップリング反応によりトリエン構造を構築し，フォストリエシンの炭素骨格を有する 37 を合成した。最後に C-9 位水酸基を常法に従いリン酸エステル化し，全保護基を除去してフォストリエシン（1）の全合成を達成した。

我々の合成だけでなくフォストリエシンの全合成において問題となっていたのは，最終段階の保護基の除去，特に C-8 位水酸基の保護基の除去が困難な点であった。そこでこの問題の解決を目指し，改良合成法についてさらに検討を加えた。改良法として C-8，9 位水酸基の環状リン酸エステルの部分加水分解を考えた。これにより C-8 位側で位置選択的に加水分解が進行すれば，C-8 位水酸基を他の保護基で保護することなく，C-9 位水酸基のリン酸エステルが得られる。モデル実験として，39 から誘導され，NMR により生成物の解析が容易に行える重水素化メチル

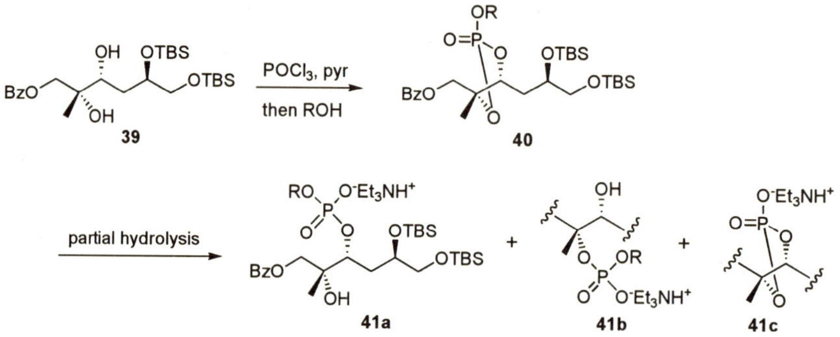

R	Conditions	Yield (**41a** : **41b** :**41c**)
CD_3	THF-H_2O-Et_3N (20:1:1)	78% (57 : 14 : 29)
CD_3	*t*-BuOH-H_2O-Et_3N (20:1:1)	75% (66 : 15 : 13)
CD_3	CF_3CH_2OH-H_2O-Et_3N (20:1:1)	83% (70 : 17 : 13)
allyl	CF_3CH_2OH-H_2O-Et_3N (20:1:1)	72% (77 : 14 : 9)

図６　環状リン酸トリエステルの部分加水分解

環状リン酸トリエステル 40 を用い種々検討を行った結果（図 6），トリエチルアミン存在下で，2 級リン酸エステル 41 a が高い割合で得られることを見出した。共溶媒にアルコールを用いることでこの割合は上昇したことから，アルコールの種類についてさらに検討した結果，2,2,2-トリフルオロエタノールが最も良い結果を与えることが明らかになった。

上記反応をフォストリエシン合成に用いた（図 7）。すなわち，トリオール 34 に対して 9 と

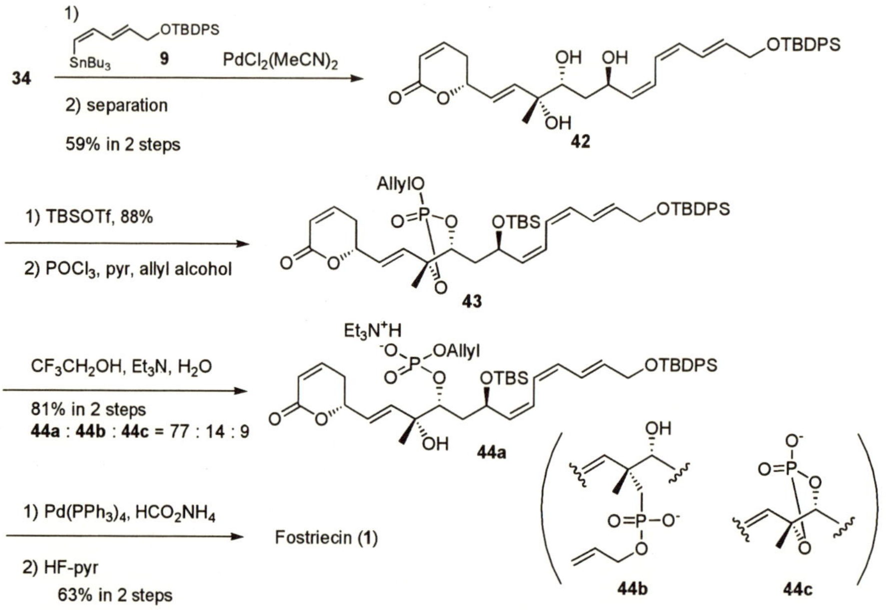

図７　フォストリエシンの合成（2）

Stilleカップリング反応を行い42とし，C-11位水酸基を選択的に保護した後，C-8，9位水酸基間で環状リン酸エステルを形成させ43を得た。先の条件を43に適応することにより選択的にC-9位リン酸エステル体44aを得ることに成功し，最後に脱保護を行いフォストリエシン（1）へと導いた。

先のC-8位水酸基をTES基で保護する経路では，34からフォストリエシンへの通算収率が7%であったのに対して，環状リン酸エステル経由の経路では，34からの通算収率が23%へと向上し，本リン酸エステル導入法の有効性が示された。

4　ロイストロダクシンBの全合成[6)]

4.1　セグメントA_Lの合成

Juliaカップリング反応用のセグメント$A_{L\text{-}J}$（11）は，以下のように合成した（図8）。不飽和アルコール16をSharpless AE反応により光学活性エポキシアルコール45とした後，プロパルギルアルコールより調整したアルキニルアルミニウム試薬46を用いて，位置選択的にエポキシドを開環することによりC-4，5位の立体化学を構築し，ジオール15を得た。ジオール部分をアニシリデン基で保護の後，三重結合の*cis*-二重結合への部分還元，アニシリデン基の位置選択的な還元的開裂を経て1級アルコール49へ導き，常法に従い光延反応条件下ベンゾチアゾー

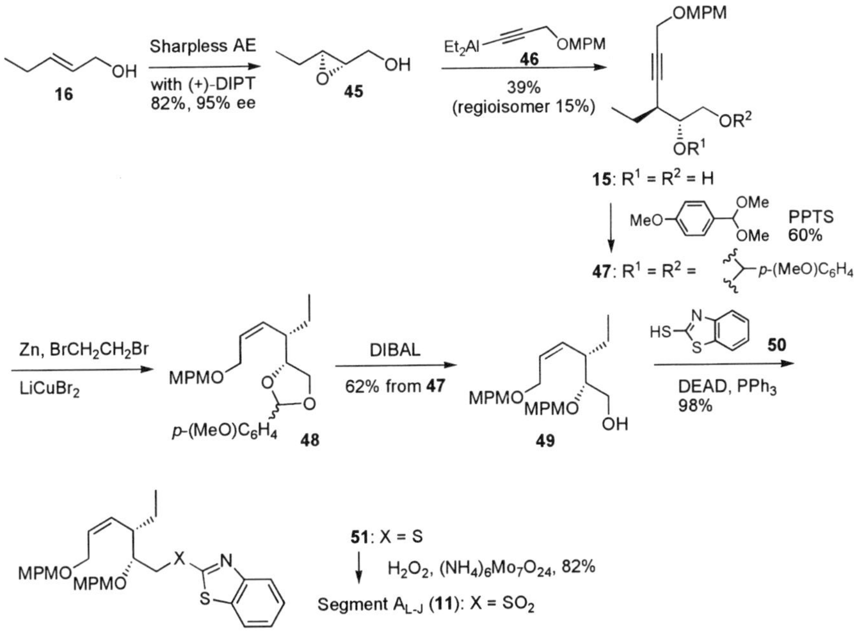

図8　セグメント$A_{L\text{-}J}$の合成

ル 50 との反応，続く酸化により Julia カップリング反応試薬であるセグメント $A_{L\text{-}J}$（11）を得た。

一方，NHK 反応のためのセグメント $A_{L\text{-}N}$（12）は（図 9），まず文献既知の光学活性アルコール 17[13] を酸化，Horner–Emmons 反応により増炭，さらにエステル部分を還元し，MPM エーテル 54 へと変換した。その後，もう一方のシロキシ基末端を脱保護，酸化によりアルデヒドへと導き，セグメント $A_{L\text{-}N}$（12）を合成した。

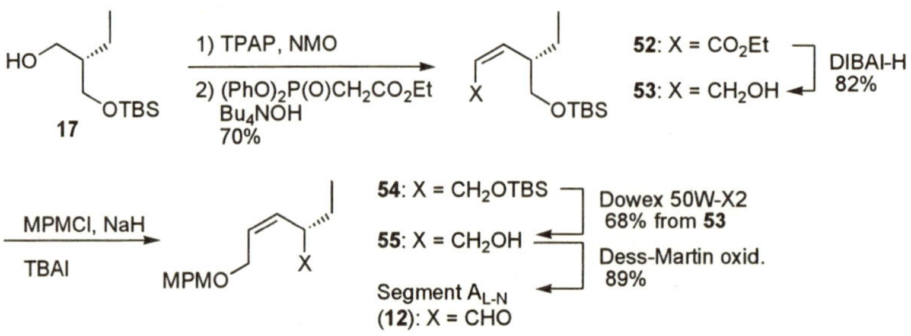

図 9　セグメント $A_{L\text{-}N}$ の合成

4.2 セグメント B_L の合成

セグメント B_L の合成（図 10）は，セグメント B_F の合成と同様 C-11 位立体配置の不斉源として（*R*)-リンゴ酸を出発原料とし，既知アルコール体 23 を経て，酸化，ラクトン構造を持つ

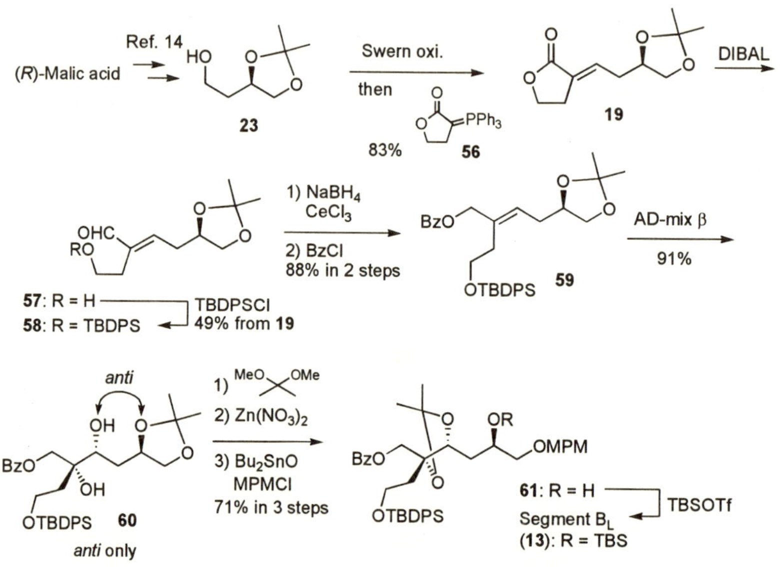

図 10　セグメント B_L の合成

Wittig試薬56とのWittig反応により立体選択的にオレフィン19とした。ラクトン部分を還元し，アルデヒドアルコール57を経て，後にC-8位側鎖部分となる1級水酸基はTBDPS基で，セグメントB_Fの末端となる1級水酸基はBz基で保護しオレフィン59へと導いた。Sharpless ADH反応によりC-8，9位の立体配置を構築し，セグメントB_F合成と同様，ビスアセトニド体を経由して水酸基の保護基の変換を行い，目的のセグメントB_L（13）の合成を行った。

4.3　セグメントC_Lの合成

光学活性シクロヘキセンカルボン酸21の合成方法は，すでにジアステレオマー塩の分別再結晶による光学分割法や不斉Diels–Alder反応による方法が報告されていた。しかし，望む立体配置の21を合成するにあたって，これらの方法では，再現性や効率，あるいは高価な非天然型異性体を不斉触媒に用いる必要がある等，それぞれ問題があった。そこで，文献[17]を参考に（*R*）-ベンジルオキサゾリジノンを不斉補助基とするアクリル酸誘導体22のDiels–Alder反応を検討した（図11）。その結果，高立体選択的に反応は進行し，単一ジアステレオマーとして62を得た。不斉補助基を除去した後，ヨードラクトン体63を経てWittig反応によりジブロモ体65とし，さらにアセチレン体を経由してビニルスタナン誘導体66へ導き，最後にカルボン酸エステルとすることによりセグメントC_L（14）の合成を達成した。本合成経路は，セグメントC_L合成の最終工程でシクロヘキサン環上の水酸基をカルボン酸エステルとすることから，カルボン酸部分の構造が異なる他のロイストロダクシン類やホスラクトマイシン類に対応するセグメントC_Lも，容易かつ効率的に合成可能である。

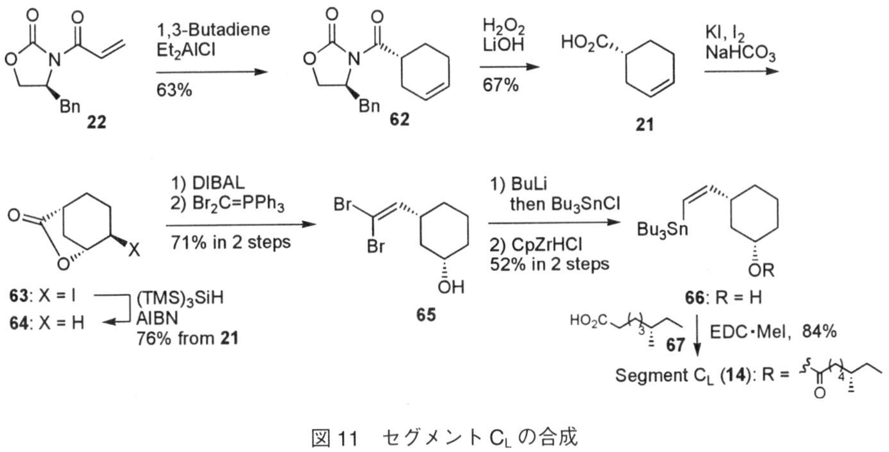

図11　セグメントC_Lの合成

4.4 ロイストロダクシンBの全合成

まずJuliaカップリング反応を鍵反応とするセグメント$A_{L\text{-}J}$とB_Lのカップリングについて検討を行った（図12，Julia route）。セグメントB_L（13）の末端Bz基を除去後，酸化してアルデヒド69に導き，セグメント$A_{L\text{-}J}$（11）とのJuliaカップリング反応を行った。その結果，NaHMDSを塩基として用いた場合，反応は進行するものの予想に反してC-5位の異性化が観察された。LiHMDSを用いた場合，異性化は進行しないものの，望むカップリング体70は低収率であった。

次にNHK反応によるカップリング反応を検討した（図12，NHK route）。まずアルデヒド69とした後，*trans*-ヨードメチレン化[18]により72を得た。セグメント$A_{L\text{-}N}$（12）に対して72を用いてNHK反応を行ったところ，反応は満足いく収率で進行したが，(*R*)-異性体73bが主生成物として得られた。(*R*)-異性体73bは分離精製後，光延反応により望む（*S*）-異性体73aへと変換することに成功した。また，ジアステレオマー混合物のまま酸化してケトン74へと変換後，L-selectrideを用いて還元することによって（*R*）-異性体73bへと立体選択的に誘導できることも明らかとなった。なおカップリング体73a，bの立体構造は，73aの脱MPM体71が，Julia routeの70から導かれる71と完全に一致することから確認した。

C-8位アミノエチル基への変換およびセグメントC_L（14）とのカップリングは，以下のように行った（図13）。すなわち，脱MPMにより得られるトリオール71を酸化し，不飽和ラクトンの構築とアルデヒドへの変換を一挙に行い75を得た。Wittig反応により*cis*-ヨードメチレン

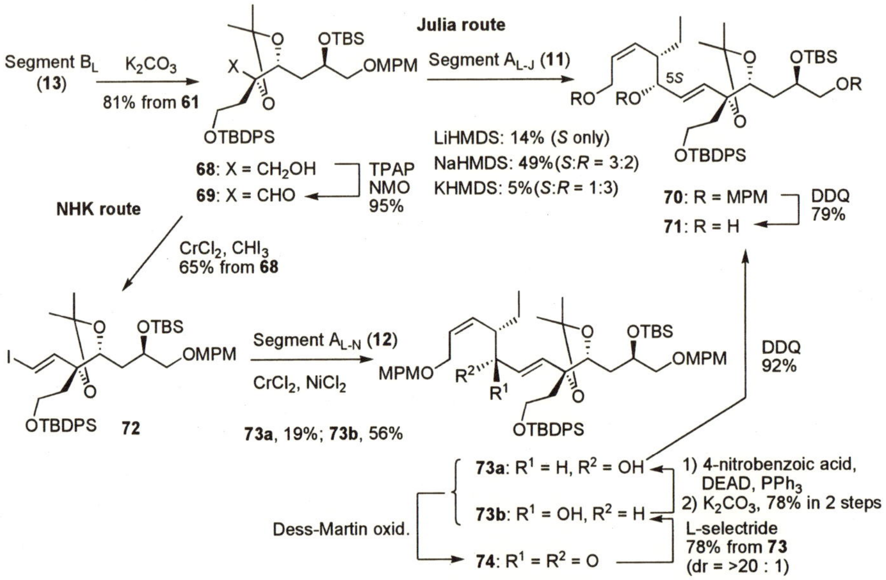

図12　セグメントA_LとセグメントB_Lのカップリング

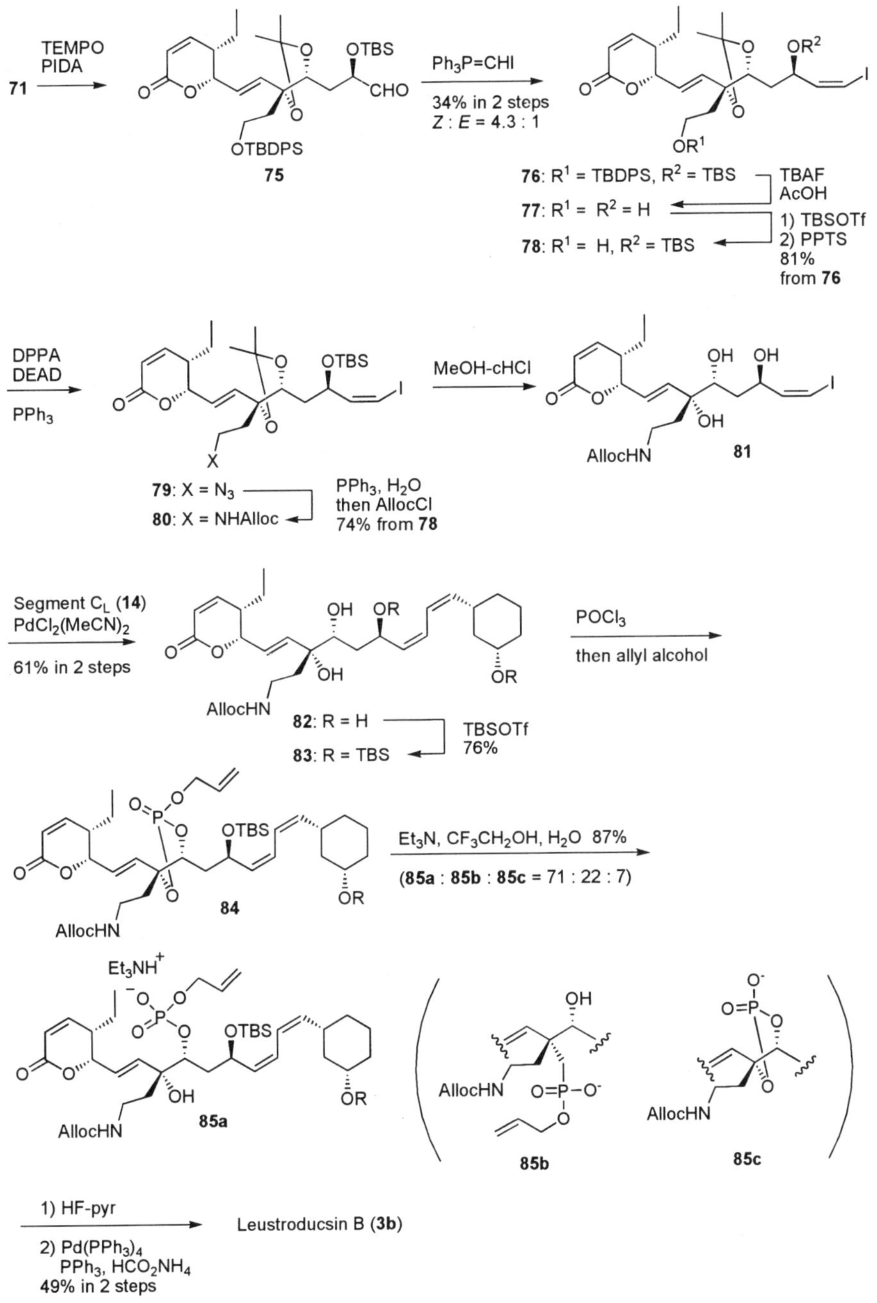

図13　ロイストロダクシンBの合成

体76とした後，1級水酸基のみをフリーとし，アジド基の導入を経てC-8位アミノエチル基を構築し80とした。フォストリエシンの合成と同様トリオール81とし，セグメントC_L（14）とPd触媒条件下，カップリングを行うことにより82へと導いた。

最後にリン酸エステルの導入は（図13），これもフォストリエシン合成と同様，環状リン酸エステル84を経由して部分加水分解を行うことによりロイストロダクシンBの保護体85aへと導き，シリル基，次にアリル系保護基の順に脱保護することにより，ロイストロダクシンB（3b）の全合成に成功した。

5 おわりに

フォストリエシンおよびロイストロダクシン類縁天然物は，その特徴的な構造と興味深い生物活性から，新しい合成反応や方法論を試すための恰好の標的化合物として，あるいは新たな抗腫瘍剤やPP阻害剤探索を目的として，世界中で数多くの合成研究が報告されている[4)]。今後は，これら合成方法を活用してフォストリエシンの持つ抗腫瘍活性，あるいはPP2A選択的阻害作用の機構解明とその応用，さらには新規生物活性物質探索等を目的とした，ケミカルバイオロジーや医薬品化学分野への展開が予想され，益々の発展が期待される。

文　　献

1) R. C. Jackson, D. W. Fry, T. J. Boritzki, B. J. Roberts, K. E. Hook, W. R. Leopold, *Adv. Enzyme Regul.*, **23**, 193 (1985) ; R. S. De Jong, E. G. E. De Vries, N. H. Mulder, *Anti–Cancer Drugs*, **8**, 413 (1997) ; W. Scheithauer, D. D. V. Hoff, G. M. Clark, J. L. Shillis, E. F. Elslager, *Eur. J. Clin. Oncol.*, **22**, 921 (1986) ; R. S. De Jong, N. H. Mulder, D. R. A. Uges, D. Th. Sleifer, F. J. P. Hoppener, H. J. M. Groen, P. H. B. Willemse, W. T. A. Van der Graaf, E. G. E. De Vries, *Br. J. Cancer*, **79**, 882 (1999)

2) T. Kohama, T. Katayama, M. Inukai, H. Maeda, A. Shiraishi, *Microbiol. Immunol.* **38**, 741 (1994) ; T. Kohama, H. Maeda, J. Imada Sakai, A. Shiraishi, *J. Antibiot.*, **49**, 91 (1996) ; R. Koishi, N. Serizawa, T. Kohama, *J. Interferon Cytokine Res.*, **18**, 863 (1998) ; R. Koishi, C. Yoshimura, T. Kohama, N. Serizawa, *J. Interferon Cytokine Res.*, **22**, 343 (2002) ; K. Shimada, R. Koishi, T. Kohama, *Ann. Rep. Sankyo Res. Lab.*, **56**, 11 (2004)

3) プロテインホスファターゼの構造と機能，田村眞理，矢倉英隆，武田誠朗，宮本英七編，共立出版（2002）

4) 総説：D. S. Lewy, C.-M. Gauss, D. R. Soenen, D. L. Boger, *Curr. Med. Chem.*, **9**, 2005 (2002)；M. Shibasaki, M. Kanai, *Heterocycles*, **66**, 727 (2005)；宮下和之，池尻昌宏，常深智之，松本あゆみ，今西武，有機合成化学協会誌，**65**, 874 (2007)
5) K. Miyashita, M. Ikejiri, H. Kawasaki, S. Maemura, T. Imanishi, *Chem. Commun.*, 742 (2002)；K. Miyashita, M. Ikejiri, H. Kawasaki, S. Maemura, T. Imanishi, *J. Am. Chem. Soc.*, **125**, 8238 (2003)
6) K. Miyashita, T. Tsunemi, T. Hosokawa, M. Ikejiri, T. Imanishi, *Tetrahedron Lett.*, **48**, 3829 (2007)；K. Miyashita, T. Tsunemi, T. Hosokawa, M. Ikejiri, T. Imanishi, *J. Org. Chem.*, **73**, 5360 (2008)
7) H. C. Kolb, M. S. VanNieuwenhze, K. B. Sharpless, *Chem. Rev.*, **94**, 2483 (1994)
8) A. K. Mapp, C. H. Heathcock, *J. Org. Chem.*, **64**, 23 (1999)；T. Esumi, N. Okamoto, S. Hatakeyama, *Chem. Commun.*, 3042 (2002)
9) J. K. Stille, B. L. Groh, *J. Am. Chem. Soc.*, **109**, 813 (1987)
10) P. R. Blakemore, *J. Chem. Soc., Perkin Trans. 1*, 2563 (2002)
11) P. Cintas, *Synthesis*, 248 (1992)；A. Fürstner, *Chem. Rev.*, **99**, 991 (1999)
12) Asymmetric epoxidation of allylic alcohols: The Katsuki-Sharpless epoxidation reaction, T. Katsuki, V. Martin, Organic Reactions Vol. 48, John Wiley & Sons.
13) J. S. Panek, N. F. Jain, *J. Org. Chem.*, **66**, 2747 (2001)
14) S. Hanessian, A. Ugolini, D. Dubé, A. Glamyan, *Can. J. Chem.*, **62**, 2146 (1984)；K. Mori, T. Takigawa, Y. Matsuo, *Tetrahedron*, **35**, 933 (1979)
15) S. Vijayasaradhi, J. Singh, I. S. Aidhen, *Synlett*, **110** (2000)
16) R. Noyori, I. Tomino, Y. Tanimoto, M. Nishizawa, *J. Am. Chem. Soc.*, **106**, 6709 (1984)；R. Noyori, I. Tomino, M. Yamada, M. Nishizawa, *J. Am. Chem. Soc.*, **106**, 6717 (1984)
17) A. S. Raw, E. B. Jang, *Tetrahedron*, **56**, 3285 (2000)
18) K. Takai, K. Nitta, K. Utimoto, *J. Am. Chem. Soc.*, **108**, 7408 (1986)

第Ⅱ編
含芳香環生物活性天然物

第6章

FR 900482の全合成

福山　透　東京大学 薬学系研究科 教授
徳山英利　東北大学 薬学研究科 教授

FR 900482（1）は，放線菌 *Streptomyces sandaensis* No. 6897の培養液から見出された抗腫瘍性抗生物質であり，二種のヒドロキシルアミンヘミアセタール1a，1bが8員環環状ケトンを介した平衡混合物として存在している（図1）[1]。顕著な生理活性を示し，P 388白血病細胞，B 16黒色腫細胞，EL 4リンパ腫細胞に対してマイトマイシンCと同等の強い細胞毒性（IC_{50}；0.4 μg/mL）を示すのに加え[1]，マイトマイシンC耐性P 388白血病細胞株に対しても有効である[2a)]一方で，血液毒性や骨髄毒性はマイトマイシンCよりも低いことが知られている[2b)]。作用機序は，FR 900482（1）が生体内でマイトセン型分子へと誘導された後，DNAの二重螺旋内でグアニン塩基同士を架橋してDNAの複製を阻害するものである（スキーム1）[3]。顕著な生理活性に加え，ヒドロキシルアミンヘミアセタールやアジリジンを含む高度に官能基化された構造を有するため，本化合物は合成標的として広く注目を集め，これまで形式合成を含む8例の全合成例[4~11]と多くの合成研究が報告されている[12~26]。

1　鍵合成中間体の設定と合成上の課題

FR 900482（1）は，8員環ベンゾアゾシン誘導体（1c）とヒドロキシルアミンヘミアセタール（1a，1b）の平衡混合物であるため，ヒドロキシルアミンを有するベンゾアゾシンノン誘導

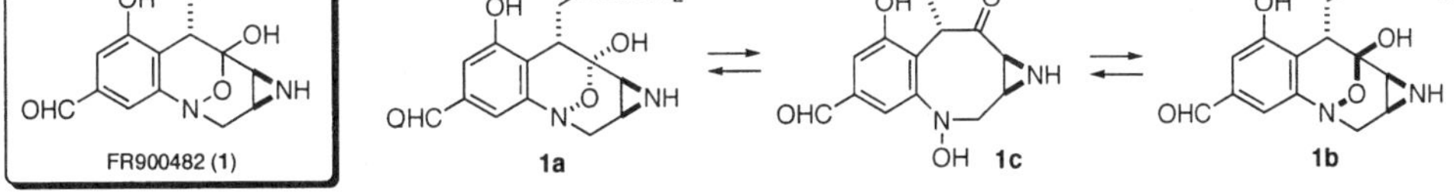

図1　(+)-FR 900482の構造

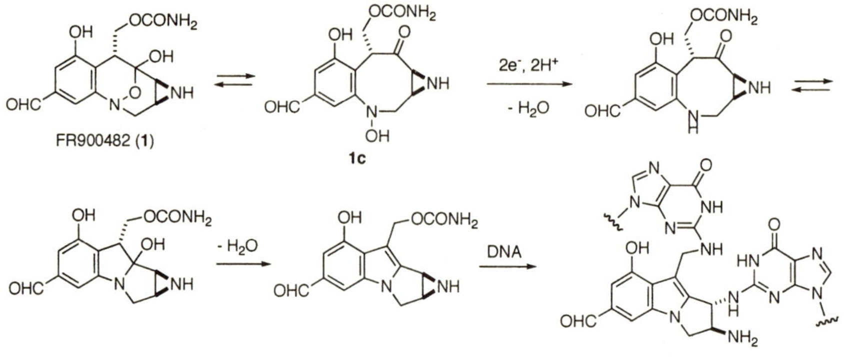

スキーム1　FR 900482 の作用機構[3)]

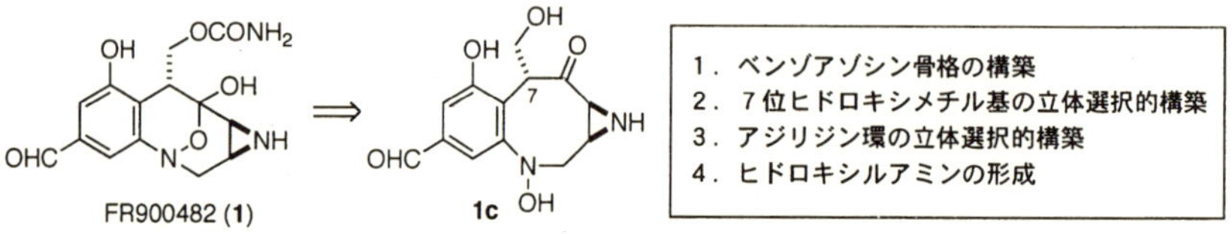
1．ベンゾアゾシン骨格の構築
2．7位ヒドロキシメチル基の立体選択的構築
3．アジリジン環の立体選択的構築
4．ヒドロキシルアミンの形成

図2　FR 900482（1）の合成上の課題

体を前駆体として設定した。合成上の課題としては，8員環の形成と8員環上に存在するアジリジン，ヒドロキシメチル基の立体選択的構築に加え，ヒドロキシルアミンの形成が挙げられる（図2）。以下，当グループにて行った，初のラセミ体の全合成，1,3-双極子の［3+2］付加環化反応を用いた誘導体合成，および不斉全合成の順に紹介する。

2　ラセミ体の全合成[4)]

初の全合成となったラセミ体の全合成[4)]では，分子内還元的アミノ化反応によるベンゾアゾシン環構築と，ジアステレオ選択的アルドール反応による7位側鎖の立体選択的導入を鍵工程として利用した（スキーム2）。また，アジリジン部位は，8員環の安定配座を利用して立体選択的に導入したエポキシ環を足がかりとして構築を行った。

ルイス酸存在下，シリルオキシフラン（3）のベンズアルデヒド2への1,2-付加と酸処理によりブテノリド4を合成し，フェニルチオ基の共役付加，ベンジル位ヒドロキシ基のアセチル化に続く還元的除去を行い5を得た。続いて，アジド基のアミノ基への還元，ラクトンのラクトールへの還元を行い，環化前駆体6を合成した。これを還元的アミノ化の条件に付すことでベンゾアゾシン7を良好な収率で得た。続いて，7のヒドロキシ基とアミノ基をアセチル化し，スルホキシドに変換した後β-脱離を行うことで二重結合を導入し8とした。ここで，アセチル基

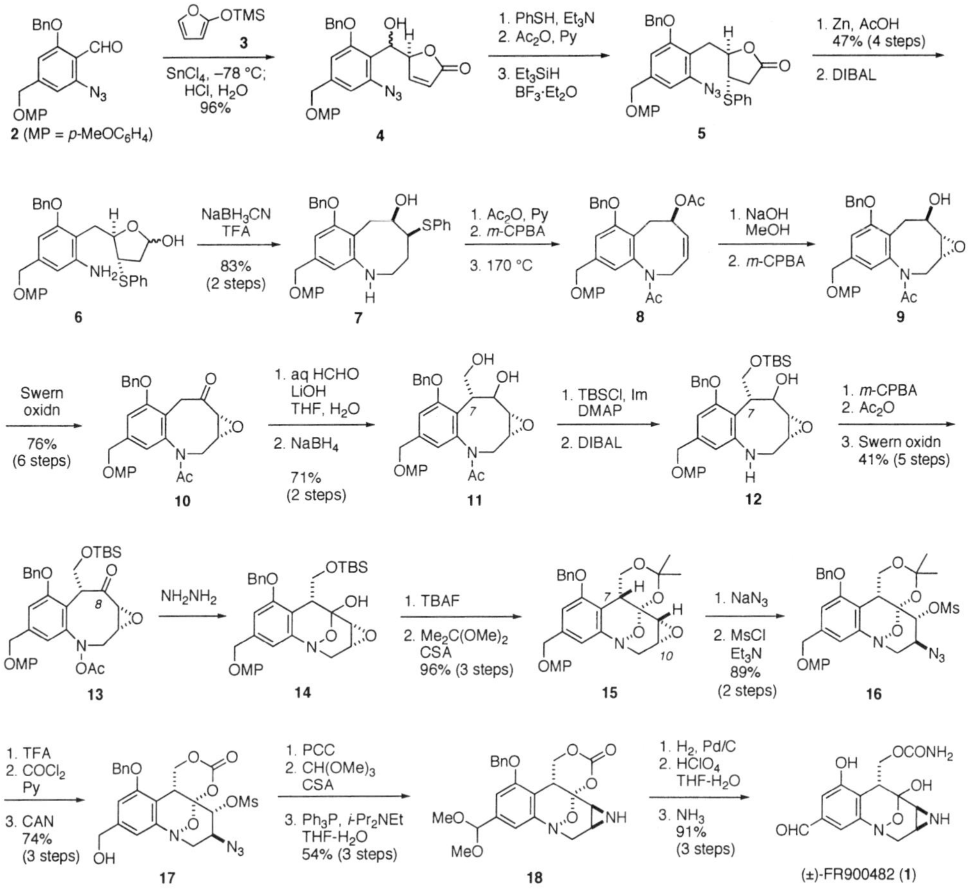

スキーム 2　FR 900482 ラセミ体の全合成[4)]

を加水分解により除去した後に，*m*-CPBA でジアステレオ選択的にエポキシドを構築した。この際，通常のヒドロキシ基の配位効果（Henbest 則）による β-エポキシドが生成せずに，コンフォメーション的な要因により試薬が環の外側から接近することで α-エポキシド 9 が優先して得られた。続いて，8 位のヒドロキシ基を酸化してケトン 10 とした後に，水酸化リチウムを塩基としてホルムアルデヒドとのアルドール反応を行った結果，望みの立体化学を有する 7 位ヒドロキシメチル化体を単一異性体として得ることに成功した。さらに，6 位ケトンを還元しジオール 11 へと導いた。第二級アミンのヒドロキシルアミンへの変換は，第一級アルコールを保護した後に DIBAL で *N*-アセチル基を除去し 12 を得た後で，*m*-CPBA で酸化することにより行った。続いて，得られたヒドロキシルアミンをアセテートとして保護し，第二級アルコールを酸化してケトン 13 とした。ここで，ヒドロキシルアミンのアセチル基をヒドラジンにより除去すると，ケトンへの渡環反応が進行してヘミアセタール 14 を与えた。

エポキシドのアジリジンへの変換を行うために，まず，脱シリル化の後ヘミアセタール部分をアセトニド15として保護した。続いて，ナトリウムアジドにより10位選択的にエポキシドを開裂し，生じた第二級アルコールをメシラート16とした。次いで，アセトニドをTFAにより除去し環状カーボネートとした。さらに，パラメトキシフェニル基のCANによる脱保護と生じたベンジルアルコールのアルデヒドへの酸化を行い，一旦ジメチルアセタールとして保護した。続いて，Staudinger反応の条件によりアジドの還元とアジリジン環の閉環を行い，望みの立体化学のアジリジン環を有する18を得た。最後に，ベンジル基とジメチルアセタールの脱保護の後，アンモニアガスで処理してカーバメートへと変換し（±)-FR 900482（1）の全合成を達成した。

3 ［3+2］付加環化反応を鍵工程とした合成研究[22)]

ラセミ体全合成に引き続き，光学活性体の合成を目指してニトリルオキシドの分子内［3+2］付加環化反応を鍵工程とする合成経路の検討を行った（スキーム3)。

既知のベンズアルデヒド誘導体19から3段階の変換で得られるp-ニトロベンゼンスルホンアニリド20と，L-酒石酸から誘導したアルコール21を光延反応によって結合し，得られた22の末端第一級アルコールの脱保護，酸化を経てオキシム23を得た。ここで，ニトリルオキシド24を生成させると，分子内［3+2］付加環化反応が進行し，イソキサゾリン25を単一化合物として得ることに成功した。後に除去が必要な，環化前駆体23におけるエトキシカルボニル基の導入は，付加環化の位置および面選択性の制御のために必須であり，エトキシカルボニル基の無いスチレン誘導体で反応を行うと，反応位置が逆になった9員環化合物26がジアステレオマーの混合物として生成した（図3)。

環化付加体25の7位の絶対立体配置は，誘導体のX線結晶構造解析により天然体と逆であることが判明し，天然体の合成にはD-酒石酸を出発原料として用いる必要があることが分かった。しかし，以下，合成経路の開拓を目的として検討を行いFR 900482類縁体34の合成を行った。まず，25のNs基を脱保護し[27)]，エステルの還元後アニリンをトリフルオロアセトアミドとして保護した。水素雰囲気下Raney　Niによりイソキサゾリン環の還元的開環を行って27へと誘導し，1,2-ジオールの酸化的開裂による1炭素減炭を含む4段階によって28を得た。さらに，第一級アルコールを保護した後に，m-CPBAによる第二級アミンのヒドロキシルアミンへの酸化を行い，続いて8位ヒドロキシ基のケトンへの酸化によって29とした。ここで，アセチル基をヒドラジンにより除去すると，ヒドロキシルアミンヘミアセタールを与えた。さらに，シリル基とアセトニドを除去して生成したテトラオールを再度アセトニド保護条件下に付し，1,2-ジオー

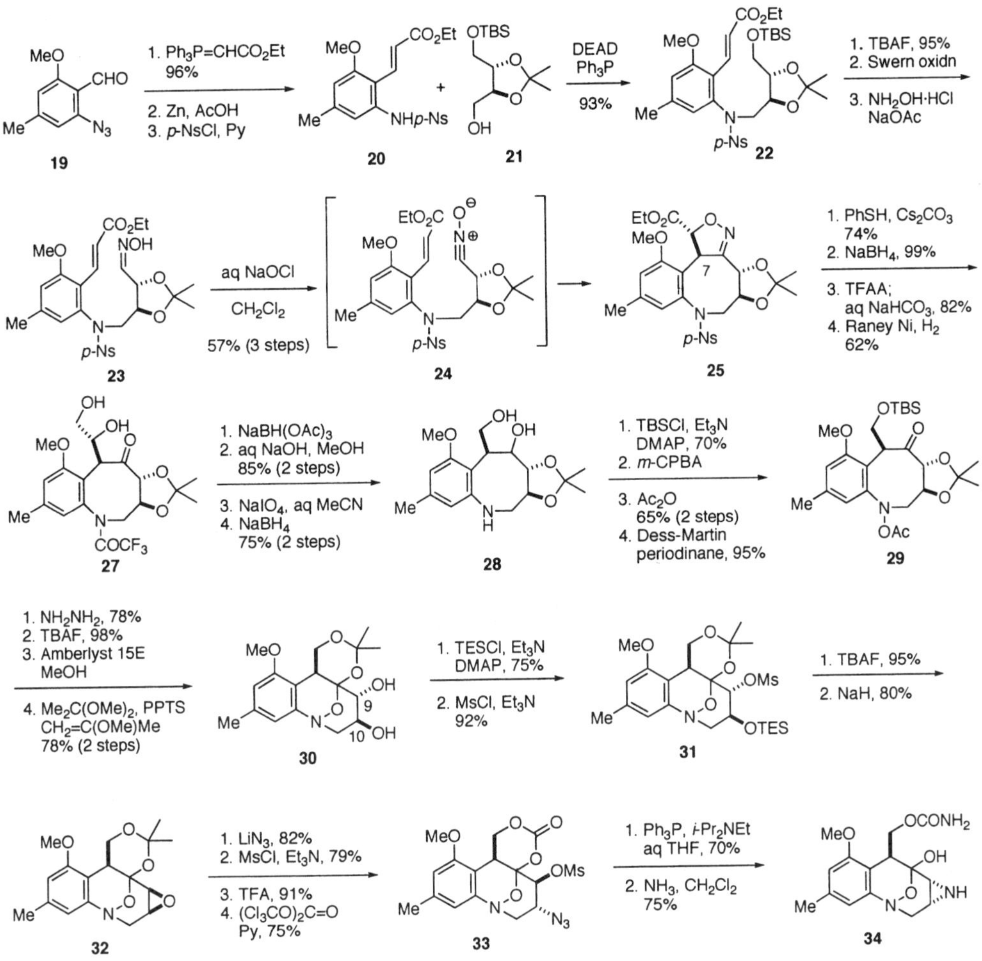

スキーム 3　ニトリルオキシドの［3+2］付加環化反応を用いた FR 900482（**1**）誘導体の合成

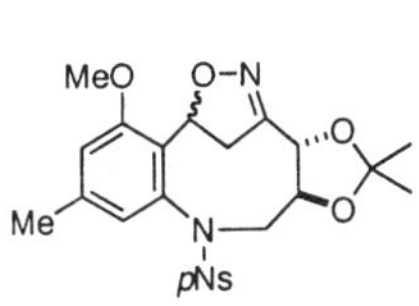

図 3　スチレン誘導体の［3+2］付加環化反応における生成物

ル 30 を得た。次に，2 つのヒドロキシ基の区別を経て望みの立体化学を有するエポキシド 32 を合成した。最後に，ラセミ体全合成での手法を応用し，アジリジン環を有する FR 900482 類縁体 34 へと導いた。

4　不斉全合成[11b)]

4.1　合成計画

［3+2］付加環化反応を用いた合成戦略では，環化の位置と立体化学を制御するために，不要なエトキシカルボニル基の導入が必要であり，その除去に多くの変換を要したことから効率性の点で問題があった。そこで，ラセミ体の合成を基本とした新たな合成戦略を考案した（スキーム4）。

ラセミ体の合成[4)]では，9，10位α-エポキシド中間体**15**から望みの立体化学を有するアジリジン環を構築しFR 900482へ誘導可能であったことから，エポキシド**15**を合成終盤における重要中間体として設定した。エポキシ環の立体選択的構築は，L-酒石酸（**41**）を不斉源として行い，末端アセチレンを有するフラグメント**40**へと導いた後に，薗頭カップリングにより芳香環部位**39**と結合させることとした。続いて，アニリン部分と側鎖末端アルコールの分子内光延反応によってベンゾアゾシン環を形成し，L-酒石酸由来の9，10位の不斉中心を利用したジアステレオ選択的アルドール反応による7位ヒドロキシメチル基の立体選択的構築を計画した。

4.2　第一世代不斉合成

まず，エポキシド構築の足場となる光学活性アセチレンの合成を行った（スキーム5）。L-酒石酸ジメチル（**41**）をアセトニドとし，エステルの還元と得られたジオール**42**のモノシリル化，残ったヒドロキシ基を酸化してアルデヒド**43**とした。続いて，末端アセチレンを形成し望みのフラグメント**44**を得た。**44**を，市販のバニリン酸からメチルエステル化，位置選択的ニトロ化を経て合成したトリフラート**45**と薗頭カップリングによって結合した。この際，トリエチルアミンとテトラヒドロフランの混合溶媒中，触媒量の酢酸パラジウム（II）とトリフェニルフォス

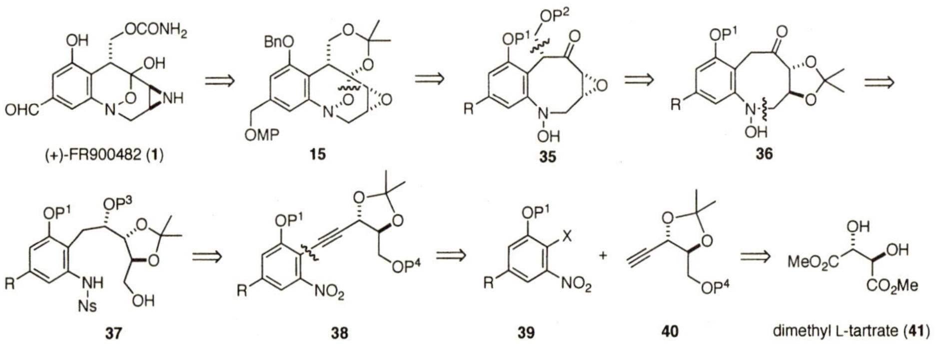

スキーム4　逆合成解析

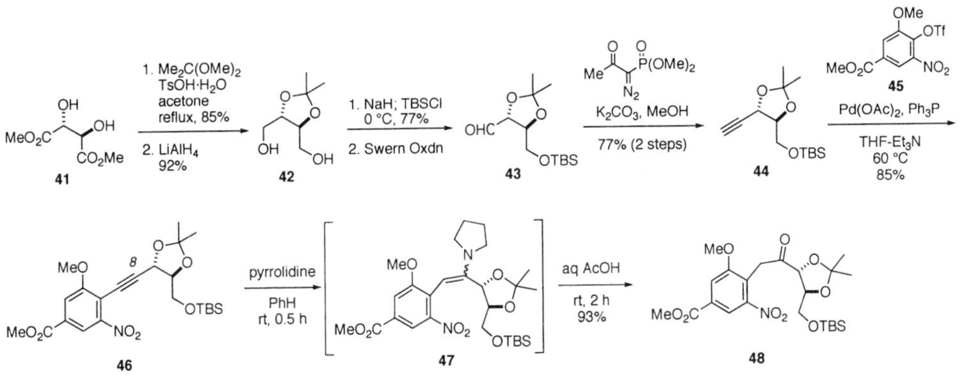

スキーム5　末端アセチレンフラグメントの合成と位置選択的ケトンの構築[11)]

フィン存在下 60℃ で反応を行うとアルキンの二量化を防ぐことができ，最も良好な収率でアルキン 46 を得た。次に，アルキンからケトンへの変換について検討を行った。一般に，アルキンからケトンへの変換についてはヒドロホウ素化やヒドロ水銀化を経る方法などが知られているが，位置選択性や大量合成への適用性に問題がある。そこで新たな変換方法を検討した。アリールアルキン 46 は，アルキニル基のオルト位にニトロ基，パラ位にエステルの２つの電子求引性基を有しているため，8位へ求核剤の共役付加が進行するのではないかと予想し，46 にピロリジンを加えて撹拌した。その結果，予想した共役付加が室温下進行し，対応するエナミン 47 が生成することが分かった[28)]。さらに，反応溶液を 50% 酢酸水で処理すると，エナミンの加水分解を経て望みのケトン 48 を高収率で得ることができた。

続いて，ベンゾアゾシン環の構築と7位側鎖の導入を行った（スキーム6）。まず，ケトン 48 を還元し，得られた第二級アルコールを MOM エーテルとして保護して 49 を得た。続いて，ニトロ基の接触還元と *p*-Ns 基[27)]の導入，末端のシリル基を脱保護して第一級アルコール 50 とした。ここで分子内光延反応[27)]を試みたところ，ベンゾアゾシン 51 を良好な収率で得ることができた。次に，8位ヒドロキシ基をケトンに変換し，ヒドロキシメチル基の導入を検討した。しかし，詳細な条件検討を行ったにも関わらず，52 のホルマリンとのアルドール反応は，脱水反応まで進行した α,β-不飽和ケトン 53 のみを与えた。そこで，α,β-不飽和ケトン 53 から Pummerer 反応を経由する段階的な手法で，7位ヒドロキシメチル基を構築した。まず，53 に対してチオフェノールを共役付加させ，スルフィド 54 を単一生成物として得た。なお，ケトンを還元して得られた第二級アルコールのジアステレオマー（生成比 2：1）のうち，主生成物をアセチル化して得られた 55 の X 線結晶構造解析を行った結果，7位のフェニルチオメチル基の立体配置は天然物と同じ α 配置であった。次に，54 のエステルとケトンを共に還元して 56 とした後，光延反応条件下でベンジルアルコールのみを選択的に *p*-メトキシフェニルエーテル化し，第二

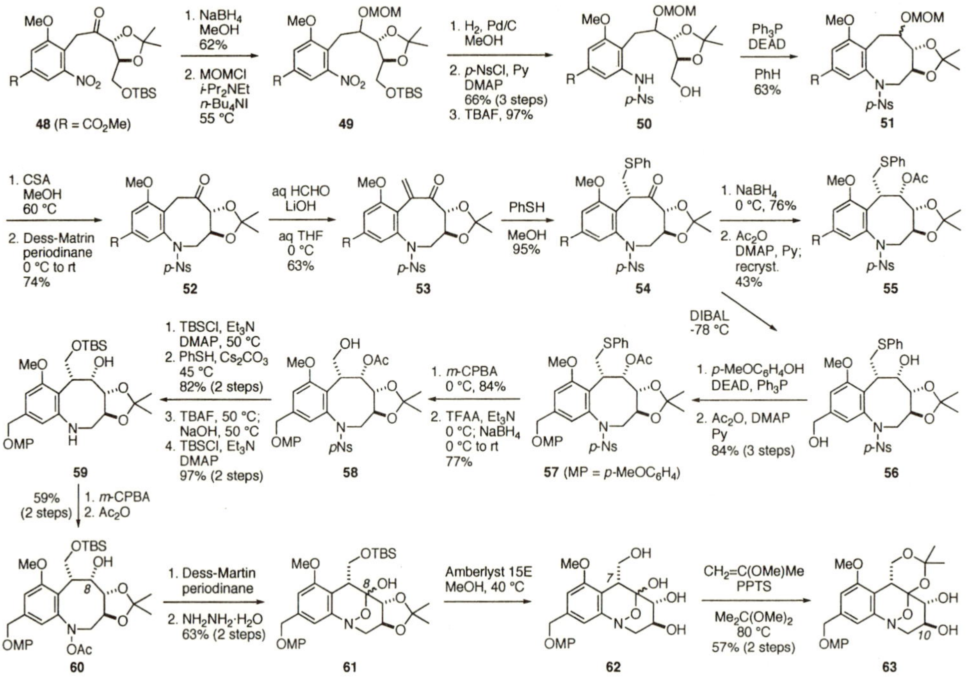

スキーム6　FR 900482 の不斉合成-1[11b)]

級アルコールをアセチル化して57を得た。次に，Pummerer 反応を行い，生じたアルデヒドを還元することで，対応するヒドロキシメチル体58を得ることに成功した。

続いて，第二級アミンのヒドロキシルアミンへの酸化を経て，ヒドロキシルアミンヘミアセタール骨格の構築と立体選択的エポキシ環の形成を行った（スキーム6)。まず，58の保護基の変換[28)]で得たアミノアルコール59を *m*-CPBA で酸化してヒドロキシルアミンへとし，アセテート60として保護した。次に，8位ヒドロキシ基をケトンに酸化して，アセテートを加ヒドラジン分解すると，ヘミアセタール化が進行し61を8位のアノマー炭素に基づく約8：1のジアステレオマー混合物として与えた。続いて，アセトニドを除去して得られたテトラオール62をアセトニド保護の条件に付したところ，上部アセトニド63が単一生成物として生成した。

ここで，63の誘導体とラセミ体合成での中間体15のスペクトルを比較することによって相対立体配置の確認を行った。すなわち，63のジオールのうち立体的に空いた10位ヒドロキシ基を選択的にトシル化し，続いて塩基で処理することでα-エポキシド64を得た（スキーム7)。64の^{1}H-NMR を15[4)]と比較したところ，予想外なことに大きく異なっていた。一方，63から4工程でβ-エポキシド65を合成し15の^{1}H-NMR と比較したところ，今度は各ピークの化学シフト，カップリング定数とも良く一致した。このことは，64と65の正しい構造はそれぞれ64′と65′であり，9，10位二つのヒドロキシ基の立体化学の反転は考えられないため，64，65のエポキ

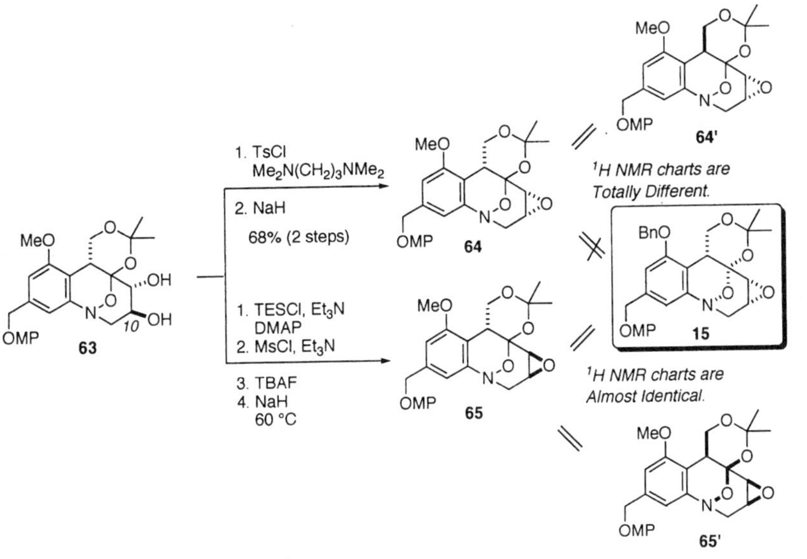

スキーム 7　重要中間体 116 の立体構造の確認[11b)]

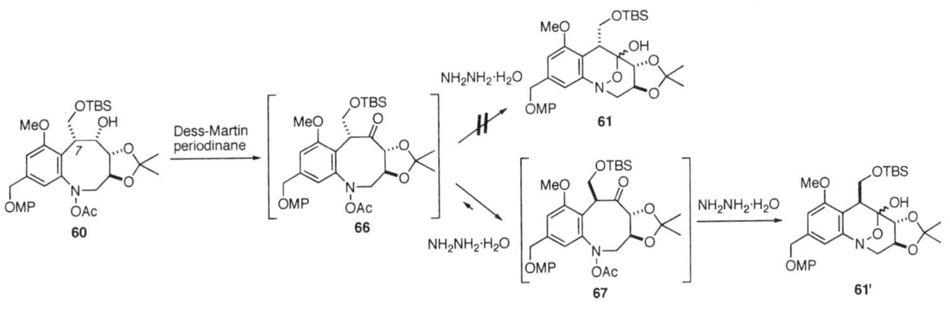

スキーム 8　7 位のエピマー化

シ環の絶対立体構造は図示した通りで，7 位立体化学がいずれも図とは逆の β-配置だったことを示している。7 位立体化学は，54 の時点で誘導体 55 の X 線結晶構造解析で α-配置であったことを確認しているので，ヒドロキシルアミンアセテートのヒドラジン分解に続くワンポットヘミアセタール化の段階（60→61′）で，アセトニドで保護された 1,2-ジオール部分に起因する熱力学的な要因により完全に β-配置へと異性化したのではないかと推測された（スキーム 8）。

上記の結果から考えると，天然体と同じ絶対立体配置を有する FR 900482 を合成するには，L-酒石酸の代わりに D-酒石酸から合成した基質を用いて 7 位を天然体として制御し，スキーム 7 の下段の手法を用いてエポキシ環を構築すればよい。そこで，スキーム 5-6 の経路を用いて D-酒石酸（68）からヒドロキシルアミンヘミアセタールの前駆体 69 を合成した（スキーム 9）。69 を抱水ヒドラジンで処理して生成した 70 の立体化学を NOE によって確認したところ，7 位

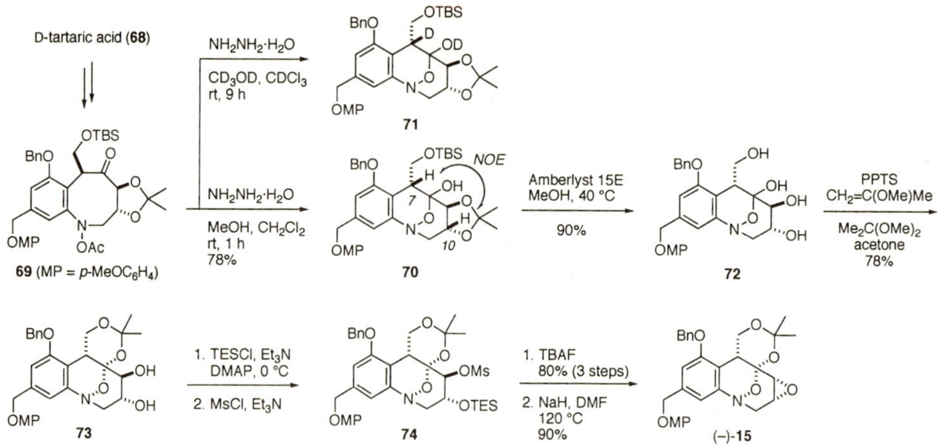

スキーム9　FR 900482の形式不斉全合成[11b)]

がエピマー化したことが確認できた。さらに，同じヘミアセタール化反応を重メタノール中で行ったところ，7位が重水素化されたヘミアセタール71が生成した。従って，7位エピマー化が8-ケト体のエノール化を経て進行していることを示している。

得られた70を，ラセミ体全合成の中間体であるα-エポキシド（−)-15に導くことで形式不斉全合成を達成した（スキーム9)。まず，シリル基とアセトニドを除去し，テトラオール72を経て6員環アセトニド73とした。なお，72を重クロロホルム—重メタノール混合溶媒中でトリフルオロ酢酸-dで処理しても，生じたテトラオール72の7位のメチンプロトンは重水素化されなかった。このことは，酸性条件下では，ケトン体は極めてエノール化しにくく，ヘミアセタールとケトンとの平衡はヘミアセタール側に安全に偏っていることを示唆している。続いて，73の1,2-ジオール部位を区別してメシラート74とした後に，脱シリル化と塩基処理によりα-エポキシド（−)-15を得た。(−)-15の^{1}H-NMRは，ラセミ体（±)-15のものと完全に一致した。

以上のように，D-酒石酸から出発し，アリールアセチレン誘導体へのピロリジンの共役付加による新規ケトンの合成法，分子内光延反応によるベンゾアゾシン骨格の構築，7位の立体反転を伴ったヘミアセタール化を経由する合成経路を開拓することができた。

4.3　第二世代不斉全合成[11a)]

上記合成では，N-ヒドロキシベンゾアゾシン骨格の構築や7位へのヒドロキシメチル基の段階的構築，ヘミアセタール化などに，保護・脱保護を含む多くの工程を要していた。そこで更なる改善を目的として検討を行った結果，ニトロンを経由する還元的N-ヒドロキシベンゾアゾシン骨格の直接構築法，ワンポット立体選択的ヒドロキシメチル化—ヘミアセタール化を鍵反応とした第二世代不斉全合成を達成した（スキーム10)[11a)]。

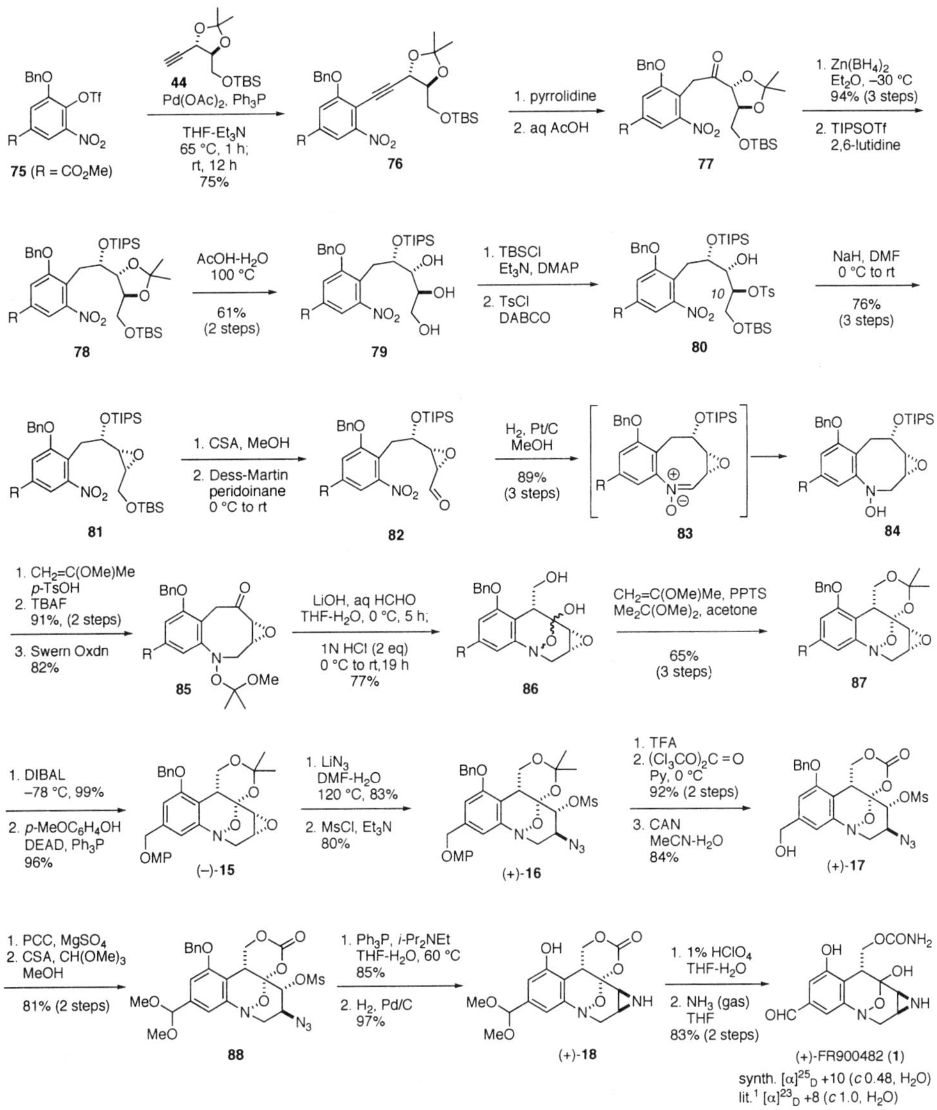

スキーム 10　FR 900482 の第二世代不斉全合成[11a)]

ラセミ体の全合成の知見から，7位ヒドロキシメチル化はα-エポキシ環を有するベンゾアゾシノンのアルドール反応を用いることとし，まず，その基質の合成を行った。L-酒石酸ジメチルから導いたアセチレン 44 とトリフラート 75 とをカップリングし，先に確立したアルキンからケトンへの変換法を適用した。すなわち，アルキン 76 へのピロリジンの共役付加によって得られるエナミンを酢酸水により加水分解しケトン 77 とした。次に，77 のカルボニル基を $Zn(BH_4)_2$ で還元し，生じたヒドロキシ基をシリル基で保護して 78 とした。続いて，アセトニドを含水酢酸中加熱して選択的に除去しトリオール 79 を得た。ここでα-エポキシ環を構築すべく，第一級アルコールをシリル化した後に，DABCO の存在下 *p*-トルエンスルホニルクロリドを作用させると，10 位選択的にトシル化された生成物 80 を単一生成物として得ることができた。次に，塩基で処理して α-エポキシド 81 へと変換し，末端ヒドロキシ基の脱シリル化と酸化によりエポキシアルデヒド 82 とした。ここで，ニトロ基の還元とアルデヒドとの分子内還元的ヒドロキシアミノ化を one-pot で行うことを目的として，還元条件の詳細な検討を行った。その結果，82 を 5% Pt 炭素を用いた接触還元条件に付したところ，所望の *N*-ヒドロキシベンゾアゾシン 84 を単一生成物として与えることが分かった。反応は，ニトロ基の還元によって生成したヒドロキシルアミン中間体がアニリンへと還元されるよりも速く，分子内でアルデヒドと縮合して環状ニトロン 83 を与え，さらなる選択的な部分還元によって望みの環状ヒドロキシルアミン 84 を与えたと考えられる。続いて 7 位側鎖の導入を試みた。化合物 84 のヒドロキシルアミンを混合アセタールとして保護し，シリル基の脱保護と生じた第二級アルコールの酸化によってケトン 85 とした後，ホルマリンとのアルドール反応に付した。85 の消失とともに反応系を酸性にしてアセタールの脱保護を行ったところ，ヘミアセタール化まで進行した 86 がヘミアセタール部分に関する 87：13 のジアステレオマー混合物として得られた。混合物のままアセトニド化の条件に付し，カラムクロマトグラフィーでジアステレオマーを分離して 87 を主生成物として得た。続いて，ベンゼン環上のエステルを還元し，得られたベンジルアルコールを光延条件下 *p*-メトキシフェニルエーテルとして保護し，ラセミ体全合成における重要中間体（－)-15 を得た。ここからは，ラセミ体での合成法に従いエポキシ環のアジリジン環への変換等を経て，(＋)-FR 900482（1）の全合成を完了した[11a]。

5　おわりに

以上，特異な構造を有する FR 900482 の全合成について，これまで我々のグループで行った全合成および合成アプローチを紹介した。新規医薬のシーズとしての重要性に加えて，本化合物は小さい分子ながらそのコンパクトな構造のなかにいくつもの特徴的な官能基を有していることから，全合成研究の標的化合物として極めて興味深い。最後になりますが，初めに述べたラセミ体の全合成は，Lianhong Xu 博士，五島俊介博士，また，1,3-双極子を用いたアプローチと不斉全合成は渥美（新井）恵理氏，藤沼（神戸）美香博士，鈴木雅士博士との共同研究の成果でありここに深く感謝致します。

文　　献

1) (a) M. Iwami, S. Kiyoto, H. Terano, M. Kohsaka, H. Aoki, H. Imanaka, *J. Antibiot.*, **40**, 589 (1987); (b) S. Kiyoto, T. Shibata, M. Yamashita, T. Komori, M. Okuhara, H. Terano, M. Kohsaka, H. Aoki, H. Imanaka, *J. Antibiot.*, **40**, 594, (1987); (c) I. Uchida, S. Takase, H. Kayakiri, S. Kiyoto, M. Hashimoto, T. Tada, S. Koda, Y. Morimoto, *J. Am. Chem. Soc.*, **109**, 4108 (1987)

2) (a) K. Shimomura, O. Hirai, T. Mizota, S. Matsumoto, J. Mori, F. Shibayama, H. Kikuchi, *J. Antibiot.*, **40**, 600 (1987); (b) O. Hirai, K. Shimomura, T. Mizota, S. Matsumoto, J. Mori, H. Kikuchi, *J. Antibiot.*, **40**, 607 (1987)

3) (a) R. M. Williams, S. R. Rajski, S. B. Rollins, *Chem. Biol.*, **4**, 127 (1997); (b) S. R. Rajski, R. M. Williams, *Chem. Rev.*, **98**, 2723 (1998)

4) T. Fukuyama, L. Xu, S. Goto, *J. Am. Chem. Soc.*, **114**, 383 (1992)

5) J. M. Schkeryantz, S. J. Danishefsky, *J. Am. Chem. Soc.*, **117**, 4722 (1995)

6) (a) T. Katoh, E. Itoh, T. Yoshino, S. Terashima, *Tetrahedron Lett.*, **37**, 3471 (1996); (b) T. Yoshino, Y. Nagata, E. Itoh, M. Hashimoto, T. Katoh, S. Terashima, *Tetrahedron Lett.*, **37**, 3475 (1996); (c) T. Katoh, T. Yoshino, Y. Nagata, S. Nakatani, S. Terashima, *Tetrahedron Lett.*, **37**, 3479 (1996); (d) T. Katoh, E. Itoh, T. Yoshino, S. Terashima, *Tetrahedron*, **53**, 10229 (1997); (e) T. Yoshino, Y. Nagata, E. Itoh, M. Hashimoto, T. Katoh, S. Terashima, *Tetrahedron*, **53**, 10239 (1997); (f) T. Katoh, Y. Nagata, T. Yoshino, S. Nakatani, S. Terashima, *Tetrahedron*, **53**, 10253 (1997); (g) 加藤正，寺島孜郎，有機合成化学協会誌，**55**, 946 (1997)

7) I. M. Fellows, D. E. Kaelin, Jr., S. F. Martin, *J. Am. Chem. Soc.*, **122**, 10781 (2000)

8) M. R. Paleo, N. Aurrecoechea, K.-Y. Jung, H. Rapoport, *J. Org. Chem.*, **68**, 130 (2003)

9) R. Ducray, M. A. Ciufolini, *Angew. Chem. Int. Ed.*, **41**, 4688 (2002)

10) (a) T. C. Judd, R. M. Williams, *Angew. Chem. Int. Ed.*, **41**, 4683 (2002); (b) T. C. Judd, R. M. Williams, *J. Org. Chem.*, **69**, 2825 (2004); (c) P. Ducept, D. A. Gubler, R. M. Williams, *Heterocycles*, **67**, 597 (2006)

11) (a) M. Suzuki, M. Kambe, H. Tokuyama, T. Fukuyama, *Angew. Chem. Int. Ed.*, **41**, 4686 (2002); (b) M. Suzuki, M. Kambe, H. Tokuyama, T. Fukuyama, *J. Org. Chem.*, **69**, 2831 (2004)

12) N. Yasuda, R. M. Williams, *Tetrahedron Lett.*, **30**, 3397 (1989)

13) T. Fukuyama, S. Goto, *Tetrahedron Lett.*, **30**, 6491 (1989)

14) R. J. Jones, H. Rapoport, *J. Org. Chem.*, **55**, 1144 (1990)

15) K. F. McClure, S. J. Danishefsky, *J. Am. Chem. Soc.*, **115**, 6094 (1993)

16) S. J. Miller, S. H. Kim, Z. R. Chen, R. H. Grubbs, *J. Am. Chem. Soc.*, **117**, 2108 (1995)

17) H. J. Lim, G. A. Sulikowski, *Tetrahedron Lett.*, **37**, 5243 (1996)

18) F. E. Ziegler, M. Belema, *J. Org. Chem.*, **62**, 1083 (1997)

19) S. Mithani, D. M. Drew, E. H. Rydberg, N. J. Taylor, S. Mooibroek, G. I. Dmitrienko, *J. Am. Chem. Soc.*, **119**, 1159 (1997)

20) W. Zhang, C. Wang, L. S. Jimenez, *Synth. Commun.*, **30**, 351 (2000)

21) R. M. Williams, S. B. Rollins, T. C. Judd, *Tetrahedron*, **56**, 521 (2000)

22) M. Kambe, E. Arai, M. Suzuki, H. Tokuyama, T. Fukuyama, *Org. Lett.*, **3**, 2575 (2001)

23) I. S. Young, M. A. Kerr, *Org. Lett.*, **6**, 139 (2004)

24) B. M. Trost, M. K. Ameriks, *Org. Lett.*, **6**, 1745 (2004)

25) B. M. Trost, B. M. O'Boyle, *Org. Lett.*, **10**, 1369 (2008)

26) S. Chamberland, S. Grüschow, D. H. Sherman, R. M. Williams, *Org. Lett.*, **11**, 791 (2009)

27) 総説 (a) 菅敏幸，福山透，有機合成化学協会誌，**59**, 779 (2001) ; (b) T. Kan, T. Fukuyama, *Chem. Commun.*, 2004, 353

28) インドール合成への応用，H. Tokuyama, T. Makido, Y. Han-ya, T. Fukuyama, *Heterocycles*, **72**, 191 (2007)

第7章

ディスコハブディン類の合成

北　泰行　大阪大学 名誉教授
立命館大学 薬学部 教授
藤岡弘道　大阪大学 薬学研究科 教授

1　はじめに

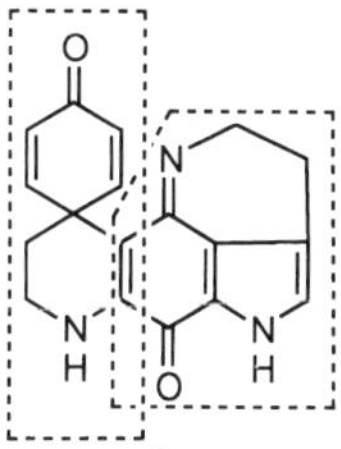

A

海洋からは陸上では見られない新規骨格を持つ天然物が多く得られている[1]。ディスコハブディンアルカロイド類[2]もその一つで，1980年代後半より海綿類から単離・構造決定されてきた新しいタイプの多環式海洋天然物であり，ピロロイミノキノン骨格とアザスピロジエノン骨格を併せ持つ特異な骨格（A）を有している。図1にこれまでに報文に報告されているディスコハブディン類を示した。

Munro，Perryらはディスコハブディン C[3]，ディスコハブディン A，B[4]並びに D[5]，二量体であるディスコハブディン W を単離・構造決定し，さらにディスコハブディン W の還元によりディスコハブディン B が生成し，また逆にディスコハブディン B の光反応によってディスコハブディン W ができることも報告している。さらにディスコハブディン I とディスコハブディン L も単離・構造決定している[6]。一方，小林らは，プリアノシン A（ディスコハブディン A と同一化合物であり，本章ではディスコハブディン A の名称を用いる）を単離・構造決定した[7]。また Baker らはディスコハブディン G を[8]，Boyd らはディスコハブディン Q を[9]，Capon らはディスコハブディン R を[10]，Gunasekera らはメチルスルフィドを持つディスコハブディン S，T，U を単離・構造決定している[11]。最近も新たなディスコハブディン類（ジヒドロディスコハブディン A，デブロモディスコハブディン A，ジヒドロディスコハブディン L，ディスコハブディン X）が単離・構造決定されている[12]。

これらのディスコハブディン類はいずれも強い細胞毒性を示すことから，特異な構造と相まって，新規抗腫瘍リード化合物として非常に興味が持たれ，世界中で活発に全合成研究が展開されている。

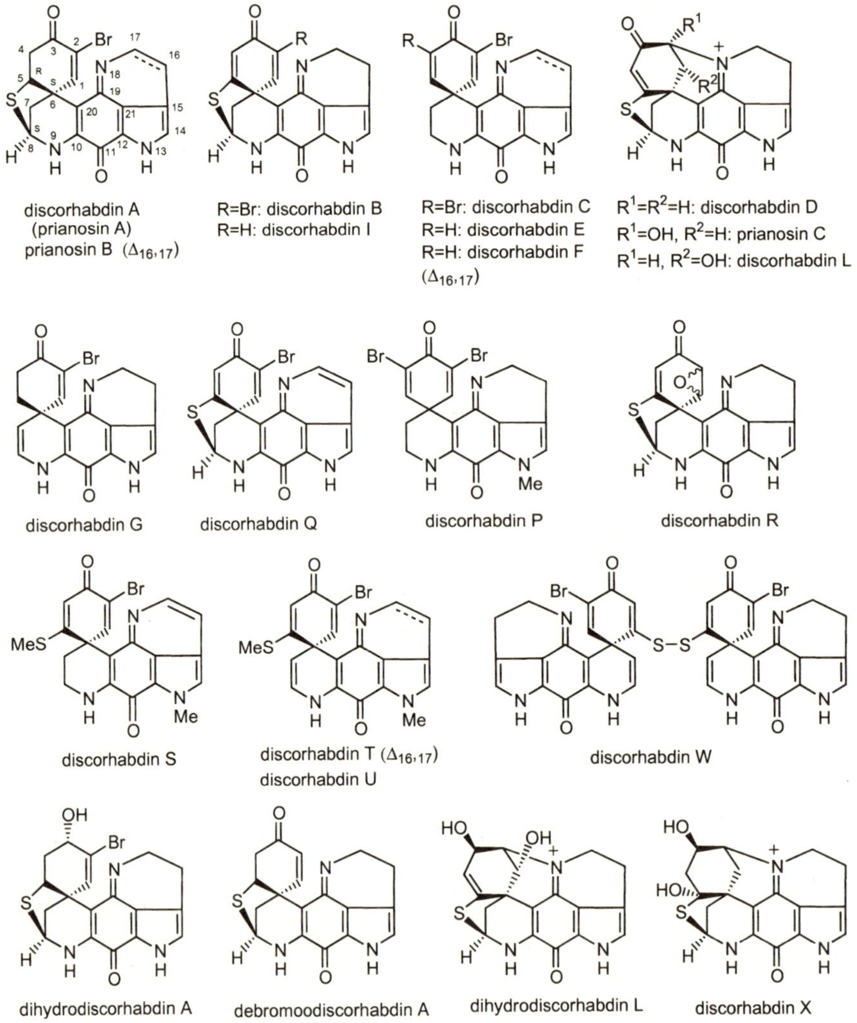

図1　抗腫瘍性海洋アルカロイド，ディスコハブディン類

2　ディスコハブディン類の合成

世界中で活発に合成研究がなされているが，これまでに合成されているディスコハブディン類はディスコハブディンA，ディスコハブディンC，ディスコハブディンE，プリアノシンBである。まず最初に全合成されたのは硫黄原子を持たない，ディスコハブディン類の中で比較的構造の簡単なディスコハブディンCで，著者ら，山村ら，Heathcockらの3グループが全合成に成功している。他にもいくつかのグループが形式合成に成功しているがここでは割愛する。なお，HeathcockらはディスコハブディンCの1個の臭素原子が水素原子であるディスコハブディン

Ｅも，ディスコハブディンＣと同様の手法で合成している。一方，架橋スルフィド構造を有する含硫黄ディスコハブディン類であるディスコハブディンＡおよびプリアノシンＢの合成は著者らのみが達成している。

2.1　基盤技術の開発

著者らはディスコハブディン類を合成するに当たり，超原子価ヨウ素反応剤を用いて幾つかの基盤技術を開発した。ここで紹介する反応以外にも，超原子価ヨウ素反応剤を用いる新規反応を種々開発しているが，それらは総説[13]をご覧いただきたい。

まず超原子価ヨウ素化合物であるが，アルキル化反応などに利用されているヨウ素原子が１価の状態をとった化合物以外に，ヨウ素原子は安定な多配位（多価）の化合物［超原子価ヨウ素化合物（hypervalent iodine compound）］を形成することもできる。超原子価ヨウ素化合物は1886年に３配位の$PhICl_2$[14]が見出されて以来，20世紀中ごろまでに，３価，５価の化合物が1,300種類ほど合成されたが，有機合成反応での利用は殆どされていなかった。1980年代頃になって超原子価ヨウ素反応剤が$Pb(OAc)_4$や$Hg(OAc)_2$などの重金属酸化剤と類似した反応性を示すことがわかってきたので，著者らは超原子価ヨウ素反応剤が，これらの毒性の強い重金属酸化剤の代替となる優れた酸化剤になるのではないかと考え，超原子価ヨウ素反応剤を用いる反応研究に取り組んだ。３価の超原子価ヨウ素反応剤としては PhI＝O（ヨードソベンゼン），$PhI(OCOCH_3)_2$（ヨードベンゼンジアセタート，PIDA），$PhI(OCOCF_3)_2$（ヨードベンゼンビストリフルオロアセタート，PIFA），PhI(OH)(OTs)（ヒドロキシトシルオキシヨードベンゼン）等が，また５価の超原子価ヨウ素反応剤としては Dess–Martin 試薬や，ヨードキシ安息香酸，ヨードキシベンゼン等が多用される[15]（図２）。著者らはこれらの反応剤のうちで特に PIFA の

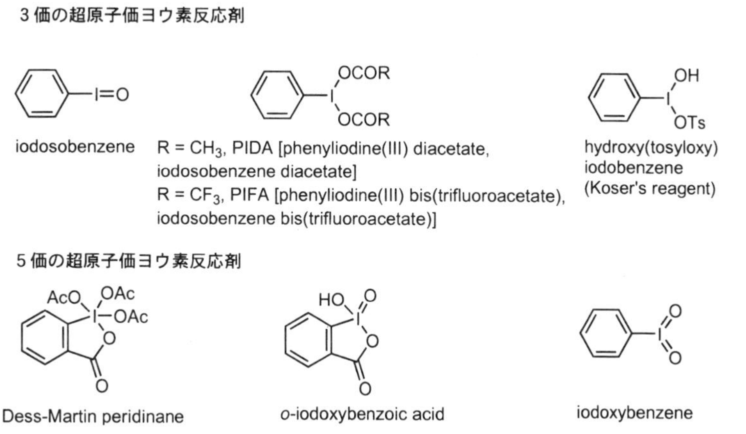

図２　代表的な超原子価ヨウ素反応剤

反応を中心に，ディスコハブディン類合成のための基盤反応の開発を行った。

全てのディスコハブディンはアザスピロジエノン構造とピロロイミノキノン構造を持ち，さらに架橋スルフィド構造も併せ持つ化合物も存在する。著者らは，アザスピロジエノン構造の高効率構築法を開発し，1992 年にディスコハブディン C の全合成を完成した。その後，ピロロイミノキノン構造の簡易構築，次いでディスコハブディン A の合成に必須のジヒドロベンゾチオフェン骨格の構築並びに *N,O*-アセタール構造新規構築法を開発した。

⑴　アザスピロジエノン構造構築法の開発

パラ位に置換基を有するフェノールに超原子価ヨウ素反応剤（PIFA）の存在下求核種を作用させると，フェノール性水酸基と PIFA が反応してパラ位に求核攻撃が進行する。分子内でのこの型の反応では，極性が大きく求核力の弱い CF_3CH_2OH 中で反応を行うと，フェノール水酸基と PIFA が反応した中間体を経て分子内求核反応によりスピロジエノン体が収率良く得られることを見出した（図 3 式 1）[16]。同様にパラ位にアミノキノン側鎖を有するフェノールと PIFA を反応させると，ヨードニウム塩を経てアザスピロジエノン 4 が得られるが低収率であった。これはパラ位アミノキノン側鎖が PIFA と反応して分子内求核反応が抑えられたためである。そこで，フェノール水酸基のシリルエーテル体 3 を用いると，選択的にパラ位キノン部位が活性化され，これにシリルエーテルのパラ位が反応して 4 を高収率で得る方法を確立した（図 3 式 2）[17]。

⑵　ピロロイミノキノン構造改良合成法の開発

ピロロイミノキノン構造は多くの天然物中に見られる構造であるため多くの合成法が開発され

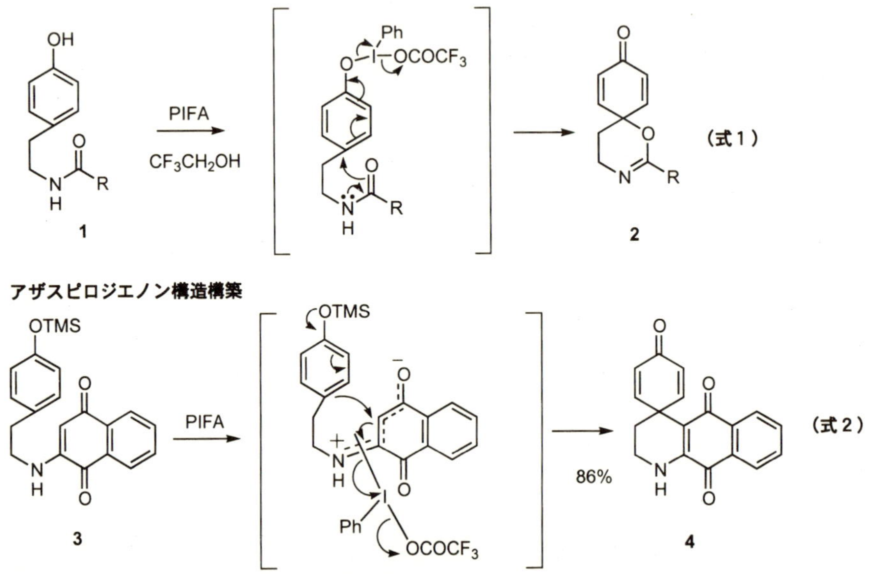

図 3　パラ位置換基に求核部位を持つフェノール類と PIFA の反応

ているが，従来合成法はキノンとアミノ基の分子内イミン形成反応と *p*-アミノフェニルエーテル体の酸化による方法が主流である。著者らもディスコハブディンCの合成（図9）ではピロロイミノキノン構造の合成に従来法を用いたが，その後優れた簡易合成法を開発することができた。即ち，メチルエーテル体を CF_3CH_2OH 中で PIFA の存在下求核種と反応させると，まずカチオンラジカル中間体が生成することを発見し，これに種々の求核種が直接芳香環へ収率良く反応することを見出した（図4式1）[18]。そこでメタ位にアジドアルキル側鎖を有するフェニルエーテル類5と PIFA を CF_3CH_2OH 中 MeOH の存在下に反応させるとキノンイミンジメチルアセタール体6が，また MeOH の代わりに水を用いるとキノンイミン体7が一挙に得られることを見出した（図4式2）[19]。

そこで，本法を6,7-ジメトキシインドール8より数工程で得られる2-アジドエチル基を3位に有するインドール体9に応用し，TMSOTf で活性化した PIFA 処理により一挙にディスコハブディン類のピロロイミノキノン体10を収率良く得ることに成功した（図5）。なお，9のNの保護基が $COCH_3$，COPh の場合には無保護（R′＝H）の10が得られる。

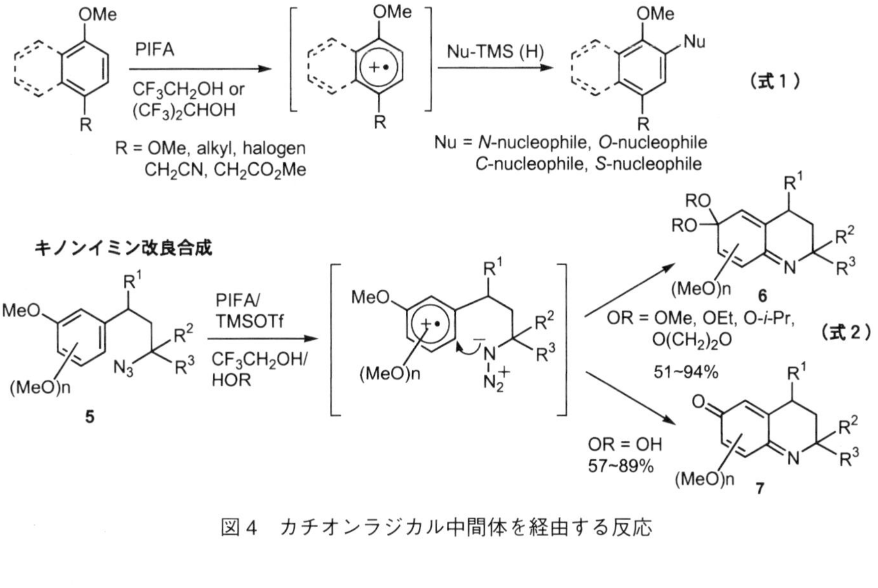

図4　カチオンラジカル中間体を経由する反応

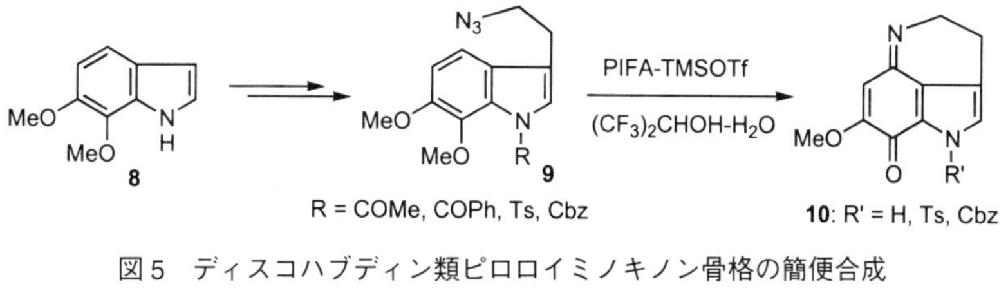

図5　ディスコハブディン類ピロロイミノキノン骨格の簡便合成

(3) ジヒドロベンゾチオフェン骨格の構築

後述のように，著者らは当初，ディスコハブディンAをその生合成前駆体と考えられているマカルバミンF[20]を経由して合成しようと計画した。そのため，効率的なジヒドロベンゾチオフェン骨格の構築法が必要となった。ジヒドロベンゾチオフェン構造は多くの医薬品合成中間体の部分構造として重要であり，様々な合成法が検討されていたが，収率の良い短工程合成法はなかった。著者らは上述のカチオンラジカル中間体への分子内求核置換反応による反応で目的を達成した。即ち，ベンジルチオアルキル側鎖を有するフェニルエーテル体11をBF_3・Et_2Oで活性化したPIFAと反応させるとカチオンラジカル中間体を経て分子内環化反応によりチオニウムイオンが生成し，続いてメチルアミン水溶液で後処理すると一挙に高収率で含硫黄複素環化合物12が得られた。12を$TMSN_3$の存在下ヨードソベンゼン（PhI＝O）で処理するとα-アジドジヒドロベンゾチオフェン体13へ一工程で変換できた（図6）[21]。

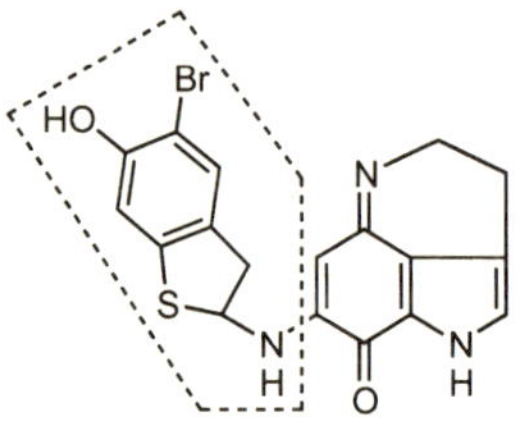

makaluvamine Fに含まれる
ジヒドロベンゾチオフェン

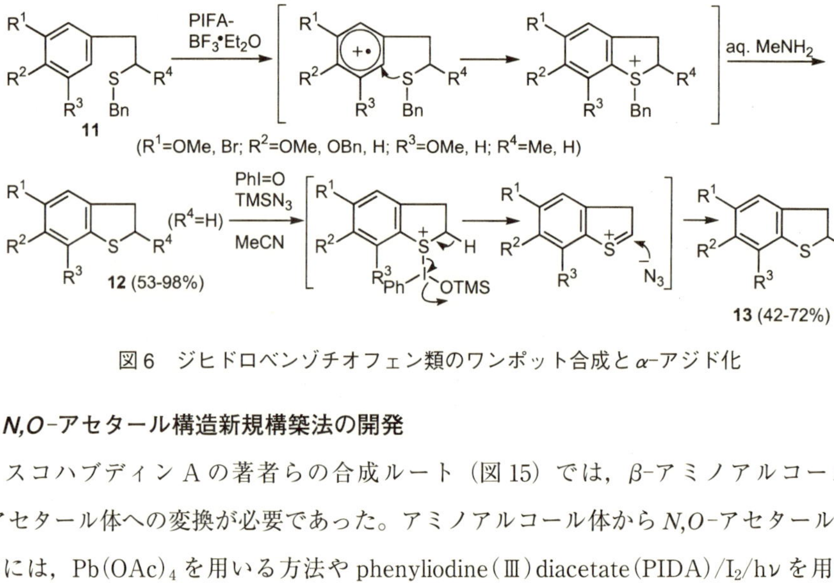

図6　ジヒドロベンゾチオフェン類のワンポット合成とα-アジド化

(4) *N,O*-アセタール構造新規構築法の開発

ディスコハブディンAの著者らの合成ルート（図15）では，β-アミノアルコール体から*N,O*-アセタール体への変換が必要であった。アミノアルコール体から*N,O*-アセタール体への変換反応には，$Pb(OAc)_4$を用いる方法やphenyliodine(Ⅲ)diacetate(PIDA)/I_2/hνを用いたラジカル反応による方法が報告されている。事実，著者らも最初のディスコハブディンAの合成では，毒性のある$Pb(OAc)_4$を用いたが，大量合成には不適であった。この変換反応にも超原子価ヨウ素反応剤が有用で，アミノアルコール類14を，MeOH存在下［bis(trifluoroacetoxy)iodo］pentafluorobenzene($C_6F_5I(OCOCF_3)_2$) 2等量を用いて反応させると，収率良く目的物の*N,O*-アセタール体15を得ることができた（図7）[22]。

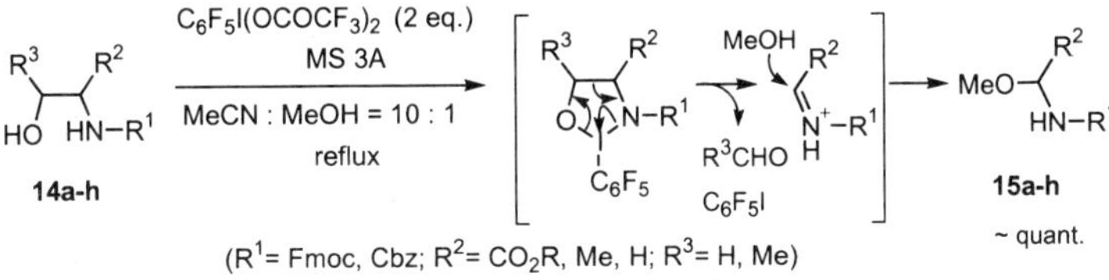

図7　β-アミノアルコールからの *N,O*-アセタールの合成

2.2　ディスコハブディン C の全合成

2.2.1　著者らの全合成

ディスコハブディンCの合成のために，スピロ環構築後イミンを形成する経路aと，ピロロイミノキノン構築後スピロ環形成を行う経路bの2通りの方法を検討した（図8)。その結果，経路aでは最後のイミン形成反応が進行しなかったため，経路bで全合成を達成した。

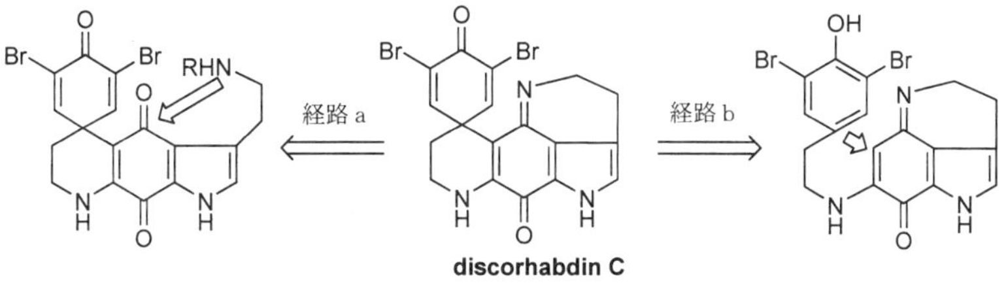

図8　ディスコハブディン C の逆合成解析

即ち，ベンズアルデヒド誘導体 16 から数工程を経て合成したインドロキノン体 17 の1位トシル体 18 を無水 *p*-トシル酸で処理してピロロイミノキノン体 19 を得た。ついで 19 と 3,5-ジブロモチラミンの臭化水素酸塩の縮合により得た *p*-アミノキノンフェノール体 20 を上述したアザスピロジエノン構造構築法（図3)，即ちフェノール性水酸基をシリル化して PIFA と反応させるとディスコハブディンCが 42% の収率で得られた（図9)[23]。

2.2.2　山村らおよび Heathcock らの全合成

著者らと同時期に山村ら[24]，また後に Heathcock ら[25]もディスコハブディンCの全合成を達成した（図10)。ここでは紙面の都合上，最後のアザスピロジエノン合成についてのみ触れる。山村らはニトロベンズアルデヒド体 21 から *p*-アミノキノンフェノール体 22 を陽極酸化して環化させ，ディスコハブディンCを得ている（式1)。1999 年，Heathcock らはアニリン誘導体 23 より合成した *p*-アミノキノンフェノール体 22 を銅触媒処理により環化させ，*N*-トシルディスコハブディンCを得，アルカリにより脱トシル化してディスコハブディンCを得ている（式2)。

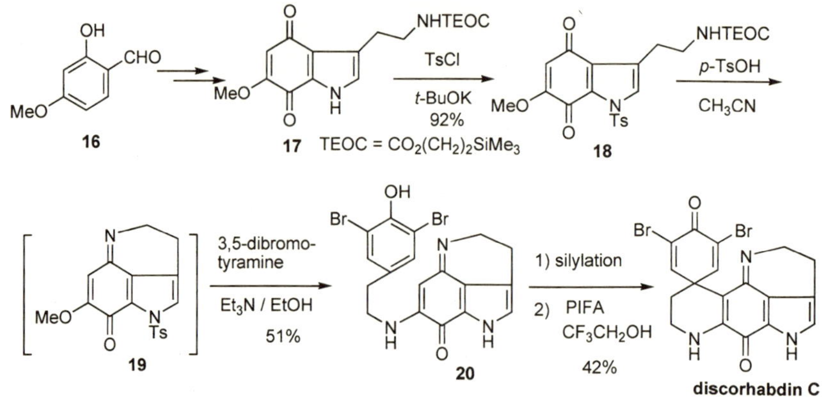

図 9　ディスコハブディン C の全合成

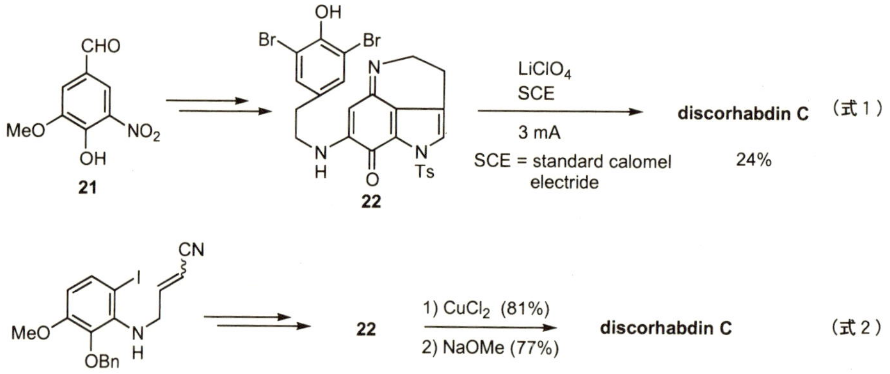

図 10　山村ら（式 1）および Heathcook ら（式 2）によるディスコハブディン C の合成

2.3　ディスコハブディン A の全合成

ディスコハブディン A をはじめとする架橋スルフィド構造を有する含硫黄ディスコハブディン類の全合成の報告例は，構造決定から二十数年を経た現在に至るまで著者ら以外には無い。著者らは，ディスコハブディン A の生合成前駆体と考えられているマカルバミン F をジヒドロベンゾチオフェンとピロロイミノキノンとの縮合により合成し，そのスピロ環化を計画した（図 11）。マカルバミン類も幾つかの化合物が知られているが，架橋スルフィド構造を有する化合物はマカルバミン F だけであり，またその全合成も知られていなかった。

独自に開発した上述の二法（図 5，図 6）を利用して，アルキルアジド側鎖を有するフェニルエーテル体 24 から合成したピロロイミノキノン体 25 と，ベンジルチオアルキル側鎖を有するフェニルエーテル体 26 からジヒドロベンゾチオフェン体 27 を経て硫黄原子の α 位炭素へアジド基を導入したアジド体 28[26] の接触還元で得たアンモニウム塩と縮合し，含硫黄アルカロイドマカルバミン F の短工程かつ効率的な最初のラセミ全合成に成功した（図 12）[27]。

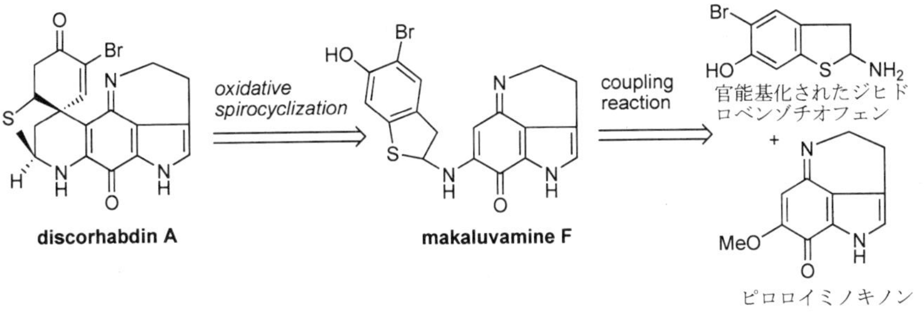

図 11　マカルバミン F を経由するディスコハブディン A の逆合成解析

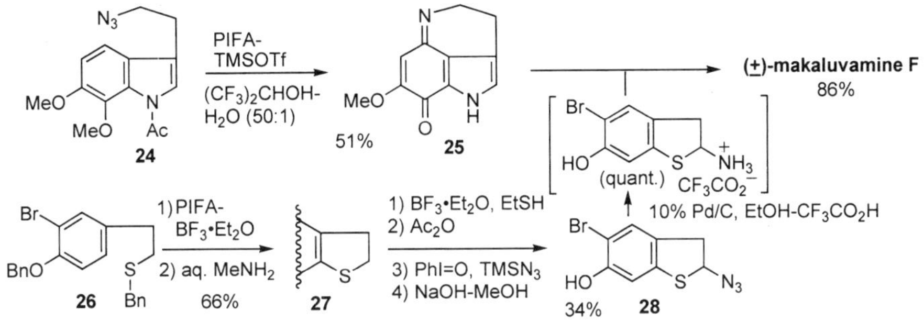

図 12　(±)-マカルバミン F の全合成

次にマカルバミン F のスピロ環形成反応により，縮環 *N,S*-アセタールを含むスピロ骨格を構築しディスコハブディン A を合成すべく種々条件を検討したが，マカルバミン F が，スルフィド部位，アミノイミノキノン部位，フェノール性水酸基など多くの活性部位を有するためか，閉環反応の制御が難しく目的物は全く得られなかった。

そこでディスコハブディン A 合成の新たなルートとして，スピロ環構築後，硫黄官能基を導入し架橋構造の構築を検討した（図 13）。

まず本合成ルートの可能性，特に縮環 *N,S*-アセタールを含むスピロコア構造の構築を目指して，ディスコハブディン A のナフトキノンモデル化合物 36 の合成を検討した（図 14）。市販のチロシンメチルエステル 29 とナフトキノン 30 との縮合体 31 を得，ついでエステル部を還元し

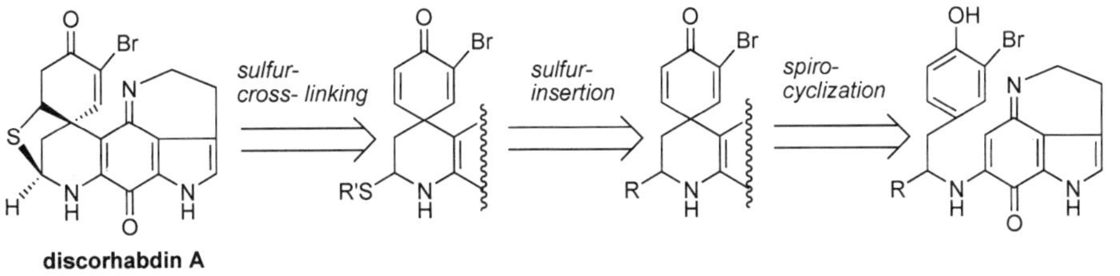

図 13　スピロ環化，硫黄導入，架橋形成を経るディスコハブディン A の合成

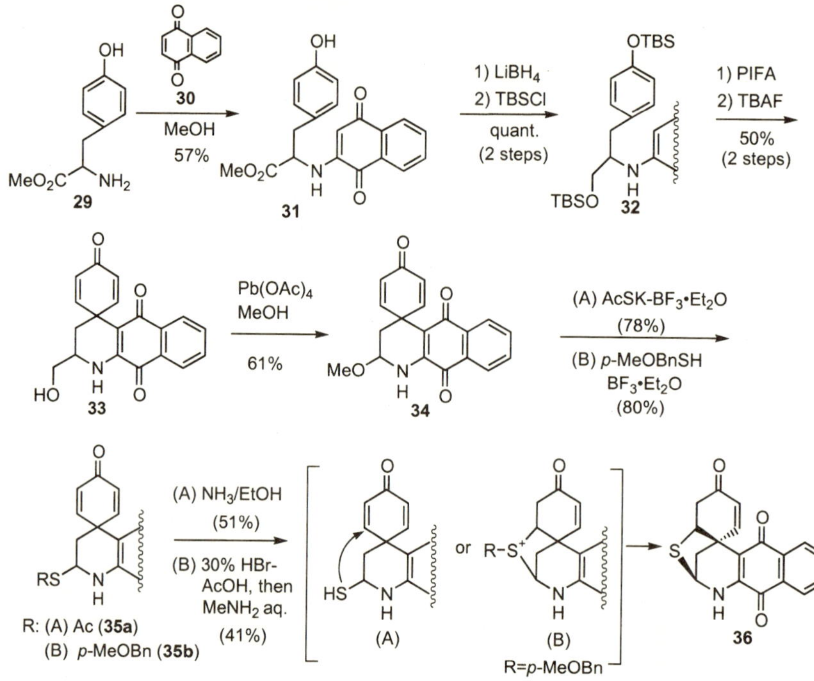

図 14　架橋スルフィド構造を有するナフトキノンの合成

た後，2 個の水酸基をシリルエーテルで保護して化合物 32 を得た。続いて PIFA 処理によりスピロ環化させ，水酸基の保護基をはずしてアミノアルコール体 33 とした。ついで MeOH 中四酢酸鉛で処理して硫黄官能基導入の足掛かりとなる *N,O*-アセタール体 34 を得た。34 とチオ酢酸カリウムあるいは，*p*-MeOBnSH との反応により，*N,S*-アセタール体 35 へと変換し，続く分子内 1,4-付加反応により，ディスコハブディン A のコア構造 36 の構築に初めて成功した。

本ルートを真正の系に適用し，L-チロシンメチルエステル塩酸塩 L-37・HCl から誘導した L-チロシンメチルエステル誘導体 38 とピロロイミノキノン体 25 とのカップリング反応により得た付加脱離体 39 を用い，図 14 のモデルの系と同様，PIFA によるスピロ閉環反応を行ったが，スピロジエノン体を得ることができなかった。この結果をモデルの系と比較すると，ピロロイミノキノン構造そのものは PIFA 条件に安定であり，またキノンとエステルではスピロ環化が進行することから，ピロロイミノキノンとエステルの組み合わせが良くないと考え，エステル部をシリルエーテル基に変換して反応を行った。即ち，38 をビス-*tert*-ブチルジメチルシリルエーテル体 40 とし，ピロロイミノキノン体 41 とのカップリング体 42 を PIFA 処理すると，スピロジエノン体（43 a, 43 b）が 4.8：1 のジアステレオ混合物として得られた。このスピロ閉環反応のジアステレオ選択性は，他のシリル基よりも嵩高くて安定な *t*-ブチルジメチルシリル基が良いことが分かった。天然物と同じ立体のスピロ中心を有する主生成物である 43 a を脱シリル化し，得られたアミノアルコール体を図7の$Pb(OAc)_4$を用いない反応条件（2等量の$C_6F_5I(OCOCF_3)_2$）を用いて反応させたところ，26%の収率で目的物の*N,O*-アセタール体44を得ることができた。しかし，この条件下では24時間撹拌後も反応は完結せず，44は低収率であった。副生するトリフルオロ酢酸を$NaHCO_3$を添加してトラップすると反応は1時間で終了し，79%の収率で44を得ることができた。続いてHBr-酢酸存在下で*p*-メトキシベンジルチオール（*p*-MeOBnSH）と反応させると，硫黄官能基の導入と続く分子内1,4-付加反応が一挙に進行した。生成するスルホニウム塩をメチルアミン水溶液で処理すると44から一挙にスルフィド体45が得られた。45をTHF中，NaOMeのメタノール溶液中で脱トシル化し，(+)-ディスコハブディンAの最初の全合成に成功した（図15）[28]。

一方，D-チロシンメチルエステル塩酸塩D-37・HCl由来のカップリング体*ent*-42のスピロ閉環反応により生成する*ent*-43 aのスピロ中心の立体の生成比は，L-37の場合と逆転し，さらに

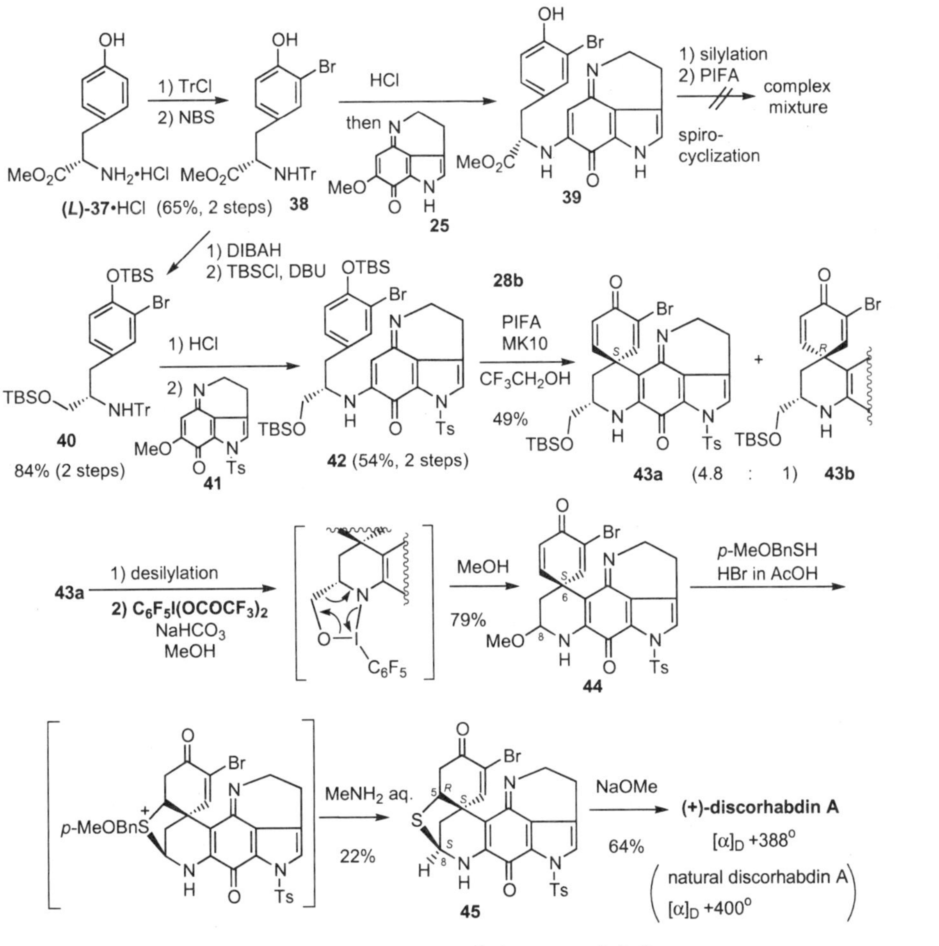

図15　(+)-ディスコハブディンAの全合成

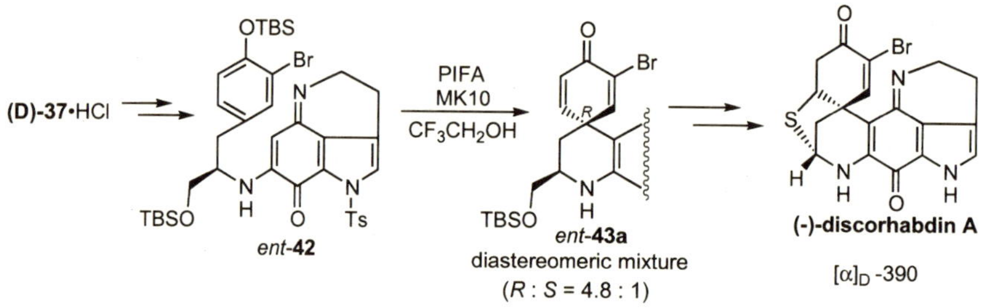

図 16 (−)-ディスコハブディン A の全合成

上記と全く同様にして天然物のエナンチオマー・(−)-ディスコハブディン A を合成した（図 16)。

2.4 プリアノシン B の合成

プリアノシン B はディスコハブディン A の 16，17 位に二重結合が入った構造である。そこで，ディスコハブディン A 合成の適当な中間体で脱水素反応をすればプリアノシン B が合成できると考えた。そこでピロロイミン構造の脱水素化反応を種々検討した結果，触媒量の NaN_3 で処理すると，脱水素化と脱 Ts 化が同時に進行することを見出し，本条件を用いてディスコハブディン A 合成の架橋スルフィド中間体 45 を触媒量の NaN_3 で処理して，プリアノシン B の合成に成功した[29]（図 17)。

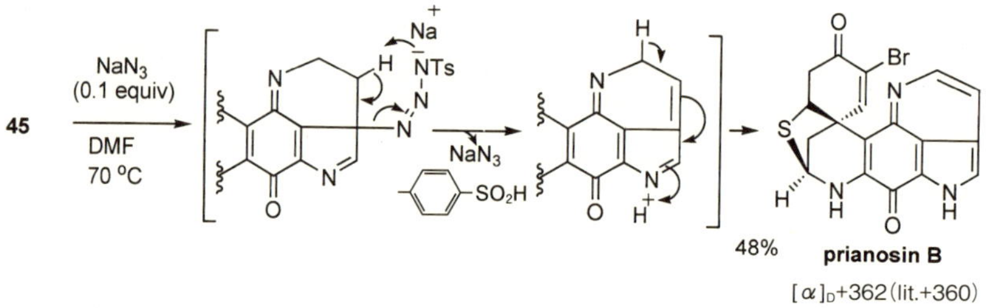

図 17 プリアノシン B の合成

3 ディスコハブディン誘導体と活性

ディスコハブディン類は強力な細胞毒性を示すものが多く，新規抗腫瘍リード化合物として興味が持たれている。Blunt らにより，天然から単離されたディスコハブディン C 誘導体を用いて，構造活性相関が調べられているが，他のディスコハブディン類は，天然から極微量しか単離されないため詳しい生物活性や作用機序は未だ解明されていない。そこで著者らは，ディスコハブデ

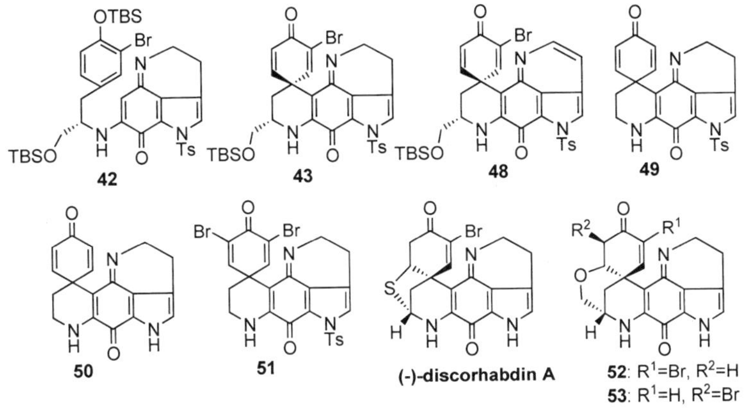

図18　活性試験を行ったディスコハブディン誘導体（抜粋）

ィン類の全合成の際に得られた合成中間体，様々な誘導体および関連化合物を合成し，それらの活性を調べた。合成した興味ある化合物の主なものを図18に示した。

スピロ環は形成しないでピロロイミノキノンユニットを持つ化合物42は非常に弱くではあるが活性が発現し，スピロ環を形成した化合物43aでは強い活性が見られたが，E環が芳香化した48は活性が低下した。またA環に臭素原子を持たない49，50には活性がなく，ディスコハブディンCと同じくシクロヘキサジエノン環に臭素原子をもつ化合物51では強い活性が発現した。著者らが合成した非天然型の（−）-ディスコハブディンAも，天然型の（+）-ディスコハブディンAと同様に，非常に強い活性を示すことが分かった。ディスコハブディンAは*in vitro*でマウス白血病細胞に対し，これまで見出されているディスコハブディン類の中でも最も強力な細胞毒性を示すが*in vivo*では活性を示さない。これは歪んだ架橋した*N*-*S*構造があるため生体内で環が開裂することが考えられる。そこで安定性を目的として環の歪みを少なくした種々の6環性オキサ誘導体を合成し，それらの活性を調べた[30]。その中でシクロヘキセノン部位にBr基が置換している52，53がディスコハブディンAと同等の細胞毒性活性を示した。

4　おわりに

ディスコハブディン類は強い細胞毒性を示し，従来の抗がん剤と異なる作用機序が明らかになって，新規抗腫瘍リード化合物として世界中で注目されている。そのため多くの合成研究が行われているが合成成功例は簡単な構造の化合物に限られている。著者らは，*in vitro*ではあるが最も強い活性を示すディスコハブディンAの合成に成功したが，このままでは*in vivo*では活性を示さない。これはその不安定さのため生体内で代謝・分解されるものと考えられる。そこでディスコハブディンAの活性を保ち，かつ安定な誘導体が見出されるならば新規抗腫瘍リード化合物になると考えてオキサ誘導体を合成し，*in vitro* ではあるがディスコハブディンＡと同等の活性を有することを明らかにしたところである。今後は，安定な関連化合物を大量合成し *in vivo* 活性を調べると共に，作用機序を明らかにし，新規制がん剤の開発につながることを夢みている。

謝辞

本研究は，大阪大学大学院薬学研究科分子合成化学分野で行われた成果であり，本研究に携わった大学院生，学部学生をはじめとする多くの方々の努力によって成し遂げられたことを心から感謝します。また本研究は，文部科学省科学研究助成金（基盤研究ＳおよびＡ）の支援を受けて実施したものであり，ここに記して深謝致します。

文　　献

1) Recent review : J. W. Blunt, B. R. Copp, M. H. G. Munro, P. T. Northcote, M. R. Prinsep, *Nat. Prod. Rep.*, **22**, 15（2005）
2) Review : E. M. Antunes, B. R. Copp, M. T. Davies-Coleman, T. Samaai, *Nat. Prod. Rep.*, **22**, 62（2005）
3) N. P. Perry, J. W. Blunt, J. D. McCombs, M. H. G. Munro, *J. Org. Chem.*, **51**, 5476（1986）
4) N. P. Perry, J. W. Blunt, M. H. G. Munro, *Tetrahedron*, **44**, 1727（1988）
5) N. P. Perry, J. W. Blunt, M. H. G. Munro, T. Higa, R. Sakai, *J. Org. Chem.*, **53**, 4127（1988）
6) G. Lang, A. Pinkert, J. W. Blunt, M. H. G. Munro, *J. Nat. Prod.*, **68**, 1796（2005）
7) J. Kobayashi, J. Cheng, M. Ishibashi, H. Nakamura, Y. Ohizumi, Y. Hirata, T. Sasaki, H. Lu, J. Clardy, *Tetrahedron Lett.*, **28**, 4939（1987）
8) A. Yang, B. J. Baker, J. Grimwade, A. Leonard, J. B. McClintock, *J. Nat. Prod.*, **58**, 1596（1995）
9) M. G. Dijioux, W. R. Gamble, Y. F. Hallock, J. H. Cardellina II, R. van Soest, M. R. Boyd, *J. Nat. Prod.*, **62**, 636（1999）
10) J. Ford, R. J. Capon, *J. Nat. Prod.*, **63**, 1527（2000）
11) S. P. Gunasekera, I. A. Zuleta, R. E. Longley, A. E. Wright, S. A. Pomponi, *J. Nat. Prod.*, **66**, 1615（2003）
12) M. El-Naggar, R. J. Capon, *J. Nat. Prod.*, **72**, 460（2009）
13) (a) Y. Kita, H. Tohma, T. Yakura, *Trends in Organic Chemistry* **3**, 113（1992）；(b) 北泰行，当麻博文，ファルマシア，**28**, 984（1992）；(c) Y. Kita, T. Takada, H. Tohma, *Pure & Appl. Chem.* **68**, 627（1996）；(d) 当麻博文，北泰行，有機合成化学協会誌，**62**，116(2004)；

(e) Y. Harayama, Y. Kita, *Current Org. Chem.*, **9**, 1567 (2005)；(f) 土肥寿文，薬学雑誌，**126**，757 (2006)；(g) 北泰行，原山悠，当麻博文，現代化学・増刊 43，「最新有機合成化学」ヘテロ原子遷移金属を用いる合成，p. 102 (東京化学同人) (2005)；(h) 土肥寿文，北泰行，ファインケミカル，ヨウ素化合物の機能と応用，p. 105，シーエムシー出版 (2006)
14) C. Willgerodt, *J. Prakt. Chem.*, **33**, 154 (1886)
15) For recent reviews, see : G. F. Koser, *Aldrichimica Acta*, **34**, 89 (2001) ; H. Togo, M. Katohgi, *Synlett* 565 (2002) ; V. V. Zhdankin, P. J. Stangt, *Chem. Rev.*, **102**, 2523 (2002) ; "Hypervalent Iodine Chemistry", ed. by T. Wirth, Springer, Berlin (2003)
16) Y. Kita, H. Tohma, K. Kikuchi, M. Inagaki, T. Yakura, *J. Org. Chem.*, **56**, 435 (1991)
17) Y. Kita, T. Yakura, H. Tohma, K. Kikuchi, Y. Tamura, *Tetrahedron Lett.*, **30**, 1119 (1989)
18) (a) Y. Kita, H. Tohma, M. Inagaki, K. Hatanaka, T. Yakura, *Tetrahedron Lett.*, **32**, 4321 (1991) ; (b) Y. Kita, H. Tohma, K. Hatanaka, T. Takada, S. Fujita, S. Mitoh, H. Sakurai, S. Oka, *J. Am. Chem. Soc.*, **116**, 3684 (1994) ; (c) Y. Kita, T. Takada, S. Mihara, H. Tohma, *Synlett*, 211 (1995) ; (d) Kita, T. Takada, S. Mihara, B. A. Whelan, H. Tohma, *J. Org. Chem.*, **60**, 7144 (1995)
19) (a) Y. Kita, M. Egi, A. Okajima, M. Ohtsubo, T. Takada, H. Tohma, *Chem. Commun.*, 1491 (1996) ; (b) Y. Kita, M. Egi, M. Ohtsubo, T. Saiki, A. Okajima, T. Takada, H. Tohma, *Chem. Pharm. Bull.*, **47**, 241 (1999)
20) D. C. Radisky, E. S. Radisky, L. R. Barrows, B. R. Copp, R. A. Kramer, C. M. Ireland, *J. Am. Chem. Soc.*, **115**, 1632 (1993)
21) Y. Kita, M. Egi, M. Ohtsubo, T. Saiki, T. Takada, H. Tohma, *Chem. Commun.*, 2225 (1996)
22) (a) Y. Harayama, M. Yoshida, D. Kamiura, Y. Kita, *Chem. Commun.*, 1764 (2005) ; (b) Y. Harayama, M. Yoshida, D. Kamiura, Y. Wada, Y. Kita, *Chem. Eur. J.*, **12**, 4893 (2006)
23) Y. Kita, H. Tohma, M. Inagaki, K. Hatanaka, T. Yakura, *J. Am. Chem. Soc.*, **114**, 2175 (1992)
24) (a) S. Nishiyama, J. F. Cheng, X. L. Tao, S. Yamamura, *Tetrahedron Lett.*, **32**, 4151 (1991) ; (b) X. L. Tao, J. F. Cheng, S. Nishiyama, S. Yamamura, *Tetrahedron*, **50**, 2017 (1994)
25) K. M. Aubert, C. H. Heathcock, *J. Org. Chem.*, **64**, 16 (1999)
26) H. Tohma, M. Egi, M. Ohtsubo, H. Watanabe, S. Takizawa, Y. Kita, *Chem. Commun.*, 173 (1998)
27) (a) Y. Kita, M. Egi, H. Tohma, *Chem. Commun.*, 143 (1999) ; (b) Y. Kita, M. Egi, T. Takada, H. Tohma, *Synthesis*, 885 (1999)
28) (a) H. Tohma, Y. Harayama, M. Hashizume, M. Iwata, Y. Kiyono, M. Egi, Y. Kita, *J. Am. Chem., Soc.*, **125**, 11235 (2003) ; (b) H. Tohma, Y. Harayama, M. Hashizume, M. Iwata, M. Egi, Y. Kita, *Angew. Chem. Int. Ed.*, **41**, 348 (2002)
29) Y. Wada, K. Otani, N. Endo, Y. Harayama, D. Kamimura, M. Yoshida, H. Fujioka, Y. Kita, *Tetrahedron*, **65**, 1059 (2009)
30) Y. Wada, K. Otani, N. Endo, Y. Harayama, D. Kamimura, M. Yoshida, H. Fujioka, Y. Kita, *Org. Lett.*, **11**, 4048 (2009)

第8章

(＋)-ビンブラスチンの全合成

福山　透　東京大学 薬学系研究科 教授
横島　聡　東京大学 薬学系研究科 講師

1　はじめに

ビンブラスチン（1）は *Catharanthus roseus* から見い出されたアルカロイドであり[1]，微小管を形成するチューブリンと結合してその重合を阻害する結果，細胞の有糸分裂をＭ期において阻害することから，現在，悪性リンパ腫，絨毛性腫瘍の治療薬として使用されている。またビンブラスチンは，上部カルボメトキシベルバナミン部位と下部ビンドリン部位の２種類の異なるインドールユニットが結合した特異な構造を有し，合成化学的にも非常に興味深い化合物であり，多くの合成研究が行われてきた[2]。しかしながら，下部ビンドリン部位でさえも，これまで報告されている全合成法は，ビンブラスチン合成研究への化合物供給という意味では不十分であった。筆者らが合成研究を行っていた時点で，既に達成されていたビンブラスチンの合成はいずれも天然物であるビンドリン（2）を原料として用いていた。優れた薬効が期待されるビンブラスチンをリード化合物とした新規医薬品の創製のためには，系統的な誘導体合成は有効な手段であり，そのためにもビンドリンをも含めたビンブラスチンの全合成は合成化学者が解決すべき重要な課題である[3]。

そのような背景のもと，我々はビンブラスチンの全合成研究を開始した。その基盤技術として，

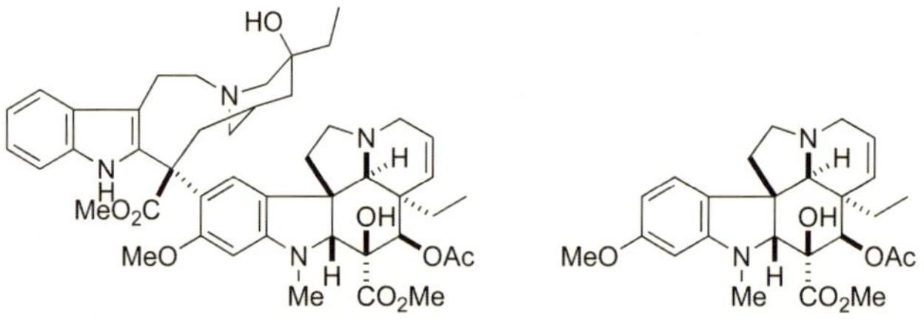

(+)-vinblastine (**1**)　　(–)-vindoline (**2**)

図1　ビンブラスチンおよびビンドリンの構造

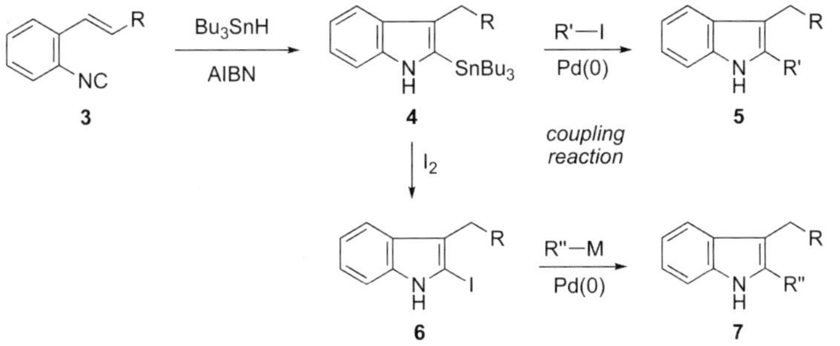

スキーム 1

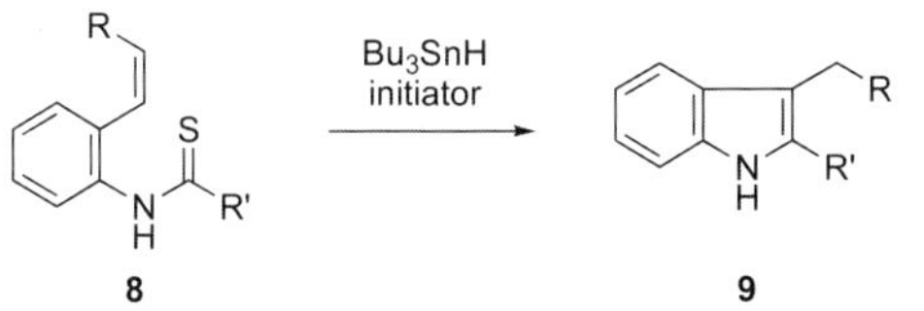

スキーム 2

当研究室ではラジカル環化反応を用いた二種類のインドール合成法の開発が進められていた。まずはじめに開発されたのが *o*-アルケニルフェニルイソシアニドを基質として用いる方法である（第一世代合成法，スキーム 1)[4)]。すなわちイソシアニド **3** をラジカル条件に付すと，イソシアニドの炭素上に発生したラジカルが分子内の二重結合に対し 5-*exo*-*trig* 環化し，異性化の後にインドール **4** を与える。試薬として水素化トリブチルスズを用いると，反応生成物のインドールの 2 位にスズを導入することができるため，遷移金属触媒を用いて更なる炭素鎖の伸長が可能である。また生成物 **4** をヨウ素で処理すると，スズがヨウ素に置き換わり，各種反応の足がかりとすることができる。本反応は穏和な条件下で反応が進行し多くの官能基が共存可能であり，有機合成上，非常に有用な方法である。しかしながらインドール 2 位への炭素鎖の導入には遷移金属触媒を用いたカップリング反応を用いる必要があるため，インドール 2 位が sp^3 炭素で置換されている化合物の合成への応用が困難である，という弱点があった。そこでこの問題を克服すべく検討を行った結果，*o*-アルケニルチオアニリドのラジカル環化反応を用いる第二世代インドール合成法を開発した（スキーム 2)[5)]。すなわちチオアニリド **8** をラジカル条件に付すことにより，チオカルボニルの炭素上に発生したラジカルが二重結合に 5-*exo*-*trig* 環化し，異性化の後にインドール **9** を与えるというものである。原料のチオアニリドは，キノリン **10** をチオホスゲンで処理することにより得られるイソチオシアネート **11** に対し各種求核剤を作用させるか，イソチオシアネートを加水分解して得られるアニリン **13** とカルボン酸を縮合した後，Lawesson 試薬等を用いてチオカルボニル化することにより，容易に得ることができる（スキーム 3)。こ

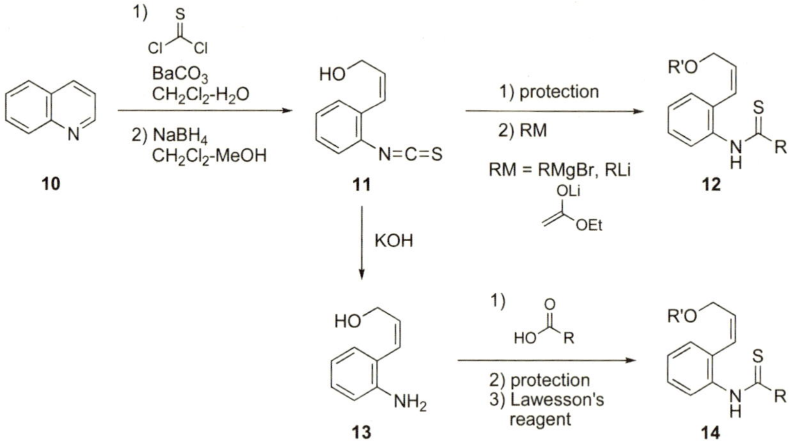

スキーム 3

のように第二世代インドール合成法では，基質にあらかじめインドール 2 位の置換基に相当する部位を導入しておくことが出来るため，sp^3 炭素を含めたより幅広い基質への応用が可能である。我々はこれらの手法を用いてビンブラスチンを構成する上下 2 つのインドールユニットを合成し，それらをカップリングすることにより（+)-ビンブラスチンの全合成を達成した[6]。以下，その詳細について紹介する。

2 （−)-ビンドリン（2）の効率的全合成

ビンブラスチンの下部を構成する（−)-ビンドリン（2）の合成を行うにあたり，以下のような逆合成解析を行った（スキーム 4)。ビンドリンはより酸化段階の低いメトキシタベルソニン（15）から誘導することとし，アスピドスペルマ骨格である五環性骨格の構築は，生合成経路に

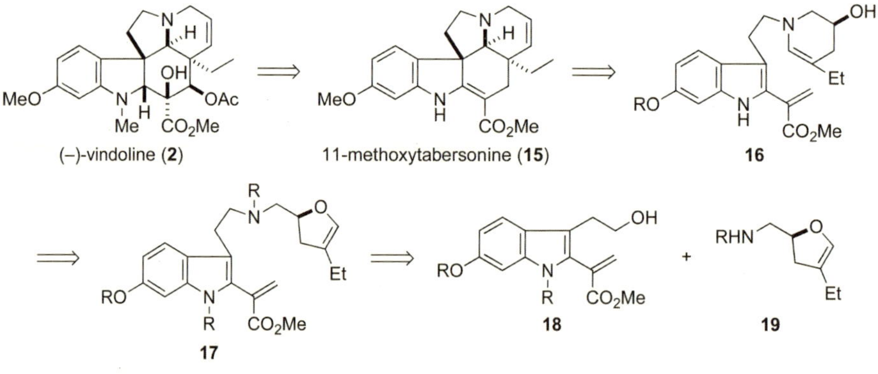

スキーム 4

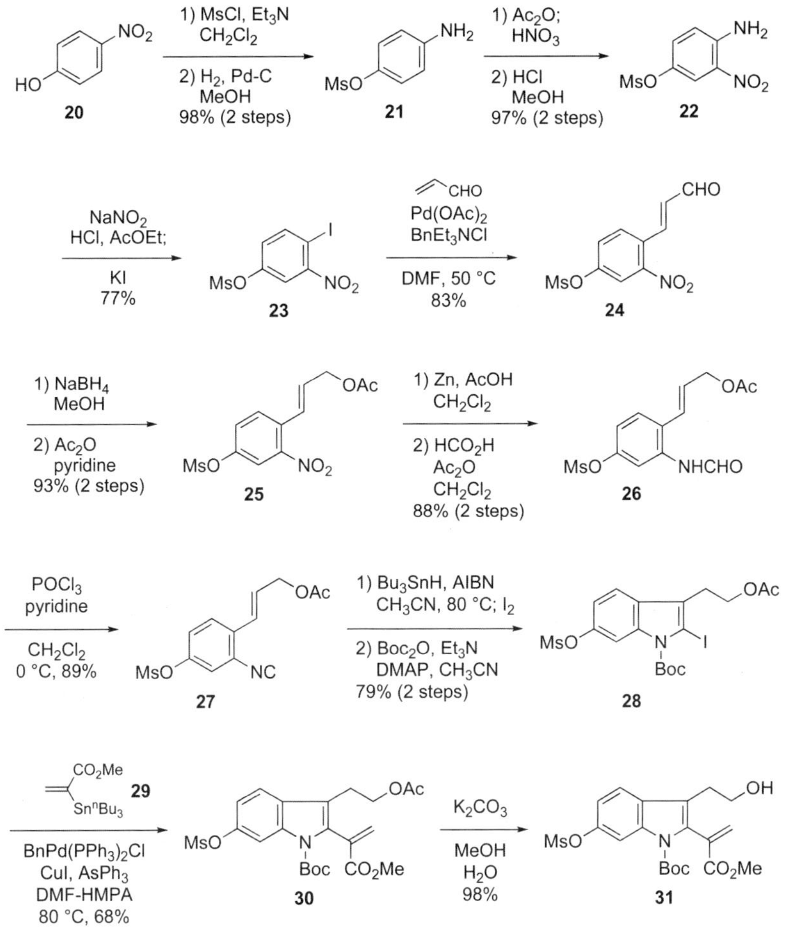

スキーム5

従い分子内での形式的な4+2型環化反応（後述）により構築する方法を選択した。16の環状エナミン部は分子内にアミン，アルデヒド等価基を有する17から導くものとし，17はインドールユニット18とアミンユニット19との縮合によって得るものとした。

まず第一世代インドール合成法を用いたインドールユニットの合成を示す（スキーム5）[7]。4-ニトロフェノール（20）の水酸基をメシル化した後，接触還元に付しニトロ基を還元しアニリン21とした。アミノ基のアセチル化の後，発煙硝酸を添加しモノニトロ体を得た。酸性条件下アセチル基を加溶媒分解により除去し22とした後，Sandmeyer反応によりヨウ素体23へ誘導した。ヨウ素体23に対しHeck反応を用いてアクロレイン部位を導入した。水素化ホウ素ナトリウムにて選択的にアルデヒドを1,2-還元した後，水酸基をアセチル化し25とした。ニトロ基を還元し，得られたアミンを常法によりホルミル化しホルムアニリド26とした。続いてオキシ塩化リンを用いて脱水反応を行いイソシアニド27へと導いた。得られたイソシアニド27をア

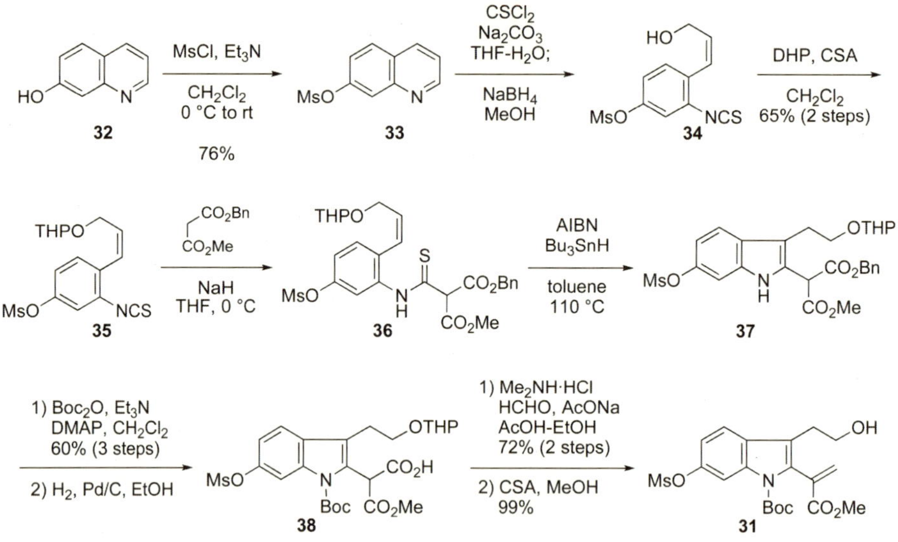

スキーム 6

セトニトリルに溶解し，水素化トリブチルスズおよび触媒量の AIBN 存在下加熱することによりラジカル環化反応を行い，インドール骨格を構築した。同一容器内でヨウ素を添加しインドールの 2 位をヨウ素化し，続いてインドール窒素原子を Boc 基で保護しヨウ化インドール 28 とした。ヨウ化インドール 28 と化合物 29 を用いて Stille カップリング反応を行い，インドールの 2 位へアクリル酸部位を導入し化合物 30 を得た。最後にアセチル基の除去を行いインドールユニット 31 へ変換した。

第一世代インドール合成法を用いた方法で，ビンドリン全合成の検討に必要な基質は十分供給可能であったが，ビンブラスチン全合成へと適用するためには，二度のパラジウムを用いたカップリング反応を含めて，大量合成の点でいくつか課題が残された。そこで第二世代インドール合成法の開発を受けて，新規インドールユニット合成法の検討を行った（スキーム 6）。

基質としては 7-ヒドロキシキノリン（32）を選択した[8]。32 の水酸基をメシル基にて保護した後，得られた 33 をチオホスゲンで処理し *cis*-α,β-不飽和アルデヒドとした。このアルデヒドはより安定な *trans* 体に異性化しやすいため，そのまま水素化ホウ素ナトリウムで還元し対応するアリルアルコール 34 とした。水酸基を保護して得られるイソチオシアネート 35 に対し，マロン酸エステルを付加しチオアニリド 36 を合成した。36 をラジカル条件に付したところ，ラジカル環化反応が速やかに進行し，インドール 37 を与えた。インドール窒素原子を Boc 基で保護した後，インドール 2 位のアクリル酸部位の構築を行った。すなわち接触還元によりベンジル基を除去した後，得られるモノカルボン酸 38 を Mannich 反応の条件に付したところ，脱炭酸を伴いながら反応が進行しエキソメチレンが導入され，アクリル酸部位の構築を行うことができた。

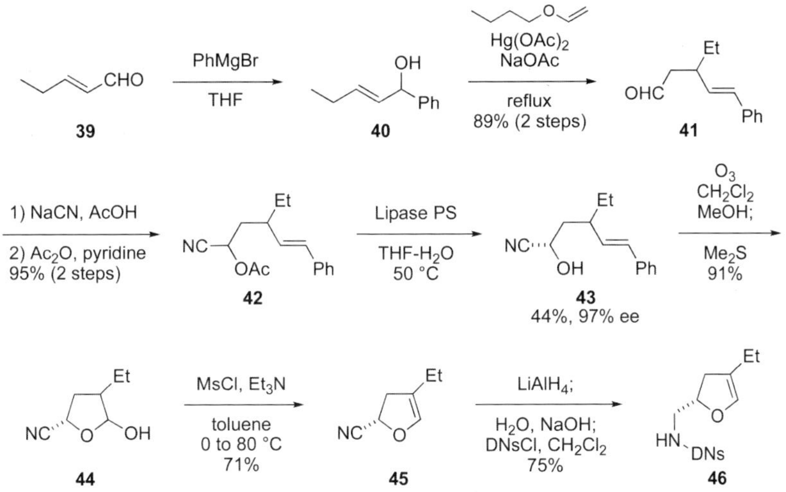

スキーム7

最後に水酸基の脱保護を行いインドールユニット **31** とした。本改良合成法を用いることでより効率的な合成が可能となり，20 g 以上のインドールユニット **31** を得ることに成功した。

続いてアミンユニットの合成を行った（スキーム7）。2-ペンテナール（**39**）に対しGrignard試薬を用いてフェニル基を導入し，得られたアリルアルコール **40** からビニルエーテルの形成およびClaisen転位反応をone-potで行いアルデヒド **41** を得た。**41** からシアノヒドリンを形成し，水酸基をアセチル基で保護した。このシアノヒドリンアセテート **42** のリパーゼを用いた加水分解は *S* 選択的に進行し，望みの（*S*）-シアノヒドリン **43** を44%，97% *ee* にて得ることに成功した。シアノヒドリンは塩基性条件下，速やかに分解することが知られているが，本反応条件ではまったく問題にならなかった。また基質にはシアノヒドリン部位以外にも一つ不斉炭素が存在するが，そちらの立体化学は，多少の反応速度への影響はあったものの，反応全体の選択性には問題を与えず，リパーゼはシアノヒドリンの立体化学を選択的に認識し，反応を進行させた。得られたシアノヒドリン **43** の二重結合をオゾン酸化により切断しヘミアセタール **44** とした。脱水を行いエノールエーテル **45** とした後，シアノ基を還元し，生じたアミンに対し2,4-ジニトロベンゼンスルホニル基（DNs）を導入することでアミンユニット **46** とした。

インドールユニット **31** とアミンユニット **46** のカップリングは光延反応を用いることで円滑に進行し，縮合体 **47** を与えた（スキーム8）。続いて得られた縮合体 **47** を用いて五環性骨格の構築を行った。まずトリフルオロ酢酸で処理しBoc基の除去とエノールエーテルの水和を行った後（**47**→**48**），室温下ピロリジンを作用させDNs基を除去した（**48**→**49**）。さらに加熱することにより，二級アミンとヘミアセタールからエナミン **50** を生じ，アクリル酸部位と分子内で4+2型の環化反応が進行することで，五環性化合物 **51** を得ることに成功した。その後，二級水

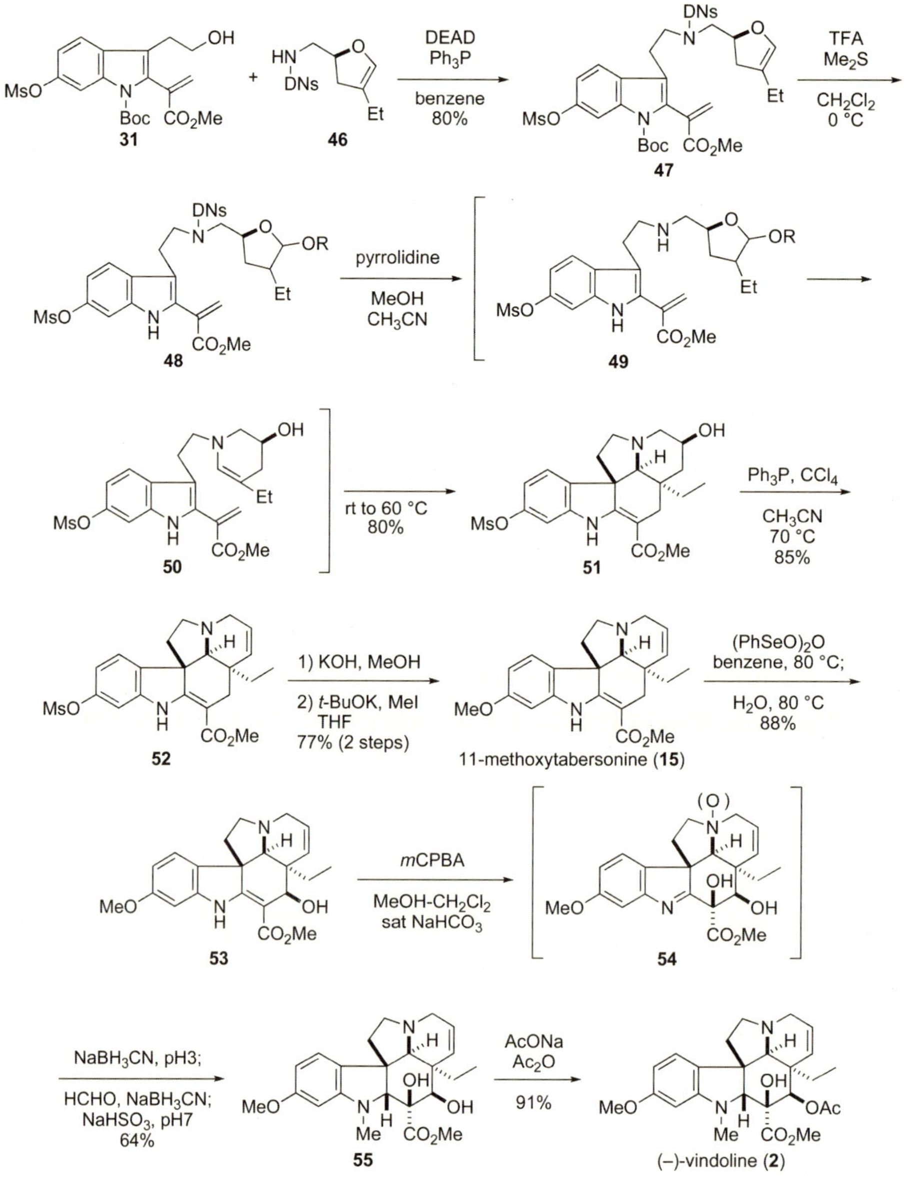

スキーム8

酸基の脱水およびメシル基のメチル基への変換を経て11-メトキシタベルソニン（15）へと導いた。

15より（−）-ビンドリン（2）への変換はDanieliおよびKuehneにより報告されているが，その温度，試薬量，操作等に非常に不確実な要素が多く，収率も0〜20%と再現性もなく非常に低収率なものであった。そこで詳細な条件の検討を行い，（−）-ビンドリン（2）へと再現性よく変換する方法を確立した。まずDanieli等の方法により15をベンゼンセレニン酸無水物を用いて酸化し17位にβ-水酸基を導入し53とした。続いて10% メタノール—塩化メチレン／飽和重曹水混合溶液中，氷冷下二等量のmCPBAで酸化しイミン54とした。この反応の際一部N-オキシドの副生が観察された。このものは単離することなく同温で反応液にホルマリン，水素化シアノホウ素ナトリウムを添加した後，反応液の液性を塩酸メタノール溶液により約pH 3に調整し，イミンの還元，続いて得られたアミンの還元的メチル化を行った。反応液の液性を炭酸ナトリウムにてpH 7に調整した後，亜硫酸水素ナトリウムを添加し20分間強攪拌することにより一部副生したN-オキシドを還元しデアセチルビンドリン（55）を化合物53から64%の収率で得た。得られたデアセチルビンドリン（55）の17位水酸基を選択的にアセチル化することにより（−)-ビンドリン（2）の合成を終了した。

3　ビンドリンの導入における立体化学

上部インドールユニットとビンドリンとのカップリング反応において，2つのインドールユニットの結合の立体化学の制御が重要な問題となる。Potierらは，カタランチンN-オキシド（56）からPolonovski型反応を経てビンドリンの付加を行い，アンヒドロビンブラスチン（58）を得ている（スキーム9）[9]。すなわち56をトリフルオロ酢酸無水物で処理すると，N-オキシドの活性化の後，インドール窒素原子からの電子の供与により炭素—炭素結合の解裂を伴い57が生成する。これに対し，より立体的に空いている紙面下側よりビンドリンが反応することでビンブラスチンと同一の立体化学を有する58が得られる。一方Kutneyらは同様の反応を−50℃以上で行うと，生じる中間体57の配座が59へと変化した後ビンドリンと反応することで，エピ

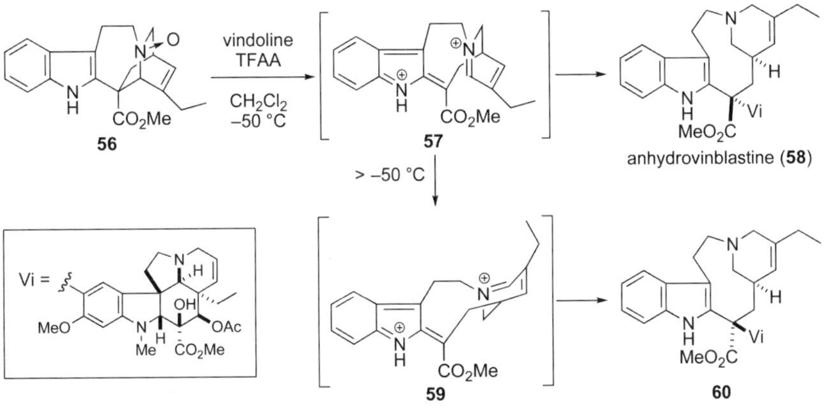

スキーム9

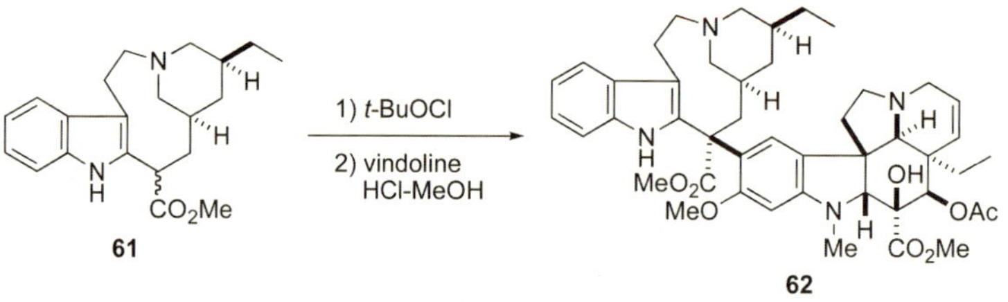

スキーム 10

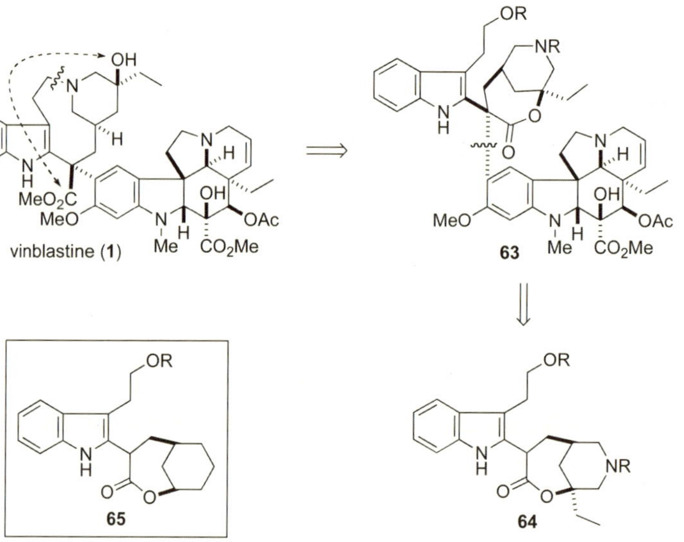

スキーム 11

体 60 が得られることを報告している[10]。このことは中間体の配座としては，57 に比べて 59 の方が熱力学的に安定であることを示唆している。実際あらかじめ合成した 61 に対してビンドリンを導入すると，望みとは逆の立体選択性で反応が進行することが知られている（スキーム 10）。このことからビンブラスチンの合成研究において，立体選択的にビンドリンを導入するために様々な方法が試されている。

そのような中，我々も立体選択的にビンドリンを導入すべく，次のような上部ユニットのデザインを行った（スキーム 11）。すなわち，上部ユニットの三級アミン部位を合成の終盤で構築することとし，さらにエステル部位と三級水酸基とを結合しラクトンを形成する。そうすると上部ユニットは 63 のようなビシクロ［4.3.1］骨格を有する化合物へと変換される。このときビンドリン部位はビシクロ骨格のより立体的に空いているエキソ側に位置している。したがって 64 のような上部ユニットを合成しビンドリンとカップリングを行えば，所望の立体化学にてカップリング体が得られるものと期待した。そこで上部ユニットのモデル化合物として 65 を合成しカッ

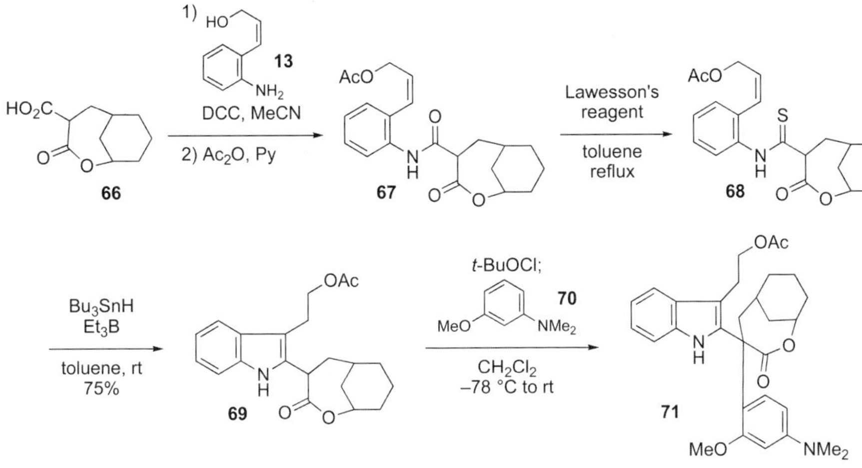

スキーム 12

プリング反応を試みることとした。

モデル化合物の合成の概略を示す（スキーム 12）。シクロヘキサノンより数工程を経て合成したカルボン酸 66 をアニリン 13 と縮合の後，水酸基を保護して 67 とした。Lawesson 試薬を用いてアミドのカルボニル基を選択的にチオカルボニル化しチオアニリド 68 へと変換した。68 のラジカル環化反応は円滑に進行しインドール 69 を得た。望みのインドールが得られたので，まずビンドリンのモデル基質として *N,N*-ジメチル-*m*-アニシジン（70）を用いてカップリング反応を試みた。−78℃ にて *t*-ブチルハイポクロライトを用いてインドールを酸化しクロロインドレニンとした後，70 を加え室温まで昇温したところ，カップリング成績体 71 が単一異性体として得られた。詳細な立体化学の決定は行っていないが，望み通り立体的に空いているエキソ側から 70 が導入されたものと考えられる。そこで実際の下部ユニットであるビンドリン（2）を用いて同様の反応を試みた。しかしながらビンドリンを用いた場合，目的とするカップリング成績体は全く得ることはできなかった。これは立体障害の増大による反応性の低下が原因であると考えられる。

そこで改めて上部ユニットのデザインを行うこととした。その途上，Schill らの興味深い報告が目に止まった（スキーム 13）[11]。彼らは，上部ユニットのピペリジン環を開いたモデル化合物 72 に対するビンドリンの導入は，望みの立体化学で進行することを報告している。この知見を参考に，その中間体の立体配座を計算化学的に求めてみた。その結果，77 の 11 員環は β 面側に折れ曲がり，α 面側がより空いていることが示唆された（図 2）。そこで我々は 78 のような 11 員環化合物を有する上部ユニットを合成し，ビンドリンとのカップリング反応を試みることとした。

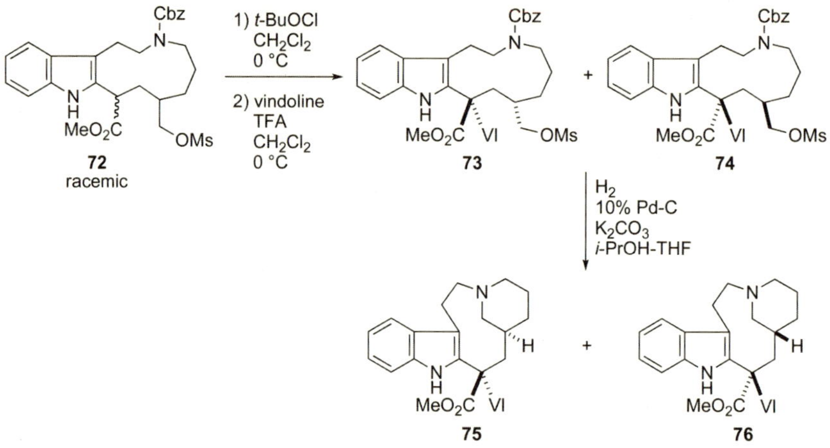

スキーム 13

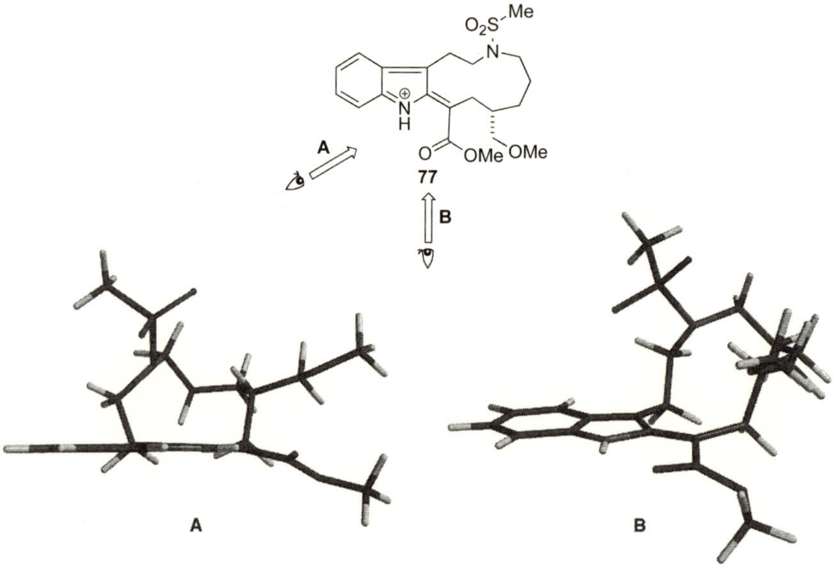

図2　中間体 77 の立体配座

4　上部インドールユニットの合成

78 を合成するにあたって，次のような逆合成解析を行った（スキーム 14）。11 員環形成に関しては，2-ニトロベンゼンスルホンアミド（Ns アミド）のアルキル化反応を用いる中大員環合成法が適用可能であると考えた[12]。そうすると 79 のような 2,3-二置換インドールが前駆体となる。このインドールは前述の我々のインドール合成法を利用すると 80 のようなチオアニリドか

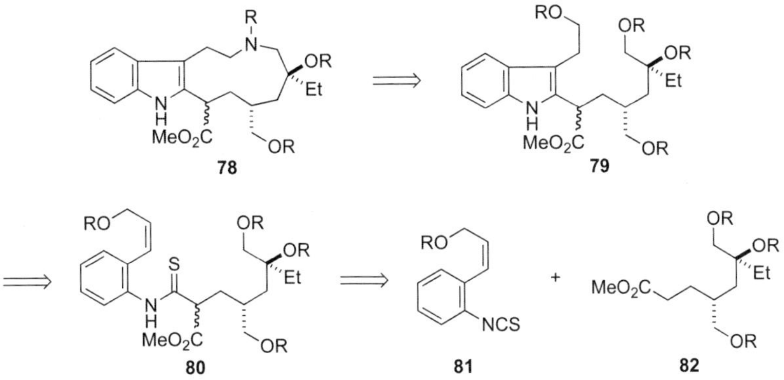

スキーム 14

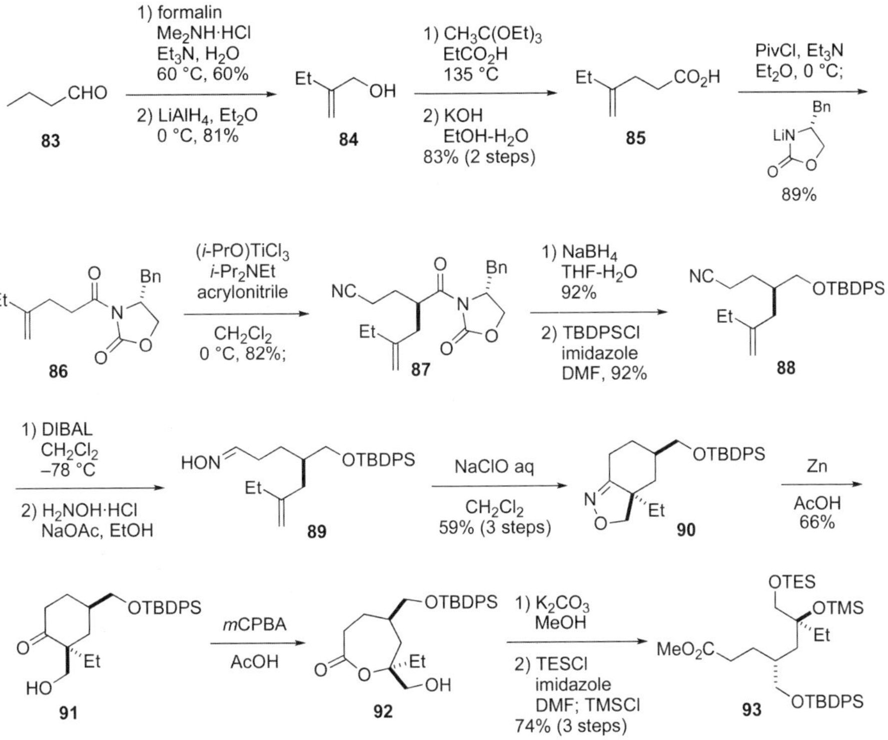

スキーム 15

ら合成でき，80 はイソチオシアネート 81 に対するエステル 82 のエノラートの付加により得ることができる。そこでまず目的とするエステルユニットを次のように合成した（スキーム 15)。

ブチルアルデヒド（83）から 2 工程で得られるアルコール 84 を，Claisen-Johnson 反応を用いて増炭し，続いて加水分解を行いカルボン酸 85 を得た。85 に対しオキサゾリジノン型不斉補助基を導入し，得られたイミド 86 を Michael 反応の条件に付したところ，反応は高ジアステレ

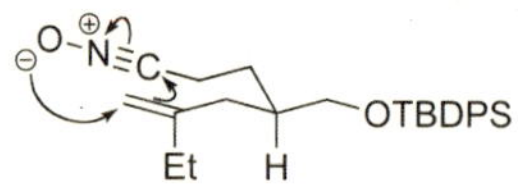

図3　ニトリルオキシドの環化付加

オ選択的に進行し，87を与えた。不斉補助基の還元的除去，生じた水酸基の保護の後，88を水素化ジイソブチルアルミニウムを用いて還元し，得られたアルデヒドをオキシム89へと変換した。89を次亜塩素酸ナトリウムで処理したところ，ニトリルオキシドの生成，引き続く分子内1,3-双極子付加環化が進行することにより，イソキサゾリン90を単一異性体として与えた。このとき遷移状態において，嵩高いシリルオキシメチル基が，形成される六員環のエクアトリアル位を占めることにより，所望の立体化学を有する化合物が得られていると考えられる（図3）。90のN-O結合を還元的に開裂しヒドロキシケトン91とした。続くBaeyer-Villiger反応は若干の検討を要した。91はケトンのα位が四級炭素となっているため，その反応性が低下している。塩化メチレン溶媒中mCPBAを作用させても全く反応は進行しなかった。より強力な過酢酸等を用いると目的物は得られるものの，反応系は複雑になり低収率に終わった。そこでケトンの反応性を高めるべく酸の添加を試みたところ，反応の加速効果が観測された。最終的には酢酸を溶媒として用いることで反応が円滑に進行することを見出し，ラクトン92を良好な収率で得ることができた。得られた92のラクトン部を加メタノール分解により開環し，得られたジオールの2つの水酸基をそれぞれシリルエーテルとして保護することにより，目的とするエステル93を得た。

このようにして合成したエステル93を用いてインドール骨格の構築を行った（スキーム16）。93のエノラートをイソチオシアネート94に対して付加し，チオアニリド95を得た。95のラジカル環化反応は室温下速やかに進行し，インドール96を与えた。続いて11員環化合物へと変換すべく，側鎖の変換を行った。まずインドール窒素原子をBoc基で保護し，全てのアルコールの脱保護を行いトリオール97へと導いた。側鎖の変換のためには三つの水酸基を区別して反応を行う必要がある。そこでまずジブチルスズオキシド存在下トシル化を行うこととした。ジブチルスズオキシドは1,2-ジオールを架橋し，酸素原子の反応性を高める。そのため三つの水酸基のうち，1,2-ジオール部位のより立体的に空いている一級水酸基が選択的にトシル化可能となり，良好な収率で98が得られた。トシル化体98は炭酸水素ナトリウム存在下加熱することによりエポキシドの形成を行い99へと変換した。最後に残った一級水酸基に対し光延反応によりNsアミドを導入し環化前駆体100へと導いた。以上のように3段階にてトリオールを選択的に官能基化することに成功した。得られた100を，炭酸カリウム存在下，加熱条件に付したところ，Nsアミドのアニオンがエポキシドと分子内で位置選択的に反応し，11員環化合物101を与えた。

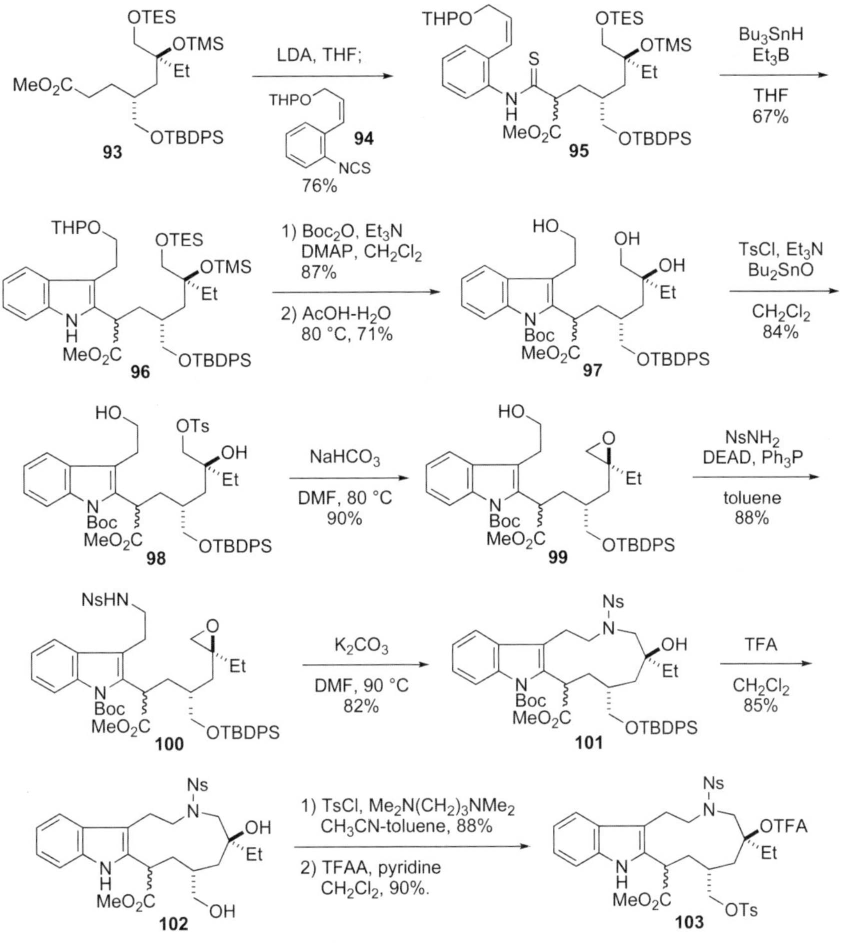

スキーム 16

続いて脱保護を行い，一級水酸基をトシル化，三級水酸基をトリフルオロ酢酸エステルとして保護することで，上部インドールユニット 103 へと導いた。

5　ビンドリンの導入および全合成の完遂

得られた上部ユニット 103 に対して，次のようにして (−)-ビンドリン (2) を導入した (スキーム 17)。まず *t*-ブチルハイポクロライトを用いてインドールの3位を塩素化しクロロインドレニン 104 とした後，ビンドリン存在下，トリフルオロ酢酸で処理することにより，望みの立体化学でビンドリンが導入された 106 を，単一異性体として得ることに成功した。クロロインドレニン 104 の酸処理により活性な中間体 105 を与え，立体的に空いている下側からビンドリ

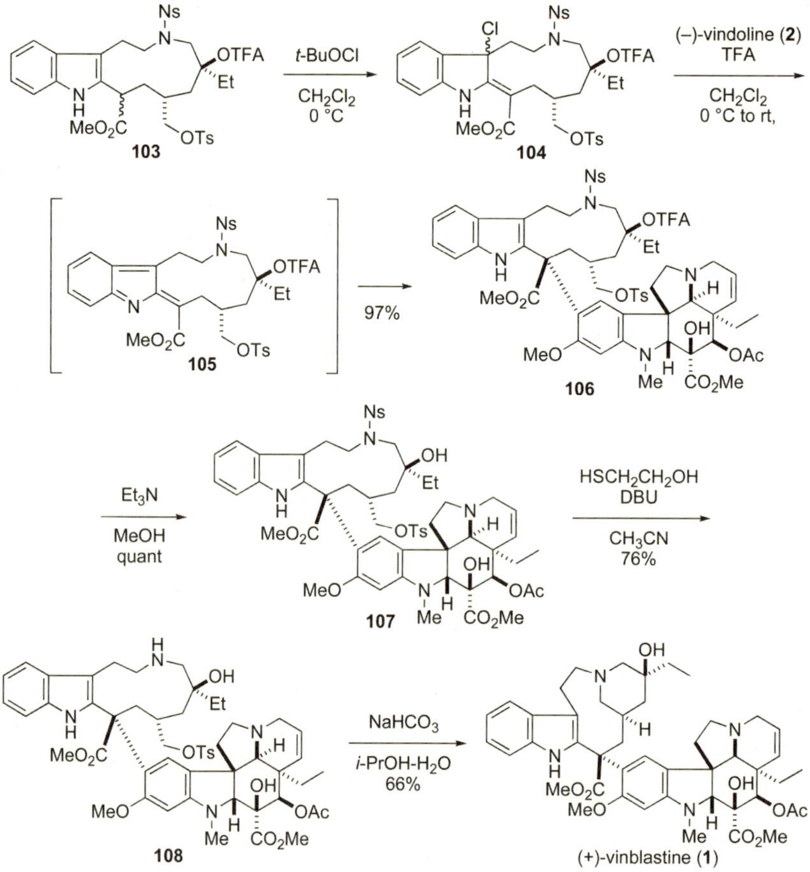

スキーム 17

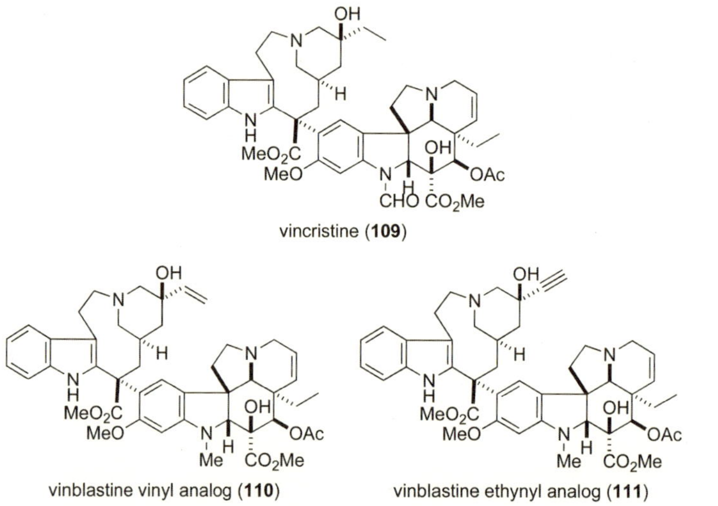

図 4　ビンクリスチンおよびビンブラスチン類縁体

ンが反応することにより，106が得られたものと考えられる。続いてトリフルオロアセチル基を除去した後，二級アミンの脱保護を試みた。分子内に脱離基となるトシラートが存在したが，DBU存在下2-メルカプトエタノールを作用させることにより選択的にNs基を除去することができ108を得た。最後のピペリジン環の環化は2-プロパノール—水混合溶媒中，室温で撹拌することにより進行し（+)-ビンブラスチン（1）の全合成を達成した。

以上のようにして，我々はビンブラスチンの全合成を達成した。その後，本合成経路を応用することでビンクリスチン（109）や[13]，上部ユニットのエチル基の代わりにビニル基やエチニル基を有する類縁体（110，111）の合成にも成功している[14]。これらの新規類縁体の合成は，我々の全合成法の開発により初めて可能となったものであり，全合成の達成が新たな創薬の礎になると信じている。

文　献

1) a) Noble, R. L.; Beer, C. T.; Cutts, J. H. *Ann. N. Y. Acad. Sci.*, **76**, 882 (1958); b) Svoboda, G. H.; Neuss, N.; Gorman, M. J. *J. Am. Pharm. Assoc. Sci. Ed.*, **48**, 659 (1959)
2) a) Kutney, J. P. *Lloydia*, **40**, 107 (1977); b) Mangeney, P.; Andriamialisoa, R. Z.; Langlois, N.; Langlois, Y.; Potier, P. *J. Am. Chem. Soc.*, **101**, 2243 (1979); c) Kuehne, M. E.; Matson, P. A.; Bornmann, W. G. *J. Org. Chem.*, **56**, 513 (1991); d) Magnus, P.; Mendoza, J. S.; Stamford, A.; Ladlow, M.; Willis, P. *J. Am. Chem. Soc.*, **114**, 10232 (1992)
3) 最近Bogerらにより，独自に合成したビンドリンの各種類縁体とカタランチンとのカップリング反応で得られるビンブラスチン類縁体の合成と活性評価結果が報告された。a) Ishikawa, H.; Colby, D. A.; Boger, D. L. *J. Am. Chem. Soc.*, **130**, 420 (2008); b) Ishikawa, H.; Colby, D. A.; Seto, S.; Va, P.; Tam, A.; Kakei, H.; Rayl, T. J.; Hwang, I.; Boger, D. L. *J. Am. Chem. Soc.*, **131**, 4904 (2009)
4) Fukuyama, T.; Chen, X.; Peng, G. *J. Am. Chem. Soc.*, **116**, 3127 (1994)
5) Tokuyama, H.; Yamashita, T.; Reding, M. T.; Kaburagi, Y.; Fukuyama, T. *J. Am. Chem. Soc.*, **121**, 3791 (1999)
6) Yokoshima, S.; Ueda, T.; Kobayashi, S.; Sato, A.; Kuboyama, T.; Tokuyama, H.; Fukuyama, T. *J. Am. Chem. Soc.*, **124**, 2137 (2002)
7) Kobayashi, S.; Ueda, T.; Fukuyama, T. *Synlett*, 883 (2000)
8) Tokuyama, H.; Sato, M.; Ueda, T.; Fukuyama. T. *Heterocycles*, **54**, 105 (2001)
9) Langlois, N.; Guéritte, F.; Langlois, Y.; Potier, P. *J. Am. Chem. Soc.*, **98**, 7017 (1976)
10) Kutney, J. P. *Lloydia*, **40**, 107 (1997)
11) Schill, G.; Priester, C. U.; Windhovel, U. F.; Fritz, H. *Helv. Chim. Acta*, **69**, 438 (1986)

12) Kan, T.; Fukuyama, T. *Chem. Commun.*, 353 (2004)
13) Kuboyama, T.; Yokoshima, S.; Tokuyama, H.; Fukuyama, T. *Proc. Natl. Acad. Sci., USA*, **101**, 11966 (2004)
14) Miyazaki, T.; Yokoshima, S.; Simizu, S.; Osada, H.; Tokuyama, H.; Fukuyama, T. *Org. Lett.*, **9**, 4737 (2007)

第9章

γ-ルブロマイシンの全合成

赤井周司　静岡県立大学 薬学部 教授
北　泰行　大阪大学 名誉教授
立命館大学 薬学部 教授

1　はじめに

Anthracycline 類，tetracycline 類，camptothecine などに代表されるように，多環式芳香環を有し，その環上に多種類の置換基を持つ天然化合物には顕著な生物活性を示すものが多い。これらの効率的な合成を目指して世界中で活発に研究が行われてきたが，今なお合成困難な化合物もある。著者らは20数年前より縮合芳香環構造の新規合成法を開発し，それらが多官能性分子にも適用できることを確認するとともに，さらにその反応を鍵工程として強力な制癌活性天然物の一般性の高い全合成法を提供してきた[1]。たとえば，11-deoxyanthracycline 類の合成ではペリヒドロキシ芳香族化合物の新規合成法を開発し（スキーム1），11-deoxydaunomycin の初めての全合成を行った[2]。また，fredericamycin A の合成では，特異な光学活性スピロ第四級炭素の構築，ペリ位に水酸基が連なるAB環およびEF環の構築などに独自に開発した方法論を用いて，2通りのルートで不斉全合成を達成した（スキーム2）[3]。さらに，これらの各種誘導体を合成して，新規制癌剤開発に向けた基盤研究を展開してきた。

本稿では，筆者らが開発した2種類の芳香族 Pummerer 型反応を活用した（±)-γ-rubromycin 1 の全合成について紹介する[4]。

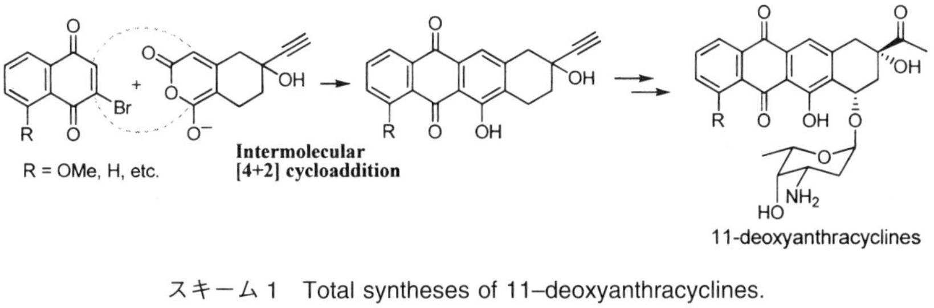

スキーム1　Total syntheses of 11–deoxyanthracyclines.

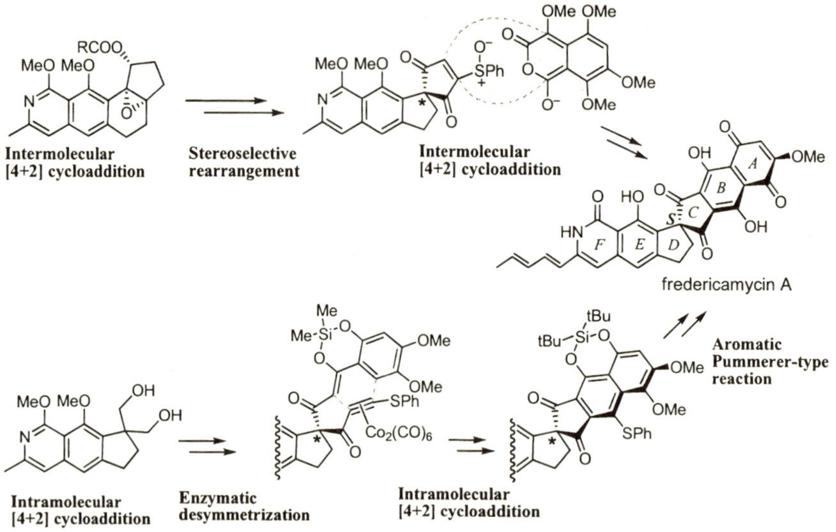

スキーム 2　Asymmetric total syntheses of fredericamycin A by two pathways. The reactions developed by the authors' group are shown in the scheme.

2　γ-Rubromycin の第一世代全合成ルート：ジベンゾスピロケタールの収束合成

γ-Rubromycin 1 は 1966 年に Brockmann らによって *Streptomyces collinus* から単離され，1970 年に構造決定された[5]。当初は顕著な生物活性は報告されていなかったが，2000 年に上野らによって強いヒトテロメラーゼ阻害活性（$IC_{50}=3\,\mu M$）を有することが報告された[6]。1 は腫瘍細胞の無限増殖を抑制するが，正常細胞に普遍的に存在する DNA・RNA ポリメラーゼ，トポイソメラーゼやデオキシリボヌクレアーゼは阻害しないことから，選択毒性が高く副作用の少ない制癌剤リード化合物として注目を集めている。1 は，二つの芳香環がスピロ炭素を介して繋がった特異なジベンゾスピロケタール構造を有している。さらに，1 と同様の構造を有する β-rubromycin 2 も強いテロメラーゼ阻害活性（$IC_{50}=3\,\mu M$）を示すが，スピロケタールが開いた α-rubromycin 3 ではその活性が著しく低下する（$IC_{50}=>120\,\mu M$）ことから，テロメラーゼ阻害活性の発現にはジベンゾスピロケタール構造が必須である。なお，1 及び 2 は HIV 逆転写酵素阻害活性を[7a)]，3 は DNA ポリメラーゼ β 阻害活性も有する[7b)]。

さらに，同様のジベンゾスピロケタール骨格を有する heliquinomycin 4（ヒト DNA ヘキカーゼ阻害活性）[8)]や griseorhodin G 5（抗腫瘍活性）[9)]などの類縁体が天然から多数見出され（図 1）[10)]，それぞれ特徴ある生物活性を示すことから，これらは創薬研究において非常に興味深い化合物群である。

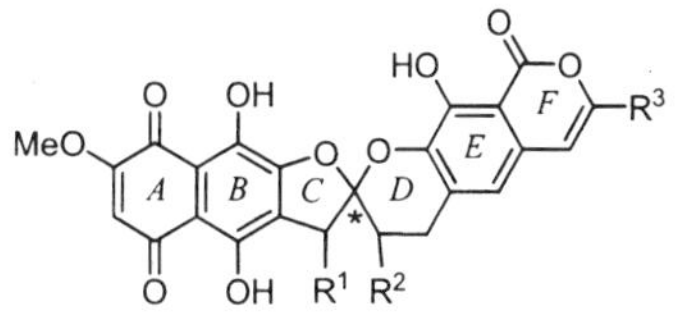

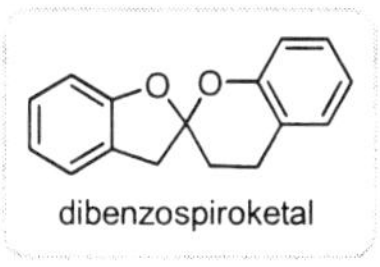

name	spiro chirality	R^1	R^2	R^3
γ-rubromycin **1**	*S*	H	H	CO_2Me
heliquinomycin **4**	*R*	α-*O*-cymarose	β-OH	CO_2Me
griseorhodin G **5**	unknown	OH	OH	Me

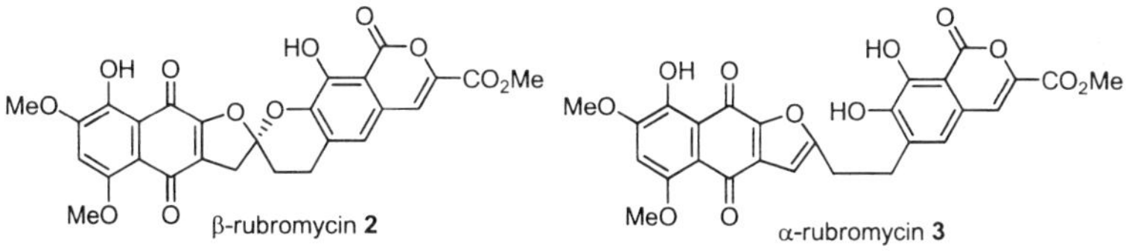

図1　Structures of γ-rubromycin **1** and some of its related natural compounds **2–5**.

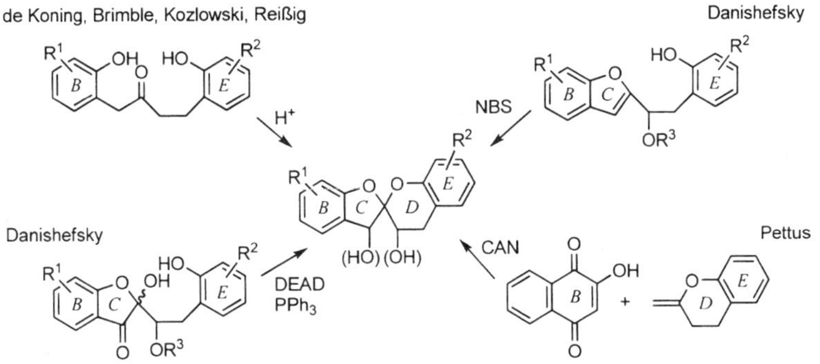

スキーム3　Reported methods for the construction of the dibenzospiroketals

従って，ジベンゾスピロケタール構造の効率的な合成は極めて重要な研究課題であり，これまでに4通りの方法が開発されている。de Koningら[11]，Brimbleら[12]，Kozlowskiら[13]，Reißigら[14]は酸性条件下でのケタール形成反応を，Danishefskyらはヘミケタール体の光延反応[15]並びにNBSを用いた分子内ハロエーテル化反応を[16]，Pettusらは硝酸アンモニウムセリウム（CAN）を用いたラジカル環化反応[17]を利用している（スキーム3）。しかし，これらの手法はスピロケタール前駆体の調製やケタール構築に多工程を要したり，ケタール形成後に更に数工程の変換を要する場合が多い。なお，Danishefskyらは4のアグリコンheliquinomycinoneのラセミ体の全合成を報告した[15]。これがジベンゾスピロケタール型天然物の唯一の全合成例であることが，スピロケタール構造に加え，反応活性な酸素官能基が多数連なる多環式構造の構築が極めて困難であることを物語っている。このように，天然のrubromycin類や様々な誘導体の合成には，更に簡便な方法論の開発が望まれている。

一方我々は，脂肪族化合物で汎用されているPummerer転位反応（式(1)）[18]を，パラ位に水酸基を有する芳香族スルホキシド6へ応用し，*p*-キノン類7を高収率で与える新合成法を開発した（式(2)）[19]。本法では6とトリフルオロ酢酸無水物（TFAA）が反応してスルホニウム中間体Aが生じ，次いで酸素カウンターアニオンの1,2-付加と*O,S*-アセタールBの加水分解を経て7が得られた。我々は，本法を芳香族Pummerer型反応と命名し，有機合成における有用性を明らかにしてきた[18]。その一例として，スチレン類8の共存下に本反応を行い，一挙にベンゾフラン骨格9を構築する新規方法論を開発した（式(3)）[20]。この場合，中間体Aへのカウンターアニオンの1,2-付加よりも8の1,4-付加が優先して起こり，続いて分子内環化反応が進行したと考えられる。本法は，非酸化条件下に電子豊富なフェノール環から電子不足な中間体Aへ極性転換し，次いでオレフィン類が位置選択的に求核付加して炭素—炭素結合を形成することが特徴である。

Pummerer 転位反応

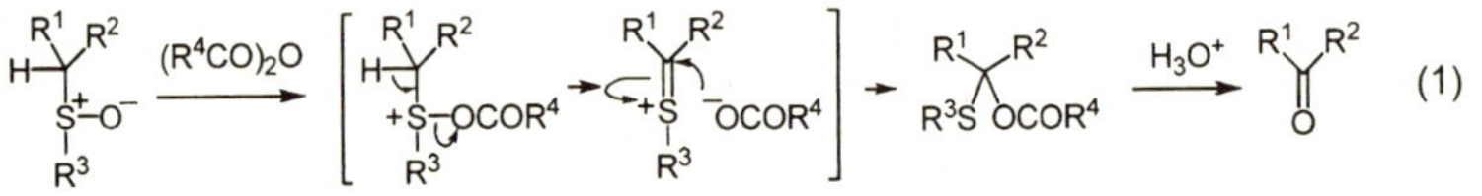

芳香族 Pummerer 反応

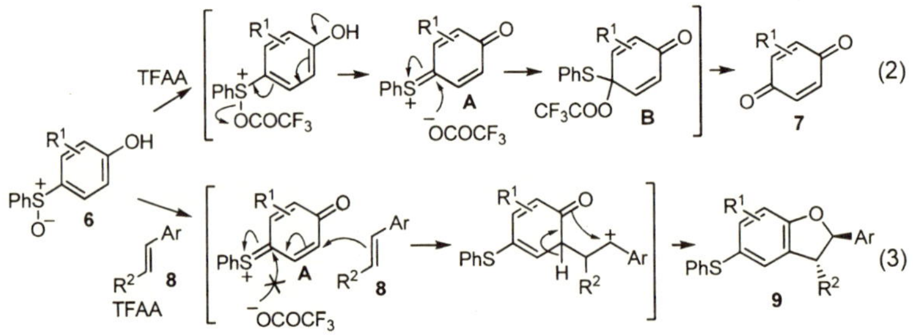

我々は，式(3)の反応を応用してrubromycin類の重要構造であるジベンゾスピロケタールの一挙構築を試みた。すなわち，無置換の*p*-スルフィニルフェノール6aと2-メチレンクロマン10aをモデル基質とし，種々の酸無水物，溶媒，反応温度を検討した結果，MeCN中−40℃でTFAAを作用させると，予期した11aが収率94%で得られた。本反応では，中間体Aに10aが1,4-付加した後，生じたオキソニウム中間体Cに分子内フェノール性水酸基が攻撃してスピロ環11aを形成したと考えられる（スキーム4）。

この反応を応用し，γ-rubromycin 1並びに各種類縁体の収束的合成を計画した。すなわち，置換基を有する6と10の反応でジベンゾスピロケタール骨格11を一挙に構築し，続いて11に残った硫黄官能基を利用して発生させたベンザイン12とフラン13との位置選択的なDiels-

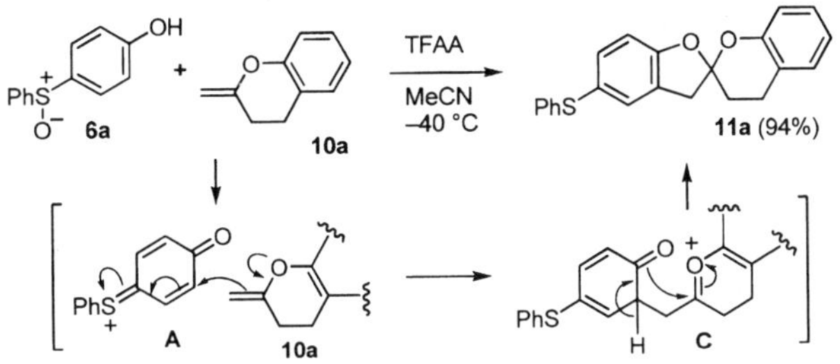

スキーム4　One–step construction of the dibenzospiroketal **11 a** by aromatic Pummerer–type reaction

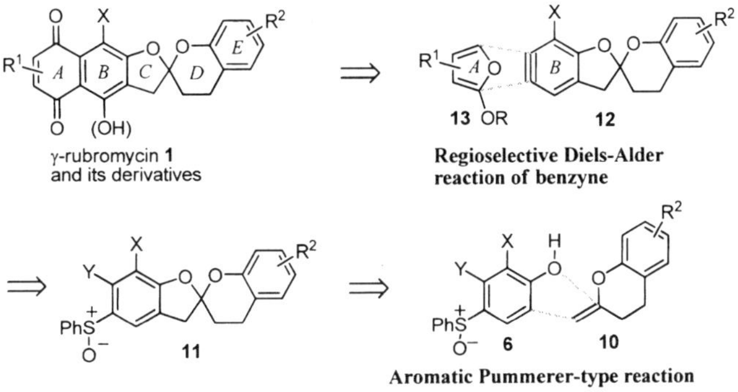

スキーム5　Plan of convergent construction of γ–rubromycin **1** and its derivatives

Alder 反応によって **1** の合成を完成するというものである。本法は天然物の全合成のみならず，スルホキシド **6**，2–メチレンクロマン **10**，フラン **13** の組み合わせにより，多様な置換様式のスピロケタール構造 **11** や **1** の各種類縁体の合成にも有効な方法になる（スキーム5）。

まず，種々の **6** と **10** を用いてスピロケタール **11** 形成反応を検討した結果，本法は多様な置換基を有する基質に適用できることがわかった（表1，entries 1–9）。また，ナフタレン構造を有するスルホキシド **6**（entry 10）や5員環の環状ビニルエーテル **10** にも有効である（entry 11）。

また，上記環化体 **11 i** から3工程，高収率で得られる *o*–(フェニルスルフィニル）フェニルトリフラート **14** にフラン **13 a** 存在下に PhLi を作用させると，多環性化合物 **15** が2種の位置異性体の混合物として生成した。この混合物を水の存在下に超原子価ヨウ素反応剤で酸化すると[21]，単一のキノン体 **16** を収率良く与えた（スキーム6）。**15** の生成は次のように理解できる。**14** に PhLi が反応して，スルフラン **D** 経由でリチオ体 **E** が生じ，オルト位の TfO 基を放出してベンザイン **F** が発生する。これはすぐに **13 a** と Diels–Alder 反応を起こし，環化体 **G** のエポキシの開環を伴って芳香化して **15** を生成する。このように，置換スルフィニルフェノール **6**，2–メチ

表1　One–pot synthesis of the dibenzospiroketals **11** from **6** and **10**

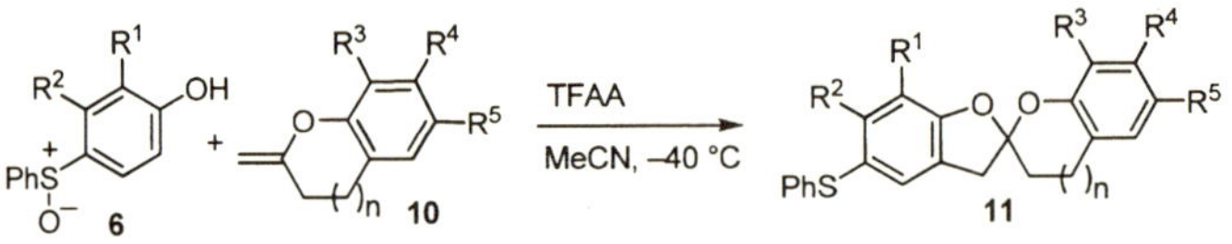

entry	n	R1	R2	R3	R4	R5	11,yield (%)
1	1	H	H	OMe	H	H	**11b** 68
2	1	H	H	OMe	Me	H	**11c** 78
3	1	H	H	OMe	CO_2Me	Br	**11d** 78
4	1	H	H	H	OCO_2Me	H	**11e** 96
5	1	H	H	H	H	Me	**11f** 81
6	1	allyl	H	H	H	H	**11g** 83
7	1	OMe	H	H	H	H	**11h** 41
8	1	H	OCO_2Me	H	H	H	**11i** 59
9	1	$SiMe_3$	$OCONEt_2$	H	H	H	**11j** 72
10	1	CH = CH-CH=CH		H	H	H	**11k** 75
11	0	H	H	H	H	H	**11l** 53

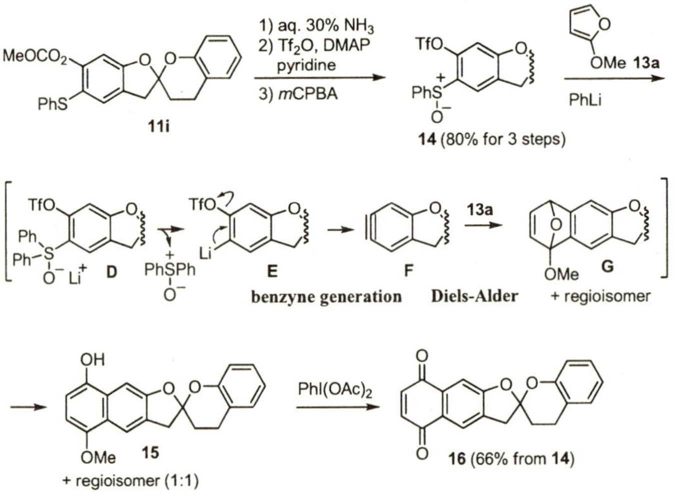

スキーム6　Generation of benzyne **F** and its Diels–Alder reaction with furan **13 a**

レンクロマン類10，及びフラン13の3成分を連結して，多様な置換様式のジベンソスピロケタール類の収束型合成法を開発することができた。

次に，ベンザイン12（スキーム5）の置換基Xを利用する位置選択的Diels-Alder反応によって，1の全合成を検討した。鈴木らは，置換ベンザイン21とニトロン20との双極子環化付加反応に於いて，21の置換基Rがアルコキシ基の場合は$-I$効果に因って22が，シリル基の場合は$+I$効果により23が各々主生成物として生じることを報告している（式(5)）[22]。我々は，シリル基を有するモデル基質17からベンザインHを発生させ，2,4-ジオキシフラン13bとの

Diels-Alder 反応を行えば A 環構造に対応する 18 が合成できると考えた。しかし，実際に反応を行うと，18 の位置異性体 19 が主生成物となった。更に嵩高い tBuMe$_2$SiO 基を有する 13 b の反応では，この選択性はより高くなった（式(4)）。結局，この方法では 18 型の化合物を効率的に得ることができず，本合成ルートは断念した。しかし，これらの実験結果を踏まえ，シリルベンザインとフラン類との Diels-Alder 反応を詳細に検討した結果，シリル基の特異な性質を利用する Diels-Alder 反応の位置制御法，並びに多置換ナフタレン類の新合成法を開発することができた[23]。

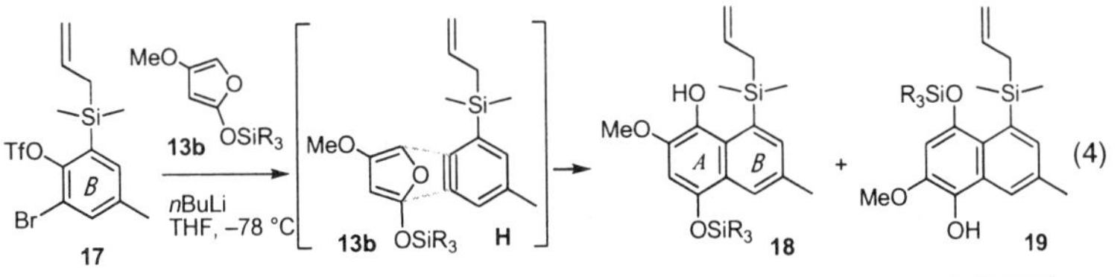

SiR$_3$ of 13b	regioselectivity (18 : 19)	total yield (%)
SiMe$_3$	1 : 2.6	58
Si(tBu)Me$_2$	1 : 6.3	87

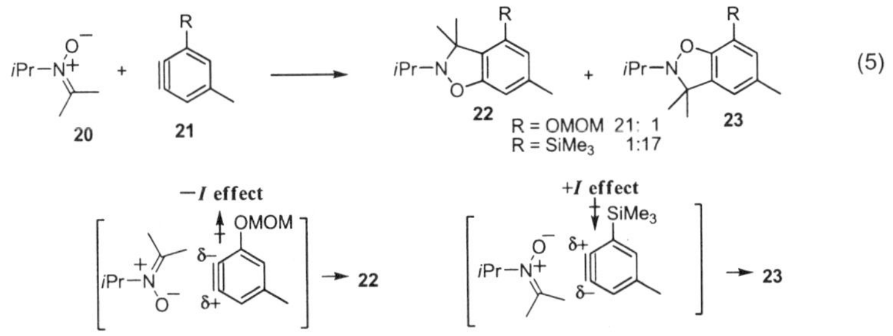

3　γ-Rubromycin の全合成

o-キノン構造を有する o-lapachone 27 から p-キノン構造を有する p-lapachone 28 へ異性化することが知られている。（式(6)）[24]。自然界で起こっているこの反応にヒントを得，我々はこれまでと異なる全合成計画を立てた。ここでは，我々が開発した 2 種類の芳香族 Pummerer 型反応（式(2)，(3) 参照）を活用した。すなわち，AB 環部に相当する高度に酸素官能基化された p-スルフィニルナフトール 24 と 2-メチレンクロマン類 10 との式 3 型の芳香族 Pummerer 型反応で折れ曲がったジベンゾスピロケタール骨格 25 を一挙に構築し，次に式 2 型の芳香族 Pummerer 型反応で o-キノン体 26 を調製すれば，ケタール部の酸触媒異性化反応によって ABC 環部が直線的に繋がった 1 が完成すると考えた（スキーム 7）。

ここで重要な検討課題は，3 位に酸素官能基を有する 24 の芳香族 Pummerer 型反応が進行す

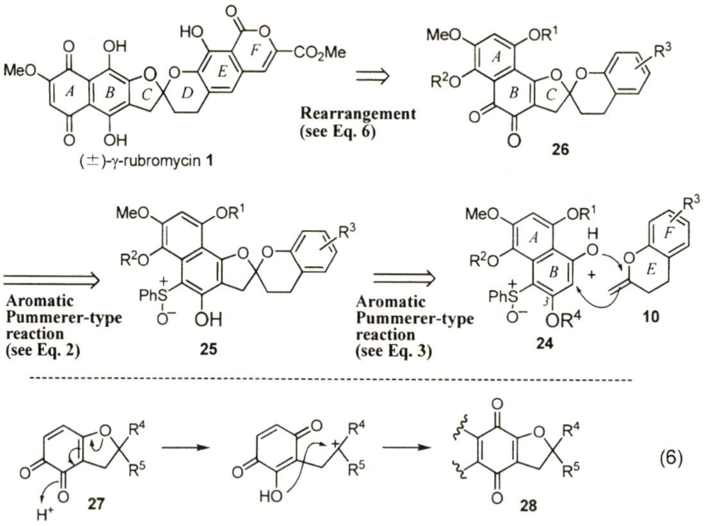

スキーム7　The second–generation retrosynthesis of γ–rubromycin **1** via double aromatic Pummerer–type reactions

表2　Preparation of spiroketal **30 a** from **24 a** and **10 a**

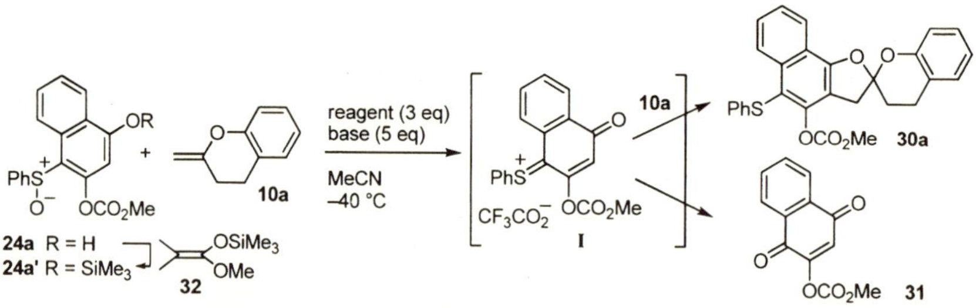

entry	R	reagent	base	yield of **30a** (%)
1	H	TFAA	—	—a)
2	H	Tf_2O	—	trace
3	H	Tf_2O	2,6-lutidine	44
4	TMS	Tf_2O	2,6-lutidine	59
5	TMS	Tf_2O	2,4,6-collidine	73

a) **31** was obtained as a major product.

るかどうかである。まず **24 a** をモデル基質として，芳香族 Pummerer 型反応を検討した（表2）。しかし，TFAA を用いる標準的な反応条件ではカウンターアニオンの 1,2-付加によって p-キノン **31** が生成し，**30 a** は全く得られなかった（entry 1）。そこで，求核性を抑えたトリフルオロメタンスルホン酸無水物（Tf_2O）を利用したところ **30 a** がわずかに生成した（entry 2）。反応で生じる TfOH による副反応を抑えるべく種々の塩基を共存させた結果，2,6-ルチジンの添加によって **30 a** の収率を改善することができた（entry 3）。また，**24 a** は反応溶媒に極めて難溶で

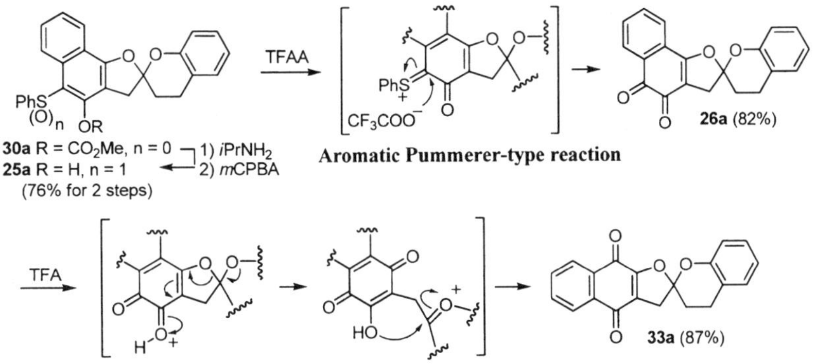

スキーム8　Synthesis of *o*–quinone **26 a** and its isomerization to *p*–quinone **33 a** via double aromatic Pummerer–type reactions

あったので，その改善のためにシリルケテンアセタール 32 を用いてフェノール性水酸基をトリメチルシリル基で保護した 24 a' を定量的に用時調製した後に本ケタール化反応を行うと，反応途中でシリル基が外れて反応が進行し，30 a が 59% で得られた（entry 4）。さらに，2,4,6-コリジンを塩基として用いると 30 a の収率が 73% まで向上し（entry 5），これを最適条件として以後の検討を行った。

次に，30 a の水酸基の脱保護とフェニルチオ基の酸化によって*o*-スルフィニルナフトール25 a へ誘導し，TFAA を反応させて芳香族 Pummerer 型反応を起こすと *o*-キノン 26 a が生じた。これを TFA で処理すると，期待した転位反応が進行して *p*-キノン 33 a を収率良く得た（スキーム 8）。

そこで，芳香族Pummerer 型反応を経てA 環に三つの酸素官能基を有するスピロケタール25 b を合成し，種々の条件下に *o*-キノン 26 b への変換を試みたが，26 b は全く得られなかった（式(7)）。一方，ペリ位酸素官能基を除去した 25 c は同条件に 26 c を高収率で与えた（式(8)）。25 b から生じるスルホニウム中間体 J において，ペリ位メトキシ基からの電子供与がカウンターアニオンの 1,2-付加を抑制したものと考えられる。

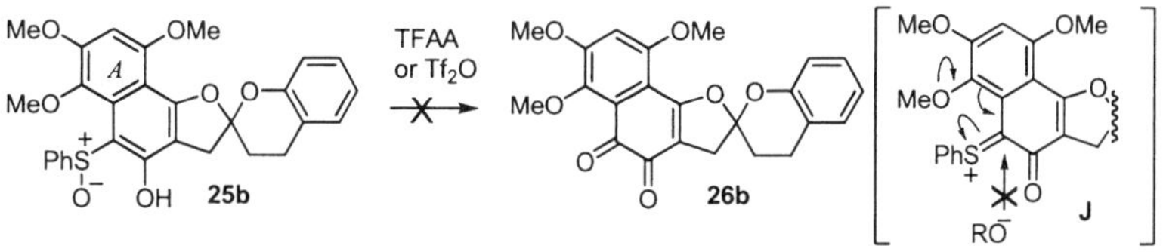

(7)

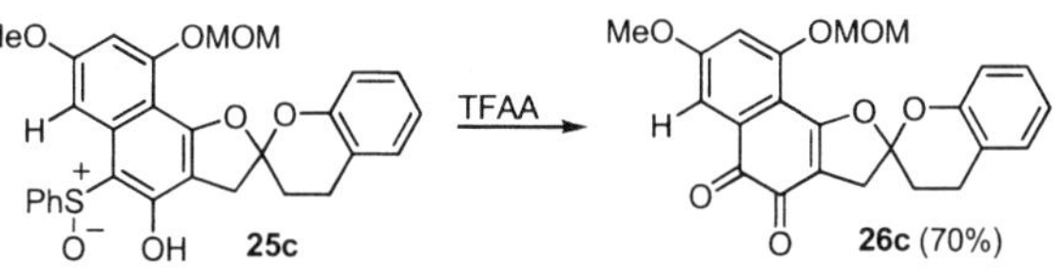

(8)

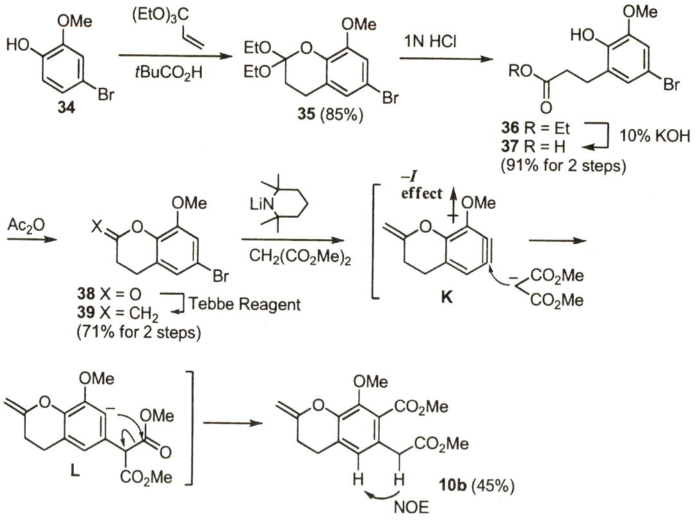

スキーム 9　Synthesis of the suitably functionalized 2-methylenechroman **10 b**

上記の知見を総合し，(±)-γ-rubromycin **1** の全合成に着手した。まず，EF 環に必要な官能基を備えた 2-メチレンクロマン **10 b** を合成した。すなわち，市販のフェノール誘導体 **34** からラクトン **38** を合成し，Tebbe 試薬により 2-メチレンクロマン **39** へと変換した。さらに，**39** にマロン酸ジメチル存在下リチウムテトラメチルピペリジドを反応させると，目的の **10 b** が単一の位置異性体として得られた。この反応では，生成したベンザイン **K** のメトキシ基の −*I* 効果によってマロン酸アニオンが位置選択的に求核付加を起こし，続いてアニオン **L** が分子内のエステル基を攻撃して **10 b** が生じたと考えられる（スキーム 9）[25]。

また，文献既知の **40**[26] から 7 工程でスルホキシド **24 d** を合成した。**24 d** をシリル化し，**10 b** と共に芳香族 Pummerer 型反応を行ってスピロ体 **30 d** を得た。次に **25 d** へ誘導し，2 度目の Pummerer 型反応を行うと，*o*-キノン **26 d** が高収率で得られた。酸性条件下での転位反応も問題無く進行し，*p*-キノン **43** を得た（スキーム 10）。

最後の課題は，**43** の A 環への酸素官能基導入と F 環部の構築である。前者は，B 環を保護した A 環フェノール **46** を合成し，コバルト錯体[17] を用いて *p*-キノン **47** へ酸化することで達成した。一方，F 環の構築には Wong らのカルボン酸からリンイリドを経由する α-ケトエステル構築法[28] を応用した。すなわち，カルボン酸 **47** をイリド **48** へ変換後，ジメチルジオキシランで酸化すると，生じた α-ケトエステル **M** は直ちにラクトン **49** を形成した。最後に B，F 環の水酸基を脱保護し，(±)-γ-rubromycin **1** の全合成を達成した（スキーム 11）。本品はドイツ Göttingen 大学の Zeeck 教授より頂いた天然の **1** と ^{1}H NMR，TLC などを直接比較し，その構造を確認した。

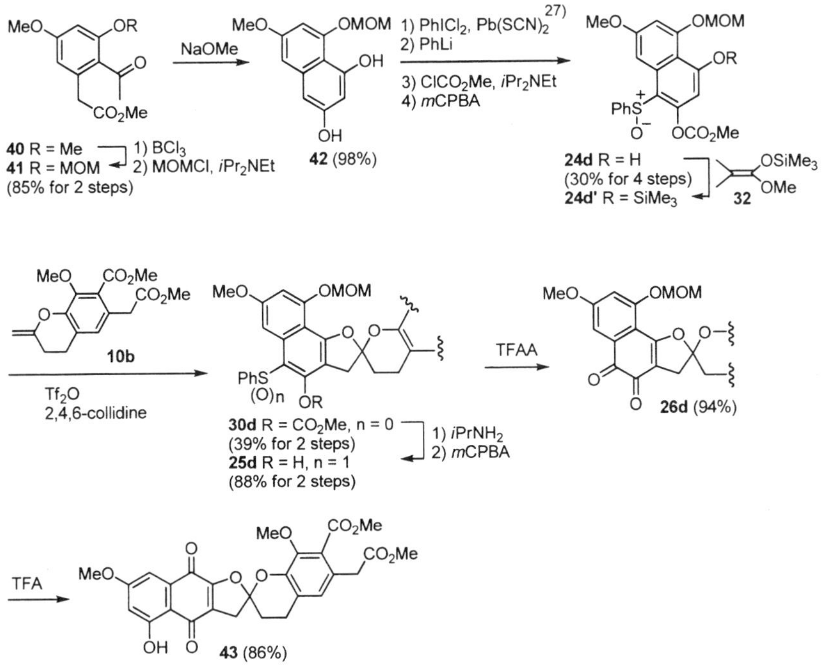

スキーム 10　Synthesis of pentacyclic compound 43

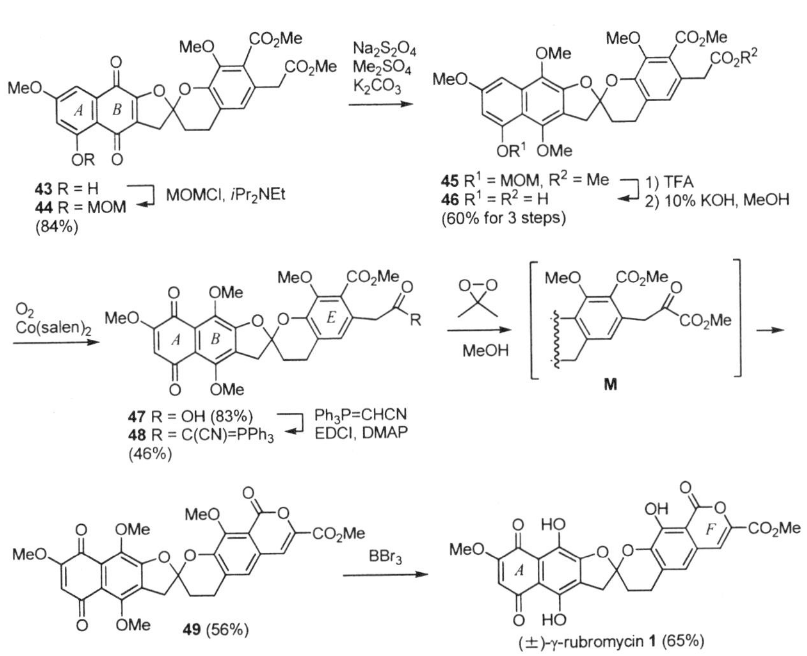

スキーム 11　Completion of the total synthesis of (±)–γ–rubromycin 1

4 おわりに

以前我々が開発していた芳香族 Pummerer 型反応を応用し，テロメラーゼ阻害活性発現に必須なジベンゾスピロケタール構造の短工程収束合成法を開発した。また，生成物に残った硫黄官能基を利用してベンザインを発生させ，Diels–Alder 反応で更に環を縮合することもできた。さらに，芳香族 Pummerer 型反応による *o*–キノン合成を利用して（±）–γ–rubromycin **1** の最初の全合成を達成した。今回我々が開発した合成法は，スルホキシドと 2–メチレンクロマンを種々組み合わせることで多様な置換様式のジベンゾスピロケタール構造を構築できることが特長で，天然物のみならず各種誘導体の合成に利用できる。目下，光学活性 γ–rubromycin **1** とそのエナンチオマーを不斉合成し，さらに，これらの合成中間体，誘導体，および類縁体の合成と，企業や国立研究所による生物活性評価を推進中である。

謝辞

本研究は，主として筆者らが大阪大学大学院薬学研究科分子合成化学分野に在籍していた時に行われた成果であり，本研究に携わった大学院生，学部学生をはじめとする多くの方々の努力によって成し遂げられたことを心から感謝致します。また，貴重な天然の γ–rubromycin を御恵与くださった Zeeck 教授（ドイツ Göttingen 大学）に感謝致します。本研究は，文部科学省科学研究助成金（基盤研究 S，A および C）の支援を受けて実施したものであり，ここに記して深謝致します。

文　　献

1） 総説：a）北泰行，薬学雑誌，**122**，1011–1035（2002）；b）赤井周司，北泰行，有機合成化学協会誌，**65**，772–782（2007）；c）Y. Kita, H. Fujioka, *Pure Appl. Chem.*, **79**, 701–713（2007）

2） Y. Tamura, M. Sasho, H. Ohe, S. Akai, Y. Kita, *Tetrahedron Lett.*, **26**, 1549–1552（1985）

3） a）S. Akai, T. Tsujino, N. Fukuda, K. Iio, Y. Takeda, K. Kawaguchi, T. Naka, K. Higuchi, E. Akiyama, H. Fujioka, Y. Kita, *Chem. Eur. J.*, **11**, 6286–6297（2005）; b）Y. Kita, K. Higuchi, Y. Yoshida, K. Iio, S. Kitagaki, K. Ueda, S. Akai, H. Fujioka, *J. Am. Chem. Soc.*, **123**, 3214–3222（2001）

4） S. Akai, K. Kakiguchi, Y. Nakamura, I. Kuriwaki, T. Dohi, S. Harada, O. Kubo, N. Morita,

Y. Kita, *Angew. Chem. Int. Ed.*, **46**, 7458-7461 (2007)
5) H. Brockmann, A. Zeeck, *Chem. Ber.*, **103**, 1709-1726 (1970)
6) T. Ueno, H. Takahashi, M. Oda, M. Mizunuma, A. Yokoyama, Y. Goto, Y. Mizushina, K. Sakaguchi, H. Hayashi, *Biochemistry*, **39**, 5995-6002 (2000)
7) a) M. E. Goldman, G. S. Salituro, J. A. Bowen, J. M. Williamson, D. L. Zink, W. A. Schleif, E. A. Emini, *Mol. Pharmacol.*, **38**, 20-25 (1990) ; b) Y. Mizushima, T. Ueno, M. Oda, T. Yamaguchi, M. Saneyoshi, K. Sakaguchi, *Biochim. Biophys. Acta*, **1523**, 172-181 (2000)
8) M. Chino, K. Nishikawa, A. Yamada, M. Ohsono, T. Sawa, F. Hanaoka, M. Ishizuka, T. Takeuchi, *J. Antibiot.*, **51**, 480-486 (1998)
9) R. M. Stroshane, J. A. Chan, E. A. Rubalcaba, A. L. Garretson, A. A. Aszalos, *J. Antibiot.*, **32**, 197-204 (1979)
10) 総説：M. Brasholz, S. Sörgel, C. Azap, H.-U. Reißig, *Eur. J. Org. Chem.*, 3801-3814 (2007)
11) T. Capecchi, C. B. de Koning, J. P. Michael, *J. Chem. Soc., Perkin Trans. 1*, 2681-2688 (2000)
12) a) K. Y. Tsang, M. A. Brimble, J. B. Bremner, *Org. Lett.*, **5**, 4425-4427 (2003) ; b) D. C. K. Rathwell, S.-H. Yang, K. Y. Tsang, M. A. Brimble, *Angew. Chem. Int. Ed.*, Early View (2009)
13) S. P. Waters, M. W. Fennie, M. C. Kozlowski, *Tetrahedron Lett.*, **47**, 5409-5413 (2006)
14) S. Sörgel, C. Azap, H.-U. Reißig, *Org. Lett.*, **8**, 4875-4878 (2006)
15) T. Siu, D. Qin, S. J. Danishefsky, *Angew. Chem. Int. Ed.*, **40**, 4713-4716 (2001)
16) D. Qin, R. X. Ren, T. Siu, C. Zheng, S. J. Danishefsky, *Angew. Chem. Int. Ed.*, **40**, 4709-4713 (2001)
17) C. C. Lindsey, K. L. Wu, T. R. R. Pettus, *Org. Lett.*, **8**, 2365-2367 (2006)
18) 総説：S. Akai, Y. Kita, *Top. Curr. Chem.*, **274**, 35-76 (2007)
19) a) Y. Kita, Y. Takeda, M. Matsugi, K. Iio, K. Gotanda, K. Murata, S. Akai, *Angew. Chem. Int. Ed. Engl.*, **36**, 1529-1531 (1997) ; b) S. Akai, Y. Takeda, K. Iio, K. Takahashi, N. Fukuda, Y. Kita, *J. Org. Chem.*, **62**, 5526-5536 (1997)
20) S. Akai, N. Morita, K. Iio, Y. Nakamura, Y. Kita, *Org. Lett.*, **2**, 2279-2282 (2000)
21) a) Y. Tamura, T. Yakura, J. Haruta, Y. Kita, *J. Org. Chem.*, **52**, 3927-3930 (1987) ; b) Y. Tamura, T. Yakura, H. Tohma, K. Kikuchi, Y. Kita, *Synthesis*, 126-127 (1989)
22) T. Matsumoto, T. Sohma, S. Hatazaki, K. Suzuki, *Synlett*, 843-846 (1993)
23) S. Akai, T. Ikawa, S. Takayanagi, Y. Morikawa, S. Mohri, M. Tsubakiyama, M. Egi, Y. Wada, Y.Kita, *Angew. Chem. Int. Ed.*, **47**, 7673-7676 (2008)
24) R. H. Thomson in Naturally Occurring Quinones, Butterworths, London, (1957)
25) 総説：H. Pellissier, M. Santelli, *Tetrahedron*, **59**, 701-730 (2003)
26) M. W. B. McCulloch, R. A. Barrow, *Tetrahedron Lett.*, **46**, 7619-7621 (2005)
27) Y. Kita, T. Okuno, M. Egi, K. Iio, Y. Takeda, S. Akai, *Synlett*, 1039-1040 (1994)
28) M.-K. Wong, C.-W. Yu, W.-H. Yuen, D. Yang, *J. Org. Chem.*, **66**, 3606-3609 (2001)

第Ⅲ編
環状含窒素生物活性天然物

第10章 グアニジン系天然物サキシトキシン類の全合成

長澤和夫　東京農工大学 共生科学技術研究院 教授
岩本　理　東京農工大学 工学府 博士課程

1　はじめに

グアニジン官能基（グアニジノ基）は天然アミノ酸の一つであるアルギニンの側鎖官能基としても知られている強塩基性官能基である。その構造は一つの sp^2 炭素を中心に三つの窒素原子が結合した特徴的モチーフを有しており，容易にプロトン化され強力な共鳴安定化により一価のグアニジウムカチオンとなる（図1）。一方で，その共役酸であるグアニジウムカチオンは，生体内に広く存在しているカルボン酸やリン酸官能基等と，平衡な二つの水素結合およびイオン結合を介して強く相互作用することが知られている（図1）。

自然界には，この相互作用を巧みに利用することで強力かつ特徴的な生理活性を示す天然有機化合物（グアニジンアルカロイド）が多数存在する[1]。麻痺性貝毒サキシトキシン（**1**）は，そのなかの一つであり，分子内に二つの環状グアニジノ基を有した天然物である（図2）。サキシトキシン（**1**）は二枚貝の毒成分として古くから知られていた。1957年にSchantzらは，サキシトキシン（**1**）と同一の組成式を有する毒成分の単離に成功している[2]。しかしその研究が本格的に開始されたのは，1962年にRapoportらが，二枚貝アラスカバタークラム *Saxidomus giganteus* から毒成分の単離に成功し，これを「サキシトキシン」と命名してからである[3]。その特異な化学構造からも想像できるように，サキシトキシン（**1**）の構造決定は困難を極めた。最

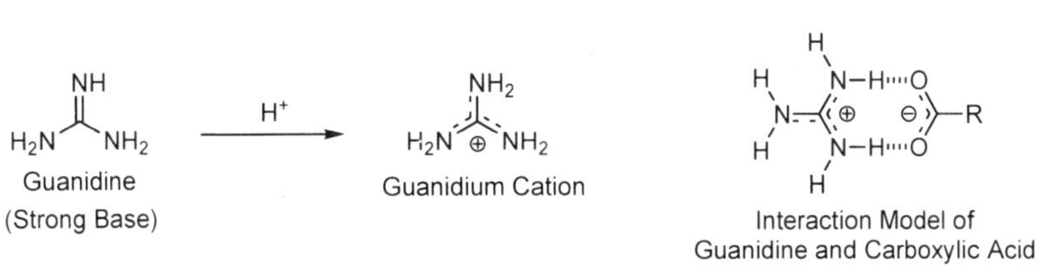

図1　グアニジンの構造とグアニジン―カルボン酸相互作用

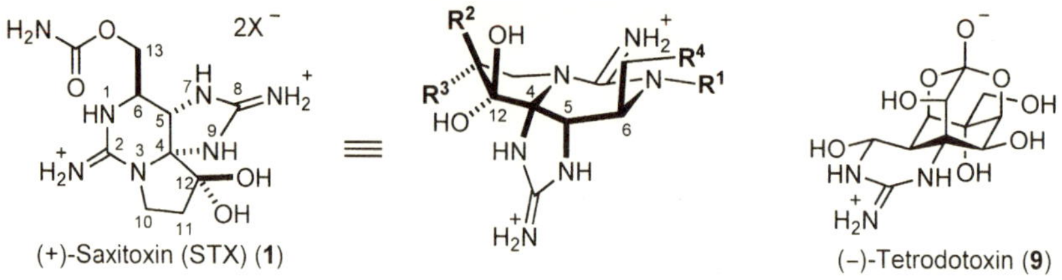

(+)-Saxitoxin (STX) (**1**)　　(−)-Tetrodotoxin (**9**)

	R^1	R^2	R^3	R^4
STX (**1**)	H	H	H	$OCONH_2$
doSTX (**2**)	H	H	H	H
dcSTX (**3**)	H	H	H	OH
neoSTX (**4**)	OH	H	H	$OCONH_2$
GTX1 (**5**)	OH	H	OSO_3H	$OCONH_2$
GTX2 (**6**)	H	H	OSO_3H	$OCONH_2$
GTX3 (**7**)	H	OSO_3H	H	$OCONH_2$
GTX4 (**8**)	OH	OSO_3H	H	$OCONH_2$

図2　サキシトキシン類（**1**～**8**）およびテトロドトキシン（**9**）の構造

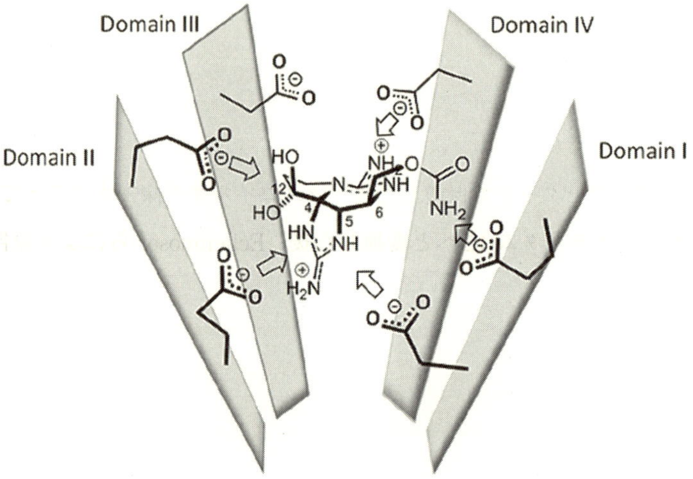

図3　サキシトキシン（**1**）とナトリウムチャネルの相互作用モデル

終的に単離報告から10年以上が経過した1975年に，Schantzらによって*p*-ブロモベンゼンスルホン酸塩として，またRapoportらによって12位エチルヘミケタールとしてそれぞれサキシトキシンの結晶化に成功し，化学構造が明らかになった[4,5]。その後多くのサキシトキシン類縁体が単離報告されており，現在までに30種類を超えるに至っている[6]。

サキシトキシン（**1**）は高度に官能基化されており，総炭素原子数を上回るヘテロ原子を分子内に有していることは特筆に値する。また，サキシトキシン（**1**）はフグ毒としてよく知られているテトロドトキシン（**9**）と同様に，強力な電位依存性ナトリウムチャネル（NaCh）阻害剤である。その作用機序はテトロドトキシン（**9**）と同様であり，NaChの孔（ポア），即ちP-loop部位によって構築されるイオン選択性フィルタに可逆的に結合する[7]（図3）。つまり，P-loop内のNa^+イオンを選択的に認識する複数のGluおよびAspのカルボン酸残基とサキシトキシン（1）が相互作用することで，Na^+イオンの細胞内流入を阻害する。サキシトキシン（1）およびテトロドトキシン（9）は，内在性リガンドの存在しないNaChに対する数少ないリガンドであることから，これまでNaChの機能解析ツールとして広く用いられている。また一方で，サキシトキシン（1）は特徴的な構造と特異な生理活性を有することから，多くの合成化学者の興味を引き付け，これまでに我々を含む4つの研究グループによって全合成が報告されている[8~11]。以下にその代表的な合成例について示す。

2　三成分連結法を用いた初の全合成[8]

サキシトキシン（1）の化学構造が明らかになった2年後の1977年，ハーバード大学の岸らは（±)-サキシトキシン（1）の初の全合成を報告した。彼らの合成法は12位アセタール中間体やビスグアニジン化合物の物性に起因する問題点を，保護基の選択により巧みに回避し，三成分連結法によるチオウレア合成など，効率的な手法を多く取り入れている。

以下に岸らによるサキシトキシン（1）の全合成を示した（スキーム1）。β-ケトエステル10のカルボニル基を環状アセタールで保護した後，フタロイル基を除去することでラクタム11を得た。そして11をチオラクタム12へと変換した後，Echenmoserらにより報告されている手法により，ビニロガスカルバメート13へと導いた。次いで，アルデヒドと$Si(NCS)_4$を用いた三成分連結法によって六員環チオウレア部を構築し，その後，メチルエステル部位に対しヒドラジンを作用させ，塩化ニトロシルを酸化剤として用いるCurtius転位型反応によりウレア15へと変換した。12位オキシケタールは，続く酸性条件下における環化反応に耐えられなかったため，この時点でチオケタールに変換している。得られたウレア—チオウレア16はAcOH/TFA（9：1）溶媒中50℃で反応させることで分子内環化反応が進行し，目的の環化体17を主生成物として得ている。この環化反応において，AcOHのみを用いた場合ではチオケタールの立体障害により反応速度は極めて遅く，またTFAのみを用いた場合では6位の異性体が主生成物として得られる。環状ウレアおよびチオウレアはMeerwein試薬によりアルキル化した後，プロピオン酸アンモニウムとの溶融反応を行うことで，それぞれ環状グアニジノ基へと変換し，ビスグアニジン18とした。その後13位ベンジルエーテルを三塩化ホウ素により除去した後，アセチル化によってヘキサアセテートとして目的とする19を得ている。得られた19に対しNBSを作用させることで12位チオケタールの除去を行い，さらにメタノール中で加熱することで（±)-デカルバモイルサキシトキシン（dcSTX）（3）を得た。(±)-サキシトキシン（1）の全合成は，ギ酸溶媒中でイソシアン酸クロロスルホニルを作用させカルバモイル基を導入することで達成さ

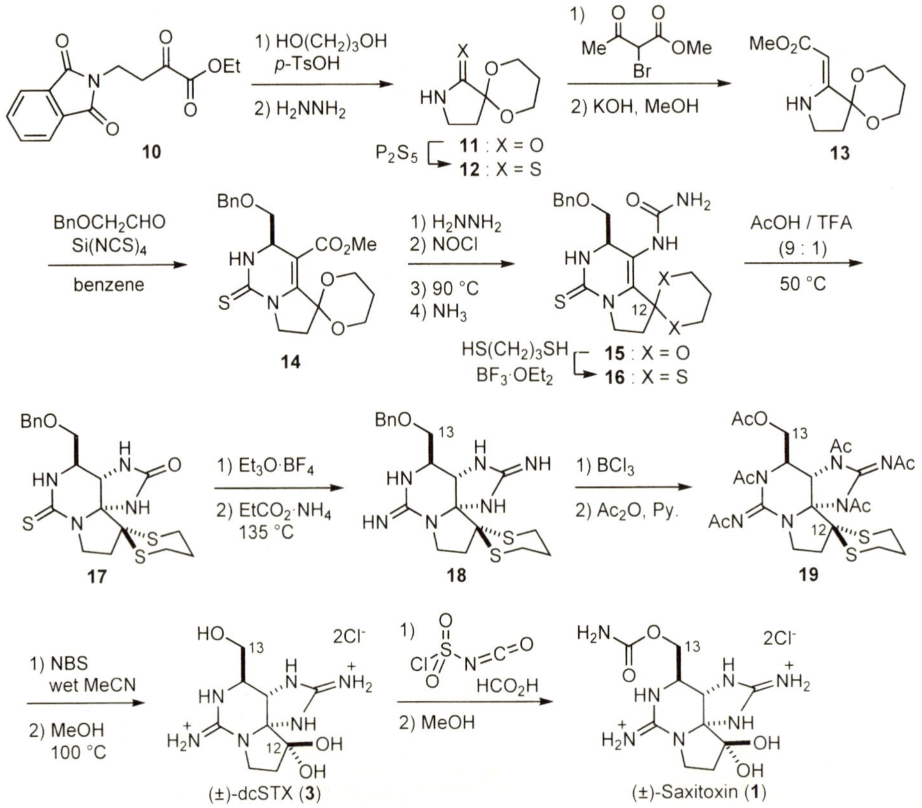

スキーム1　Kishi らによる（±)-サキシトキシン（1）の全合成

れた。また，Kishi らは 1992 年に光学活性なアルデヒドを用いた三成分連結反応により，非天然型である（－)-dcSTX（*ent*-3）の全合成を報告している[12]。

3　アゾメチンイミン型 1,3-双極子付加環化反応を用いた全合成[9]

分子内 1,3-双極子付加環化反応は多くの立体化学を制御しながら，多環状構造を一挙に構築できる優れた手法である。1984 年，ウェスリアン大学の Jacobi らはアゾメチンイミン型 1,3-双極子付加環化反応を用いて 4 位四級炭素を含む三環性骨格の構築に成功し，これを用いた（±)-サキシトキシン（1）の全合成を報告した（スキーム 2)。

イミダゾリン-2-オン 20 を出発原料として Friedel-Crafts アシル化，ジチオアセタール化により 21 を得た後，分子内ラクタムを経由しヒドラジド 22 を合成した。そして，22 に対し BF_3-OEt_2 存在下グリオキシル酸メチルヘミアセタールを作用させることでアゾメチンイミン 23 を形成し，続く 1,3-双極子付加環化反応によって三環性ウレア 24 を合成した。その後 6 位メチ

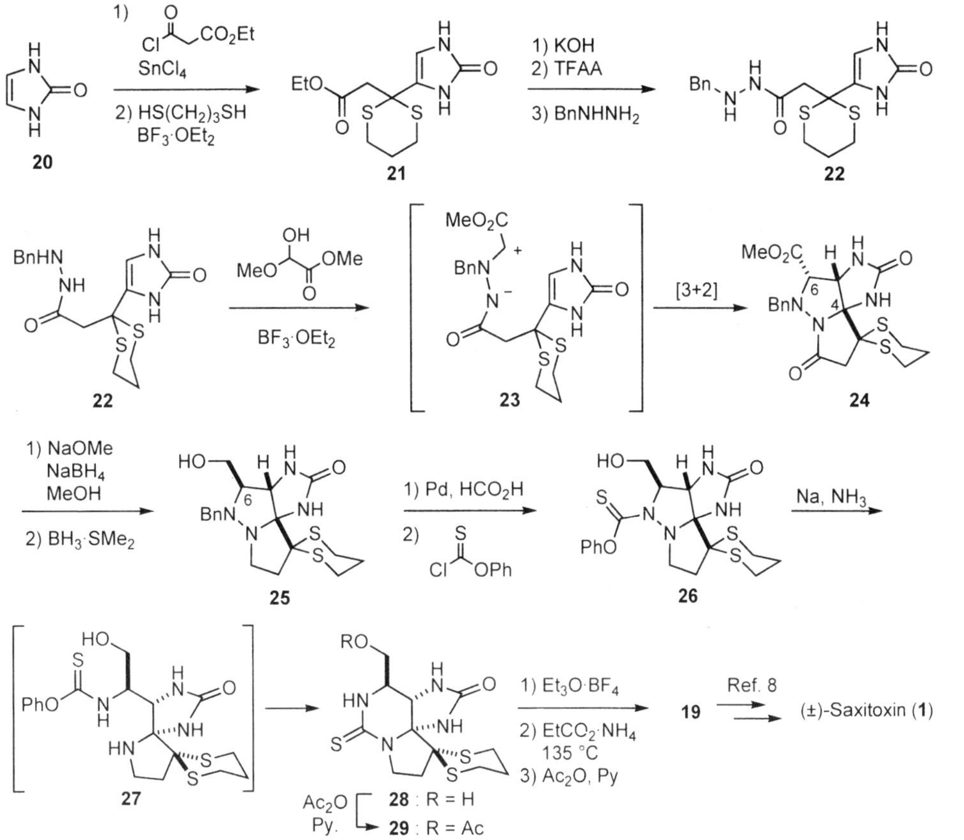

スキーム 2　Jacobi らによる（±）-サキシトキシン（**1**）の全合成

ルエステル部位の異性化と還元を同時に行い一級水酸基とした後，アミドをボランで還元し 25 を得た。次いで六員環チオウレア部位の構築のため，*N*-ベンジル基をフェニルチオカルバメートへと変換し 26 とした。得られた 26 を Birch 還元の条件に付すことで N-N 結合を還元し，続くピロリジン環の環化反応により三環性ウレア—チオウレア 28 を得た。28 をアセチル化後，岸らと同様の手法によりウレア及びチオウレア部位をグアニジノ基へと変換することで既知化合物 19 を得，（±）-サキシトキシン（1）の形式全合成を達成した。

4　C-H アミノ化反応を基盤とする全合成[10)]

不活性な C-H 結合を酸化しつつ切断し C-N 結合へと変換する手法は，含窒素生理活性物質を効率的に合成する有力な方法である。スタンフォード大学の Du Bois らは近年，ロジウム触媒を用いた酸化的アミノ化反応，つまりアジリジン化反応および C-H アミノ化反応を精力的に開

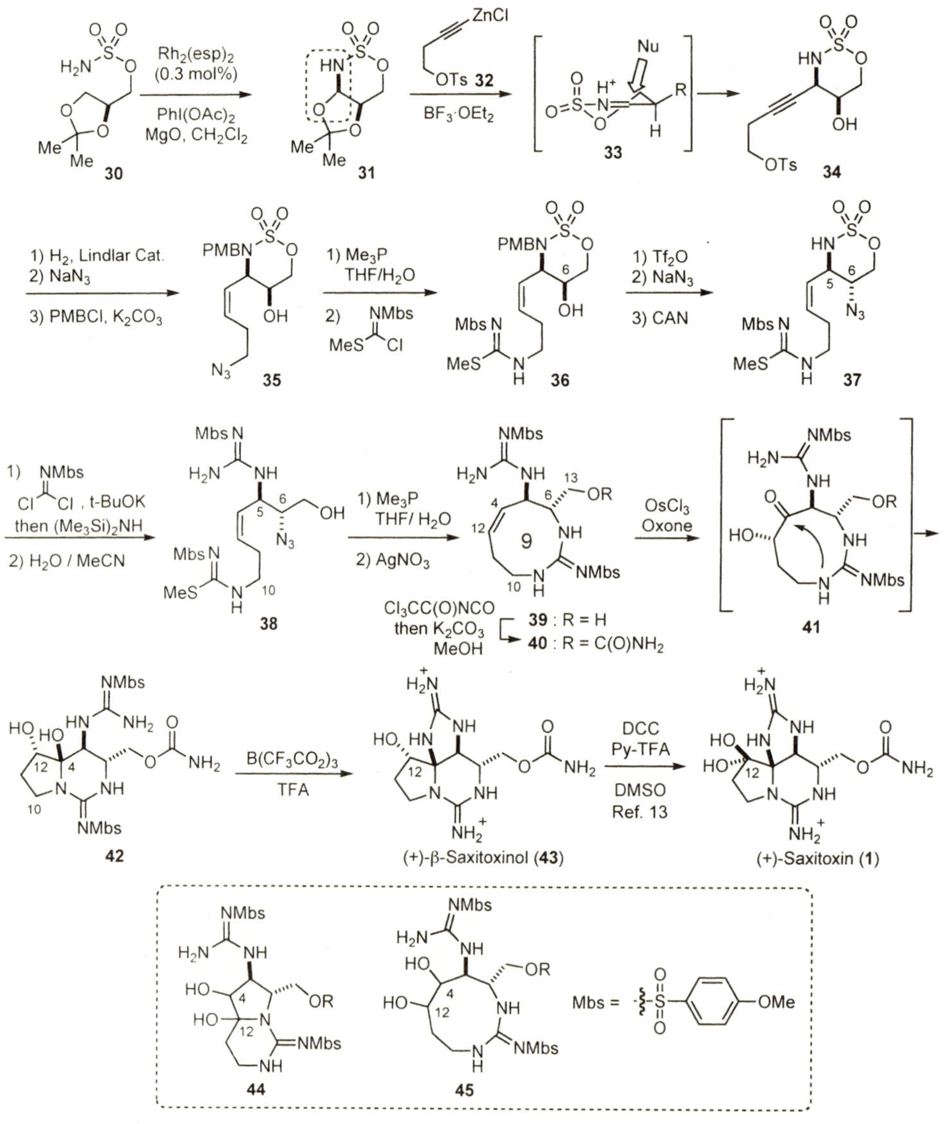

スキーム 3　Du Bois らによる（＋)-サキシトキシン（1）の全合成

発し，アルカロイド類の全合成へ応用している。2006 年，彼らは本手法を基盤とした（＋)-サキシトキシン（1）の全合成を報告した（スキーム 3)。

C-H アミノ化反応は合成の序盤に用いられた。即ち（*R*)-グリセロールアセトナイドより得られるサルファメート 30 に対し，ロジウム二核錯体を用いたナイトレンの C-H 挿入反応によって特異な *N,O*-アセタール構造を有する 31 を合成した。ついで Lewis 酸存在下，求核剤 32 を作用させることで，ジアステレオ選択的にトシラート 34 を合成した。その後アルキンの還元，アジド基の導入，およびアミド部位の保護を経てアジド 35 へと導いた後，イソチオウレア 36 を合成した。ついで6位のアジド化，続く5位のグアニジノ化を行った後，オキサチアジナン環を加水分解することでアルコール38を得た。鍵合成中間体である9員環ビスグアニジン化合物39の合成は，6位アジド基を還元しアミンとした後，硝酸銀を用いた分子内グアニジノ化を行うことで達成している。また，この時点で13位水酸基にカルバモイル基を導入している。サキシトキシン骨格が有する5，6員環部は，オレフィン部位の酸化に伴う環化反応により構築した。即ち，塩化オスミウム—オキソンを作用させることで，ヒドロキシケトン中間体41を経由したグアニジノ基の閉環反応によりビスグアニジン42へと導いた。この際，目的物である42が主生成物として得られるものの，酸化反応の位置異性体から生じたと考えられる44およびジヒドロキシル化体45がわずかに副生した（42：44：45＝12：1：1）。その後，化合物42に対してボロントリフルオロアセテートを作用させることで脱保護を伴う閉環反応を行い（＋）-β-サキシトキシノール（43）を得た。最後に既知の手法[13]，即ちピリジン・トリフルオロ酢酸塩を添加剤としたDCC-DMSOによる酸化反応を行うことで（＋）-サキシトキシン（1）の全合成を達成した。

Du Boisらはその後，2007年に（L）-セリンを出発原料としたより効率的な（＋）-サキシトキシン（1）の第二世代全合成を報告した[10b]。また，2008年にはピロール部位に対するグアニジノ基の分子内アジリジン化を鍵反応とした（＋）-ゴニオトキシン3（7）の初の全合成を達成している[14]。

5　ニトロンの分子間1,3-双極子付加環化反応を用いた全合成[11]

二成分間の分子間カップリング反応を基盤とする天然物合成法は，両成分の構造を変化させることで多様な類縁体合成を可能とする。我々はサキシトキシン骨格を基盤とした新規NaCh機能解析ツールの創製を目指し，様々な誘導体合成を可能とするサキシトキシン類の合成法の開発について着手し，これまでに（－）-および，（＋）-デカルバモイルオキシサキシトキシン（*ent*-2，2）の全合成と（＋）-サキシトキシン（1）の全合成を達成した。以下にその詳細を述べる。

5.1　(－)-および，(＋)-デカルバモイルオキシサキシトキシン（*ent*-2，2）の全合成[11a]

図1に示したようにサキシトキシンには多様な類縁体が存在する。その中でも最も分子量の小さい類縁体が，13位にメチル基を有するデカルバモイルオキシサキシトキシン（以下doSTX）（2）である。我々は2007年，分子間1,3-双極子付加環化反応およびIBXによる特異な4位酸化反応を用いることで，非天然型である（－）-doSTX（*ent*-2）の全合成を報告した。

以下に合成計画を示す（スキーム4）。サキシトキシン骨格を構築する上で，合成化学的に最

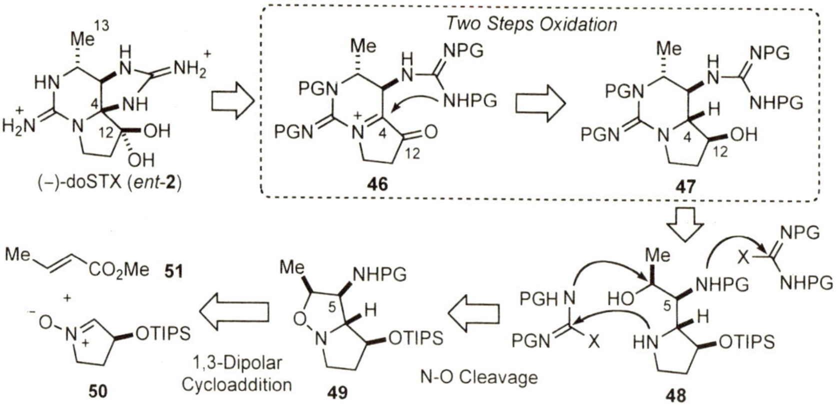

スキーム 4　(−)-doSTX（*ent*-**2**）の逆合成解析

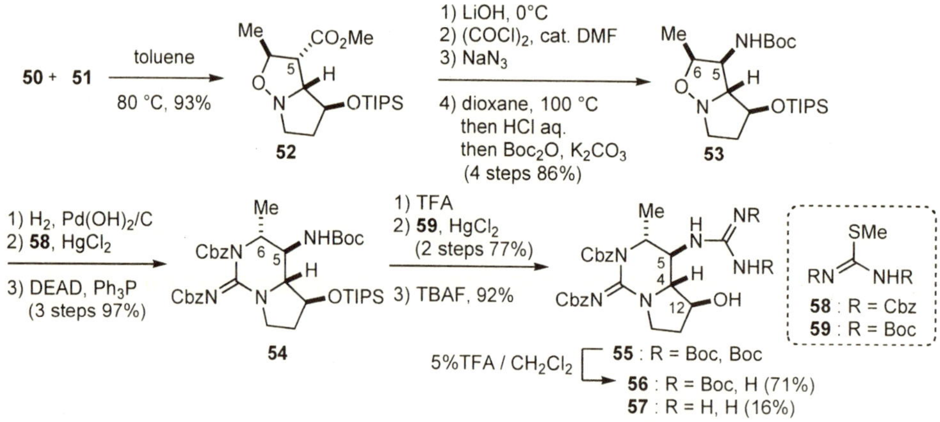

スキーム 5　ビスグアニジンアルコール **56** の合成

も困難だと考えられるのが，4 位四級炭素の構築である。我々はこの部位の構築を，ビスグアニジンアルコール 47 の 12 位および 4 位を連続的に酸化することで得られるカルボニルイミニウムカチオン中間体 46 の，分子内グアニジン環化反応によって行うことを計画した。その基質である 47 は，イソキサゾリジン 49 よりジアミノアルコール 48 を経由して得ることとした。また，5 位にアミノ基を有するイソキサゾリジン 49 は，Goti らによって報告された光学活性なニトロン 50 と，クロトン酸メチル（51）との 1,3-双極子付加環化反応によって合成することとした。

(L)-リンゴ酸より得られる光学活性なニトロン 50 に対し，親双極子剤としてクロトン酸メチル（51）を作用させることでエンド付加体であるイソキサゾリジン 52 を得た（スキーム 5）。次いで 52 の 5 位メチルエステル部位の異性化を行いつつ同一系中で加水分解することで 5β-カルボン酸とした後，酸クロリドを経由する Curtius 転位反応を行うことでアミノイソキサゾリジン 53 を得た[15]。六員環グアニジン部の構築は以下の通り行った。即ち，水素添加反応によってイ

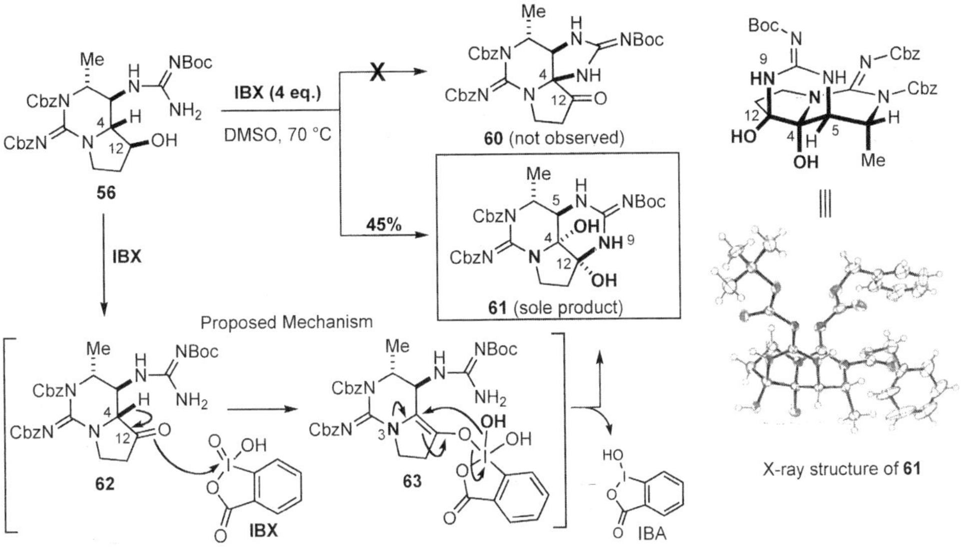

スキーム6　IBXによる二段階酸化反応

ソキサゾリジン環N-O結合を還元的に切断し，生じたピロリジン部位に対してイソチオウレア58を作用させることでグアニジノ基を導入した。その後，光延条件下にて6位二級水酸基に対する S_N2 閉環反応を行うことで，環状グアニジン54を合成した[16]。5位に二つ目のグアニジノ基を導入するために5位Boc基をTFAを用いて除去し，先と同様の手法によりグアニジンを導入した。次いで12位TIPSエーテル部位をTBAFにより脱保護し，さらに5% TFA/CH_2Cl_2 条件に付すことで，グアニジノ基のBoc基を一つのみ脱保護し，目的とするビスグアニジンアルコール56を合成した。

得られたビスグアニジンアルコール56に対し，合成計画に従い酸化的環化反応の検討を行った（スキーム6)。種々の酸化反応について検討したが，TPAP-NMO酸化，Dess-Martin酸化，TEMPO酸化およびクロム系酸化剤を用いた場合には原料が定量的に回収されるのみであった。またSwern酸化では，12位にメチルチオメチル基が導入された化合物が得られた。一方，超原子価ヨウ素酸化剤であるIBXをDMSO溶媒中70℃で作用させたところ，目的物である60は得られなかったものの，12位だけでなく4位も酸化され，5位グアニジノ基が12位カルボニル基に付加したビスアミナール61が得られることが分かった。なお61の立体化学についてはX線結晶構造解析により決定した。この特異な酸化反応は以下のように進行したと考えられる。まず12位水酸基がIBXによって酸化され対応するケトン62が生じる。次いでカルボニル基のエノール化に伴い二分子目のIBXと複合体を形成し63となり，3位窒素原子からの電子の流れによってIBAが脱離すると同時に協奏的に4位が水酸化される。最後に，5位グアニジノ基の12位への付加反応によってビスアミナール61が得られたと考えられる。ところで，酸化段階の観点

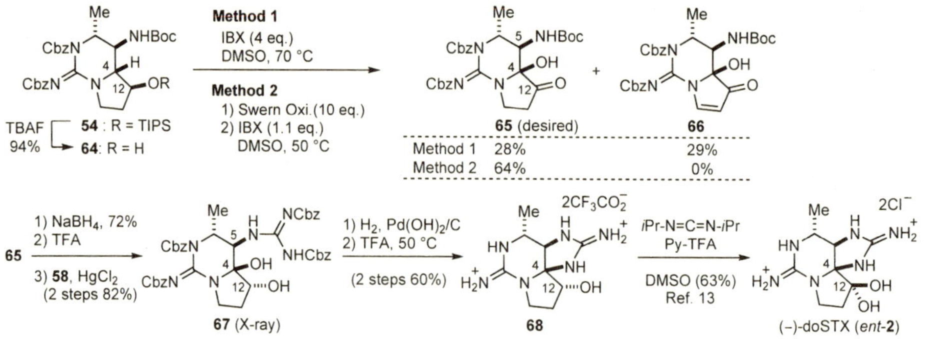

スキーム7 (−)-doSTX（*ent*-2）の全合成

からビスアミナール61の12位および4位はdoSTX（2）と等価である。そこで61の脱保護体から，グアニジノ基の1,2-シフトによる（−)-doSTX（*ent*-2）の合成を検討した。しかし，いずれの条件においても所望の反応は全く進行せず，基質を定量的に回収した。これは5位，12位を架橋する6員環グアニジン構造が極めて安定であるためと考えられる。そこで，二つ目のグアニジノ基を導入する前に，IBXによる12位と4位の二段階酸化反応を行うことで6員環アミナールの形成を回避することとした。

先に合成した54のTIPSエーテル基をTBAFにより脱保護しアルコール64とした後，IBX（4当量）を用いた二段階酸化反応を行った（スキーム7）。その結果，低収率ながら目的の*α*-ケトアミナール65を得ることができた（28%）。しかしながら，65と同程度の収率で原料と，更に酸化反応が進行したエノン66がそれぞれ得られたことから，反応条件を再度検討することとした[17]。その結果，アルコール64に対し，過剰量の試薬を用いたSwern酸化を行うことでケトンを得た後，温和な条件下にてIBX（1.1当量）を作用させることで目的物65を64%で得ることができた。その後12位カルボニル基を水素化ホウ素ナトリウムにより立体選択的に還元し，5位アミノ基をグアニジノ基へと変換しビスグアニジンアルコール67を得ることができた。なお，67の4位および12位の立体化学についてはX線結晶構造解析により確認した。次いで67の4つのCbz基を全て脱保護した後，TFAを作用させることで5位グアニジノ基の環化反応が進行し，68を得ることができた。最後に，12位を酸化[13]することにより（−)-doSTX（*ent*-2）の全合成を達成した。また，出発原料を（D)-リンゴ酸から導いたニトロン*ent*-50を用いることで，同様に（+)-doSTX（2）の全合成にも成功している[11b]。

5.2 ニトロアルケンを用いた改良法による（+)-サキシトキシン（1）の形式全合成[11b]

前項5.1におけるdoSTX（2）の全合成では，主骨格を形成する炭素原子の導入を一段階で行うことができるが，5位に窒素官能基を導入する際に多段階を要し，実験操作の煩雑なCurtius

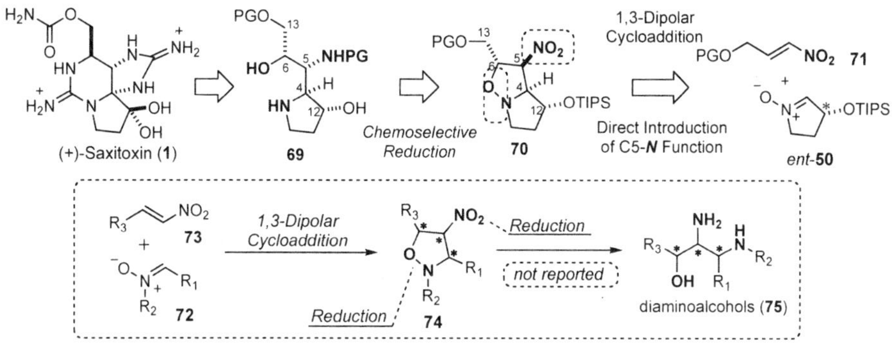

スキーム 8　(+)-サキシトキシン（1）の逆合成解析—ジアミノアルコールの改良合成法—

転位を行う必要がある。そこで，さらに効率的な合成手法の確立を志向した天然型（+)-サキシトキシン（1）の全合成について検討した。

先の合成法を踏襲すれば，骨格形成時の新双極子剤には水酸基を有する不飽和エステルを用いればよい。しかし，より効率的な合成法の確立を志向し，(+)-サキシトキシン（1）の全合成においてはニトロオレフィン 71 を用いることを計画した（スキーム 8)。71 を用いることにより，5 位に窒素官能基を直接導入できるだけでなく，強力な電子吸引基であるニトロ基の効果による 1,3-双極子付加環化反応の反応性の向上も期待した。ところで，本合成計画ではニトロイソキサゾリジン 70 からジアミノアルコール 69 への変換において，5 位ニトロ基およびイソキサゾリジン環の N-O 結合を区別しつつ還元する必要がある。しかし，ニトロン 72 とニトロオレフィン 73 との 1,3-双極子付加環化反応は既にいくつかの報告があるが，この様な選択的還元反応に関する報告例はない。そこで本合成では 74 から 75 の変換反応についても検討することとした。

ジアミノアルコール 69 を得るためにニトロイソキサゾリジンのニトロ基のみを還元し 5 位アミン 79 を得ることを検討した（スキーム 9)。まず（D)-リンゴ酸から得られるニトロン *ent*-50 に対してニトロオレフィン 76 を無溶媒条件下で作用させることで，ニトロイソキサゾリジン 77 が得られた。ついで 5 位ニトロ基を異性化させることで，目的の立体化学を有する 78 を主生成物として得た。そこで次に，78 のニトロ基の還元について，ESI Mass スペクトルを指標に様々な条件について検討した（表 1)。その結果，還元体 80〜82 が観測され，これらの結果を精査することで還元条件における反応性の傾向を明らかとすることができた。すなわち，まずニトロ基がヒドロキシルアミノ基へ還元され，次いでイソキサゾリジン環が開裂し，最後にヒドロキシルアミンが還元されアミンへと変換されるということがわかった。そこで二つの窒素原子の区別という観点から，ヒドロキシルアミン 80 を以降の合成中間体とした（表 1，Entry 1)。

次に，ヒドロキシルアミン 80 の 5 位窒素原子を Cbz 基で保護し 83 を得，二つの N-O 結合を一挙に還元することとした（スキーム 10)。様々な検討の結果，塩酸酸性条件下で亜鉛を作用さ

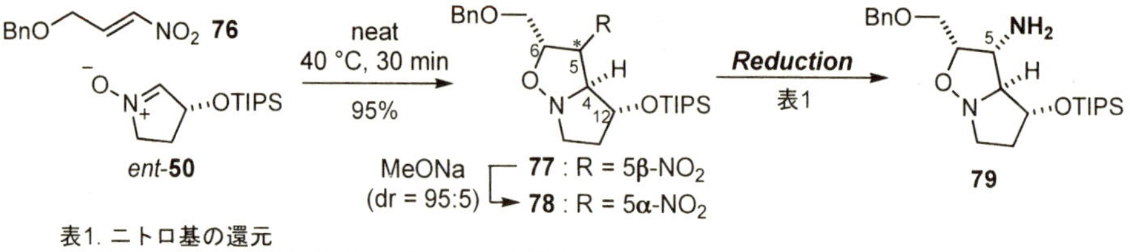

表1. ニトロ基の還元

Entry	Condition	Product
1	**Zn powder, AcOH, 0 °C**	**80**
2	Zn powder, HCl aq., 0 °C	**80**, **81**
3	Lindlar cat., H_2	**80**, **81**, **82**
4	Raney Ni, H_2	**81**, **82**
5	$NiCl_2$, $NaBH_4$	**82**

Detected by ESI Mass Spectroscopy

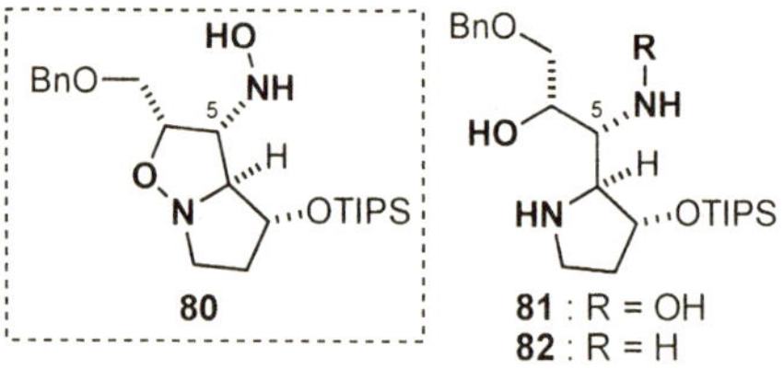

スキーム9　ニトロ基の選択的還元方法の開発

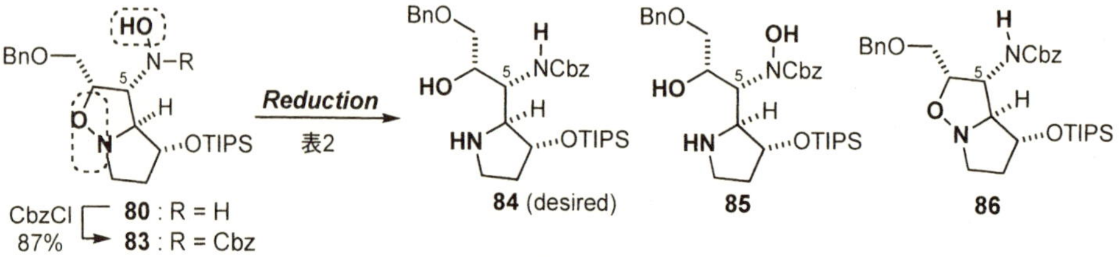

表2.　二つのN-O結合の一段階還元

Entry	Reagent	Solvent	Temp	Product
1	Zn	MeOH, HCl aq.	r.t.	**85**
2	$CoCl_2$, $NaBH_4$	MeOH	r.t.	**84**, **85**
3	SmI_2	THF	0 °C	**85**
4	$TiCl_3$, NaOAc	MeOH, HCl aq	0 °C	**86**
5	**$TiCl_3$, Zn, NaOAc**	**MeOH, HCl aq**	**0 °C**	**84**

Detected by ESI Mass Spectroscopy

スキーム10　N-O結合還元によるジアミノアルコール合成

せるとイソキサゾリジン環が開裂した85のみが得られ（表2，Entry 1），三塩化チタンを用いた場合はヒドロキシルアミンが還元された86が得られた[18]（表2，Entry 4）。そこで塩酸酸性条件下にて三塩化チタンと亜鉛を同時に用いたところ，目的のジアミノアルコール84が選択的に得られることがわかった（表2，Entry 5）。

ニトロ基を利用することでジアミノアルコール84を得ることが出来たので，更なる効率化について検討を行った（スキーム11）。その結果，ヒドロキシルアミン80の合成においてⅰ）骨格形成，ⅱ）5位異性化，ⅲ）ニトロ基の還元を同一系中で行うことが可能となり，合成の迅速化に成功した（スキーム11）。その後，前述の手法により得られるジアミノアルコール84のピロリジン部をグアニジノ化することで，グアニジン87をニトロン *ent*-50よりわずか4段階で

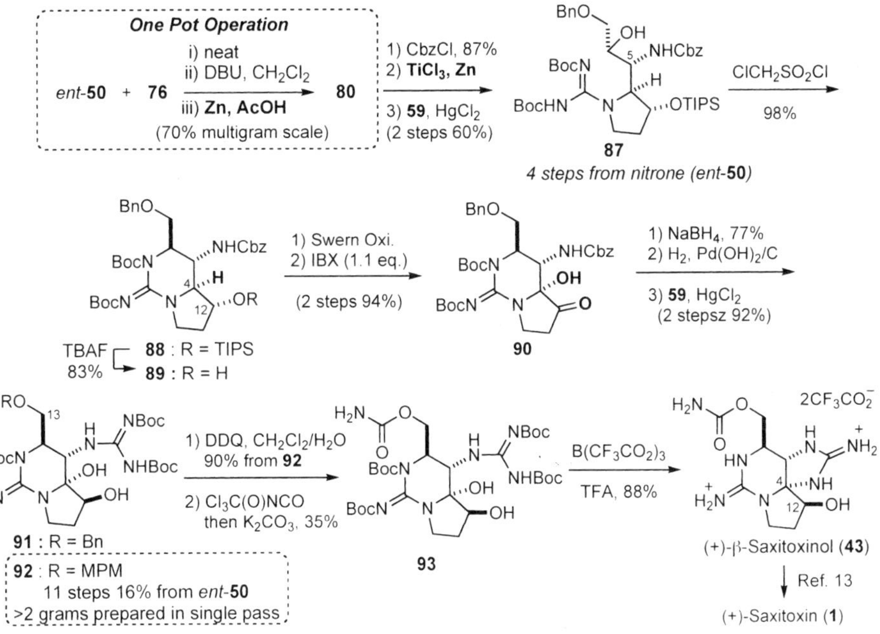

スキーム 11　(+)-サキシトキシン（1）の形式全合成

合成することができた。目的のグアニジン 87 が得られたので，(−)-doSTX（*ent*-2）の全合成で確立した手法を基に，(+)-サキシトキシン（1）の合成を行うこととした。即ち 87 に対し光延反応条件下による閉環反応を行った。しかしながら，本反応条件では分離不可能な複数の化合物が得られた。そこで種々閉環反応の条件を検討したところ，清水，中田らによって開発されたモノクロロメタンスルホニルクロリドを用いることで 98% の収率で 88 を得ることが出来た[19]。その後アルコール 89 から IBX による 4 位の酸化反応を含む数工程を経て，ビスグアニジンアルコール 91 を得た。しかし，13 位ベンジルエーテルの脱保護が極めて再現性に乏しいことがわかった。そこで別途 13 位に MPM エーテル基を有する 92 を別途合成し，DDQ による MPM 基の脱保護を行った。その結果，再現性良くアルコールを得ることができた。最後に一級水酸基をカルバモイル化することで 94 を得た後，脱水閉環反応を行うことで (+)-β-サキシトキシノール（43）の合成に成功し，ニトロン *ent*-50 より 15 段階での (+)-サキシトキシン（1）の形式全合成を達成した。

6　おわりに

以上，海産多環状グアニジンアルカロイド，サキシトキシン（1）における現在までの合成研究について概説した。サキシトキシン（1）は，小さく，かつ複雑な構造ゆえに 50 年以上の歴史を経てなお合成化学者の興味を引き続けている。また近年，NaChには多数のサブタイプが存在することが明らかとなり，その選択的阻害は抗疼痛や局所麻酔の分子標的として注目されている[20]。サキシトキシン（1）の全合成を基盤とした新たなツールの創製やチャネル創薬など，今後の応用が期待される。

文　献

1) Berlinck, R. G. S., Burtoloso, A. C. B, Kossuga, M. H. *Nat. Prod. Rep.*, 25, 919–954（2008）
2) Schantz, E. J., Mold, J. D., Stanger, D. W., Shavel, J., Riel, F. J., Bowden, J. P., Lynch, J. M., Wyler, R. S., Riegel, B., Sommer, H. *J. Am. Chem. Soc.*, 79, 5230–5235（1957）
3) Schuett, W., Rapoport, H. *J. Am. Chem. Soc.*, 84, 2266–2267（1962）
4) Schantz, E. J., Ghazarossian, V. E., Schnoes, H. K., Strong, F. M., Springer, J. P., Pezzanite, J. O., Clardy, J. *J. Am. Chem. Soc.*, 97, 1238–1239（1975）
5) Bordner, J., Thiessen, W. E., Bates, H. A., Rapoport, H. *J. Am. Chem. Soc.*, 97, 6008–6012（1975）
6) Llewellyn, L. E. *Nat. Prod. Rep.*, 23, 200–222（2006）
7) a）Hille, B. *Biophys. J.*, 15, 615–619（1975）; b）Tikhonov, D. B., Zhorov, B. S. *Biophys. J.*, 88, 184–197（2005）
8) a）Tanino, H., Nakata, T., Kaneko, Y., Kishi, Y., *J. Am. Chem. Soc.*, 99, 2818–2819（1977）; b）Kishi,Y. *Heterocycles*, 14, 1477–1495（1980）
9) Jacobi, P. A., Martinelli, M. J., Polanc, S. *J. Am. Chem. Soc.*, 106, 5594–5598（1984）; b）Martinelli, M. J., Brownstein, A. D., Jacobi, P. A., Polanc, S. *Cort. Chem. Acta*, 59, 267–295（1986）; c）Jacobi, P. A., Strategies and Tactics in Organic Synthesis, Vol. 2（Ed.: T. Lindberg）, Academic Press, New York, pp. 191–219（1989）
10) a）Fleming, J. J., Du Bois, J. *J. Am. Chem. Soc.*, 128, 3926–3927（2006）; b）Fleming, J. J., McReynolds, M. D., Du Bois, J. *J. Am. Chem. Soc.*, 129, 9964–9975（2007）
11) a）Iwamoto, O., Koshino, H., Hashizume, D., Nagasawa, K. *Angew. Chem. Int. Ed.*, 46, 8625–8628（2007）; b）Iwamoto, O., Shinohara, R., Nagasawa, K. *Chem. Asian J.*, 4, 277–285（2009）
12) Hong, C. Y., Kishi, Y. *J. Am. Chem. Soc.*, 114, 7001–7006（1992）
13) Koehn, F. E., Ghazarossian, V. E., Schantz, E. J., Schnoes, H. K., Strong, F. M. *Bioorg. Chem.*, 10, 412–428（1981）
14) Mulcahy, J. V., Du Bois, J. *J. Am. Chem. Soc.*, 130, 12630–12631（2008）
15) Iwamoto, O., Sekine, M., Koshino, H., Nagasawa, K. *Heterocycles*, 70, 107–112（2006）
16) a）Shimokawa, J., Shirai, K., Tanatani, A., Hashimoto, Y., Nagasawa, K. *Angew. Chem. Int. Ed.*, 43, 1559–1562（2004）; b）Shimokawa, J., Ishiwata, T., Shirai, K., Koshino, H., Tana-

tani, A., Nakata, T., Hashimoto, Y., Nagasawa, K. *Chem. Eur. J.*, **11**, 6878–6888（2005）
17） a）Nicolaou, K. C., Zhong, Y. –L., Baran, P. S. *J. Am. Chem. Soc.*, **122**, 7596–7597（2000）; b）Nicolaou, K. C., Montagnon, T., Baran, P. S., Zhong, Y. –L. *J. Am. Chem. Soc.*, **124**, 2245–2258（2002）
18） Mattingly, P. G., Miller, M. J. *J. Org. Chem.*, **45**, 410–415（1980）
19） Shimizu, T., Ohzeki, T., Hiramoto, K., Hori, N., Nakata, T. *Synthesis*, 1373–1385（1999）
20） a）Wood, J. N., Boorman, J. P., Okuse, K., Baker, M. D. *J. Neurobiol.*, **61**, 55–71（2004）; b）Gold, M. S. *Exp. Neurol.*, **210**, 1–6（2008）

第11章

三環性海洋アルカロイドの全合成

樹林千尋　東京薬科大学 薬学部 名誉教授
青柳　榮　東京薬科大学 薬学部 教授

1　はじめに

海洋は地球表面の70%を占め，地球上の動物種の80%が海洋に生息するといわれる。近年，新しい医薬品開発のための天然資源として海洋生物に期待が寄せられ，海洋生物を対象とする生物活性物質探索研究は急速な発展を遂げている。ホヤ類は，海綿動物とともに最もよく研究されている海洋動物であり，ホヤ類を対象とした探索研究から医薬品開発のリード化合物として有望視される多種多様な化合物が単離されている。

1994年地中海で採取されたホヤ *Claverina lepadiformis* から種々の腫瘍細胞に対して中程度の細胞増殖抑制活性を示すレパジホルミンが単離され，スピロ環状アミンを含むユニークな三環性構造1が提出された[1]。しかし，この提出式1に示された双性イオン構造および相対配置の帰属に誤りがあることがわかり，レパジホルミンの構造は後に筆者らにより2式のように訂正された[2]。レパジホルミンの発見と前後してタスマニアで採取されたホヤ *Clavelina cylindrica* から単離されたシリンドリシン（3a–f）[3]も，レパジホルミンと同様にスピロ環状アミンを含む特徴的な三環性骨格を有している。さらに，ミクロネシア海域で採取されたホヤ *Nephteis fasicularis* から単離されたファシクラリン（4）[4]は，レパジホルミン（2）およびシリンドリシンアルカロイド（3a，3c–f）の基本骨格であるピロロキノリン骨格と類似のピリドキノリン骨格を有しており，これら一群のホヤ由来の天然物は三環性海洋アルカロイドとして新しいアルカロイドグループを形成する（図1）。

レパジホルミン（2）と同様にシリンドリシン（3）およびファシクラリン（4）も腫瘍細胞に対する細胞毒性を示すが，その機構については明らかにされていない。また，4はDNAの損傷を誘導することが見出されたが，その機構は不明であった[4]。しかし最近，DNA損傷は4から生成したアジリジニウムイオンがDNAのアルキル化剤として働くことによって起こることが明

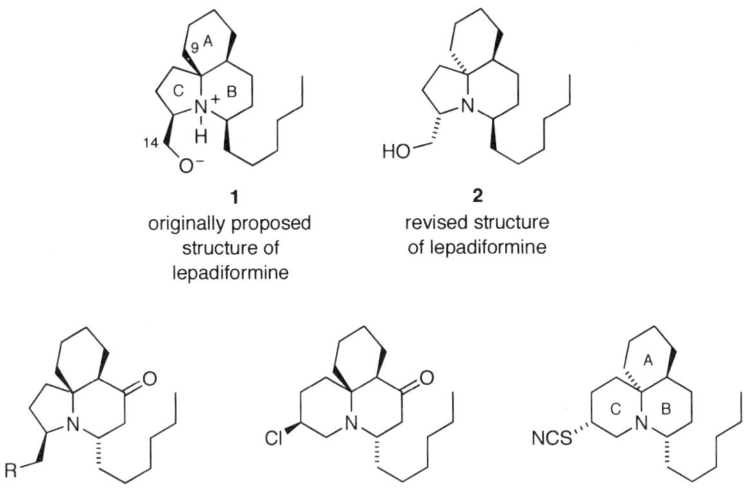

1 originally proposed structure of lepadiformine
2 revised structure of lepadiformine

cylindricine A (**3a**): R = Cl
C (**3c**): R = OH
D (**3d**): R = OMe
E (**3e**): R = OAc
F (**3f**): R = SCN

cylindricine B (**3b**)

fasicularin (**4**)

図 1　ホヤから単離された三環性アルカロイド

らかにされた[5]。筆者らは，これら三環性海洋アルカロイドの抗腫瘍活性とスピロ環状アミンを含むユニークな三環性構造に興味を抱き，スピロ三環性骨格の構築法の開発を中心とする研究を進め，これを基本戦略とする三環性アルカロイドの全合成を目的とした研究を行った。

2　アシルニトロソ化合物の分子内ヘテロ Diels–Alder 反応を利用する（±)-レパジホルミンおよび（±)-ファシクラリンの合成[2)]

2.1　(±)-レパジホルミンの合成および提出式の訂正

レパジホルミンの提出式 1 の双性イオン構造に対しては当初より疑問が持たれており，その正否を明らかにするため 1 の合成が筆者ら[2,6)]および他のグループ[7)]によって行われた。その結果，1 は双性イオン構造として存在しないことが判明し，さらに天然レパジホルミンとも一致しないことが明らかになった。また，1 と同じ *cis*-1-アザデカリン A/B 環を持つ立体異性体として 3 種の三環性アミノアルコールが合成され天然レパジホルミンと比較されたが，これらの立体異性体はいずれもレパジホルミンと一致しないことが報告された[7a)]。これらの結果はレパジホルミンの A/B 環は当初提唱された *cis*-1-アザデカリンではなく *trans*-1-アザデカリンであることを示唆しており，またレパジホルミンの H9 と H14 間に NOE の存在が指摘[1)]されていることから筆者らはレパジホルミンの真の構造を 2 と推定しその合成を行うことにした。

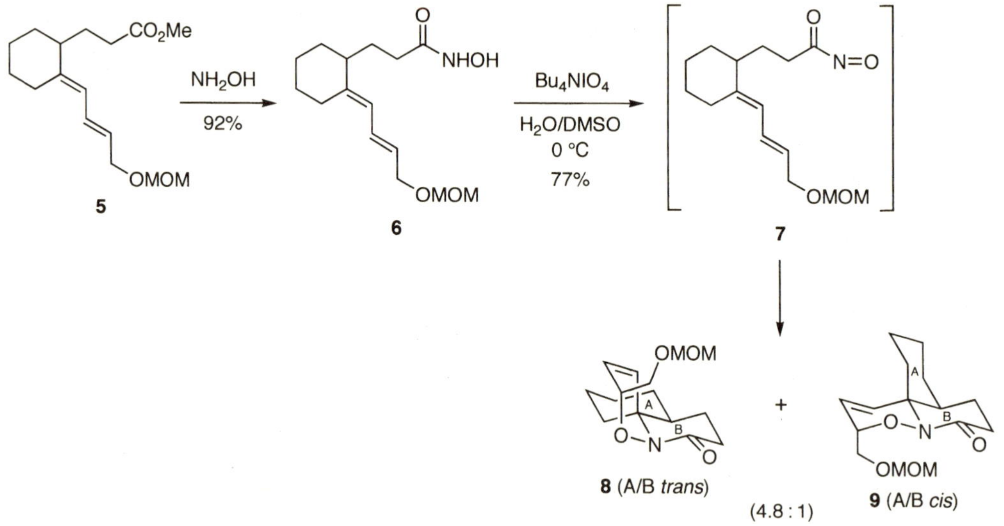

図2　アシルニトロソ化合物のヘテロ Diels–Alder 反応

エステル5をヒドロキシルアミンで処理して得られたヒドロキサム酸6を過ヨウ素酸テトラブチルアンモニウムによって酸化すると，アシルニトロソ化合物7の生成を経て分子内ヘテロ Diels–Alder 反応[8)]が進行し A/B トランス付加体8が主成績体として得られた（図2）。

このように，7の Diels–Alder 反応はアンチ面選択的に進行することが判明したが，その理由は本環化反応においては相対的に安定なエンド—アンチ遷移状態配座7A を経由して進行する経路 a がエネルギー的に有利であるためと考えられる（図3）。これに対して，エンド—シン遷移状態配座7B および7C にはシクロヘキサン環とアシルニトロソ側鎖間の立体反発があり，7B および7C を経て A/B シス付加体9を生成する経路 b および c は不利となるのであろう。

8のオレフィン二重結合を水素化して10に変換後，N–O 結合をナトリウムアマルガムによって還元的に切断して生じたアルコールをメシラート11に導き塩基処理を行って閉環し三環性ラ

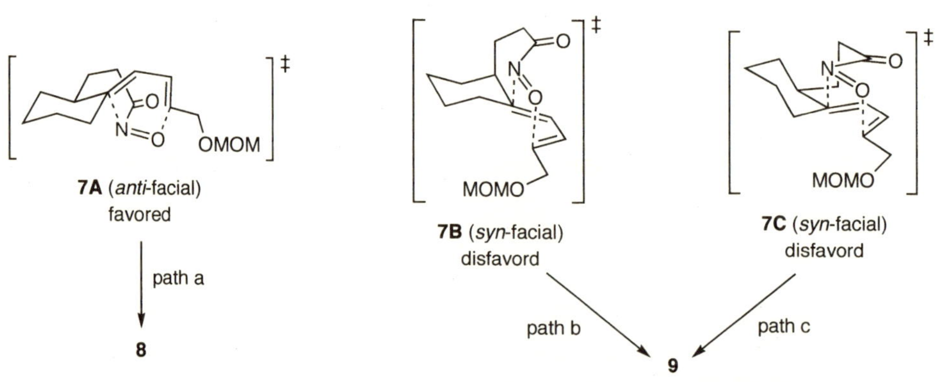

図3　アシルニトロソ化合物のヘテロ Diels–Alder 反応における遷移状態配座

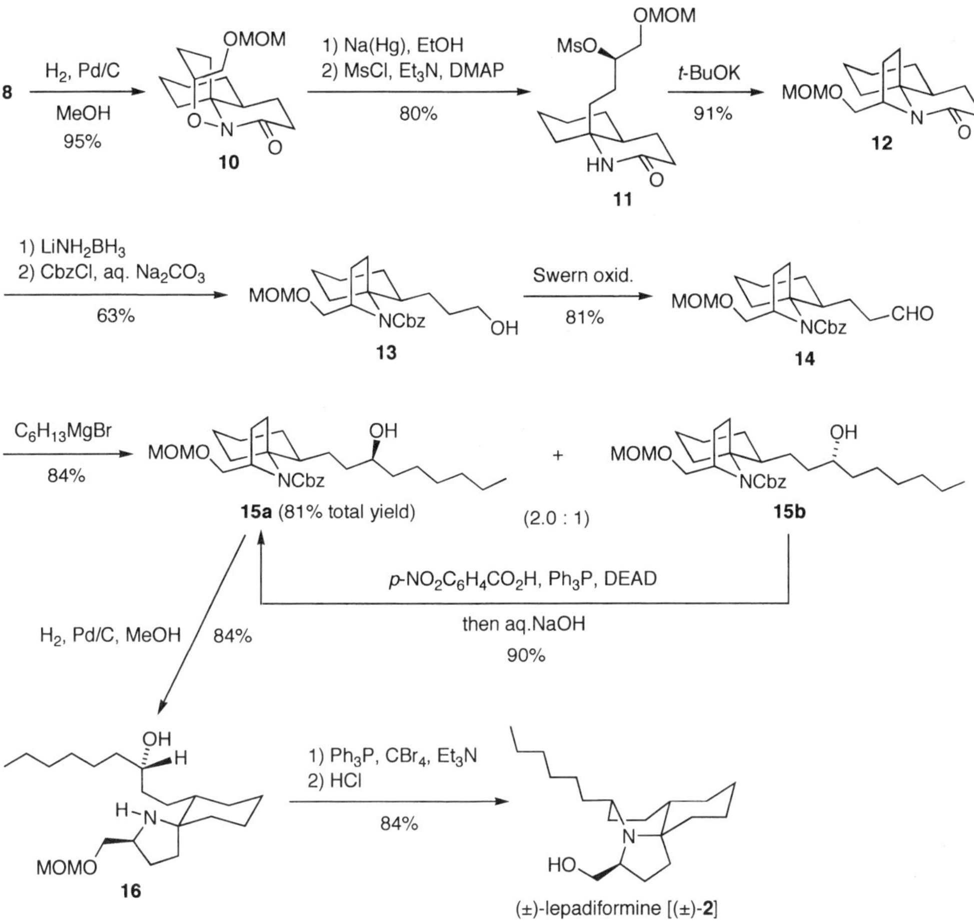

図 4　(±)-レパジホルミンの合成

クタム 12 とした（図 4）。12 のラクタム環の還元的開環については種々検討した結果，BH_3・NH_3 とブチルリチウムより調製したリチウムアミドトリヒドロボラート（$LiNH_2BH_3$）[9] の使用が有効であり，本法によって得られたアミノアルコールを N-Cbz 化して 13 とした。次いで 13 を Swern 酸化によってアルデヒド 14 とし，Grignard 反応を行いヘキシル基を導入すると β-および α-アルコール 15a および 15b の混合物が 2.0：1 の比で得られた。本反応においてマイナー成績体として生成した α-アルコール 15b は光延反応を経て水酸基の立体配置を反転することにより β-アルコール 15a に変換することができる。15a はパラジウム触媒を用いる水素化により Cbz 基を除去してアミノアルコール 16 とし，トリフェニルホスフィンおよび四臭化炭素を用いて立体配置反転を伴う分子内環化[10] を行った後，塩酸により脱保護して目的とした（±)-レパジホルミン［(±)-2］を得た。

合成した（±)-2 が天然物と一致するかどうかを確認するためにレパジホルミンの微量の天然

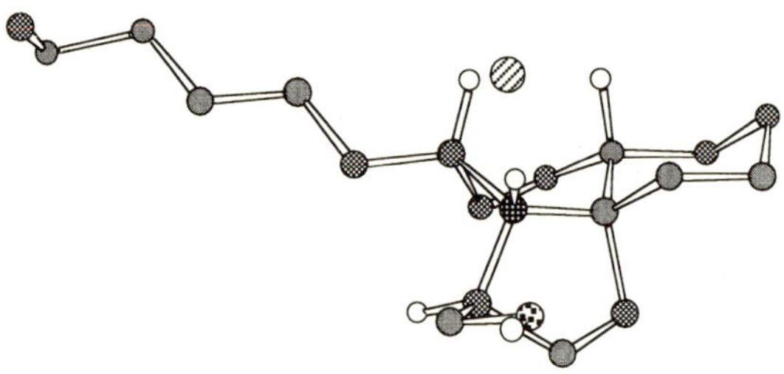

図5　(±)-レパジホルミン塩酸塩のX線結晶構造

標品を入手し，その^{1}Hおよび^{13}C NMRスペクトルを合成品（±)-2のスペクトルと比較したところ予想に反して両者のスペクトルは一致しなかった。しかし，(±)-2の塩酸塩はそのNMRスペクトルが天然標品のスペクトルと完全に一致することが確認され，レパジホルミンの正しい構造（相対配置）は2であることが明らかになった。これらの結果から，構造決定に用いられたレパジホルミンの天然サンプルは実際には塩酸塩であり，これを遊離塩基と認識して構造決定が行われたために誤った双性イオン構造（1）が導かれたものと考えられる。

天然レパジホルミンの遊離塩基と塩酸塩はともに油状物であり，結晶性誘導体の作製も不成功に終わっていた[11]。このため，レパジホルミンの構造はX線結晶構造解析によって決定することができなかった。しかし，合成したレパジホルミン（±)-2の塩酸塩は結晶化することが判明しX線結晶構造解析が可能になった。この結晶構造解析の結果からレパジホルミンの構造2が確定し，さらにB環は通常の安定なシクロヘキサンいす形配座ではなく，ヘキシル側鎖がエクアトリアル配座を占めるのに都合のよい舟形配座をとっていることが明らかになった（図5)。

以上のレパジホルミンの場合に見られるように，天然物の構造決定は物理的手段のみでは行えないことがある。筆者らによって行われたレパジホルミンの構造決定は，機器分析が発達した今日においても天然物の構造決定において化学合成が有力な手段となりうることを示す好例であろう。

2.2　(±)-ファシクラリンの合成

上述の合成によってレパジホルミンの構造が確定し，レパジホルミンのA/B環はトランス縮環した1-アザデカリン環であることが判明した。一方，ファシクラリン（4）のA/B環も*trans*-1-アザデカリン環であることから，ファシクラリンの合成はレパジホルミン（2）の合成で用いたA/B *trans*-オキサジノラクタム10を利用することによって可能であると考え以下の合成を行った。

10のアルコール保護基を後の工程を考慮してMOM基からベンジル基に変え17とし，N-O結合をナトリウムアマルガムによって還元的に切断してアミノアルコール18とした。18の水酸基を TBDPS 基で保護，次いで脱ベンジル化，第一級アルコールのトシル化を経て 19 に導き，水素化ナトリウムで処理することによって閉環し三環性ラクタム 20 を得た。20 のラクタム環を $LiNH_2BH_3$ による還元的開環を行いアミノアルコールとし，アミノ基を Cbz 基で保護して 21 とした。21 の第一級アルコールを Swern 酸化によってアルデヒドに変換し，Grignard 反応を行

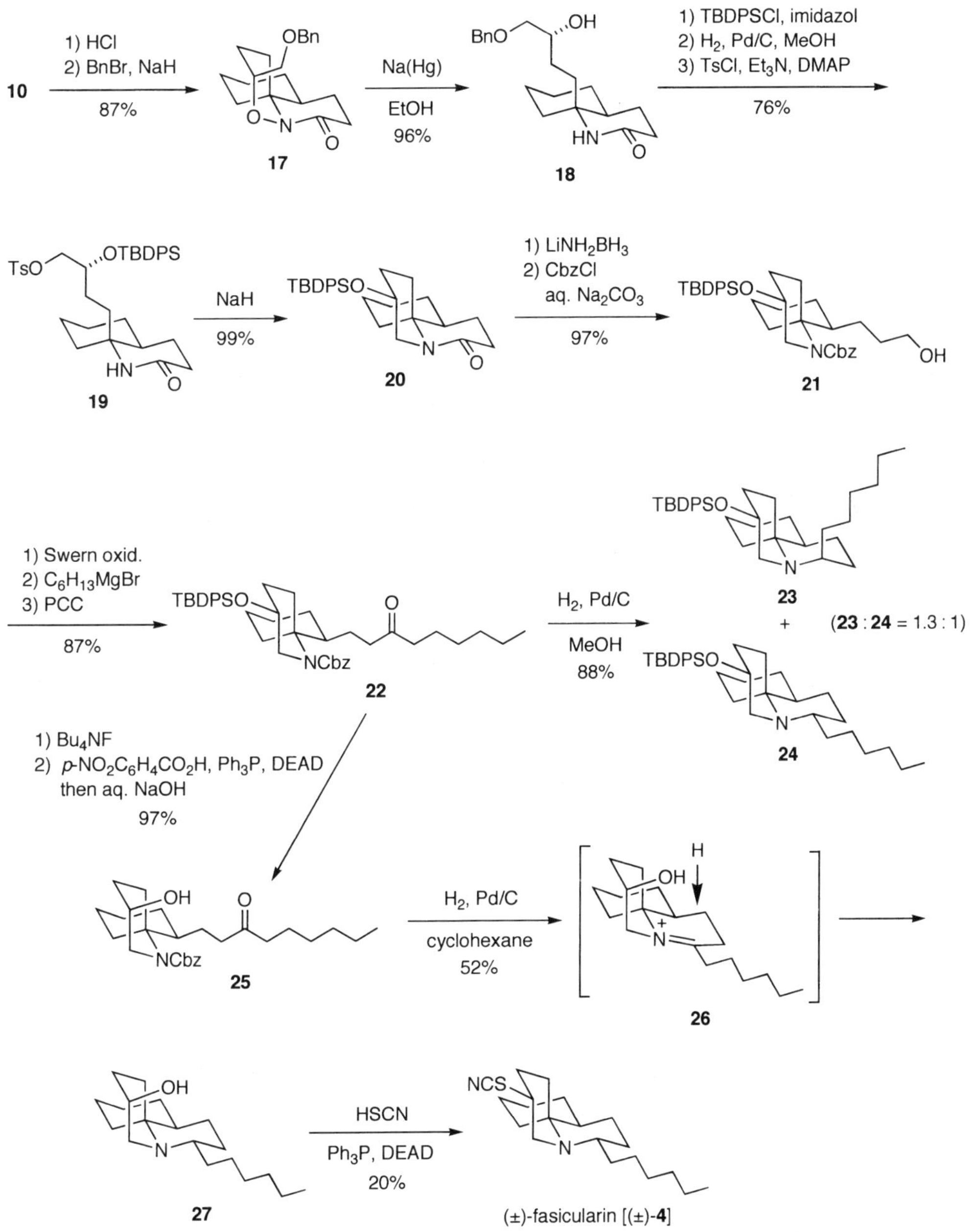

図 6　(±)-ファシクラリンの合成

ってヘキシル基を導入後PCC酸化によりケトン22とした（図6）。22をパラジウム触媒を用いて水素化すると，脱Cbz化後イミニウムイオンの生成を経て還元的アミノ化が進行し23および24が1.3：1の比率で生成したが，ファシクラリンの合成に必要なα-ヘキシル体24はマイナー成績体であった。

この結果から本反応においてはイミニウム中間体への上面からの水素付加は立体的に不利であると考えられるので，所望のα-ヘキシル体を主成績体として得るためには上面からの水素付加を有利に導く方策を講じる必要がある。筆者らはそのような立体制御法として，3位にβ-水酸基を持つイミニウムイオン26を生成させれば，水酸基の触媒への配位効果[12]により水酸基が存在する上面からの水素付加が起こり（シン付加），所望のα-ヘキシル体27が立体選択的に得られるものと予想した。そこで上記ケトン22のシリル基を除去し光延反応を経てβ-アルコール25に導き，エタノールまたは酢酸エチル中パラジウム触媒を用いる水素化を行った。しかしこの場合も期待したシン付加は起こらず，下面からの水素付加（アンチ付加）によるβ-ヘキシル体の生成が優先した（それぞれ1.7：1および1.3：1）。この結果から酸素原子を含む極性溶媒を用いた場合には，溶媒の酸素原子がパラジウム触媒に競合的に配位するため基質分子の水酸基のパラジウムへの配位が阻害され，期待したシン付加が起こりにくくなるものと考えられた。そこで，酸素原子を含まない無極性溶媒としてシクロヘキサンを選び水素化反応を行ったところ，期待どおりシン付加が優先的に起こり5.2：1の比率で望みのα-ヘキシル体27が主成績体として得られた。ファシクラリン（4）の合成は27へのチオシアナート基の導入によって完成する。そこで，種々の条件下チオシアニル化を試みたが，主として脱離反応が起こりチオシアニル基の導入は極めて難航した。しかし，27にチオシアン酸を光延反応条件下に反応させると脱離成績体の生成とともに20%という低収率ではあったが目的とした（±）-ファシクラリン［(±)-4］の最初のラセミ体合成が達成された。

3　アザスピロ環化反応を共通鍵反応とする（−）-レパジホルミン，（+）-シリンドリシンC，（−）-ファシクラリンの合成[13,14]

上述のように，筆者らはアシルニトロソ化合物のヘテロDiels-Alder反応を共通の鍵反応として用いることによりレパジホルミン（2）およびファシクラリン（4）のラセミ体合成を達成した。天然物であるこれらのアルカロイドやシリンドリシンアルカロイド（6a–f）は純粋なエナンチオマーであると考えられるが，ファシクラリンとシリンドリシンアルカロイドについては旋光度の報告がなく，また奇妙なことにレパジホルミンの旋光度はゼロと報告されている[1]。これらの天然物はいずれも絶対配置は未決定であり，レパジホルミンとファシクラリンについては光学活性体の合成は行われていなかった。筆者らは，レパジホルミンを始めとする三環性アルカロイドの光学活性体合成を簡便かつ効率的に行うための方法論として，これらのアルカロイドの三環性骨格を共通の鍵中間体を用いて構築することを考えた。そこで，効率的なアザスピロ環化反応の開発を意図して以下の研究を行った。

3.1　(—)-レパジホルミンの合成および天然レパジホルミンの絶対配置の決定

(*S*)-*N*-Boc ピロリドン 28 と，共役ジエンを有する Grignard 試薬 29 との反応によりケトン 30 を得，これをトルエン-THF（95：5）中 0℃ で 2 時間ギ酸によって処理すると，アシルイミニウムイオン 31 を生成後 3′ 位における C-O 結合形成とスピロ環化が 1 段階で達成され 1-アザスピロデカン 32 を好収率（88%）で与えた（図 7）。Speckamp ら[15]によって開発された非共役オレフィン—アシルイミニウムイオンのスピロ環化反応は，通常，反応終了に 40℃ 前後で 10 日間以上の長時間を要するが，共役ジエン—アシルイミニウムイオン 31 のスピロ環化反応は極めてスムーズに進行し，反応時間ははるかに短く 0℃ で 2 時間以内に完了する。31 のスピロ環

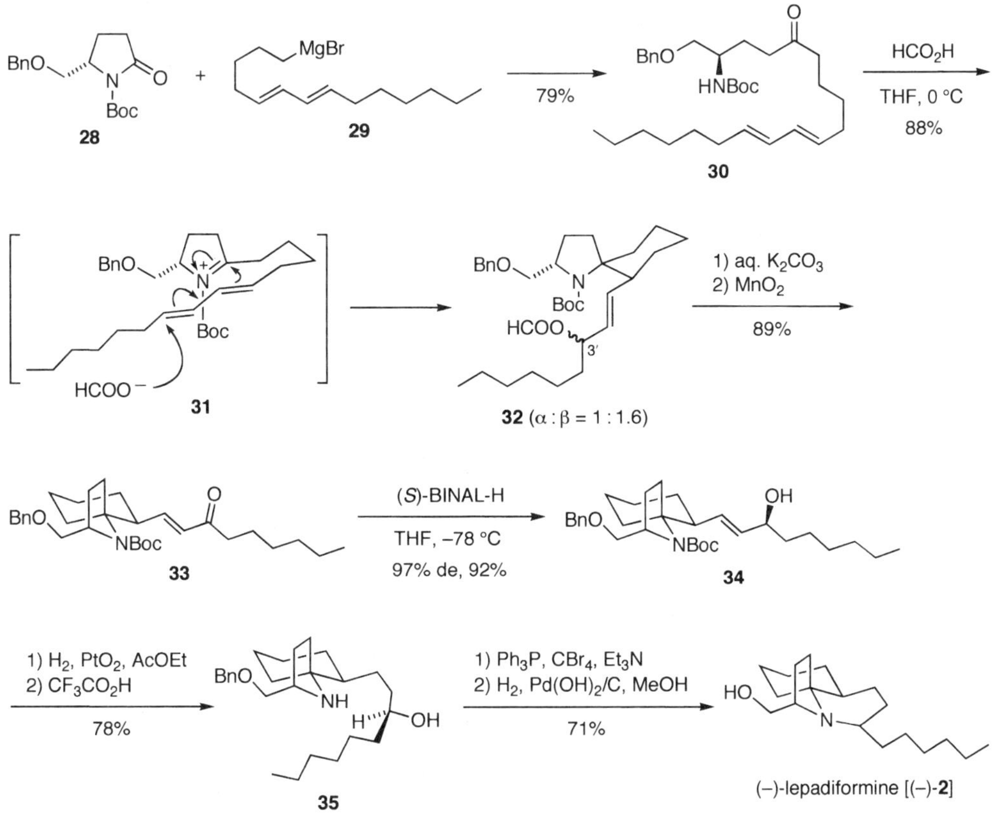

図 7　(—)-レパジホルミンの合成

化はカチオン性の6員環いす形遷移状態を経由して進行すると考えられるので，共役二重結合はこの遷移状態においてアリル型カチオンとなり遷移状態が安定化するため環化が促進されるのであろう[13]。

こうして得たアザスピロ体32を加水分解してアルコールとし，さらに酸化してエノン33に導いた。33は（*S*）-BINAL-Hで還元すると高ジアステレオ選択的（97% de）にβ-アルコール34を与えた。34の二重結合を水素化後Boc基を除去してアミノアルコール35とし，トリフェニルホスフィンおよび四臭化炭素で処理することによって立体配置反転を伴う分子内環化を行った後，水素化によって脱ベンジル化すると（−)-レパジホルミン［(−)-2］が得られた。合成品は遊離塩基で［α］$_D$+15.0（MeOH）を示し，また前述のラセミ体（±)-2の場合と異なり油状物質として得られた合成品（−)-2の塩酸塩は［α］$_D$+2.6（$CHCl_3$）を示した。しかし，天然レパジホルミンの旋光度はゼロと報告されているため，旋光度の比較からレパジホルミンの絶対配置を決定することはできなかった。そこで，前記レパジホルミン塩酸塩の天然標品を遊離塩基に変換し，キラルHPLC上合成品（−)-2と比較したところ両者は完全に一致することが確認され，レパジホルミンの絶対配置は2式で示されるように2*R*，5*S*，10*S*，13*S*と決定した。こうして，これまでに発見された三環性海洋アルカロイドの中で唯一レパジホルミンの絶対配置が明らかにされた。

以上のレパジホルミン［(−)-2］の合成は，既知化合物である（*S*）-*N*-Bocピロリドン28より9行程，通算収率31%で達成された。この全合成の発表[13,14]以降，他のグループによりラセミ体合成[16]が5例，光学活性体合成[17]が1例報告されているが，これらの合成の中での筆者らによる（−)-レパジホルミンの合成は最短の工程と最高の収率で達成されており，共役ジエン—アシルイミニウムイオンスピロ環化反応は三環性アルカロイド合成のための有用な基本戦略であることが証明された。

3.2　(＋)-シリンドリシンCの合成

上記スピロ環化反応は，三環性アルカロイドのA/B環の構築と三環性骨格構築の足がかりとなる側鎖3′位の酸素官能基の導入を1段階で行える点を特徴としており，本反応によって得られた1-アザスピロデカン32はレパジホルミン以外の三環性海洋アルカロイドを構築するための共通鍵中間体として有効であると考えられる。そこで，32より3工程で導かれた前記のβ-アルコール34を利用してシリンドリシンC（3c）を合成することを計画し以下の検討を行った。

34に*m*-クロル過安息香酸を反応させると3′β-水酸基の関与によってβ面からのエポキシ化が優先して起こり36が得られた（図8）。36の$LiAlH_4$還元による位置選択的エポキシド開環によって生成した1,3-ジオールのメシル化は，立体障害を避けた3-OHで起こり位置選択的にメシ

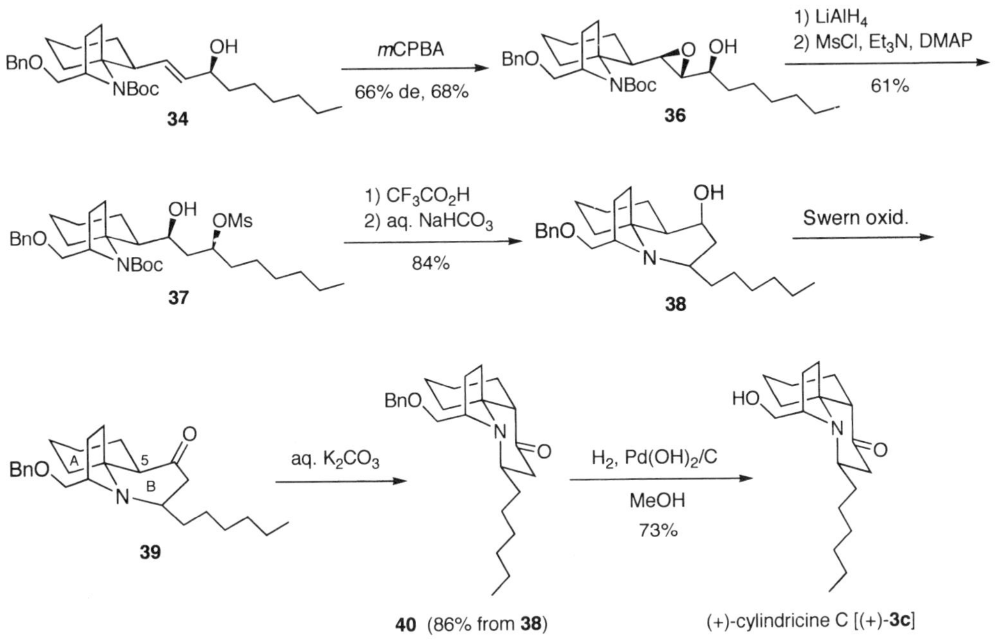

図 8　(＋)-シリンドリシン C の合成

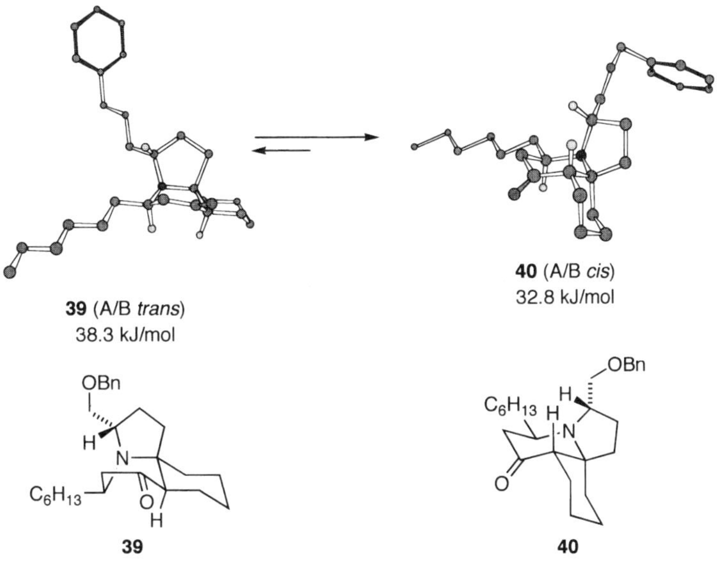

図 9　39 および 40 の最安定配座

ラート 37 を与えた。37 の N-Boc 保護基を除去後，室温で炭酸水素ナトリウム飽和水溶液中に放置すると，立体配置反転を伴う閉環反応が進行し三環性アミノアルコール 38 が生成した。38 は Swern 酸化によってケトン 39 へ誘導した。*trans*-1-アザデカリン環（A/B 環）を持つ 39 の分子力場計算を行ったところ，39 は *cis*-1-アザデカリン骨格を持つ三環性ケトン 40 よりも熱力学的に 5.5 kJ/mol 不安定であることがわかった（図 9)。この計算結果から 39 は容易に 40 にエピ化することが予想されたので，39 を室温で炭酸カリウム水溶液によって処理すると C5 不斉中心は完全なエピ化を受け 40 に変換された。最後に水素化を行ってベンジル保護基を除去することにより（+)-シリンドリシン C［(+)-3c］の全合成が達成された[18]。

3.3 (−)-ファシクラリンの合成

前述したようにファシクラリンは筆者らによりそのラセミ体が初めて合成され，その後 Funk ら[19]によってもラセミ体の合成が行われた。しかし，これらの合成は工程数が多く（それぞれ 29 工程および 15 工程），またチオシアニル化の工程が極めて低収率（それぞれ 20% および 15%）であるためファシクラリン合成の通算収率はそれぞれ 0.9% および 2.4% と低収率に終わっている。そこで筆者らは，レパジホルミンおよびシリンドリシン C の光学活性体の合成において好結果を与えた 1-アザスピロデカン 32 を鍵中間体とする合成法を適用し，短工程，高収率でファシクラリンの光学活性体の合成を行おうと考えた。

上述の（−)-レパジホルミンの合成において，32 より 2 工程で導かれた不飽和ケトン 33 を

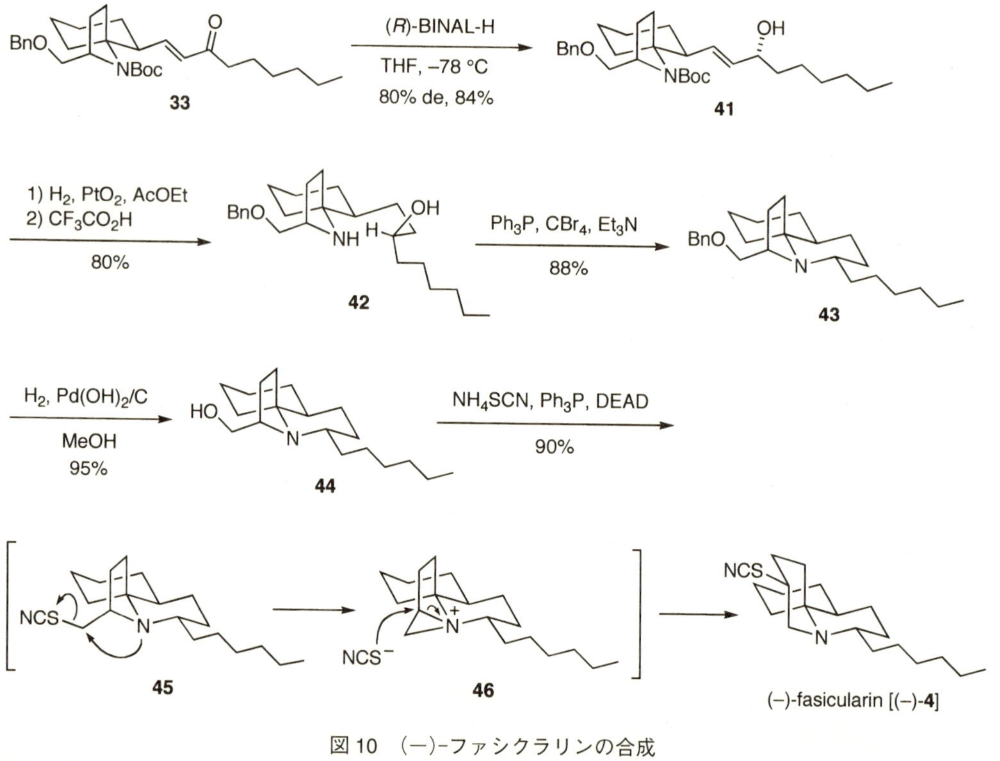

図 10 (−)-ファシクラリンの合成

(*S*)-BINAL-H によって還元するとエナンチオ選択的に (*S*)-アリルアルコール 34 を生成することがすでに判明している。そこで，ファシクラリンの合成に必要な (*R*)-アリルアルコール 41 は 33 を (*R*)-BINAL-H で還元することによって合成した（図 10）。41 の二重結合を白金触媒を用いて水素化後，Boc 基を除去してアミノアルコール 42 とし脱水閉環を行うと三環性アミン 43 が得られた。43 の水素化によりベンジル保護基を除去して得られたアミノアルコール 44 を光延反応条件下チオシアン酸アンモニウムで処理すると，チオシアナート 45 を生成後アジリジニウム中間体 46 を経由する環拡大反応が起こり (−)-ファシクラリン［(−)-4］の最初の不斉全合成が達成された。

1-アザスピロデカン 32 を共通鍵中間体として行われた上記 (−)-ファシクラリンの合成は，チオシアニル化の収率が 90% と飛躍的に向上した結果既知の (*S*)-ラクタム 28 から出発して 11 工程，通算収率 28% で達成された。合成した (−)-ファシクラリンは $[\alpha]_D -4.4$ (MeOH) を示したが，天然ファシクラリンの絶対配置は未決定であり旋光度は文献[4]に記載がないため，合成品が天然型エナンチオマーであるか否かを確定することはできなかった。今後天然アルカロイドが再度単離され旋光度が測定されることによって絶対配置が決定されることが期待される。

文　　献

1) J. F. Biard, S. Guyot, C. Roussakis, J. F. Verbist, J. Vercauteren, J. F. Weber, K. Boukef, *Tetrahedron Lett.*, 35, 2691 (1994)

2) H. Abe, S. Aoyagi, C. Kibayashi, *J. Am. Chem. Soc.*, 122, 4583 (2000)

3) (a) A. J. Blackman, C. Li, D. C. R. Hockless, B. W. Skelton, A. H. White, *Tetrahedron*, 49, 8645 (1993)；(b) C. Li, A. J. Blackman, *Aust. J. Chem.*, 47, 1355 (1994)；(c) C. Li, A. J. Blackman, *Aust. J. Chem.*, 48, 955 (1995)

4) A. D. Patil, A. J. Freyer, R. Reichwein, B. Cartre, L. B. Killmer, L. Faucette, R. K. Johnson, D. J. Faulkner, *Tetrahedron Lett.*, 38, 363 (1997)

5) S. Dutta, H. Abe, S. Aoyagi, C. Kibayashi, K. S. Gate, *J. Am. Chem. Soc.*, 127, 15004 (2005)

6) H. Abe, S. Aoyagi, C. Kibayashi, *Tetrahedron Lett.*, 41, 1223 (2000)

7) (a) W. H. Pearson, N. S. Barta, J. W. Kampf, *Tetrahedron Lett.*, 38, 3369 (1997)；(b) W. H. Pearson, Y. Ren, *J. Org. Chem.*, 64, 688 (1999)

8) アシルニトロソ化合物の Diels-Alder 反応に関する総説：(a) G. W. Kirby, *Chem. Soc. Rev.*, 6, 1 (1977)；(b) S. M. Weinreb, R. P. Staib, *Tetrahedron*, 38, 3087 (1982)；(c) J. Streith, A. Defoin, *Synthesis*, 1994, 1107

9) A. G. Myers, B. H. Yang, D. J. Kopecky, *Tetrahedron Lett.*, **37**, 3623 (1996)

10) Y. Shishido, C. Kibayashi, *J. Org. Chem.*, **57**, 2876 (1992)

11) W. H. Pearson 教授よりの書簡

12) 「有機反応におけるヘテロ原子の配位効果」に関する総説：A. H. Hoveyda, D. A. Evans, G. C. Fu, *Chem. Rev.*, **93**, 1307 (1993)

13) H. Abe, S. Aoyagi, C. Kibayashi, *Angew. Chem. Int. Ed. Engl.*, **41**, 3017 (2002)

14) H. Abe, S. Aoyagi, C. Kibayashi, *J. Am. Chem. Soc.*, **127**, 1473 (2005)

15) (a) H. E. Schoemaker, W. N. Speckamp, *Tetrahedron Lett.*, 1515 (1978)；(b) H. E. Schoemaker, W. N. Speckamp, *Tetrahedron Lett.*, 4841 (1978)；(c) H. E. Schoemaker, W. N. Speckamp, *Tetrahedron*, **36**, 951 (1980)

16) (a) P. Sun, C. Sun, S. M. Weinreb, *Org. Lett.*, **3**, 3507 (2001)；(b) T. J. Greshock, R. L. Funk, *Org. Lett.*, **3**, 3511 (2001)；(c) P. Sun, C. Sun, S. M. Weinreb, *J. Org. Chem.*, **67**, 4337 (2002)；(d) P. Schär, P. Renaud, *Org. Lett.*, **8**, 1569 (2006)；(e) J. J. Caldwell, D. Craig, *Angew. Chem. Int. Ed. Engl.*, **46**, 2631 (2007)；(f) B. Lygo, E. H. M. Kirton, C. Lumley, *Org. Biol. Chem.*, **6**, 3085 (2008)

17) P. Sun, S. Sun, S. M. Weinreb, *J. Org. Chem.*, **67**, 4337 (2002)

18) シリンドリシンCの他の合成例：(－)-シリンドリシンC：(a) G. A. Molander, M. Rönn, *J. Org. Chem.*, **64**, 5183 (1999)；(b) S. Canesi, D. Bouchu, M. A. Ciufolini, *Angew. Chem. Int. Ed.*, **43**, 4336 (2004)；(c) J. J. Swidorski, J. Wang, R. P. Hsung, *Org. Lett.*, **8**, 777 (2006)；(d) M. A. Ciufolini, S. Canesi, M. Ousmer, N. A. Braun, *Tetrahedron*, **62**, 5318 (2006)；(＋)-シリンドリシンC：(e) B. M. Trost, M. T. Rudd, *Org. Lett.*, **5**, 4599 (2003)；(f) J. Liu, R. P. Hsung, S. D. Peters, *Org. Lett.*, **6**, 3989 (2004)；(g) T. Arai, H. Abe, S. Aoyagi, C. Kibayashi, *Tetrahedron Lett.*, **45**, 5921 (2004)；(h) J. Liu, J. J. Swidorski, S. D. Peters, R. P. Hsung, *J. Org. Chem.*, **70**, 3898 (2005)；(i) T. Shibuguchi, H. Mihara, A. Kuramochi, S. Sakuraba, T. Ohshima, M. Shibasaki, *Angew. Chem. Int. Ed.*, **45**, 4635 (2006)；(±)-シリンドリシンC：(j) A. C. Flic, M. J. A. Caballero, A. Padwa, *Org. Lett.*, **10**, 1871 (2008)

19) J.-H. Maeng, R. L. Funk, *Org. Lett.*, **4**, 331 (2002)

第12章

7環性トリカブト毒（±)-ノミニンの全合成

村竹英昭　㈶乙卯研究所 副所長

1　はじめに

ここではトリカブトアルカロイド（±)-ノミニン[1]（Nominine, **1**）の全合成を紹介する（図1)。決して自慢になることでも誉められることでもないが，実に40工程を要した。ノミニンの骨格であるヘチサン（Hetisan）型アルカロイドの最初の例，ヘチシンが構造決定された1962年以降，我々がノミニン全合成を報告するまでその骨格合成すら達成されていなかったとは言え，今振り返ってもよくゴールにたどり着いたと思えるほど困難の連続であった。最終的に確定した主要経路は，すでにその詳細も報告しており[2]，ここで改めて各工程の解説を繰り返すことは本意ではない。筆者の主観や研究の裏話なども含めつつ，ノミニン全合成研究を開始するに至った経緯から完成までを記述する。

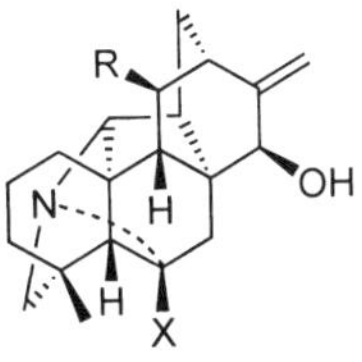

Nominine (**1**): R=X=H
Kobusine (**2**): R=OH, X=H
Pseudokobusine (**3**): R=X=OH

図1　ノミニン（**1**）と同族アルカロイドの例

2　天然物合成化学とは

トリカブトアルカロイドについて言及する前に，このアルカロイド群の全合成化学における立ち位置をお解り頂くためにも，まず天然物合成化学そのものにつき簡単に触れておきたい。

天然物合成化学は，1930～40年代に始まって以来目覚しい進歩を遂げた。有機反応における新たな手法や工夫の多くが，複雑な天然物合成の過程で困難に直面し，それを何とか乗り越えようとする努力から生まれてきたことからも判るように，学問としての化学をリードしてきたといえる。そして一部には，“構造が判りさえすれば，その全合成はさして困難なことではない”などと言われるようになって久しい。

自然の創造物たる天然物を対象とする天然物合成化学では，合成標的の構造はよほどの生理活性物質でない限り，より高度に，より複雑になり続ける宿命にある。新規の天然物であってもその構造が単純な場合や，既存の近似化合物がある場合など挑戦目標となることは少ない。20年ほど前までの“天然物でありさえすれば，その合成は一報に値する”というような“甘い”時代は終わり，天然物構造化学の成熟と相俟って，いまや注目を集める全合成標的の構造たるや複雑さを極める。また，少々天然物の構造が難しいから，この官能基のないものを合成しようという構造的デフォルメは，医薬開発などでSAR（構造活性相関）を調べるためには奨励もされるが，無論「天然物」でない以上天然物合成化学では許されない。今後天然物合成化学における人的，経済的投資は，選別淘汰された，より生理活性の高い（医薬化学への貢献），そしてより構造の複雑な（自然への挑戦と学問的貢献）化合物全合成へと収斂してゆく傾向にあり，天然物合成化学は新規参入の困難な分野となってゆくことが懸念される。

天然物合成化学では，一人あるいはグループで絶えず中間原料の補給をせねばならない。多段階合成ともなれば先端工程を進捗させるべく，わずか1-2 mgの原料を使用した予備実験で試行錯誤を繰り返す。そしてときには半年掛ってようやく一工程進むというような経験もするため，短期的成果を期待することは無理。最終化合物ができあがれば報われるが，そこまでの苦労と地味さ加減は相当なもので，根気がなくてはとても続くものではない。とはいえ，苦労が大きいからこそ一工程ずつ目標に近づく喜びは大きく，最終天然物が出来上がって同定が無事終わった時の感慨はひとしおで，何物にも代え難い。よく天然物合成化学が登山に例えられるのもむべなるかなと思われる。

3　トリカブトとそのアルカロイドについて

さて，上記のような天然物合成化学の興隆期から最盛期（1950～80年代）にあって，世界中の多くの研究者がその全合成を目指した天然物のひとつとしてトリカブトアルカロイド[3)]が挙げられる。トリカブトはドクゼリ，ドクウツギとともに日本三大毒草の一つに数えられる。春先の若葉がゲンノショウコ（下剤），ニリンソウ（毒性あるが地方により食用），モミジガサ（山菜）などと似ているため間違えて摂ってしまい，しばしば食中毒事故が報道されるが，たとえ葉部でも摂取量によっては死に至る。その症状は，初期の舌のしびれ，流唾や嘔吐に続いて頭部の痙攣から酩酊状態となり，不整脈や昏睡をきたして，ついには心停止に至る。他の神経毒としてフグ毒テトロドトキシンやシガテラ中毒を起こすシガトキシンなどが有名だが，トリカブト毒はナトリウムチャネルの受容体がこれらとは異なる。テトロドトキシンが細胞膜興奮時のナトリウム流入を阻害するのに対して，トリカブト毒は逆にナトリウムの細胞内への流入を促進し，両者は非競合的拮抗作用を示すことが知られている。薬草としても5〜6世紀に中国で著された「神農本草経集注」という古医書には既にその記載があり，漢方では千年以上も前から利用されてきた。アイヌが羆を狩猟するために矢毒としてトリカブトを用いていたことも知られている。

その強烈な生理活性から，トリカブトアルカロイドに関する化学的研究の歴史も古く，1800年代前半の独化学雑誌Annalenに既に報告[4)]が見られるが，その生理活性成分として主にその塊根部［その形状から烏頭（うづ），あるいは主根に付く附子（ぶし）などと呼ばれる］から単離され，さらに多年に亘る多くの研究者の努力で，1950年代になりようやく立体化学も含め明らかにされてきたアルカロイドの構造は，それまで知られていた天然物とは全く異なった骨格を有し，有機合成化学者を瞠目させて余りあるものだった。類縁アルカロイドは，トリカブト（*Aconite*）の他にも*Delphinium*，*Consolida*，*Thalictrum*（以上，キンポウゲ科），*Spiraea*（バラ科）などの植物からも単離されており，その総数はいまや400種類を優に超える[3)]。その基本骨格だけでも非常に多岐に亘るため，ここで全てを網羅することはできないが大雑把にAtidane，Veatchane，Cycloveatchane，Aconitane，Hetisanの5種骨格に分類することができる（図2)。

この異彩を放った複雑な骨格は当時の合成化学者の恰好な合成標的となり，本邦やカナダ，アメリカの研究グループを中心とした熾烈な合成競争が繰り広げられた。その結果，世界に先駆けてトリカブトアルカロイドの全合成を達成したのは本邦の永田らであった。彼らは独自に確立したヒドロシアノ化反応を駆使してアチシン（Atisine）全合成を成し遂げている。アチシンはAt-

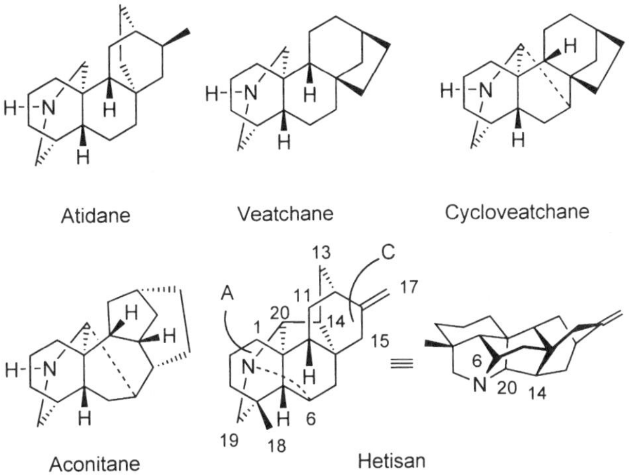

図2　トリカブトアルカロイドの代表的5種骨格

idane 骨格の最も基本的な 5 環性トリカブトアルカロイドであり，その後 1990 年にまで亘って合計 7 つのグループがアチシン全合成（リレー合成を含む）を報告している。さらに，カナダ Wiesner のグループは卓越した合成戦略の下，次々と複雑なトリカブトアルカロイドの全合成を達成し，上記の基本 5 骨格のうち，実に 4 種（Atidane，Veatchane，Cycloveatchane，Aconitane）までも全合成した[5)]。

しかしながら，最も複雑な骨格のひとつであり，本稿の合成目標である 7 環性ヘチサン骨格のアルカロイド群のみは，この骨格を有するヘチシン（Hetisine）が Jacobs らによって初めて単離[6)]された 1942 年から 60 年以上，さらにその構造が気鋭の女性科学者 Przybylska により X 線結晶解析[7)]で明らかにされた 1962 年からでも，実に 40 年以上もその全合成はもとより，ヘチサン基本骨格の合成さえも報告されていなかった。これまでに 100 種類近くのヘチサン型アルカロイドが単離され，その合成の試みは 1975 年の Van der Baan らによる報告を最初の例として，最近まで 6 例ほどの挑戦が報告されているが[8)]，岡本ら[8b)]による 5 環性化合物調製（全合成ではなく，骨格形成のための予備実験）が最もヘチサン骨格に迫る報告であったことを踏まえれば，いかにこの骨格合成が難関であったかご理解いただけると思う。なお，我々のノミニン全合成報告に続き，米国の Gin らも 2006 年ノミニンの全合成を報告している[9)]。得てして課題が片付き始めると，図らずも軌を一にしてこのように続くものであろうか。

4　ノミニン合成開始に至る経緯

4.1　研究生活事始め

筆者の所属する㈶乙卯研究所では設立（1915 年，近藤平三郎所長）当初より，天然物，殊にアルカロイドの構造研究が中心テーマの一つであったが，第二代の落合英二所長時代にピリジン-N-オキシドなど「芳香族異項環塩基の薬学的研究」が加わった。そして第三代・夏目充隆所長は含窒素複素環上での新反応開発を目指し，見出した反応を天然物合成に応用する研究スタイルを貫いてきた。

さて，筆者が乙卯研究所に入所して最初に与えられたテーマが「ピロールへの酸化還元的炭素性置換基導入法の確立」であった。というのは，昭和 50 年代乙卯研究所では，1,2-ジヒドロピリジンのジエン構造へ一重項酸素を環状付加後，塩化第一スズ存在下還元的に求核剤を導入する新反応開発の黎明期にあった故，この反応をピロール環へ拡張利用しようとの試みだったのである。因みに，1,2-ジヒドロピリジンを利用した反応は，当研究所で数多くのピペリジン環包含アルカロイド全合成へと応用されている[10)]。

幸い，ピロール環の窒素を電子吸引性基（EWG）で保護（4）することにより，所期の目的で

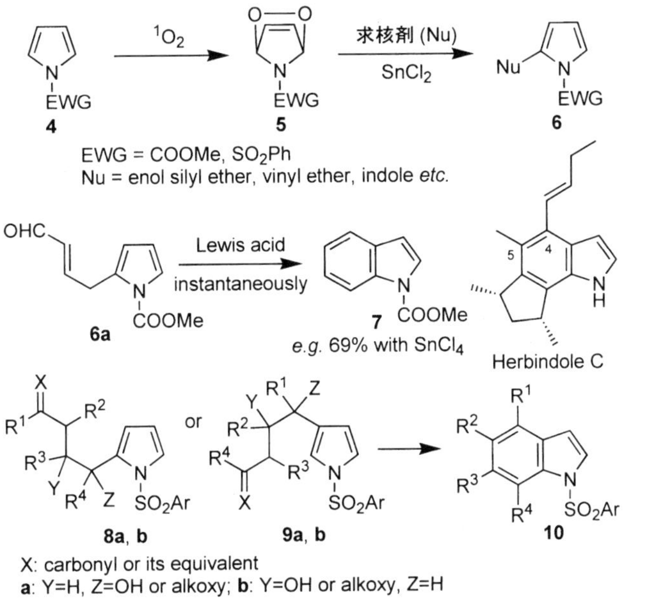

図3　ベンゼン環部置換インドール調製法

あるパーオキシド5を経由する6の調製を果たせた（図3)。となると，この反応を天然物全合成へ応用しようとするのは必然である。ところが残念ながらこのタイプのピロール誘導体を全合成中間体として利用可能なアルカロイドには目ぼしいもの（合成報告がなく，挑戦しがいのある構造の複雑さ，および強い生理活性）がない。そこで，これを利用するインドール環形成法確立を目指すこととし，上記反応で1-(trimethylsilyloxy)butadieneを求核剤として用いた成績体6aを無置換インドールの前駆体として利用する閉環反応条件を模索した。

6aで二重結合はトランスであるため，一見カルボニル基はピロール環へ接近できぬように思われる。そこでこの二重結合を還元後の飽和アルデヒドとピロール核の環化や，ピロール環の求核性を上げるべくEWG基の切断を試みたが，どうしてもインドールあるいはジヒドロインドールへの閉環は起こらない。そこで或る時，開き直って6aそのものをルイス酸処理した。一瞬で無色の反応溶液は赤から褐色へと変化し，「また壊してしまったか」と大した期待もせずにTLCでモニターすると低極性な新規スポットがくっきりと見える。「ひょっとすると！」と思いつつ数分で反応処理すると，これが目指していた1-(methoxycarbonyl)indole（7）そのものであった。6aのピロール核と不飽和アルデヒドに挟まれた活性メチレンが肝心で，ルイス酸処理でこの活性メチレンから脱プロトン化することにより不飽和結合の位置移動を含めた種々共役構造が混在し，その結果ルイス酸で活性化されたカルボニルがピロール核へ接近，閉環・縮合・芳香化し，文字通り一瞬で安定な7へと変化したのである。ここで，5を経由する酸化的条件であるが故に，当該メチレンがピロール核と不飽和アルデヒドの間に在ることに目を留めていただきたい。側鎖上に置換基を有する基質の置換様式によっては，ルイス酸に代え触媒量の *p*-TsOH とともに短時間加熱するという条件で良い結果が得られる[11]。

本インドール合成法は，不安定な **5** を経由せずとも容易に調製可能な **8** または **9** を前駆体とすることにより，ベンゼン環部置換インドール合成法（**4**→**8 a**，**b** or **9 a**，**b**→**10**）へと一般化出来た[12]。本改良法では，2-プロパノール中硫酸による閉環が可能で，N，O などヘテロ置換基の導入もできる。しかも成績体 **10** の窒素がベンゼンスルフォニル基など電子吸引性基で保護されていることは，本法の有用性を非常に高いものにしている。窒素無保護のインドールでは通常とても使用不可能な酸性や酸化条件にも耐え，しかもこの保護基はアルカリ加水分解，もしくは室温下メタノール中，金属マグネシウムによる還元条件で容易に切断できるからである。インドール環を芳香環と捉え，これに Friedel-Crafts 反応等求電子的に置換基導入を図るのでは，置換位置の選択性，任意性に限界がある。ベンゼン環部 4 炭素を不飽和カルボニルもしくはその化学的等価構造（**8**，**9**）として扱えるところに本法の特長がある。これを示す好例が Herbindole 類（図 3）の全合成[13]で，他の手法による合成は未だ報告例がなく，4 位あるいは 5 位のアルキル置換基が一つ少ない Trikentrin 類の多段階合成が数例知られているのみである。本反応を応用して麦角アルカロイドや発癌プロモーター，テレオシジン類など 30 種を越える天然物全合成を達成できた[10]。

4.2　反応がうまく行かなかったからこそ

10 数年ほど前になるが，強力な抗腫瘍活性を有する CC-1065 やデュオカルマイシン系抗生物質が放線菌培養液から単離され，世界各地で全合成競争が繰り広げられた。その殺細胞活性は臨床利用されているマイトマイシン C やアドリアマイシンを遥かに上回る。このうちデュオカルマイシン SA（DSA）はベンゼン環部置換インドールと見做せるため，遅ればせながら我々も上記手法の応用の一環としてその全合成検討を開始した（図 4）。その結果，紙幅の都合で詳細は省かせていただくが，ピロール誘導体からベンゼン環部を形成してインドール誘導体を得るという基本戦略は維持しつつ，それぞれ特長を有する 3 種の全合成経路を完成できた[14]。この結果を受け，さらに，DSA の正常細胞に対する毒性を軽減すべく，3 種経路のうちの一つ[14b]を応用する DSA の A 環部類縁体合成を試みた。すなわち，閉環前駆体 **11** を調製後，これを 3（or 4）環性のフェノール性芳香族複素環 **12** へ変換しようとした。ところが DSA 全合成時に問題なく進行した既知のケトン α 位のアリール化条件（エノールシリルエーテルへ変換後，Bu_3SnF 存在下のパラジウム触媒反応）では反応が非常に低収率で，種々反応条件（触媒，溶媒，反応温度）を検討しても改善が見られない。ここに至って新たな反応条件の確立が必要となった。

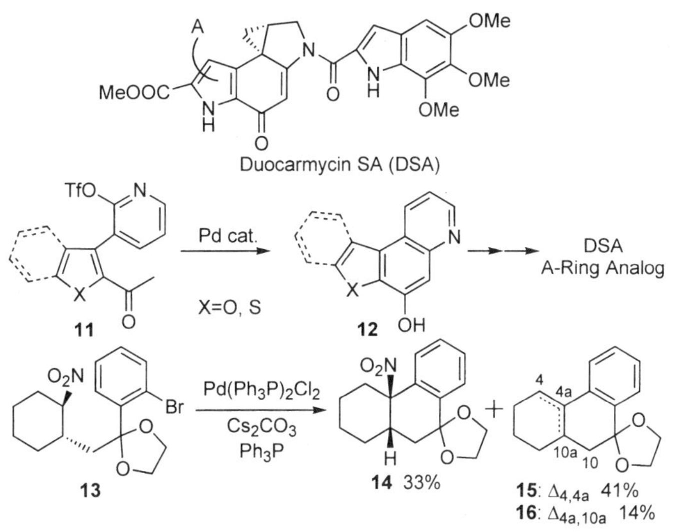

図4　DSAとパラジウム触媒カルボニル or ニトロ基α位アリール化反応

試行錯誤の結果，上記環化反応が触媒量の $Pd(Ph_3P)_2Cl_2$ 存在下 Cs_2CO_3，Ph_3P とともにベンゼンやトルエン中加熱するという非常にシンプルな条件下高収率で進行することを見出し，これを応用して所期のDSA類縁体合成を果たした[15]。残念ながら類縁体のアッセイ結果は芳しくなかったが，この実験は新規パラジウム触媒環化反応という“研究の種”を遺してくれた。さらに検討を重ねると，この反応はケトンのみならず，アルデヒド（*e. g.* 後出の図5，22→23）やニトロ基（*e. g.* 13→14，15，16）にも適用可能であることがわかり，官能基を有する多様な多環系構築ができる[16]。

この環化反応条件の発見こそが，我々がトリカブトアルカロイド全合成を開始するための引き金となった。また，トリカブトアルカロイドの構造研究は，乙卯研究所歴代所長の研究テーマの一つ［殊にコブシン（2）やプソイドコブシン（3），図1］であり，当研究所とトリカブトとの浅からぬ因縁もまた全合成開始の重要なインセンティブとなった。このように，幸運にも積年の目標であったトリカブトアルカロイド全合成研究のきっかけが得られたが，折角始めるからにはこれまで合成されていないヘチサン型アルカロイドを目標に，中でも1956年，落合，坂井らによって単離され，1982年に構造が確定したノミニン[1]を標的にしようということになった。なお，稀な例だが，ノミニン（nominine）という名称は殺虫効果のあるインドールジテルペンにも重複して使用されてしまった[17]。当時はまだインターネットも普及しておらず，このような事態も起こり得た。

アチダン骨格と比較して分かるように，ヘチサン骨格ではC 14-C 20，N-C 6の両結合がその特徴である（図2)。そこで，これらの結合をできるだけ早い段階で導入することを基本方針とした。両結合の存在ゆえに分子の自由度が大きく制約を受け，ヘチサン骨格の構築が困難なものになっていることに加え，両結合形成後の化学変換における立体選択性発現も期待したからである。

振り返ってみれば，この展開は11から12のフェノール環形成が期待に反して進行せず，新たな反応条件探索の必要に迫られた結果である。つまり，既存法を用い，受忍できる範囲の収率でもし反応が進行していれば全く違った展開になったはず。先人のいう「反応が上手く行かないときこそ新しい発見のチャンスである」という言葉も俄然実感でき，まさに研究の醍醐味といえる。

5 ノミニン全合成

冒頭でも述べたように全合成は既知化合物（18，17経由の改良調製法）より全40工程であり，数工程ずつ図示しコメントしたのでは却って判りづらくなる。そこで，図が小さくなって申し訳ないが，全体像を俯瞰していただくため最初に全工程を示した（図5)。また，構造の変遷や通算工程番号を判りやすく，かつ全体を1ページに収めるべく反応条件等は敢えて欄外にまとめた。通常の反応条件で進行した工程については詳報[2b~d]をご覧頂くこととして，ここでは裏話や，補足などを中心に箇条書きにして縷述する。

a) 18から3工程目のシクロヘキセノン（58）まではTaber法の改良条件で一挙に変換可能と期待したが，実際反応してみると18から59のみが生成する（図6)。或る反応において，既存法の応用で所期の反応が全く進行しないことなど日常茶飯である。自らの基質に適合する手法を選び出すのは，ひとえに研究者の経験，勘と努力による。

b) 6工程目のニトロ基をホルミル基に変換するステップは，通常，苛性アルカリと続く酸処理（硫酸など）で容易に進行する（Nef反応)。本合成では生成するアルデヒドと区別すべく，予めケトンをアセタールで保護していたためアルカリ性過マンガン酸カリウムによる酸化反応により22とした。

c) 7工程目のパラジウム触媒環化反応が本合成における鍵反応の一つ。環化反応を報告した時点では小スケールのため反応が円滑に進行していたが[16]，原料作りで10グラム単位で反応すると，金属パラジウムが析出し反応が途中で停止する。幸いこのケースでは，0.2当量（Pd触媒に対し2.2倍モル）のトリフェニルフォスフィンの添加で克服できた。一般に反応のスケールを上げると極端に収率が低下することも間々あり，検討を重ねてもその理由が判らず，原料作りの際小分けして同時に10個ほども同じ反応を行なって凌いだ経験もした。

d) 上記環化反応で，望む23はホルミル基α位から，ブロモベンゼン部位に酸化付加したパラ

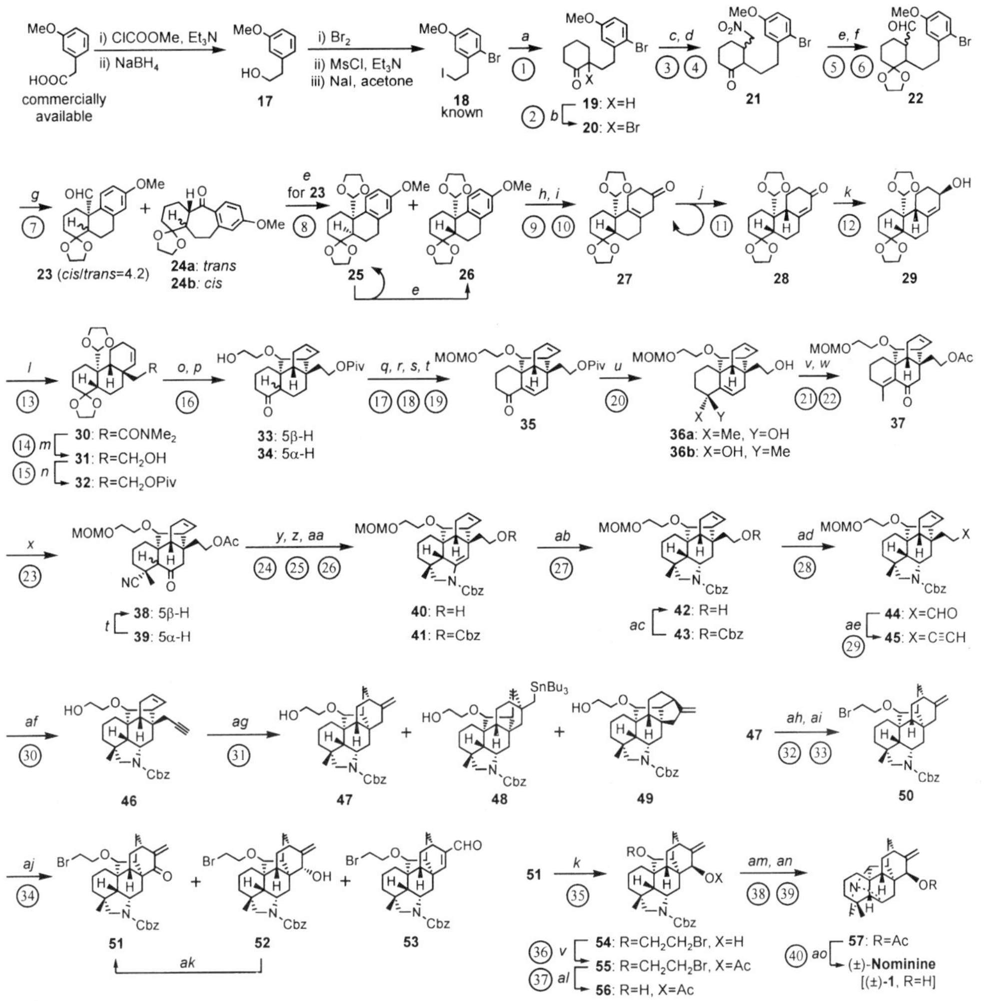

a: *N*-cyclohexylidenecyclohexylamine, LDA, THF, 18°C, then oxalic acid, THF/H_2O (4:1), rt, **19** 95%. *b*: TMSCl, NaI, $(TMS)_2NH$, CH_3CN, rt, then NBS, THF, 18°C– rt, **20** 80%. *c*: Li_2CO_3, LiBr, DMF, 120°C, 73%. *d*: CH_3NO_2, KF, 18-crown-6, CH_3CN, reflux, **21** 96%. *e*: $(CH_2OH)_2$, *p*-TsOH, benzene, reflux, 97% from **21**; **25** 61% and **26** 34% from **23**; **25** 61% and **26** 35% from **25**. *f*: KOH, MeOH, 0°C, then $KMnO_4$, $MgSO_4$, MeOH/H_2O (7:1), 0°C– rt, **22** 75%. *g*: $PdCl_2(Ph_3P)_2$, Cs_2CO_3, THF, reflux, **23** 65% (*cis/trans*=4.2), **24a** 11%, **24b** 6%. *h*: Li, EtOH, liq. NH_3/THF, -78°C– -60°C, 92%. *i*: 0.5% HCl in THF/H_2O (4:1), 0°C, **27** 88%, **28** 7%. *j*: NaOMe, Me_2S, MeOH, rt, **28** 58%, recovery of **27** 13%. *k*: $NaBH_4$, $CeCl_3 \cdot 7H_2O$, MeOH, 0°C, **29** 94%; **54** quant. *l*: *N,N*-Dimethylacetamide dimethyl acetal, toluene, 165– 170°C (sealed tube), **30** 68%. *m*: $BH_3 \cdot NH_3$, BuLi, 0°C– rt, **31** 94%. *n*: Piv_2O, Et_3N, 4-DMAP, CH_2Cl_2, -18°C– rt, **32** 98%. *o*: $BF_3 \cdot OEt_2$, toluene, -18°C. *p*: *p*-TsOH, acetone, rt, **33** 66% from **32**; **34** 3% from **32**. *q*: TMSCl, NaI, $(TMS)_2NH$, CH_3CN, reflux. *r*: NBS, THF, 0°C– rt, then 0.2% HCl, THF/H_2O (12:1), 0°C. *s*: MOMCl, *i*-Pr_2NEt, CH_2Cl_2, -18°C– rt. *t*: DBU, benzene, reflux, **35** 52% overall from **33**; 45% overall from **34**; **38** 92% from **39**. *u*: MeLi, THF, -78°C, **36a** 59%; **36b** 11%. *v*: Ac_2O, pyridine, CH_2Cl_2, rt, 93% from **36a**; 90% from **36b**; **55** 93%. *w*: 20 wt % PCC/Al_2O_3, benzene, 5°C– rt, **37** 63% and 65%, respectively, from **36a** and **36b**. *x*: Et_2AlCN, toluene, 0°C– rt, **38** 94%; **39** 2%. *y*: TMSCl, LDA, THF, -78°C. *z*: $LiAlH_4$, THF, reflux. *aa*: ClCbz, Et_3N, CH_2Cl_2, -18°C– rt, **40** 63% overall from **38**; **41** 4% overall from **38**. *ab*: $NaBH_3CN$, 2.5% aq. HCl, MeOH, 0°C– rt, **42** 90% from **40**, **43** 91% from **41**. *ac*: 1% K_2CO_3, MeOH, rt, quant. *ad*: 20 wt.% PCC/Al_2O_3, CH_2Cl_2, 0°C– rt, **44** 84%. *ae*: dimethyl(1-diazo-2-oxopropyl)phosphonate, K_2CO_3, MeOH, 0°C– rt, **45** 98%. *af*: 5% HCl, DME/H_2O (3:1), 0°C– rt, **46** 96%. *ag*: Bu_3SnH, AIBN, toluene, reflux, then SiO_2, CH_2Cl_2, rt, **47** 57%, **48** 31%, **49** 8%. *ah*: MsCl, Et_3N, CH_2Cl_2, -20°C, 97%. *ai*: LiBr, acetone, reflux, **50** 90%. *aj*: *tert*-BuOOH, SeO_2, CH_2Cl_2, 0°C– rt, **51** 77%, **52** 14%, **53** trace. *ak*: MnO_2, CH_2Cl_2, 0°C– rt, **51** quant. *al*: Zn, NH_4Cl, *i*-PrOH/H_2O (14:1), reflux, **56** 97%. *am*: Et_3SiH, cat. $Pd(OAc)_2$, cat. Et_3N, CH_2Cl_2, rt. *an*: $SOCl_2$, pyridine, CH_2Cl_2, 0°C– rt, **57** 80% overall. *ao*: K_2CO_3, MeOH, reflux, (±)-**nominine** [(±)-**1**] 95%.

図5　ノミニン全合成総工程図

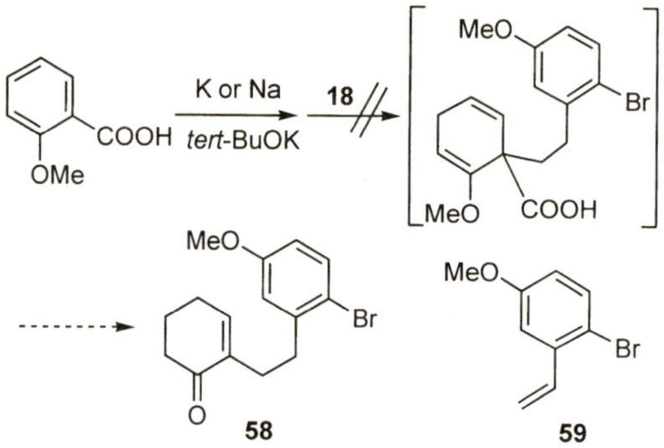

図6　Taber 法による改善の試み

表1　27 の塩基性処理と副生物構造確認

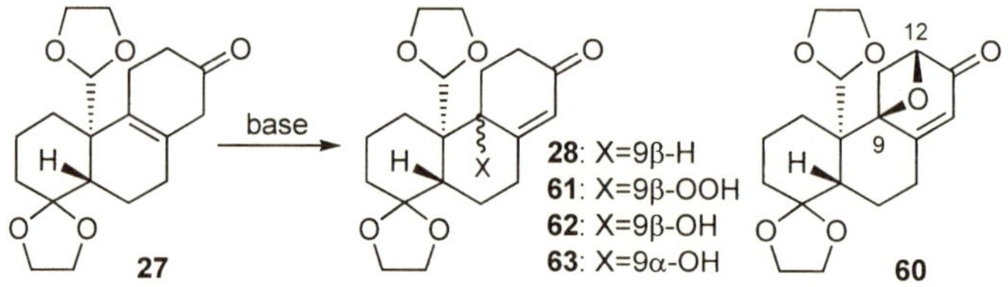

entry	Reaction Conditions	28	60	61	62	63	回収27
		yied(%)					
a	NaOMe, MeOH	55	10	—	—	—	10
b	NaOMe, Me_2S, MeOH	58	—	—	14	—	13
c	DBU, benzene	—	—	18	19	—	40
d	m-CPBA, CH_2Cl_2, then DBU benzene	—	—	—	61	34	—

ジウムに対する求核攻撃の結果生成する。この時，THF に替えトルエンを溶媒として用いるとカルボニル二重結合（もしくはホルミル C–H 結合）へパラジウムが挿入した結果，副生物 24 a，b が主成績体となる。溶媒の極性を落とすことにより塩基（Cs_2CO_3）によるホルミル α 位の水素引き抜きが遅くなった結果である。

e) 11 工程目，4 置換オレフィンを α,β-エノン 28 へと変換する際，通常酸性条件で行うが，アセタールがあるため塩基性条件を用いたところ興味深い現象が見られた（表1）。まず，ナトリウムメトキシドで処理する（条件 a）と，求める 28 の他に低収率ながら副生物オキセタン（60）が得られた。これは 9 位アニオンが空気酸化を受け生成した 61 に，12 位から求核攻撃した結果と考えられる。そこで還元剤としてメチルスルフィドを共存する（条件 b）と 60 に代わって 62 が生成した。そこで，DBU で加熱し（条件 c）てみると反応は遅く，61 と 62 が単離されて求める 28 は全く得られない。構造は別途合成（条件 d）で 62 と異性体 63 を得ることにより確認した。これら想定外の結果も，深く追求すれば面白い知見が

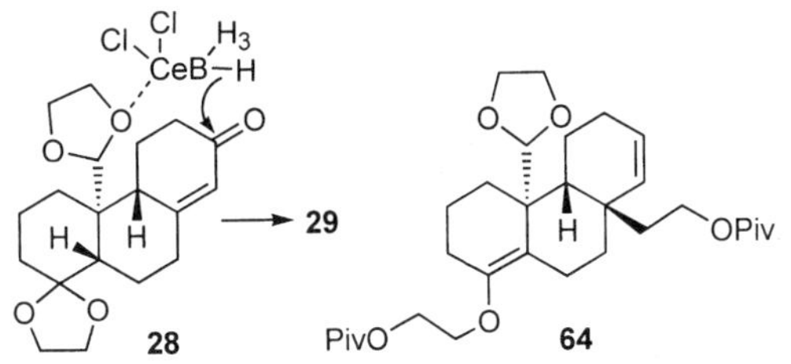

図7　β-アリルアルコール29の調製とPivClによる副生物64

得られる可能性がある。なお，9β-OH基を有するトリカブトアルカロイド（Hypognavine, Ignavine）も知られている。

f) 12工程目の還元では，期待以上の立体選択性でβ-アリルアルコール（29）のみが得られる。一見，核間のaxial-ジオキソラン基の立体障害で紙面の手前からヒドリド攻撃を受けα配置になりそうだが，ジオキソランの酸素原子が水素化ホウ素ナトリウムとコンプックスを形成したセリウムに配位することで一方的に紙面の裏側（ジオキソラン側）より還元される（図7）。この混んでいるはずの裏側からの試薬攻撃は，今後の工程でも数度に亘って観測される。

g) 13工程目のクライゼン転位は，オルト酢酸エステルを用いるJohnsonの条件ならば，より扱いやすいエステルが生成するが，酸触媒（ピバリン酸）のため低収率（21%）。そこでやむなく中性から弱塩基性条件で進行するアミド（30）としたが，リチウムボラン（$LiBH_2$）でアルコール（31）に還元できる。つづくアルコールの保護でピバロイル基を選択した理由は次項で解説するが，この際時間は掛るがPiv_2Oを用いるのが肝要で，意外なことにPivClでは4位アセタールが5位側へエノール化を起こし，64がかなりの割合で副生するのを抑えられない（図7）。固有の物性は構造式を見ていただけでは判らず，実際手にして初めて教えられることが多い。

h) 16工程目のアセタール―エン反応も鍵となる反応である（図8）。C14-C20の結合形成はこれまでのヘチサン骨格合成研究でも実現されたことはなかった。その反応機構は複雑であり，要点をまとめた。1）反応条件策定に当たり試みた30，31，32，65のBF_3処理で，オキソニウムカチオンが生成する際，1,3-ジアキシャルに在る4，8位置換基の影響で最も空いている方向（A）に向く。2）Aのカチオンにエン反応が起こり，20S*配置となるように5員環（B）もしくは6員環（C）形成が起こる。いずれに閉環するかは溶媒の極性と，反応温度に大きく依存する。3）Bからは12位から脱プロトンし，所期成績体（D）へ。4）Cからは脱プロトン化によるカルボカチオンの中和ができぬため，平衡はAに傾くが，30，31，65では置換基Rからここに巻き込み，副生物Eが生成する。勿論これらは基質，酸の種類，溶媒，温度，時間等を徹底して精査した結果であり，その結論がピバロイル基の嵩高

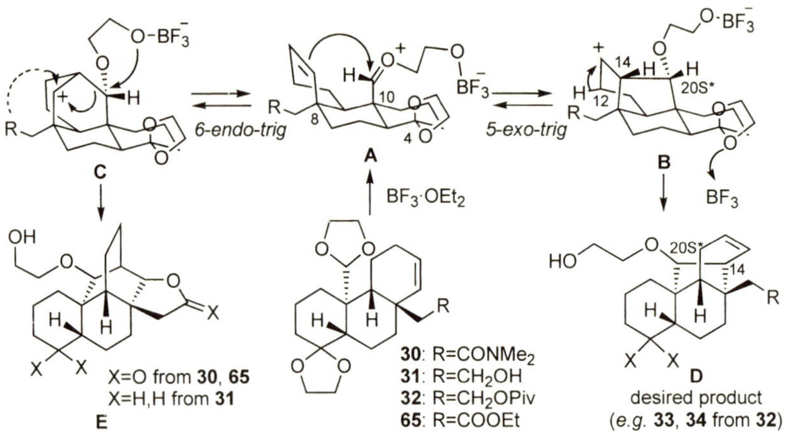

図8　アセタール—エン反応

さ故E型副生物を伴わない32から33，34への変換である。

i) 33，34で20位水酸基は手順に2-ヒドロキシエチル基で保護されているが，期待をはるかに超えたこの保護基の働きなくしては，本合成は完成しなかったと考えている。この保護基は水酸基のMOM化，2-ブロモエチル基と形を変えつつ，完成近い37工程目で切断（55→56）するまで様々な反応条件によく耐え，しかも緩和に除去可能であるばかりでなく，一旦33からこれを除去（水酸基のままではレトロエン反応の恐れあり）すると，いかなる保護基も立体障害のため導入不可能であったからである。まさに想定外の天佑であった。

j) 続く33，34から35と36 a，bを経由して37に至るまでが，本合成ルートで最も技術的に難しい工程である。どのステップも化合物が不安定なため保存は好ましくなく，速やかな処理が必要なうえに，17～19工程目における保護基（MOM基）選定と手順の確立には大変な苦労と工夫を要した。22工程目のアリルアルコール酸化も，通常条件のPCC酸化では脱水を起こして不安定な共役ジエンの2種混合物が主となるが，ベンゼン中アルミナに坦持したPCCを用いてなんとか切り抜けることができた。37を得る経路確立までに，漸くここまで持ち上げた原料を幾度失くしてしまったことか。

k) 37へのhydrocyanationの立体選択性も注目に値する。ごく一部熱的に不安定な5位異性体（39）が生成するが，シアノ基は完璧な選択性で紙面の裏側（α側）から入り38，39となる。これも一見混んでいる側からの求核攻撃に思えるが，シアノ基のaxial攻撃で説明出来る。

l) 次はヘチサン骨格上のもう一つの特徴であるN-C6結合形成である。シアノ基の還元に先立ち，6位カルボニルを保護する必要があるが，立体障害のためアセタール化は進行しない。そこで，kinetic controlの下enol trimethylsilyl etherとした後，還元。生じた5員環イミ

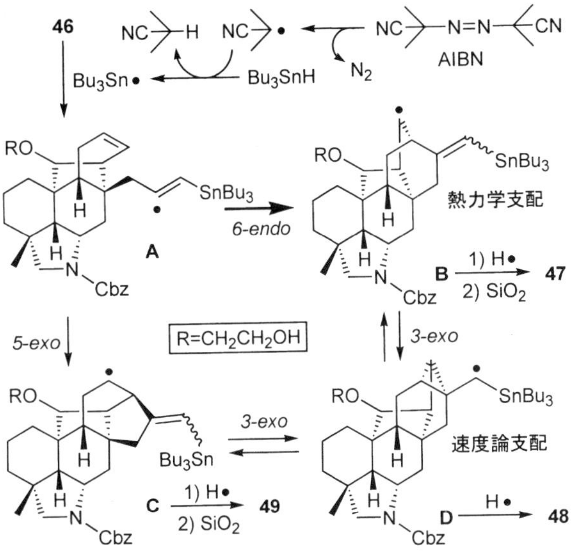

図9　ラジカル環化反応の概要

ンをCbz化して望む40，41を入手できた。

m）次の障壁（鍵反応）はC環形成（C 12-C 16結合）である。まず図5，31工程目の要点を記す。1）触媒量のAIBNとともに加熱して発生したトリブチルスズラジカルが46に付加してラジカルAが生じる（図9）。2）Aから*6-endo-trig*と*5-exo-trig*の2種モードで環化，中間体BおよびCを経由して，さらに*3-exo-trig*モードで速度論支配生成物Dが速やかに生成。3）Dと熱力学支配生成物B，Cの間には平衡が存在する。4）以上から，反応初期より過剰のトリブチルスズヒドリド（Bu_3SnH）を共存させると，Dからの成績体48が主となる。そこでBu_3SnHの希薄溶液を加熱還流している反応容器にゆっくり滴下することにより，平衡で生成したBを水素ラジカルトラップ，シリカゲル処理して望みの47を入手できた。

結果的に本ラジカル条件で環化を達成できたものの，ここに至るまでに基質を替えアルドール反応，パラジウム触媒反応，水銀（Ⅱ）やヨウ化サマリウムによる環化などを試したが，いずれも望む成績体は得られなかった。また他のラジカル条件でも12位β-キサンテート経由条件[18]は成功したものの，キサンテートの原料アルコールを合成するためのヒドロホウ素化反応の再現性，立体異性体の利用不能（12α-OH体からは立体障害のためキサンテートが生成しない）などの理由で断念した。なお，望外の高収率で得られたエン—イン45から予めMOM基を切断（46）したのは，環形成後のmethylenebicyclo[2.2.2]octane骨格が酸に対し極めて不安定で，MOM基の切断ができないためである。26工程目で当初Boc基で窒素を保護したが，これをCbzに替えたのも同じ理由である。以降，完成まで酸条件を用いていないことにご注目頂きたい。また，副生物48の再利用も種々試みたが成功せず。

n) 酸化による15β-OH基の導入が次の課題である。20位水酸基の保護基除去に向けた下準備として50とした後，二酸化セレン，t-ブチルヒドロパーオキシドで処理すると，本骨格は酸化剤に対しても高い反応性を示し，51-53が容易に生成する。副生した15α-OH体52は酸化マンガンで51となり，これを還元すると一方的に所望の15β-OH体54を与えた。この際，52も54もそれぞれ試薬がまたも紙面の裏側から攻撃していることに着目願いたい。これらの立体選択性については，今のところ明確な説明ができていない。

o) 仕上げとして15β-OH基を保護（36工程目）したのち，20位と窒素の逐次還元的脱保護（37，38工程目），塩化チオニルによるアザビシクロ環形成（39工程目）を行い，最後にアセチル基を切ってアルミナカラムで分離，再結晶し，(±)-ノミニン全合成を完成した。

p) 各種機器データで合成品と天然物は一致をみたが，一層念を入れてX線結晶解析を行なった結果，分子構造が正しいことが証明された。全合成の完成は，結果的に天然物の構造もまた正しかったことを意味する。更に，結晶構造解析から単結晶はラセミ構造であることが判明した。このことは全合成が間違いなく完成したことに対する何よりの客観的証左である。因みに23（*cis*/*trans*＝4.2，図5）から再結晶を繰り返して得たシス異性体の単結晶は，光学活性体であることが分かっている[16]。近年散見される天然物を数工程かけて合成中間体へ変換，同定し，これを天然物に戻すという手法は完全に客観性が担保されているか疑問である。

6　有機合成化学雑感

以上，トリカブトアルカロイド全合成を開始するに至った研究背景，選定した工程での解説を行なった。最後に，三十年以上に亘って実際に手を動かして実験をしてきた者の実感，献言などを箇条書きにまとめてみた。

(1) これまで多数の天然物全合成を報告してきたが，青写真どおりに進行した例は皆無といってよい。そうであるからこそ全合成は面白く，さらなる展開への可能性がある。経験でも予定した変換反応がスムースに進行せず悪戦苦闘した際，意外な反応の発見がある。コンピュータ全合成シミュレーションは一時的流行の域をまだまだ出ていない。

(2) 全合成研究ではどの中間体でストックが可能かを早急に見極めることが重要。官能基も少なく骨格も単純な化合物であれば安定と考えがちだが，実際その化合物を単離してみないと判らないことが多い。

(3)全合成の原料作りでは同じ反応を幾度となく繰り返す。そこで反応開始後，放置可能な工程の見極めも重要である。極端に神経を遣わなくてはならない工程も必ずあるため，手抜きできるところは手抜きし，並行して実験を行なわぬと非効率。殊に，原料合成を専門のテクニシャンに依存するという風土が，少なくともアカデミックにはなかった日本では，10 工程目前後から原料作りに取られる時間の割合が圧倒的に増えてゆくため，尚更である。

(4)大きな分子の全合成では収束型合成手法（コンバージェント合成）が採られることが多い。分子をいくつかのパーツに分割し，各パーツを別個に合成して最後に結合して天然物とする手法である。確かに人手を掛けさえすれば工程数も軽減でき，原料の供給は楽になり危険も分散される。しかしながら，このような手法の適用はポリエーテルや大環状化合物等に限定され，トリカブトアルカロイドのような三次元的に凝縮した分子には用いることが難しくリニア合成とならざるを得ない。

(5)合成工程数が 2 倍，3 倍になれば困難さも 2 倍，3 倍になるわけではない。筆者の実感では n 倍の工程数になれば 2^n 倍の難しさが生じ，要する時間も級数的に増加する。全合成化学は数学の問題を解くに似る。簡単な問題ばかり解いていたのでは新しい解法や定理は見いだせない。

(6)論文絶対主義の風潮のもと，科学文献の捏造が問題になって久しい。天然物合成化学では表面化している捏造はまだ少ないように思えるが，それは単に生物系，物理系に較べメリットがないために追試実験する者がいないだけで，裏に相当数の隠れ捏造があるであろうことは想像に難くない。

(7)最近，NMR の進歩と相俟って，^{1}H-NMR 以外の機器データの扱いがぞんざいになっていないだろうか。「同定」とは，ある化合物の構造を ^{1}H-NMR で矛盾なく説明できることではなく，「測定可能なすべての機器データに基づく，それ以外の構造ではあり得ないという証明」であることを銘記すべきである。

長い研究生活を振り返ると，研究の流れには必然性とストーリーがあることを実感する。この小文でその一端でもお見せすることができたとしたら幸甚である。そして叶うことならば，実験台に向かって自らの手を実際に動かし，楽しみながら化学実験を続けてゆきたいものである。

文　献

1) Sakai, S.; Yamamoto, I.; Yamaguchi, K.; Takayama, H; Ito, M.; Okamoto, T. *Chem.*

Pharm. Bull., 30, 4579-4582（1982）

2） a）Muratake, H.; Natsume, M. *Angew. Chem. Int. Ed.*, 43, 4646-4649（2004）; b）Muratake, H.; Natsume, M. *Tetrahedron*, 62, 7056-7070（2006）; c）Muratake, H.; Natsume, M. *Tetrahedron*, 62, 7071-7092（2006） d）Muratake, H.; Natsume, M.; Nakai, H. *Tetrahedron*, 62, 7093-7112（2006）; e）総説：村竹英昭，有合化，64，237-250（2006）

3） a）Atta-ur-Rahman; Choudhary, M. I. *Nat. Prod. Rep.*, 16, 619-635（1999）および引用文献; b）Wang, F.-P.; Liang, X.-T. *The Alkaloids*, 59, 1-280（2002）（Ed.: Cordell, G. A., Academic Press, New York），および引用文献

4） Geiger, P. L. *Ann.* 7, 269（1833）

5） 上記 2 b）の引用文献 3. ～9. を参照

6） Jacobs, W. A.; Craig, L. C. *J. Biol. Chem.*, 143, 605（1942）

7） a）Przybylska, M. *Can. J. Chem.*, 40, 566-568（1962）; b）Przybylska, M. *Acta Crystallogr.*, 16, 871-876（1963）

8） a）Van der Baan, J. L.; Bickelhaupt, F. *Recl. Trav. Chim. Pays-Bas*, 94, 109-112（1975） b）Shibanuma, Y.; Okamoto, T. *Chem. Pharm. Bull.*, 33, 3187-3194（1985）; c）Kwak, Y.-S.; Winkler, J. D. *J. Am. Chem. Soc.*, 123, 7429-7430（2001）; d）Williams, C. M.; Mander, L. N. *Org. Lett.*, 5, 3499-3502（2003）; e）Peese, K. M.; Gin, D. Y. *Org. Lett.*, 7, 3323-3325（2005）; f）Hutt, O. E.; Mander, L. N. *J. Org. Chem.*, 72, 10130-10140（2007）

9） Peese, K. M.; Gin, D. Y. *J. Am. Chem. Soc.*, 128, 8734-8735（2006）

10） ㈶乙卯研究所ホームページ：http://www.itsuu.or.jp/を参照

11） a）Muratake, H.; Natsume, M. *Heterocycles*, 29, 771-782（1989）; b）Muratake, H.; Natsume, M. *Heterocycles*, 29, 783-794（1989）

12） a）Muratake, H.; Natsume, M. *Heterocycles*, 31, 683-690（1990）; b）Muratake, H.; Natsume, M. *Heterocycles*, 31, 691-700（1990）; c）Fuji, M.; Muratake, H.; Natsume, M. *Chem. Pharm. Bull.*, 40, 2344-2352（1992）

13） a）Muratake, H.; Mikawa, A.; Natsume, M. *Tetrahedron Lett.*, 33, 4595-4598（1992）; b）Muratake, H.; Mikawa, A.; Seino, T.; Natsume, M. *Chem. Pharm. Bull.*, 42, 854-864（1994）

14） a）Muratake, H.; Abe, I.; Natsume, M. *Chem. Pharm. Bull.*, 44, 67-79（1996）; b）Muratake, H.; Tonegawa, M.; Natsume, M. *Chem. Pharm. Bull.*, 46, 400-412（1998）; c）Muratake, H.; Matsumura, N.; Natsume, M. *Chem. Pharm. Bull.*, 46, 559-571（1998）

15） Muratake, H.; Hayakawa, A.; Natsume, M. *Chem. Pharm. Bull.*, 48, 1558-1566（2000）

16） a）Muratake, H.; Nakai, H. *Tetrahedron Lett.*, 40, 2355-2358（1999）; b）Muratake, H.; Natsume, M.; Nakai, H. *Tetrahedron*, 60, 11783-11803（2004）

17） Gloer, J. B.; Rinderknecht, B. L.; Wicklow, D. T.; Dowd, P. F. *J. Org. Chem.*, 54, 2530-2532（1989）

18） Corey, E. J.; Liu, K. *J. Am. Chem. Soc.*, 119, 9929-9930（1997）

第13章

ゾアンタミン系アルカロイドの全合成

宮下正昭　北海道大学 名誉教授
工学院大学 工学部 教授
谷野圭持　北海道大学 理学研究院 教授
吉村文彦　北海道大学 理学研究院 助教

1　ゾアンタミンの単離，構造解析および生物活性

1984年，RaoとFaulknerはインドのVisakhapatnam海岸に群生していた未同定スナギンチャク（*Zoanthus* sp.）の成分の解析を行い，新規アルカロイドを発見した。このアルカロイドに対しゾアンタミンと命名するとともに，当時のマススペクトル，^{1}H NMR，^{13}C NMRおよびX線結晶解析などを駆使して構造解析を行った。その結果，ゾアンタミンの構造は図1のように決定され，全く新しい炭素骨格を有する7環性アルカロイドであることが判明した[1]。しかし，その絶対構造は当時，不明であった。また，ゾアンタミン（**1**）は生物活性試験の結果，発ガンプロモーターであるホルボールにより発症したマウスの皮膚の激しい炎症を強力に抑える優れた抗炎症作用を有することが明らかにされた[2]。

2　ノルゾアンタミンの単離，構造解析および生物活性

1995年，上村大輔教授（名古屋大学）の研究グループは奄美大島近海のスナギンチャク

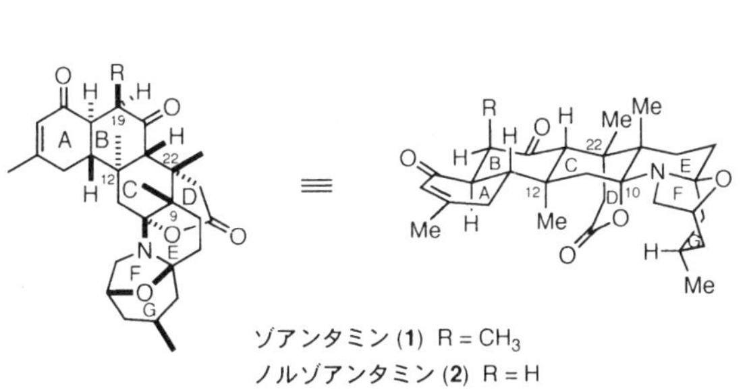

ゾアンタミン (**1**) R = CH_3
ノルゾアンタミン (**2**) R = H

図1　ゾアンタミン（**1**）およびノルゾアンタミン（**2**）の構造

(*Zoanthus* sp.) の成分の化学的解明を行い，新たにノルゾアンタミンを含む5種類のゾアンタミン系アルカロイドを単離した[3]。これらの天然物の構造解析は最新のマススペクトル，^{1}H NMR，^{13}C NMRおよびX線結晶解析などを用いて行われ，ノルゾアンタミンの構造は絶対構造を含めて，図1のように決定された[3]。また，ノルゾアンタミン (2) は生物活性試験の結果，IL-6（インターロイキン-6）に対して顕著な産生阻害活性を示すとともに，卵巣を摘出した骨粗鬆症モデルマウスの骨重量および骨強度の低下を強力に抑制することが明らかにされた[4]。なお，ノルゾアンタミンの塩酸塩は，活性の強さ，用量共に骨粗鬆症治療薬として海外で使用されている女性ホルモンの17β-エストラジオールと同等であり，しかも，エストラジオールの投与時に見られる子宮肥大や子宮重量の増加など女性ホルモン特有の副作用は全く見られないことが判明した。また最近の研究により，ノルゾアンタミンの誘導体がマウス白血病細胞の増殖阻害による優れた抗癌作用を示すことも明らかにされている。

3　ゾアンタミン系アルカロイドの合成研究

3.1　ノルゾアンタミンおよびゾアンタミンの合成研究[5~7]

上述のように，ゾアンタミン系アルカロイドは新規な化学構造に加え顕著な生物活性を示すことから，多くの合成化学者の注目を集めており，特にゾアンタミン (1) およびノルゾアンタミン (2) の全合成をめぐって国内外で活発な研究が行われている。しかし，これらのアルカロイドは7つの環が縮環した非常に複雑な立体構造を有するため，全合成研究は難航していた。筆者らもゾアンタミン系アルカロイドのユニークな化学構造と顕著な生物活性に興味を持ち，1999年にノルゾアンタミン (2) の全合成研究に着手した[5]。

ゾアンタミン (1) およびノルゾアンタミン (2) は，図1に示すように，炭素6員環，ラクトン環，アミノアセタール環など7つの環構造が複雑に結合するとともに，C12位のメチル基と架橋したラクトン構造（D環）およびアミノアセタール環（G環）は，いずれもアキシアル結合しており，これらの間には1,3-ジアキシアル結合による大きな立体反発が存在する。そのため，これらの立体反発をいかに克服して7つの環構造を構築してゆくかが合成上の大きな課題となる。ゾアンタミン系アルカロイドの合成上の重要課題を以下に記す。

① C環上に隣接する3個の四級不斉炭素の立体選択的構築。

② トランス—アンチ—トランスに縮環したパーヒドロフェナントレン骨格（ABC環）の立体選択的合成。

③ 2個のアキシアル結合を含む架橋ラクトン構造および2個の架橋したアミノアセタール環を含むDEFG環の立体選択的合成。

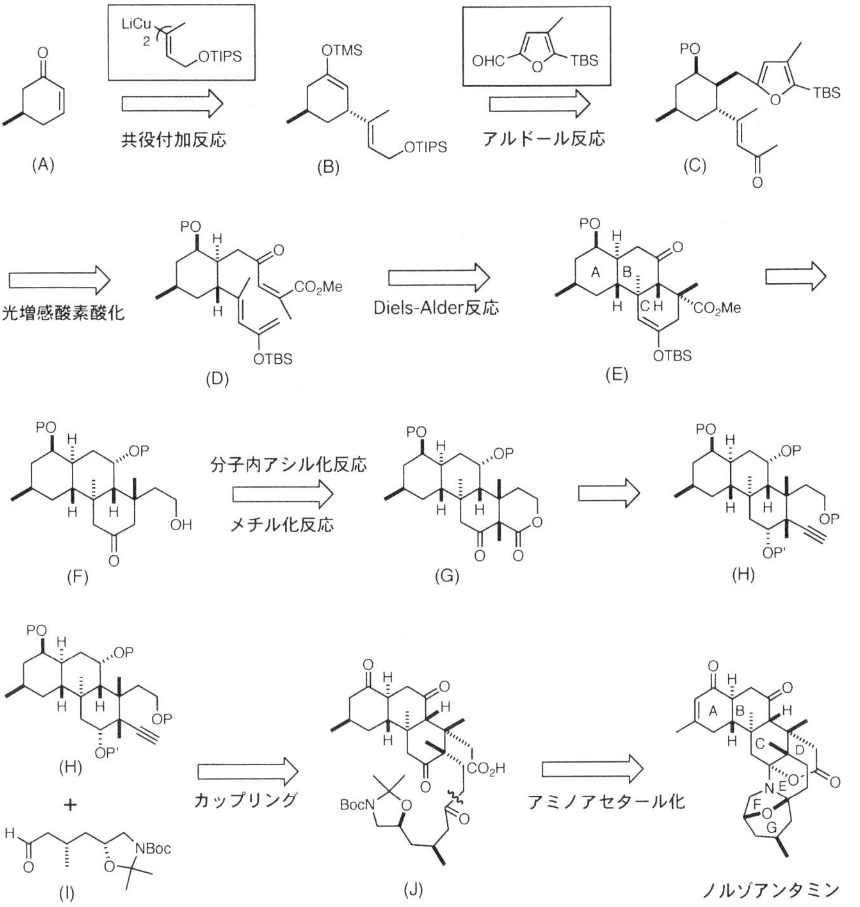

図 2　ノルゾアンタミン（2）の合成戦略

中でも，3 個の四級不斉炭素を含むパーヒドロフェナントレン骨格（ABC 環）の立体選択的合成が最重要課題となる。これらの課題を解決するため，図 2 に示すノルゾアンタミン（2）の合成ルートを考案した。すなわち，(*R*)-5-メチルシクロヘキセノン（A）を出発原料とし，ビニル銅試薬の共役付加反応とアルドール反応を組み合わせた 3 成分連結反応による四置換シクロヘキサン（C）の合成，続くフラン環の光増感酸素酸化によりトリエン（D）へ導いた後，キーステップである分子内 Diels–Alder 反応を行い，ゾアンタミン系アルカロイドの最重要課題であるトランス—アンチ—トランスに縮環したパーヒドロフェナントレン骨格（ABC 環）（E）を立体選択的に合成する。次に（E）をケトアルコール（F）に変換し，（F）の分子内アシル化反応とメチル化反応を連続的に行い，C 環上に 3 個の四級不斉炭素を有する四環性ケトラクトン（G）を立体選択的に合成する。さらに（G）をアルキン誘導体（H）に変換し，アミノアルコール鎖（I）を導入してケト酸（J）を合成した後，重要課題であるビスアミノアセタール化を行ってノルゾアンタミン（2）へ導く合成ルートである。本合成ではフラン誘導体（C）の光増感酸素酸化を経由するトリエン（D）の立体選択的合成および分子内Diels–Alder反応による2個の四級不斉炭素を含むパーヒドロフェナントレン骨格（E）の立体選択的構築が最重要課題となる。特に，キーステップとなるDiels–Alder反応は速度論的に有利な分子内反応であるが，報告例の少ない2個の四級炭素の構築を含んでおり，反応温度が非常に高くなることが予想された。そこでDiels–Alder反応の温度をできるだけ低くするため，ジエン部をシリルジエノールエーテル構造にする（ジエンのHOMOを上げる）とともに，ジエノフィルのLUMOをできるだけ下げるため，電子吸引基で二重に活性化したジエノフィルを含むシス-γ-ケト不飽和エステル（D）を考案した点に注目していただきたい。

3.1.1　トリエン（14）の立体選択的合成および分子内Diels–Alder反応によるABC環の立体選択的構築

Diels–Alder反応の前駆体となるトリエンは図3に従って高立体選択的に合成した。すなわち，(R)-5-メチルシクロヘキセノン（3）にジビニル銅酸リチウムを共役付加し，生じたエノールシリルエーテルを亜鉛エノラートに変換後，フルアルデヒドとアルドール反応を行い，対応するアルドール**5**をジアステレオマー混合物として得た。**5**を脱水してエノン**6**とした後，ヒドロシリル化反応を行い，生じたシリルエノールエーテルをメタノール中，炭酸カリウムで処理すると望む立体化学を有する三置換シクロヘキサノン**7**が高収率で得られた。なお，ビニル銅試薬の共役付加は予想通り二級メチル基の反対側から一方的に起こり，**4**が立体選択的に得られた。このようにして，3成分連結反応により望む三置換シクロヘキサノン**7**を効率的かつ高立体選択的に合成した。ケトン**7**を水素化トリエチルホウ素リチウムで還元すると，単一のβ-アルコール**8**が定量的に得られた。**8**をアセチル化してアセテートとし，さらに3工程を経てメチルケトン**11**へ導いた。

本合成のキーステップであるフラン環の光増感酸素酸化は，フラン**11**をジクロロメタン中，ローズベンガルの存在下，ハロゲンランプを用いて酸素雰囲気下で行い，望むシス-γ-ケト不飽和シリルエステル**12**を定量的に得た。**12**は不安定で容易にラクトン誘導体に変化してしまうため，直ちに安定なメチルエステル**13**に変換した。次いでメチルケトン部をエノールシリルエーテルに変換し，Diels–Alder反応の前駆体となるトリエン**14**を効率的かつ高選択的に合成した。

次は本合成の最重要課題である分子内Diels–Alder反応によるパーヒドロフェナントレン骨格（ABC環）の立体選択的構築である。反応に先立ち，Diels–Alder反応の遷移状態について考察した。すなわち**14**のDiels–Alder反応の遷移状態として，図4に示すように，エキソおよびエンドの二通りの遷移状態が考えられる。一般にDiels–Alder反応は軌道の相互作用によりエンドの遷移状態が優先することが知られているが，**14**の場合，2個のメチル基はエンド遷移状態に

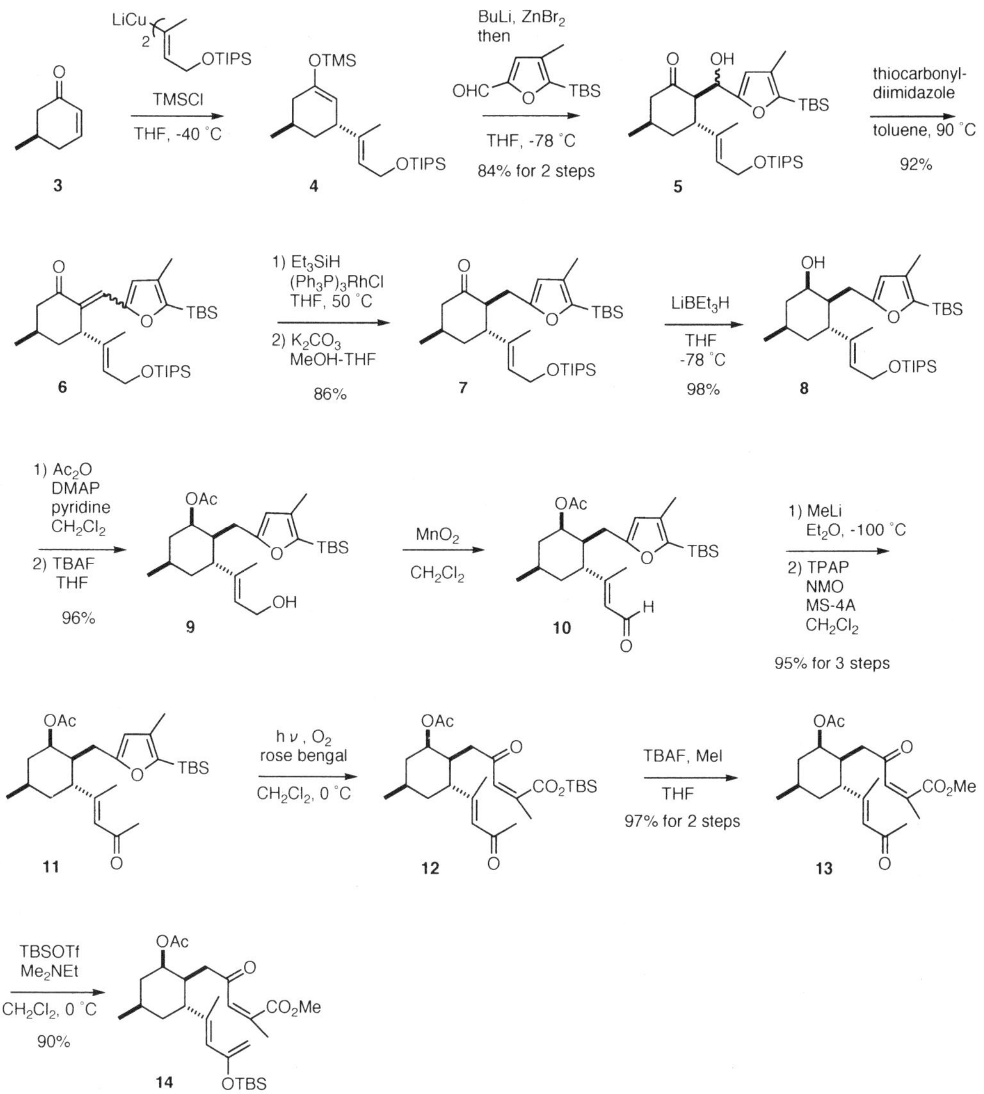

図 3　トリエン（**14**）の合成

おいて 1,3-ジアキシアル配座をとるため，両者の間に大きな立体反発を生じる。これに対し，エキソ遷移状態はメチル基とエステル基が 1,3-ジアキシアルになるが，両者の立体障害はエンド遷移状態に比べて小さい。従って，エネルギー的に有利なエキソ遷移状態を経て反応が進行するものと予想した。分子内 Diels-Alder 反応が期待通りエキソの遷移状態を経て進行すれば，C 12 位と 22 位に 2 個の四級不斉炭素をもつ ABC 環が一挙に構築できることになる。

本合成の成否は，この Diels-Alder 反応にかかっているので，反応温度や溶媒，あるいは無溶媒条件，封管中の反応など様々な条件で詳細に検討した。その結果，図 5 に示すように，トリエ

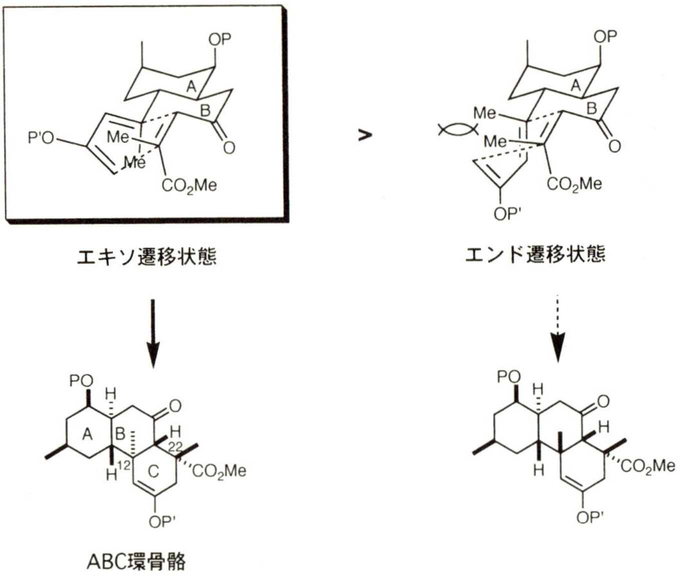

図 4　Diels–Alder 反応の遷移状態

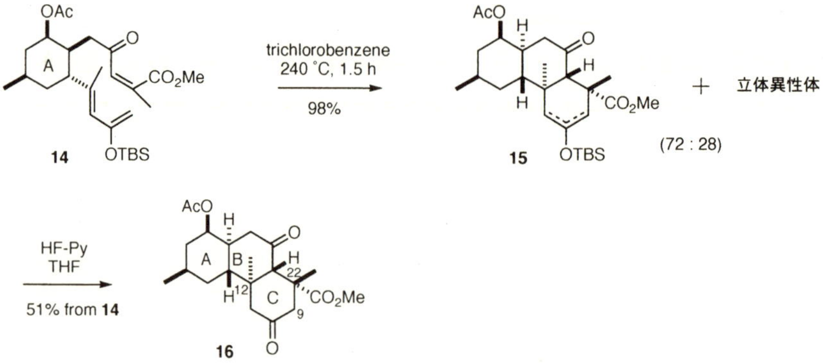

図 5　分子内 Diels–Alder 反応

ン 14 のトリクロロベンゼン溶液を 240℃ に加熱還流した同溶媒中に滴下することにより，分子内 Diels–Alder 反応が速やかに進行し，付加体がほぼ定量的に得られることを見出した。なお生成物は ^{1}H NMR の解析により 72：28 の立体異性体の混合物であった。粗生成物を HF・Py で処理し，再結晶することにより主生成物 16 を 51% の収率で得た。二つの生成物の構造は X 線結晶構造解析（図 6）により，主生成物はエキソ付加体，副生成物はエンド付加体であることがそれぞれ証明された。このように 14 の分子内 Diels–Alder 反応は予想通りエキソの遷移状態を経て進行し，望むエキソ付加体 15 を優先的に与え，C 12 位と C 22 位に 2 個の四級不斉炭素をもつ ABC 環を一段階で立体選択的に合成することができた。本反応は 2 個の四級不斉炭素を構築

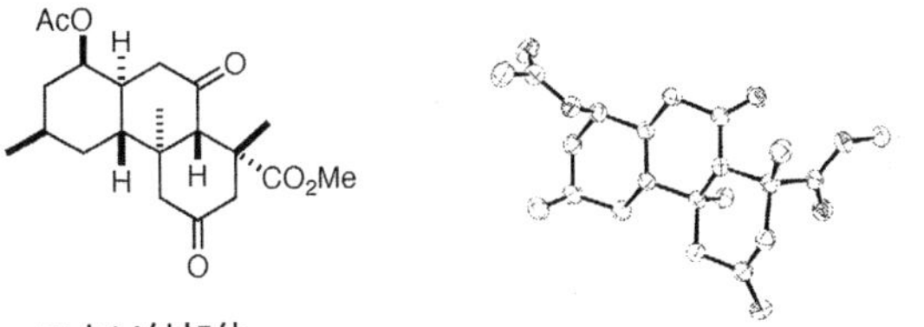

エキソ付加体

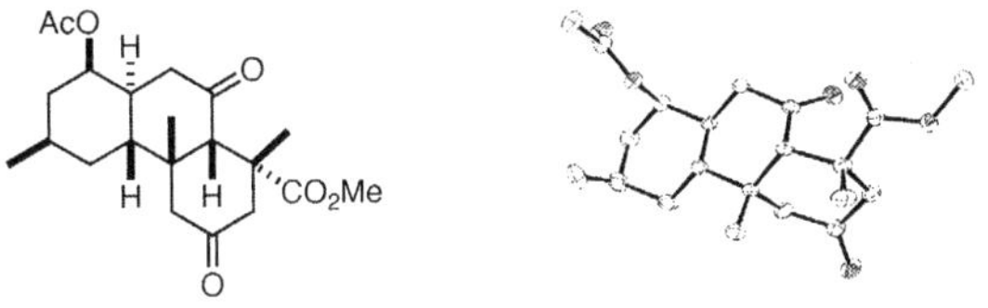

エンド付加体

図 6　Diels–Alder 付加体の X 線結晶構造

した Diels–Alder 反応例としても特筆される。なお，原料の（*R*)-5-メチルシクロヘキセノン（**3**）からここまで 16 工程，全収率 26% である。

3.1.2　C 9 位の四級不斉炭素の立体選択的構築

次の合成上の重要課題は C 環上のもう一つの四級不斉炭素（C 9 位）の立体選択的構築である。その前駆体となるケトアルコール **24** を以下のようにして合成した（図 7)。Diels–Alder 反応により得られたジケトン **16** を −78℃ で水素化トリ（*sec*-ブチル）ホウ素カリウムで還元すると，最初に C 10 位のケトンが立体選択的に還元されて系内でγ-ラクトン **17** が生成し，次に反応温度を −10℃ に上げると C 20 位のケトンが還元され，ヒドロキシラクトン **18** が高選択的に生成した。水酸基を TBS 基で保護した後，二段階を経てアセテートを TES エーテル **20** に変換した。四環性ラクトン **20** に対し，①DIBAL–H 還元，②Wittig 反応，③ヒドロホウ素化—酸化を順次行い，ジオール **23** を合成した。得られたジオール **23** をモリブデン錯体で酸化すると，立体障害が大きい二級アルコールのみが選択的に酸化され，ケトアルコール **24** が高収率で得られた。このようにして，ラクトン **20** から僅か 4 工程で重要前駆体であるケトアルコール **24** を効率良く合成することができた。

キーステップである C 9 位の四級不斉炭素の構築は，図 8 の合成ルートにより行った。すなわち，ケトアルコール **24** を THF–HMPA 混合溶媒中，炭酸ジメチルの存在下，LiO*t*Bu で処理すると，炭酸エステルの生成に続き分子内アシル化反応が起こり，β-ケトラクトンのエノラートを生じる。この反応溶液にヨウ化メチルを加えると *O*-メチル化が起こり，メチルエノールエーテル **25** が単一物として高収率で得られた。なお *C*-メチル化は全く起こらなかった。この結果は予想外であったが，反応性の高いケトンのカルボニル基をメチルエノールエーテルで保護した

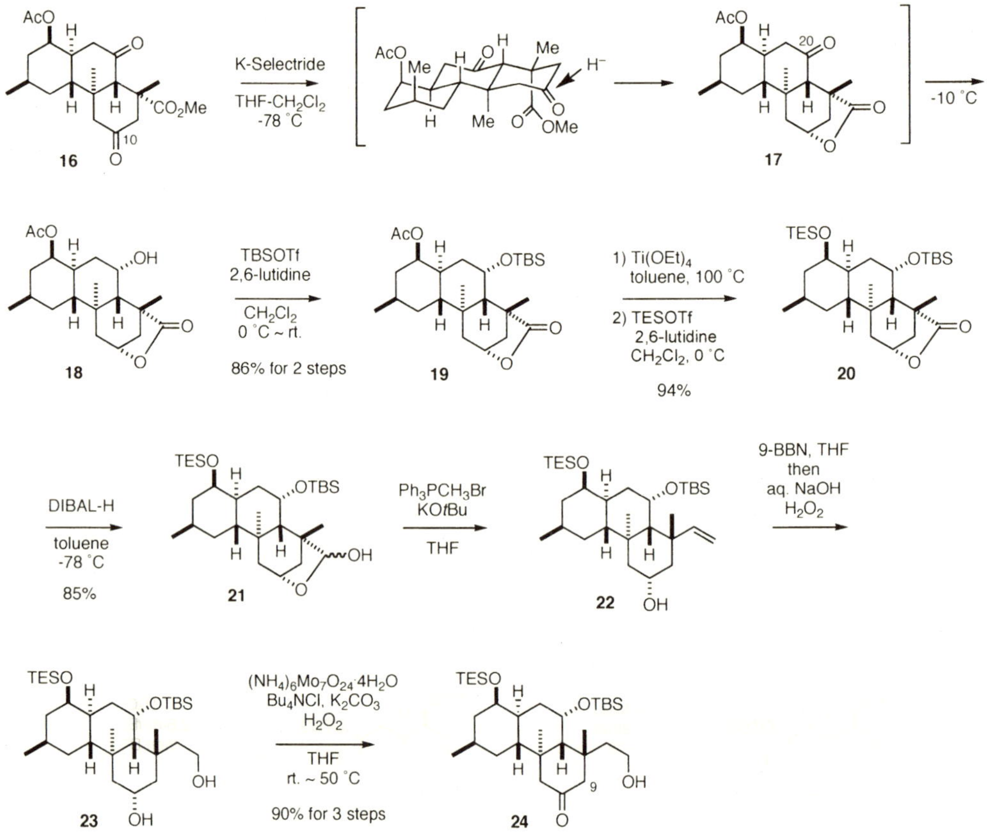

図7　ケトアルコール（24）の合成

生成物 25 を選択的に得たことになり，合成を進める上で非常に好都合であった。得られた 25 を THF-DMPU（ジメチルプロピレンウレア）混合溶媒中，LHMDS（リチウムヘキサメチルジシラジド）で処理すると，系内でラクトンジエノラートが生成し，次いでヨウ化メチルを加えると C 9 位で立体選択的な *C*-メチル化反応が起こり，目的の生成物 26 が得られた。このようにして，*β*-ケトラクトンの *O*-メチル化と *C*-メチル化を効果的に組み合わせることにより，本合成のキーステップである C 9 位の四級不斉炭素の高立体選択的構築を達成した。

3.1.3　鍵化合物：アルキン誘導体（28）の合成

ゾアンタミン系アルカロイドを合成するために必要な官能基と 3 個の四級不斉炭素を含む 6 連続不斉中心を有する ABC 環を立体選択的に合成できたので，次にアミノアルコール鎖を導入するための重要前駆体となるアルキン誘導体 28 の合成を行った（図 9）。まず，四環性ラクトン 26 をメチルリチウムで処理してメチルケトンとし，生じた一級アルコールを TBS 基で保護して 27 に導いた。2,6-ジ-*tert*-ブチルピリジンの存在下で 27 とトリフルオロメタンスルホン酸無水

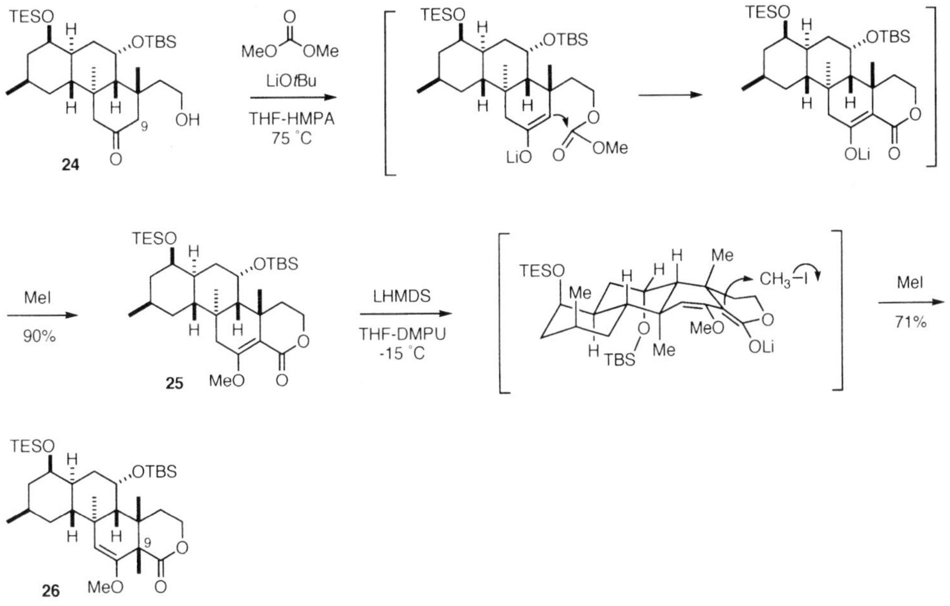

図8　C9位の四級不斉炭素の立体選択的構築

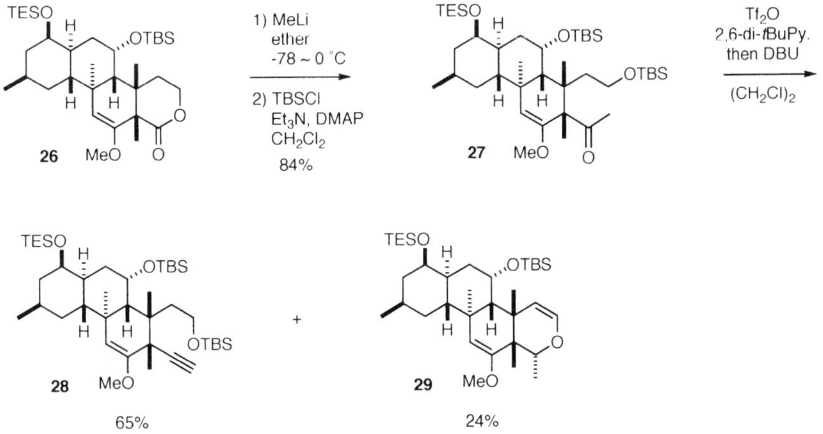

図9　アルキン誘導体（28）の合成

物を反応すると，系内でエノールトリフラートが生成し，次にDBUを加えて加熱するとトリフルオロメタンスルホン酸の脱離が起こり，目的のアルキン誘導体28が65%の収率で得られた。しかし，相当量の他の生成物も副生した。構造解析の結果，副生成物は四環性のジエノールエーテル29であることが判明した。副生成物の収率が24%に達することから，その生成機構について考察を行った。その結果，29は図10に示すように，1,5-ヒドリド転位により系内で二級トリフラートを生じ，続くエノラートの*O*-アルキル化により生成していることが判明した。

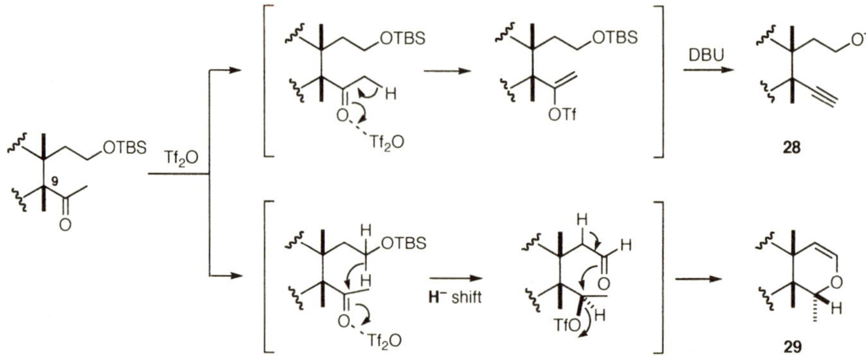

図 10　28 と 29 の反応機構

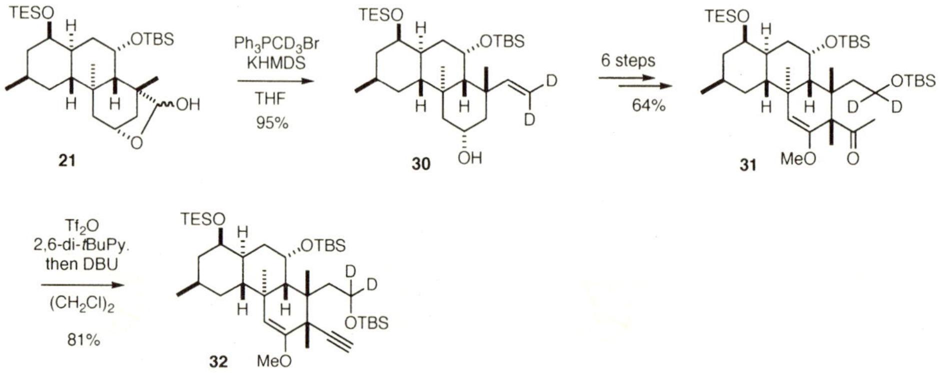

図 11　速度論的同位体効果

そこで 29 の副生を抑えるため，速度論的同位体効果の利用を考えついた。すなわち，TBSO 基のついた炭素上の 2 個の水素を重水素に置換すれば，速度論的同位体効果により 1,5-ヒドリド転位が大幅に抑えられるのではないかと考えたのである。幸い，重水素で置換された炭素は合成の最終段階でカルボン酸に変換されるので，その段階で重水素を除去できる。このような考えに基づき，前述の四環性ラクトール 21 に重水素を含む市販の Ph_3PCD_3Br を用いて Wittig 反応を行い，重水素で置換したアルケン 30 を合成した（図 11）。30 から，27 の合成と同様に 6 工程を経て，重水素で置換したメチルケトン 31 を合成した。このようにして得た 31 に，トリフルオロメタンスルホン酸無水物を反応させ，次いで DBU で処理すると，目的のアルキン 32 が 81% の収率で得られた。なお，副生成物の収率は 9% であった。このように速度論的同位体効果を巧みに利用することにより，目的のアルキン誘導体 32 を収率良く合成するとともに，副生成物の収率を大幅に抑えることができた。

3.1.4　重要前駆体ケトエステル（37）の合成

ノルゾアンタミン（2）の全合成に向け残された重要課題はアミノアルコール鎖の導入と A 環

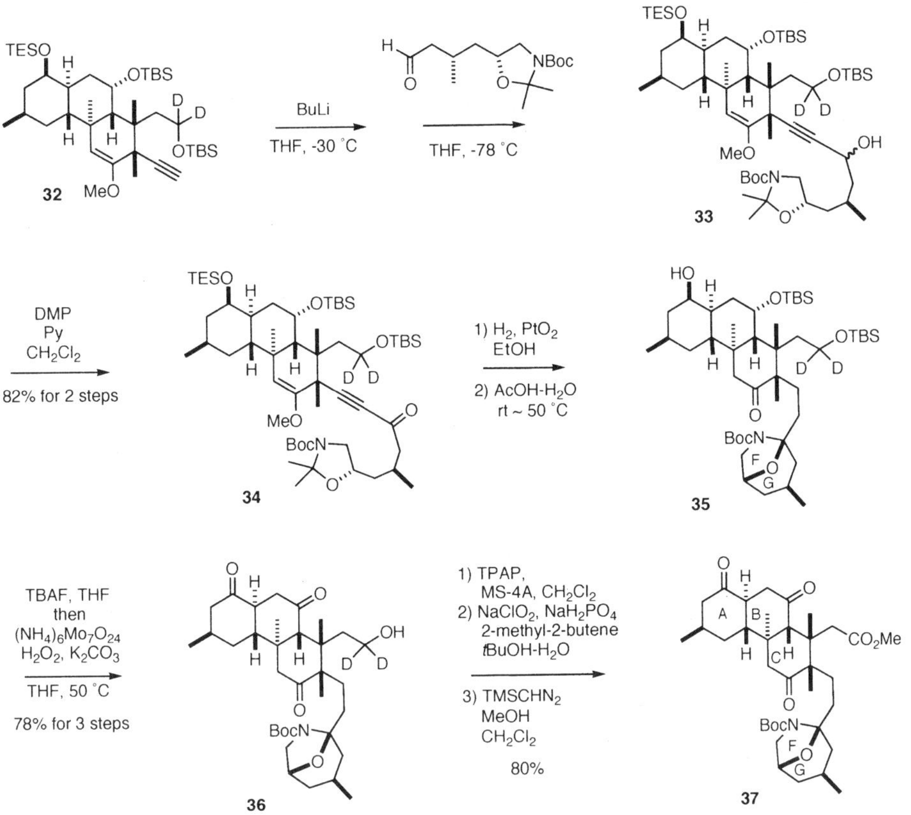

図12　ケトエステル（**37**）の合成

への二重結合の導入およびビスアミノアセタール化である。まず，アミノアルコール鎖の導入は次のようにして行った（図12）。すなわち，アルキン **32** をブチルリチウムでリチオ化した後，(*R*)-シトロネラールから合成した光学活性なアミノアルコールセグメントと反応したところ，目的の **33** が収率良く得られた。**33** からケトン **34** への酸化，続く三重結合の還元により生じた飽和ケトンを酢酸水溶液中で50℃に加温すると，アミノアセタール **35** を高収率で与えた。なお，この反応には①アセトナイドの除去，②アミノアセタール化（F，G環の形成），③エノールエーテルの加水分解，④TES基の除去，の4つの工程が含まれている。**35** の2個のTBS基をTBAFで除去した後，生じたトリオールをモリブデン錯体で酸化すると，二級水酸基が選択的に酸化され，**36** が好収率で得られた。さらに一級アルコールを酸化してカルボン酸とした後，トリメチルシリルジアゾメタンでエステル化して重要前駆体であるケトエステル **37** を合成した。

3.1.5 ノルゾアンタミンの全合成[6]

全合成まで残された課題はA環への二重結合の導入とビスアミノアセタール化である。A環への二重結合の導入は図13の合成ルートにより行った。すなわち，トリケトン **37** をTHF中，

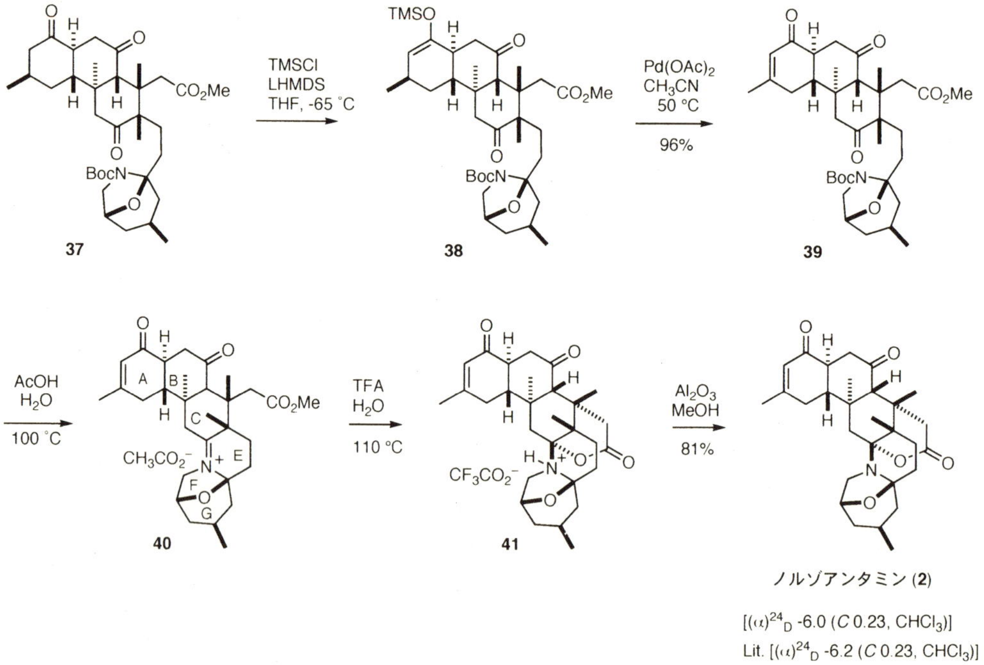

図 13　ノルゾアンタミン（2）の全合成

TMSCl の存在下 −65℃ で LHMDS で処理すると，A 環のケトンのみ選択的にシリルエノールエーテルに変換され，38 を定量的に与えた。粗生成物の 38 を三枝反応に付すと，目的のエノン 39 が高収率で得られた。このようにして非常に効率的に A 環に二重結合を導入することができた。最後のビスアミノアセタール化は全合成の成否を握る重要工程なので，反応条件を詳細に検討した。その結果，先ず 39 を含水酢酸中で 100℃ に加熱すると Boc 基の除去に続き，C 環上で縮合反応が起こりイミニウム塩 40 が生成し，次に 40 を含水トリフルオロ酢酸中で 110℃ に加熱するとエステルの加水分解に続きアセタール化が進行し，高収率でノルゾアンタミンのアンモニウム塩 41 が得られた。最後に，塩基性アルミナでトリフルオロ酢酸を除去してノルゾアンタミン（2）の最初の全合成を達成した。合成品は天然のノルゾアンタミンと比旋光度およびスペクトルデータを含めて，完全に一致した。なお，本合成は原料の（*R*)-5-メチルシクロヘキセノン（3）から 41 工程，全収率 3.5% であり，各工程の平均収率は 92% であった。

3.1.6　ゾアンタミンの全合成[7)]

ゾアンタミン（1）はノルゾアンタミン（2）の C 19 位にもう 1 個のメチル基を含んでおり，したがって，C 19 位の二級メチル基の立体選択的構築がゾアンタミンの合成上の最重要課題となる。1 の合成法として，二つのルートを考えた。一つはノルゾアンタミン（2）の C 19 位にメチル基を導入するルートであり，もう一つは適当な合成中間体の C 19 位にメチル基を導入した

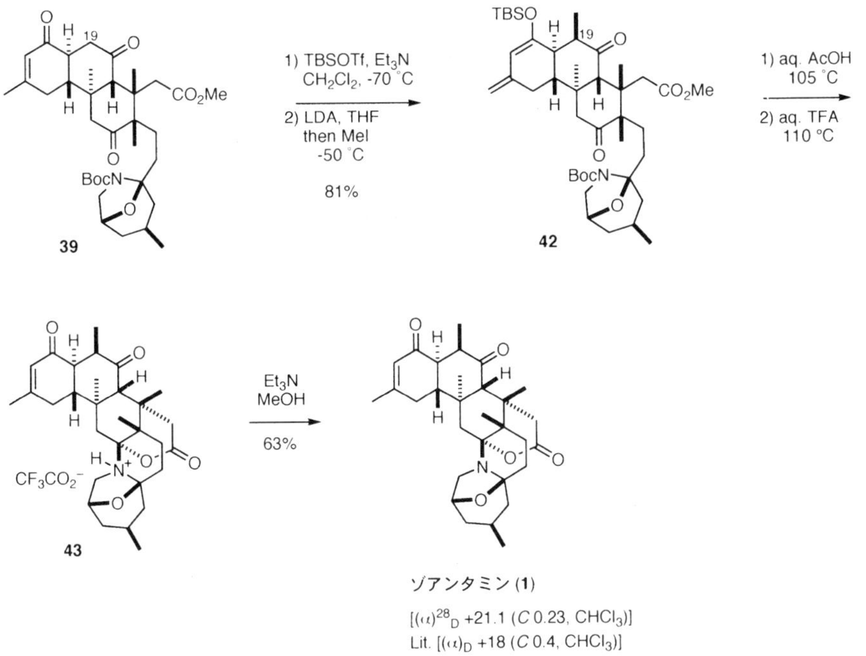

図14　ゾアンタミン（1）の全合成

後にゾアンタミンに導く合成ルートである。最初にノルゾアンタミン（2）のC19位にメチル基を導入するルートについて検討したが，良い結果は得られなかった。その理由は，図1に示すようにノルゾアンタミン（2）の構造が立体的に非常に混んでおり，ABC環に大きな立体ひずみがかかっているためと考えられる。そこで，ノルゾアンタミンの合成中間体に予めメチル基を導入した後にゾアンタミンに導く合成ルート（図14）を検討した。その結果，後者のルートによりゾアンタミン（1）の全合成を達成することができた。すなわち，A環に二重結合を導入したエノン39をトリエチルアミンの存在下でTBSOTfと反応すると，定量的にジエノールシリルエーテル42を与え，これをLDAとヨウ化メチルを用いてメチル化反応を行うと，メチル基がC19位に立体選択的に導入され，目的の42が81％の収率で得られた。42から二段階を経てビスアミノアセタール化を行い，最後にトリフルオロ酢酸を除去してゾアンタミン（1）の全合成を達成した。合成品は天然のゾアンタミンと全ての点で一致した。なお，本合成は原料の（*R*)-5-メチルシクロヘキセノン（3）から43工程，全収率2.2％であり，各工程の平均収率は91％である。

このようにして，ノルゾアンタミン（2）およびゾアンタミン（1）の最初の全合成を達成するとともに，ゾアンタミン系アルカロイドの非常に効率的な化学合成ルートを開発することができた。

3.2　小林らによるノルゾアンタミンの不斉全合成[8]

3.2.1　ゾアンタミン系アルカロイドに共通する環状アミノアセタール骨格（CDEFG 環）の合成[9]

ゾアンタミン系アルカロイドに特徴的な二組の環状アミノアセタール構造（DEFG 環）は，生物活性の発現に必須の部位であると同時に，全合成においてもそれらの立体選択的構築が最重要課題の一つである。小林らは，ゾアンタミン系アルカロイドに共通するビスアミノアセタール骨格（CDEFG 環）の合成にいち早く注目し，図 15 に示す独自の合成法を見出した。すなわち，(+)-Wieland-Miescher ケトンから 10 工程を経て合成したアルデヒド 44 と D-グルタミン酸から 17 工程を経て合成したスルホン 45 との Julia カップリングを行い，重要前駆体となる 46 を合成した。46 はモデル化合物であるが，ゾアンタミン系アルカロイドの二組の環状アミノアセタール構造を構築するために必要な全ての不斉中心と官能基を備えている。各種の条件でアミノアセタール化を検討した結果，46 を含水酢酸中で 100℃ に加熱した後，無水硫酸ナトリウムを加えるとビスアミノアセタール化が進行し，目的の生成物 47 が高収率で得られることを見出した。これらの知見はゾアンタミン系アルカロイドに共通する DEFG 環の合成に重要な情報を提供している。

3.2.2　ノルゾアンタミンの不斉全合成[8]

上記の知見をふまえ，小林らは独自の合成戦略に基づくノルゾアンタミン（2）の全合成研究に着手した。まず，最重要課題である C 環上の 3 個の四級不斉炭素を，図 16 の合成ルートに従って，立体選択的に構築した。すなわち，出発原料の（−)-Hajos-Parrish ケトンに Gilman 試

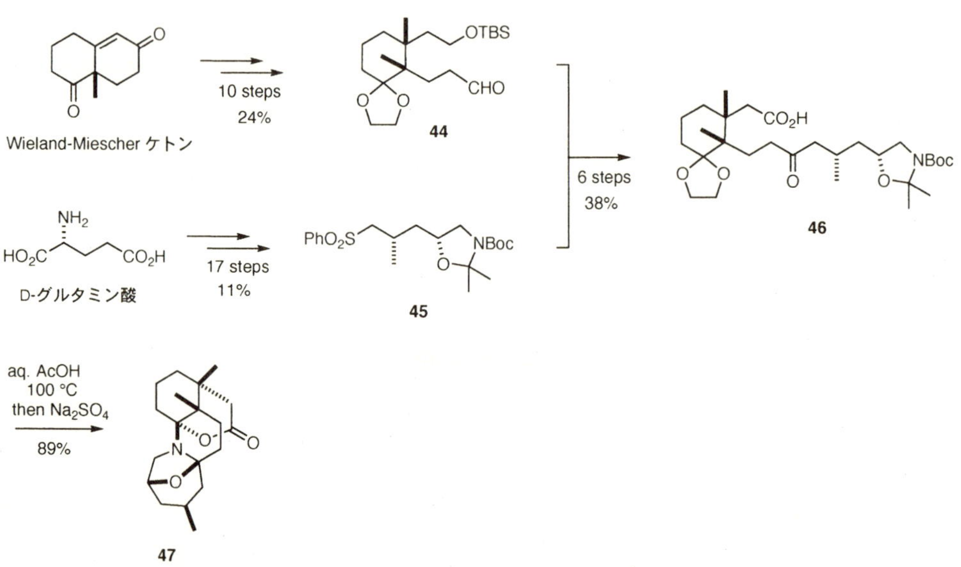

図 15　小林らによる CDEFG 環（ビスアミノアセタール構造）の合成

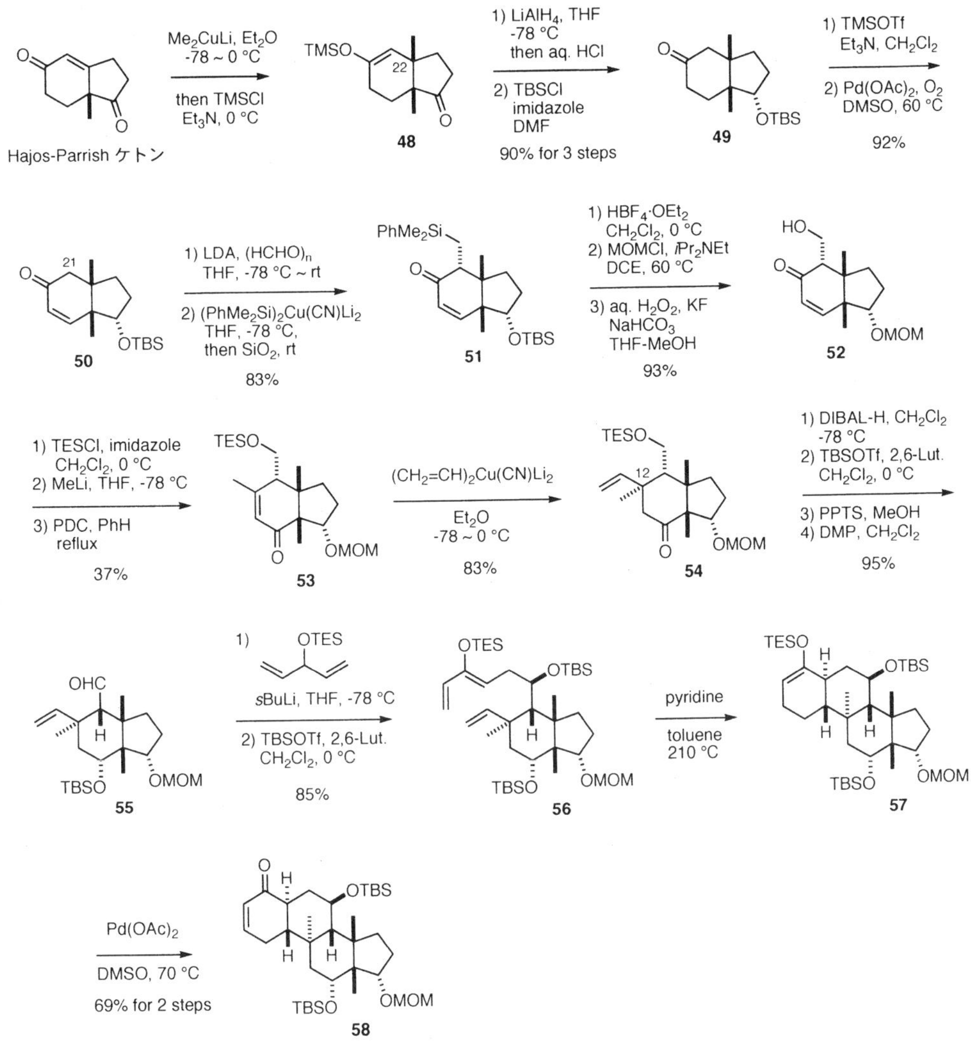

図 16　小林らによる 4 環性化合物（58）の合成

薬を反応すると，付加反応は立体障害の少ない β 側から選択的に起こり，望む立体化学を有するケトン 48 が得られた。48 を水素化アルミニウムリチウムで還元すると，単一の α-アルコールを与え，これを TBS 基で保護してシリルエーテル 49 へ導いた。ケトン 49 をシリルエノールエーテルへ変換後，三枝反応を用いてエノン 50 を合成した。

AB 環を形成するために必要な C 21 位へのヒドロキシメチル基の導入は，以下のようにして行った。まず，50 の C 21 位へエキソメチレンを導入後，有機銅試薬を用いた共役付加反応によりフェニルジメチルシリル基を有するケトン 51 を立体選択的に合成した。ついで，$HBF_4 \cdot OEt_2$ を用いてフェニルジメチルシリル基をフルオロジメチルシリル基へ変換したが，この際 TBS 基も同時に除去されるので，生じた二級水酸基をメトキシメチル基で保護した後に玉尾—Fleming酸化を行い，目的のヒドロキシエノン52を高収率で得ることができた。続いて，C12位の四級炭素の構築を行った。まず，52の水酸基をTES基で保護した後，メチルリチウムの1,2-付加で生じた三級アルコールをPDCで酸化すると，アリルアルコールの転位を伴った酸化反応が進行し，望む生成物53が得られた。エノン53に対するビニル銅試薬の共役付加は，期待通りβ面から進行し，望む立体化学を有するケトン54が高選択的に生成した。このようにして，5員環と6員環がシスに縮環した2環性化合物（シス—インデノン）への有機銅試薬の立体選択的共役付加反応を二度利用することにより，合成の早い段階でC環上の3個の四級不斉炭素を立体選択的に構築することができた。

本合成のキーステップであるAB環（トランスデカリン）の合成は，分子内Diels-Alder反応を利用して行われた。すなわち，54から①ケトンの還元，②生じた二級水酸基のTBS基による保護，③TES基の除去，④一級アルコールのアルデヒドへの酸化，を経て合成したアルデヒド55に対し，シロキシジエニルアニオンを付加すると，単一の生成物が得られ，生じた二級水酸基をTBS基で保護してDiels-Alder反応の前駆体となるトリエン56を合成した。このようにして得られた56をピリジン存在下，トルエン中で210℃に加熱すると，分子内Diels-Alder反応が速やかに進行し，望む立体化学を有する四環性化合物57が高選択的に得られた。粗生成物をそのまま三枝反応に付し，目的の4環性化合物58の合成を完了した[8a)]。

ノルゾアンタミン（2）の合成に必要な官能基を備えた4環性化合物を入手できたので，次にA環部へのメチル基の導入および5員環の酸化的開裂とそれに続くアミノアセタール側鎖の導入を行った（図17）。まずエノン58に対し，Gilman試薬を用いて共役付加反応を行った後，生じたケトンを$NaBH_4$で還元するとβ-アルコール59が立体選択的に生成した。なお，Gilman試薬による共役付加は予想通りβ-面から一方的に起こり，メチル基がアキシアル結合したケトンが単一物として得られた。59から3工程の官能基変換を経てケトン60へ導いた。興味深いことに，ケトン60のエノールシリル化はカルボニル基の立体障害のためブチルリチウムを塩基として用いた場合にのみ進行し，生じたTMSエノールエーテルをオゾン酸化すると，ヒドロキシケトン61を選択的に与えた。さらに61をベンゼン—メタノール混合溶媒中，四酢酸鉛で酸化したところ，驚くべきことに予想した生成物とは異なり，エステル基とホルミル基が入れ替わった化合物62が選択的に得られた。

ノルゾアンタミン（2）の全合成に向け残された課題は，アミノアセタールセグメントとのカップリングおよびビスアミノアセタール化によるDEFG環の構築である。まず，アミノアセタール側鎖の導入を以下のようにして行なった。すなわち，62から3工程でアルデヒド63へ導き，別途合成したアミノアセタールホスホン酸エステルとのHorner-Emmons反応を行い，エノン

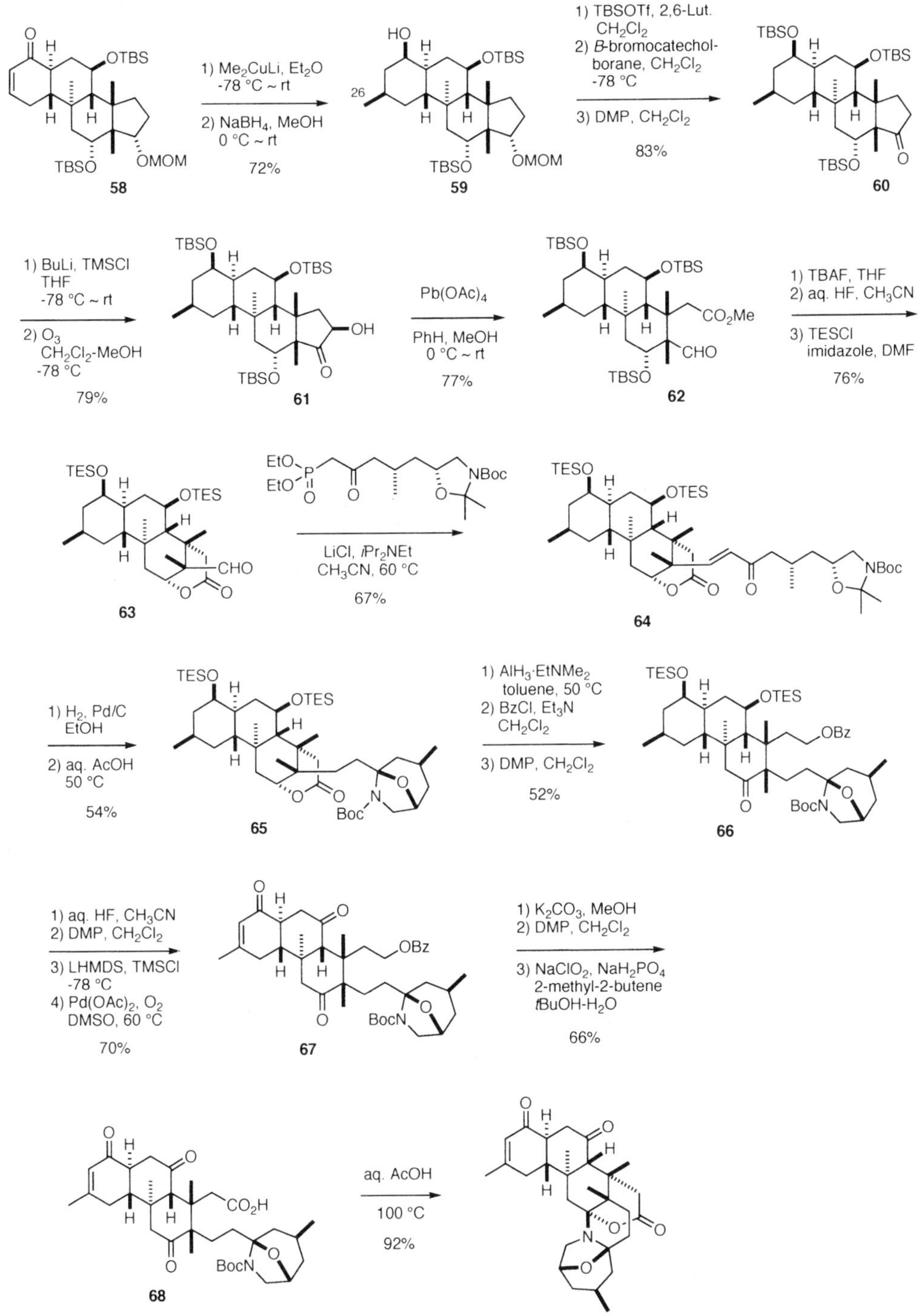

ノルゾアンタミン (**2**)

図 17　小林らによるノルゾアンタミンの全合成

64を合成した。64の二重結合を還元後，著者らの合成と同様に酢酸水溶液を用いて50℃でアセタール化（FG環の形成）を行い，65へ導いた。つぎにAlH_3・$EtNMe_2$を用いてラクトンを還元後，一級水酸基の選択的保護と二級水酸基の酸化を行ないケトン66を合成した。さらに66からTES基の除去，二級水酸基の酸化，三枝反応によるA環部への二重結合の導入を経てトリケトン67へ変換し，67から3工程を経て環化前駆体のケトカルボン酸68へ導いた。最後に，モデル化合物のアミノアセタール化（図15）で得られた知見を基に，ケトカルボン酸68を含水酢酸中で100℃に加熱してビスアミノアセタール化を行い，ノルゾアンタミン（2）の全合成を達成した[8b)]。

このように小林らは，(−)-Hajos-Parrishケトンから47工程でノルゾアンタミン（2）の全合成を達成しており，合成上のキーポイントとして，①2環性化合物（シス―インデノン）の立体化学を有効に利用したC環上の3個の不斉炭素の立体選択的構築，②分子内Diels-Alder反応を利用したAB環（トランスデカリン骨格）の立体選択的合成，③5員環の酸化的開裂によるエステルアルデヒド62の合成，および④ビスアミノアセタール化によるDEFG環の合成，などが上げられる。

3.3 その他のゾアンタミン系アルカロイドの合成研究

3.3.1 ノルゾアンタミンのAB環の合成[10)]

Williamsらは，図18に示すように，69から16工程を経て合成した光学活性なアルデヒド71にHenry反応を行い，トリエン72へ導き，72の分子内Diels-Alder反応をキーステップとしてノルゾアンタミンのAB環に相当する74の合成を行った。

3.3.2 ノルゾアンタミンのABC環の合成

Theodorakisらは，2-メチル-1,3-シクロヘキサンジオンとNazarov試薬の縮合反応により得

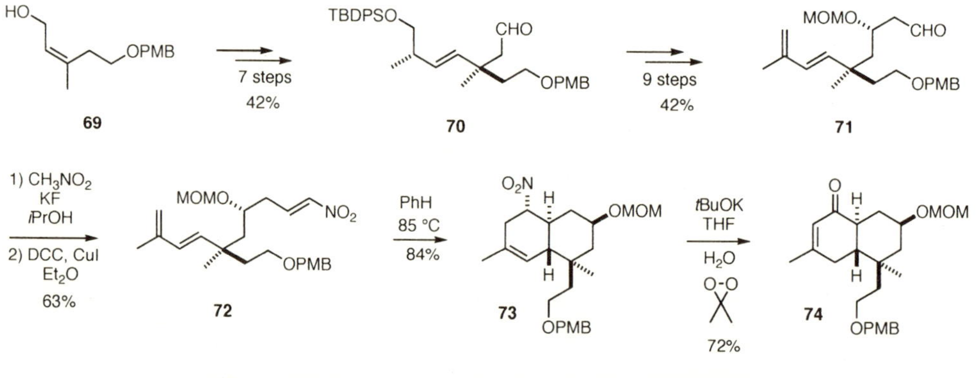

図18　Williamsらによるノルゾアンタミンのフェニル AB環の合成

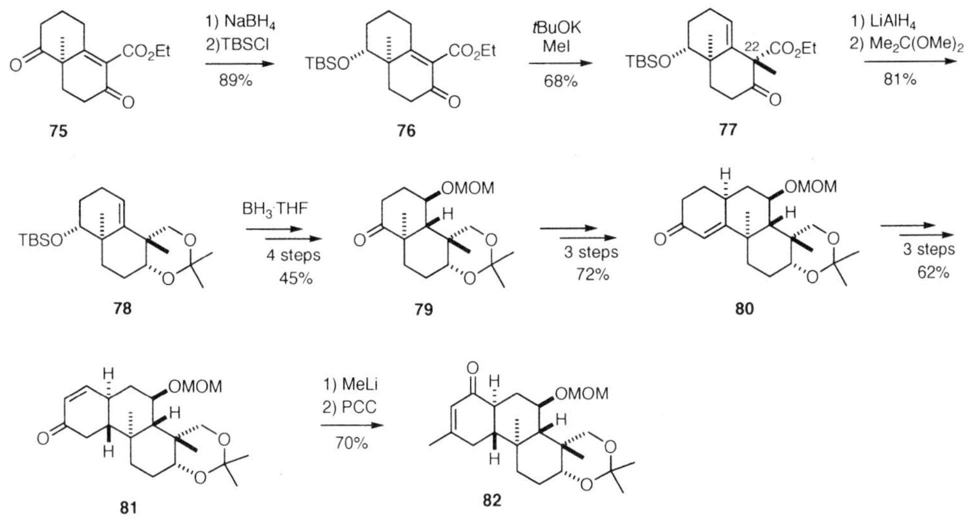

図19　Theodorakis らによるノルゾアンタミンの ABC 環の合成

られる 75 を出発原料とし，2工程を経て 76 へ導いた後，メチル化を行いノルゾアンタミンの C 22 位の四級炭素を立体選択的に構築した（図19）。さらに 78 のヒドロホウ素化および 79 の Robinson 環化反応などをキーステップとして，75 から 17 工程を経てノルゾアンタミンの C 環上の 2 個の四級炭素を含む ABC 環のラセミ体 82 の合成を行った[11)]。

一方，Tanner らのグループは図20に示すように，(−)-イソカルボンから 8 工程を経て合成した 83 とビニルスズフラグメントとの Stille カップリングを行い，トリエン 84 を合成した後，Diels-Alder 反応により三環性の 85 を立体選択的に得た[12)]。さらに 85 から誘導したアルデヒド 87 とアミノアセタールフラグメント 88 とのカップリングを行い，アミノアルコール鎖を有する光学活性な三環性化合物 89 を合成している。今後，89 の C 環上の 2 個の四級不斉炭素の立体選択的構築が全合成上の課題となる。

3.3.3　ゾアンテノールの ABC 環の合成[13)]

Stolz らは，図21に示すように，S_N' 型の分子内 Friedel-Crafts アルキル化反応を鍵反応に用いてゾアンテノールの ABC 環の合成を行った。すなわち，2,6-ジメチルフェノールから調製した 90 を出発原料とし，3 工程を経て合成した不飽和アルデヒド 91 と Grignard 試薬 92 とのカップリングを行い，アリルアルコール 93 を得た。93 をトリフルオロ酢酸中で熱すると，分子内 Friedel-Crafts アルキル化反応が進行し，C 12 位のメチル基が望む α 配置に立体制御された 3 環性化合物 94 が得られた。さらに 94 から 7 工程を経て合成したエポキシド 97 に対し，塩化マグネシウムを用いる 1,2-ヒドリド転位を利用して，3 連続不斉中心の立体化学を制御したゾアンテノールの ABC 環部の合成に成功した。

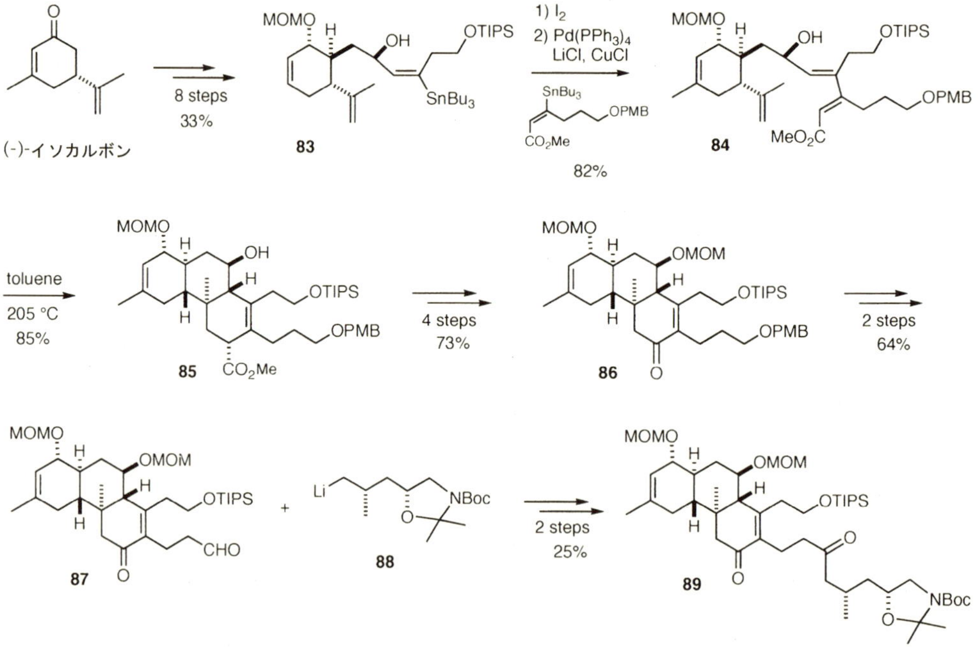

図 20　Tanner らによるノルゾアンタミンの ABC 環の合成

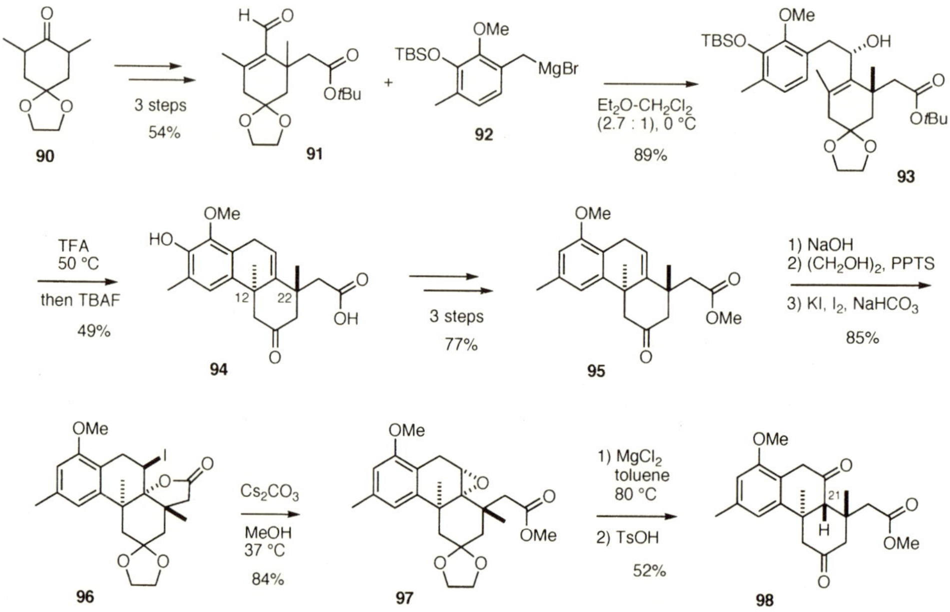

図 21　Stolz らによるゾアンテノールの ABC 環の合成

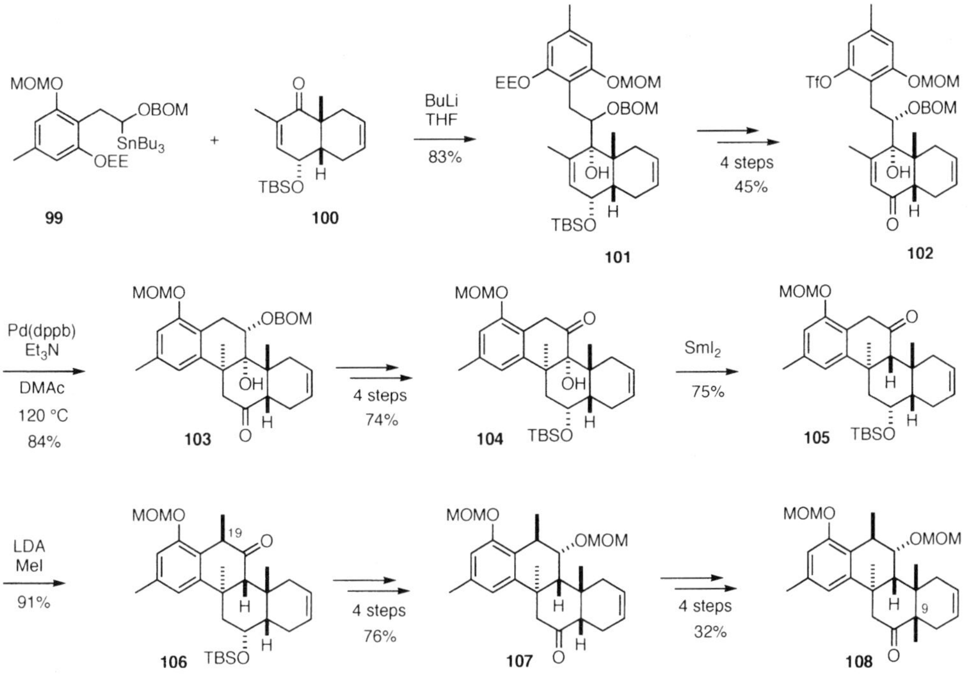

図22　平間らによるゾアンテノールのABCD環の合成

3.3.4　ゾアンテノールのABCD環の合成[14)]

平間らは，図22に示すように，99と100とのカップリング反応および102の分子内Heck—溝呂木反応をキーステップとするゾアンテノールの斬新な合成ルートを考案し，C環上に2個の四級炭素を有する四環性化合物105を立体選択的に合成した。さらに，105のメチル化によりC19位のメチル基を立体選択的に導入するとともに，107のメチル化を行いC9位の四級不斉炭素を構築し，ゾアンテノールの全合成に必要な立体化学と官能基を備えたABCD環108の合成に成功している。今後，アミノアルコール鎖の導入および二組のアミノアセタール構造の構築がゾアンテノールの全合成上の重要課題となる。

4　おわりに

以上，ゾアンタミン系アルカロイドの合成研究について最新の成果を交えながら紹介したが，ノルゾアンタミン（2）およびゾアンタミン（1）の効率的な全合成が達成されるとともに，内外で活発な合成研究が展開されており[15)]，今後，ゾアンタミン系アルカロイドの作用機序の解明や構造活性相関ならびに骨粗鬆症治療薬の開発に弾みがつくものと期待される。

文　　献

1) C. B. Rao, A. S. R. Anjaneyula, N. S. Sarma, Y. Venkatateswarlu, R. M. Rosser, D. J. Faulkner, M. H. M. Chen, J. Clardy, *J. Am. Chem. Soc.*, **106**, 7983–7984 (1984)

2) C. B. Rao, A. S. R. Anjaneyula, N. S. Sarma, Y. Venkatateswarlu, R. M. Rosser, D. J. Faulkner, *J. Org. Chem.*, **50**, 3757–3660 (1985)

3) (a) S. Fukuzawa, Y. Hayashi, D. Uemura, A. Nagatsu, K. Yamada, Y. Ijuin, *Heterocycl. Commun.*, 1, 207–214 (1995); (b) M. Kuramoto, K. Hayashi, Y. Fujitani, K. Yamaguchi, T. Tsuji, K. Yamada, Y. Ijuin, D. Uemura, *Tetrahedron Lett.*, **38**, 5683–5686 (1997)

4) (a) K. Yamaguchi, D. Uemura, T. Tsuji, *BIO INDUSTRY*, **14**, 13–20 (1997); (b) M. Kuramoto, K. Hayashi, K. Yamaguchi, M. Yada, T. Tsuji, D. Uemura, *Bull. Chem. Soc. Jpn.*, **71**, 771–779 (1998); (c) M. Kuramoto, T. Chou, D. Uemura, *J. Synth. Org. Chem. Jpn.*, **57**, 105–115 (1999)

5) M. Sakai, M. Sasaki, K. Tanino, M. Miyashita, *Tetrahedron Lett.*, **43**, 1705–1708 (2002)

6) M. Miyashita, M. Sasaki, I. Hattori, M. Sakai, K. Tanino, *Science*, **305**, 495–499 (2004)

7) F. Yoshimura, M. Sasaki, I. Hattori, K. Komatsu, M. Sakai, K. Tanino, M. Miyashita, *Chem. Eur. J.*, **15**, 6626–6644 (2009)

8) (a) Y. Murata, D. Yamashita, K. Kitahara, Y. Minasako, A. Nakazaki, S. Kobayashi, *Angew. Chem. Int. Ed.*, **48**, 1400–1403 (2009); (b) D. Yamashita, Y. Murata, N. Hikage, K. Takao, A. Nakazaki, S. Kobayashi, *Angew. Chem. Int. Ed.*, **48**, 1404–1406 (2009)

9) N. Hikage, H. Furukawa, K. Takao, S. Kobayashi, *Chem. Pharm. Bull.*, **48**, 1370–1372 (2000)

10) D. R. Williams, T. A. Brugel, *Org. Lett.*, **2**, 1023–1026 (2000)

11) S. Ghosh, F. Rivas, D. Fischer, M. A. Gonzalez, E. A. Theodorakis, *Org. Lett.*, **6**, 941–944 (2004)

12) M. Juhl, R. Monrad, I. Sotofte, D. Tanner, *J. Org. Chem.*, **72**, 4644–4654 (2007)

13) D. C. Behenna, J. L. Stockdill, B. M. Stoltz, *Angew. Chem. Int. Ed.*, **46**, 4077–4080 (2007)

14) G. Hirai, H. Oguri, M. Hayashi, K. Koyama, Y. Koizumi, S. M. Moharram, M. Hirama, *Bioorg. Med. Chem. Lett.*, **14**, 2647–2651 (2004)

15) ゾアンタミン系アルカロイドの単離，生物活性および合成に関する総説が最近 Stoltz らにより報告されている。D. C. Behenna, J. L. Stockdill, B. M. Stoltz, *Angew. Chem. Int. Ed.*, **47**, 2365–2386 (2008)

第Ⅳ編
環状エーテルおよびペプチド
生物活性天然物

第 14 章

海洋産ポリエーテル系天然物 ブレベトキシン B の全合成

中田　忠　東京理科大学 理学部 教授

1　はじめに

メキシコ湾で多発する赤潮の原因種である渦鞭毛藻 *Gymnodinium breve* の毒ブレベトキシン B（**1**）が 1981 年に中西，Clardy らによって初めて単離，構造決定[1]されて以来，ヘミブレベトキシン B（**2**），ガンビエロール（**3**），マイトトキシン（**4**）など多くの海洋産ポリエーテル系天然物が単離されている（図 1）[2]。これらの天然物は，エーテル環が梯子状に *trans*-縮環した特異な化学構造を持ち，また生体内のイオンチャネルに結合し強い神経毒性を示すなど顕著な生物活

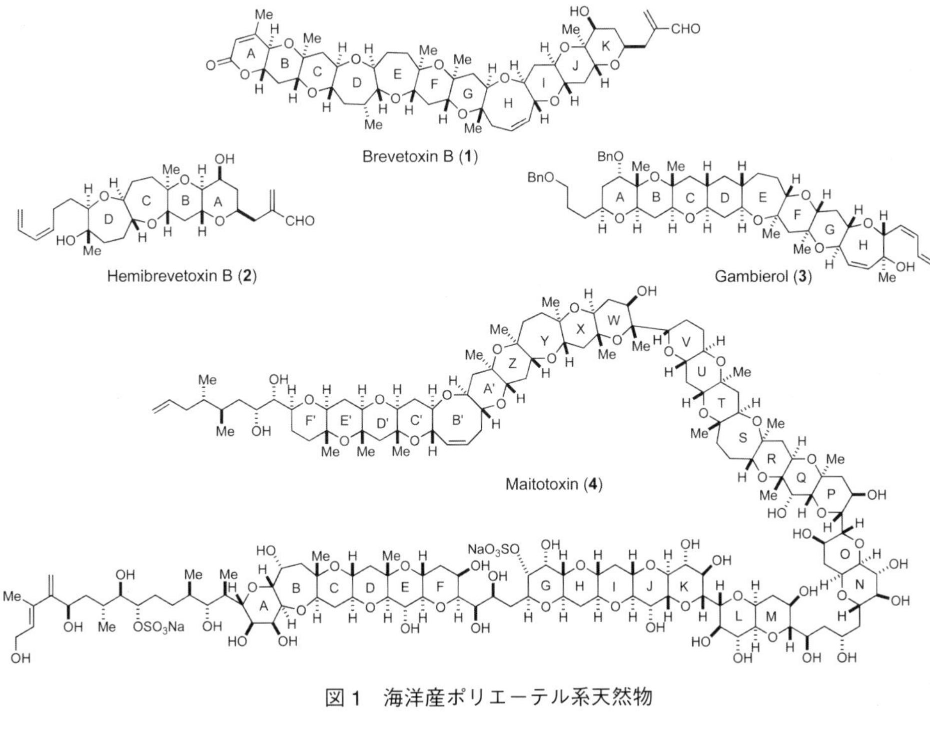

図 1　海洋産ポリエーテル系天然物

性を有しており，薬理学的および合成化学的両面において大きな注目を集めている[3)]。

これら天然物を合成するためには，高効率的なポリエーテル合成法の開発が必要である。我々は環拡大反応を開発し[4)]，そのダブル環拡大反応を基盤としてヘミブレベトキシンB（2）の全合成を達成した[5)]。しかし，ブレベトキシンB（1）のようなより大きなポリエーテル系天然物を合成するためには，さらに高効率的合成法が必要であった。そこで，我々は新たな合成法の開発研究を展開し，SmI_2による還元的環化反応を基盤とするポリエーテル合成法を開発した。本章では，これらの合成法およびそれを駆使した海洋産ポリエーテル系天然物ブレベトキシンB（1）の全合成について紹介する。

2　SmI_2環化反応によるポリエーテル合成法の開発

SmI_2を用いるラジカル還元的分子内環化反応を基盤として，ポリエーテルを効率的に構築する繰返し型合成法を開発した（図2）[6)]。出発基質アルコール5を*N*-methyl morpholine（NMM）存在下，ethyl propiolateとのヘテロMichael反応でβ-アルコキシアクリレートとし，MeIによる脱チオアセタール化によりアルデヒド6を合成した。これにTHF中，MeOH存在下0℃にてSmI_2（2当量）を作用させると，望む2,6-*syn*-2,3-*trans*-テトラヒドロピラン環が構築され，2環性エーテル7を単一生成物として高収率で得ることができた。

この立体選択的反応は，次の様に説明できる（図3）。まず，アルデヒド6のSmI_2による1電

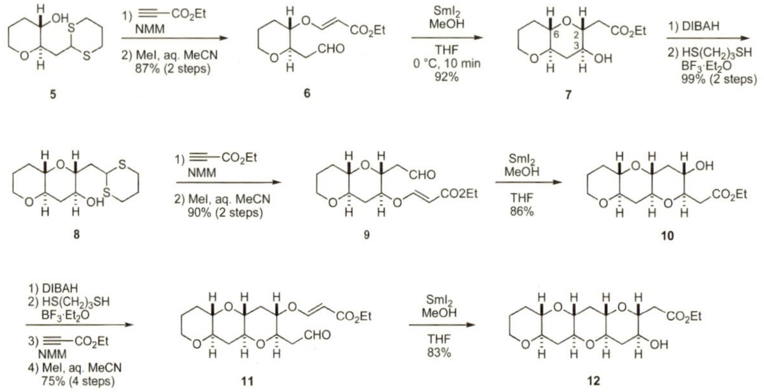

図2　ポリエーテルの繰返し型合成

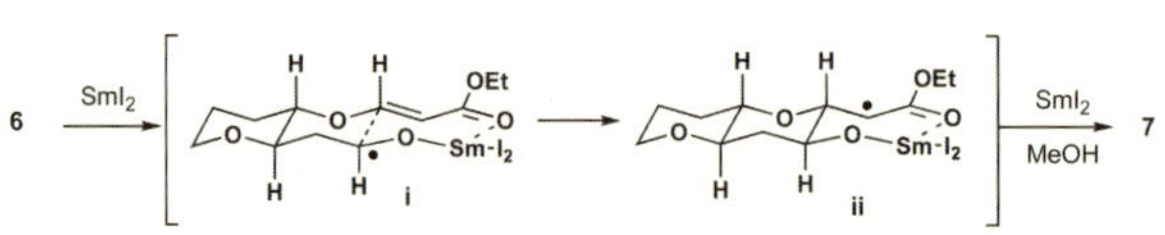

図3　立体選択的なSmI_2環化の反応機構

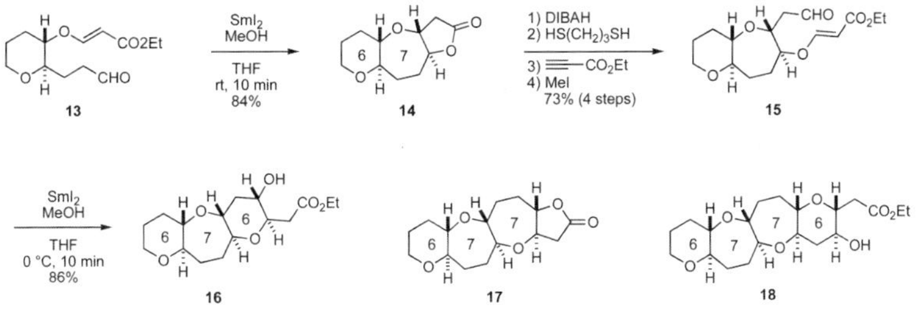

図4　7員環を含む *trans*-縮環ポリエーテルの合成

子還元でケチルラジカルが生成し，Sm(Ⅲ) とエステルとのキレーション遷移状態 i を経て立体選択的にC–C結合が形成され ii が生成する。ついで，エステルの α-位ラジカルが2当量目の SmI_2 で1電子還元されアニオンとなり，それが反応系内の MeOH によりプロトン化され 7 が生成したと考えられる。

ついで，本合成法が繰返し可能であることを実証した。すなわち，エステル 7 を DIBAH 還元でアルデヒドとし，チオアセタール化に付すと出発基質 5 に相当する 8 に変換することが出来た（図2）。さらに同様な反応を繰返すことにより，3環性エーテル 10 および4環性エーテル 12 を立体選択的かつ高収率で得ることができた[6a)]。ここに，極めて効率的な繰返し型ポリエーテル合成法が開発された。

本反応は7員環エーテルの構築にも有効である（図4）。アルデヒド 13 に室温下 SmI_2 を作用させると環化反応が進行し，オキセパン 14 を立体選択的に得ることができた。生成物が7員環エーテルの場合は，側鎖エステルはラクトン化する。前記と同様な反応を繰返し，アルデヒド 15 に導き，その SmI_2 環化で 6-7-6 員環エーテル 16 を得ることができた。本合成法により，6-7-7 員環エーテル 17 および 6-7-7-6 員環エーテル 18 も効率的に合成できる[6b)]。

海洋産ポリエーテル系天然物には核間メチル基も多く存在する。そこで，本手法が核間メチル基を有するエーテル環 20 の構築に有効かを検討した（図5）。すなわち，A，B，C，および D の位置にメチル基を有する 19 a–d の SmI_2 環化反応が，求める *syn*-*trans*-エーテル環 20 a–d をそれぞれ生成するかを検討した。その結果，反応基質 19 a–c の反応で，それぞれ *syn*-*trans*-エ

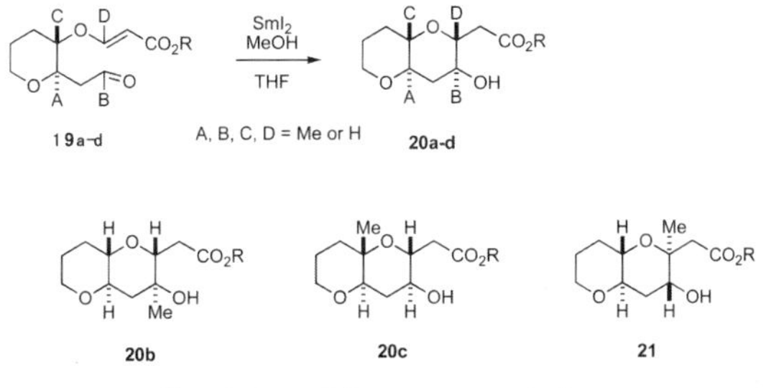

図5　メチル基を有する環状エーテルの合成

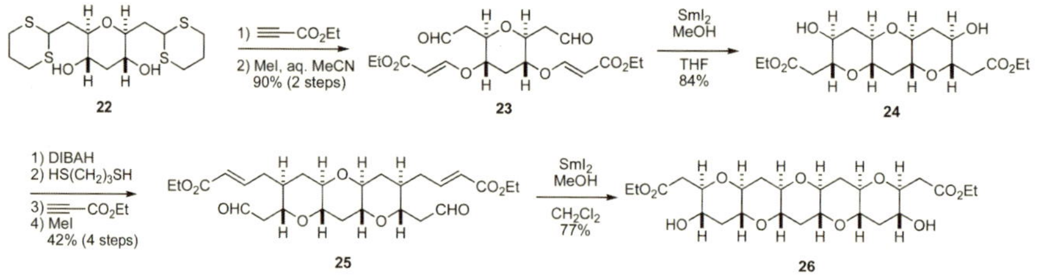

図6　ポリエーテルの2方向型合成

ーテル環20a-cを立体選択的に得ることができた。一方，19d（A, B, C = H, D = Me）の場合は，同様な反応条件では反応がまったく進行せず，HMPAを加えることで初めて反応が進行した。しかし，求める*syn-trans*-体20dではなく*anti-trans*-体21が生成した[6c, d]。

また本手法は，左右両末端でのダブル環化反応が可能であり，2方向型合成戦略で*trans*-縮環ポリエーテル26を極めて効率的に合成ができる（図6）。

以上，SmI_2を用いる環化反応は種々のタイプのエーテル環を容易に合成できることから，ポリエーテルの一般的合成法として極めて有効である。実際，本手法は，他グループによってもエーテル環構築に有効に利用されている。我々は本手法を用いて，ブレベトキシンB（1）の全合成を展開することとした。

3　ブレベトキシンBの全合成

ブレベトキシンB（1）は，6，7および8員環エーテルが*trans*-縮環した11環性エーテル構造を持ち，また生体内のNaイオンチャネルに特異的に結合し，強い神経毒性を示すなど顕著な生物活性を有している。ブレベトキシンBの単離，構造決定の報告以来，Nicolaouグループは精力的に先駆的研究を展開し，12年の努力の末，1995年にその最初の全合成を達成した[7]。Nicolaouらは，彼らの開発したビニルエポキシドのエンド環化反応[8]を含む各種反応を駆使して，左半分ABCDEFG環およびIJK環を合成し，両者のWittig反応によるカップリングを経てその全合成に成功している。

3.1　合成計画

我々もNicolaouらと同様な位置でのWittigカップリングを経る全合成を計画し，左右セグメント27および28の合成は，我々の開発した反応を駆使して効率的に合成することを目指した（図7）。左セグメント27の合成において，我々はまず，D環α-メチル基の立体選択的導入の問題を解決しておきたかった。α-メチル基を有するD環を出発とすると，左右のC環およびE環

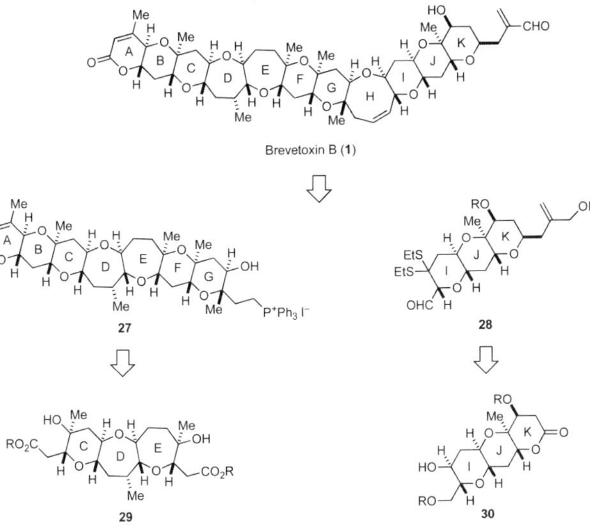

図 7　合成計画

が，6 および 7 員環の違いはあるが，同様な官能基を有する構造であることがわかる。従って，まず D 環を合成後，C 環および E 環を一挙に構築する 2 方向型合成戦略を展開することとした。また，右セグメント IJK 環は I 環，J 環，K 環を順次構築し，最後に側鎖 4 炭素を導入することとした。この側鎖 4 炭素の一挙導入は，我々は既にヘミブレベトキシン B（2）の全合成において開発している。

3.2　ABCDEFG 環の合成

合成計画に従い，まず D 環上のメチル基の立体選択的導入を検討した（図 8）。Tri-*O*-acetyl-D-glucal（31）より得たアルデヒド 32 のアルドール縮合を経て導いた α,β-不飽和ラクトン 33 へのメチル基導入を試みた。環状化合物でコンホメーションが固定されているため，期待通り，メチル基が不飽和ラクトンを axial 攻撃し，立体選択的に α-メチル体 34 が高収率で生成した。しかし，この合成ルートは，アルドール縮合の再現性，および Me_2CuLi を用いるメチル基導入反応が大量合成には不向きであり，より実用的合成法が必要となった。

そこで，我々はいくつかの別ルートを検討した。その一つとして，α,β-不飽和エステル 36 へのメチル基導入を検討した（図 9）。まず，tri-*O*-acetyl-D-glucal（31）にメタノール中，mont-

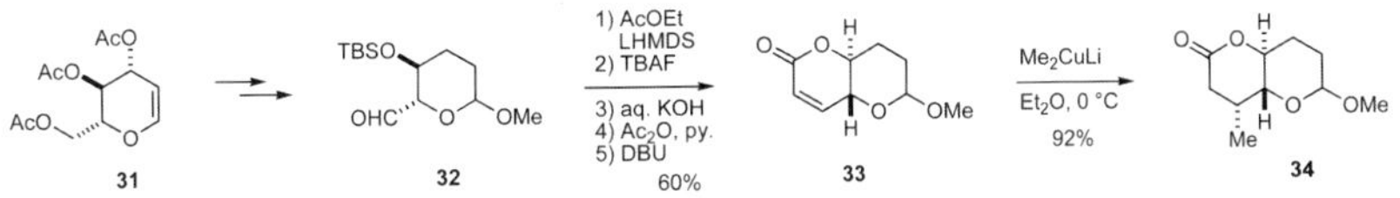

図 8　α,β-不飽和ラクトン 33 への α-メチル基導入

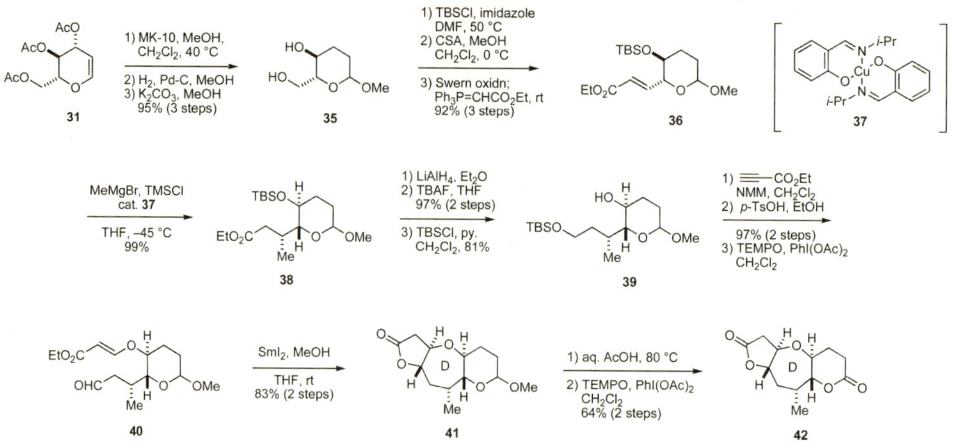

図9　D 環 42 の立体選択的合成

morillonite K-10（MK-10）を作用させ，2-メトキシ-3,4-オレフィンを得，接触還元後，メタノリシスでジオール 35 を得た。ついで，ジオール 35 を diTBS として保護後，CSA-MeOH で 1 級アルコールの TBS 基のみを除去し，Swern 酸化つづく Wittig 反応で α, β-不飽和エステル 36 に導いた。36 へのメチル基の導入を種々の条件で試みたが，反応は全く進行せず極めて困難なものであった。しかし，桑島らの開発したサレン銅触媒 37 の存在下，TMSCl と MeMgBr を作用させると[9]，−45℃ において速やかに Michael 付加反応が進行し，メチル基が導入された。また，その生成物は単一であり，さらに幸運なことに，目的の α-メチル基が立体選択的に導入され，望む 38 が生成していることがわかった。これは，α, β-不飽和エステル 36 の Ha および Hb のカップリング定数（$J=4.5$ Hz）から，そのコンホメーションは 36 a をとっており，かさ高い TBSO 基と逆側からメチル基が導入された結果と説明できる（図 10）。

エステル 38 を $LiAlH_4$ 還元し，TBAF で TBS 基を除去後，1 級水酸基を TBS で保護し 39 を得た。Ethyl propiolate とのヘテロ Michael 反応，*p*-TsOH-EtOH で TBS 基を除去し，TEMPO 酸化に付しアルデヒド 40 を得た。これを SmI_2 環化反応に付すと，期待通り求める *trans*-オキセパン-ラクトン 41（D 環）が単一生成物で得られた。ここで，左右官能基はラクトン，メチルアセタールと区別されており左または右にそれぞれ反応を進めることができる。しかし，我々はより効率的合成を行うために，左右 2 方向に同時に合成を展開することとした。そこで，41 の

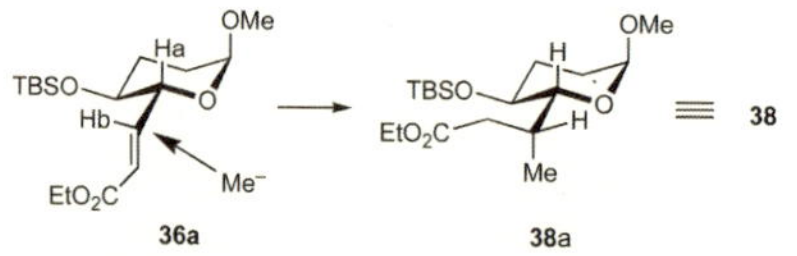

図 10　α, β-不飽和エステル 36 への α-メチル基導入の反応機構

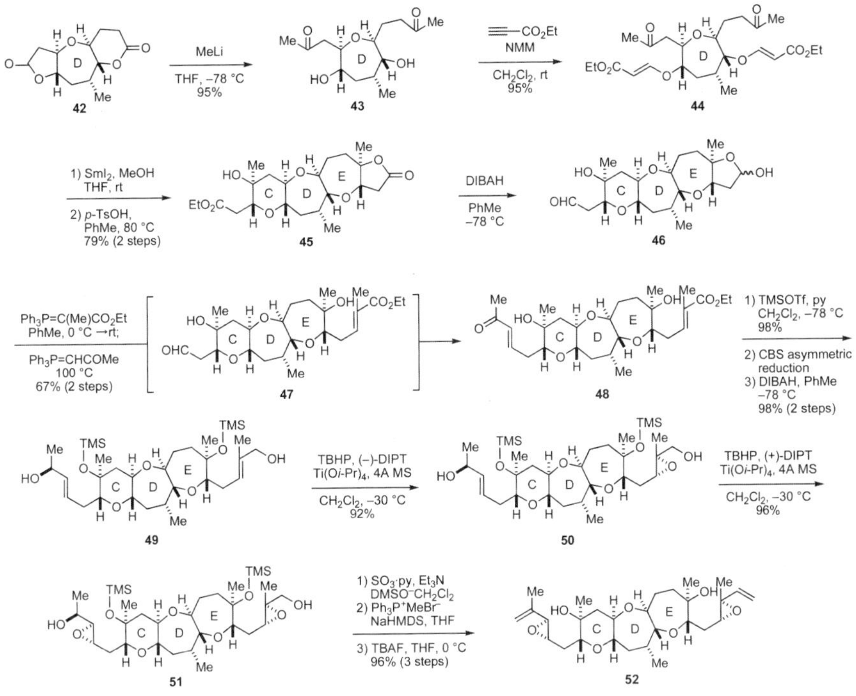

図11　CDE環の合成

アセタールの加水分解，TEMPO 酸化により，ビス（ラクトン）42 に導いた。本合成ルートにより中間体 42 の大量合成が可能となった。

ビス（ラクトン）42 に 2.4 当量の MeLi を作用させると，ダブルメチル化が進行し，ジケトン－ジオール 43 が生成した（図11）。ジオール 43 に NMM 存在下，ethyl propiolate を作用させると，ダブル Michael 反応がすみやかに進行し，求めるビス（アクリレート）44 を得ることができた。これに MeOH 存在下，SmI_2 を作用させると期待した左右ダブル環化反応が一挙に進行し，*trans*-縮環 CDE 環 45 が立体選択的に構築できた。ここで，エステル－ラクトン 45 を DIBAH 還元でアルコール―ラクトールとし，左右官能基を区別することとした。しかし，本還元反応は室温で行ってもアルデヒド―ラクトール 46 で反応が止まり，左エステルのアルコールまでの還元は困難であった。この問題は左アルデヒドと右ラクトールの Wittig 反応に対する反応性の差を見いだしたことから解決でき，左右官能基への位置選択的な反応展開が可能となった。すなわち，46 にトルエン中，$Ph_3P=C(Me)CO_2Et$ を室温で作用させると，右ラクトールが選択的に反応し 47 が生成した。そこで，その反応液にワンポットで $Ph_3P=CHCOMe$ を加え加熱すると，こんどは左アルデヒドと反応し，ケト―エステル 48 を効率的に得ることができた。さらに，48 の左右 3 級水酸基を TMS で保護後，ケトンを CBS 不斉還元で *β*-アルコールとし，エステルの DIBAH 還元で，ビス（アリルアルコール）49 に変換した。この 2 級水酸基の立体化学

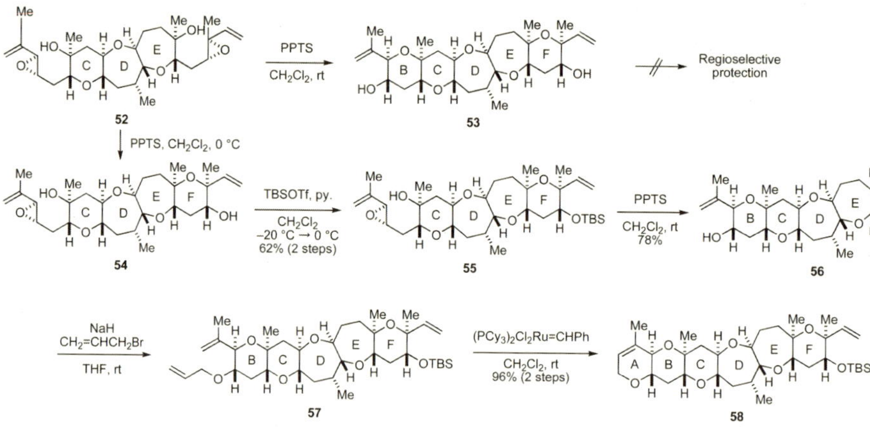

図 12　ABCDEF 環の合成

は，つづく Sharpless 不斉エポキシ化反応[10]のマッチドペアである。ビス（アリルアルコール）49 を（−)-DIPT を用いて *t*-BuOOH（TBHP）を作用させると，右アリルアルコールがエポキシ化され，α-エポキシド 50 が立体選択的に生成した。ついで，(+)-DIPT を用いて Sharpless 不斉エポキシ化を行うと左アリルアルコールがエポキシ化され α-エポキシド 51 が生成した。すなわち，連続的 Sharpless 不斉エポキシ化反応によりビス（α-エポキシド）51 を得ることができた。ビス（エポキシアルコール）51 の左右両サイドで同じ反応を遂行し，効率的に官能基変換を行った。すなわち，51 の左右アルコールを SO_3·py. 酸化でケトン―アルデヒドとし，Wittig 反応でメチレンを導入し，TBAF で両 TMS 基を除去しビス（ビニルエポキシド）52 に導いた。

ついで，B 環，F 環，および A 環の構築を検討した（図 12）。ビス（ビニルエポキシド）52 に室温下 PPTS を作用させるとダブル環化反応が進行し，BCDEF 環 53 が構築された。この左右の 2 級アルコールを位置選択的に保護することを種々検討したが，良い結果は得られなかった。しかし，この問題は，次の反応条件を見出し解決することが出来た。すなわち，52 を 0℃ で PPTS 処理すると，右側で位置および立体選択的エンド環化が進行し，F 環が構築され 54 が生成した。54 の水酸基を TBS 保護し 55 とした後，ついで室温で PPTS 処理すると，B 環が構築され BCDEF 環 56 を得ることができた。ここに，左右水酸基が区別された BCDEF 環 56 を合成できた。B 環水酸基をアリル化後，57 を Grubbs 第 1 世代触媒によるオレフィンメタセシス[11]に付すと，反応は速やかに進行し，A 環をエーテル環として構築でき，ABCDEF 環 58 を合成できた。

さらに，G 環構築を経て左セグメント 65 の合成を行った（図 13）。ABCDEF 環 58 の TBS 基を除去後，Wacker 酸化に付すとアルデヒド 59 を得ることができた。ついで，Wittig 反応で

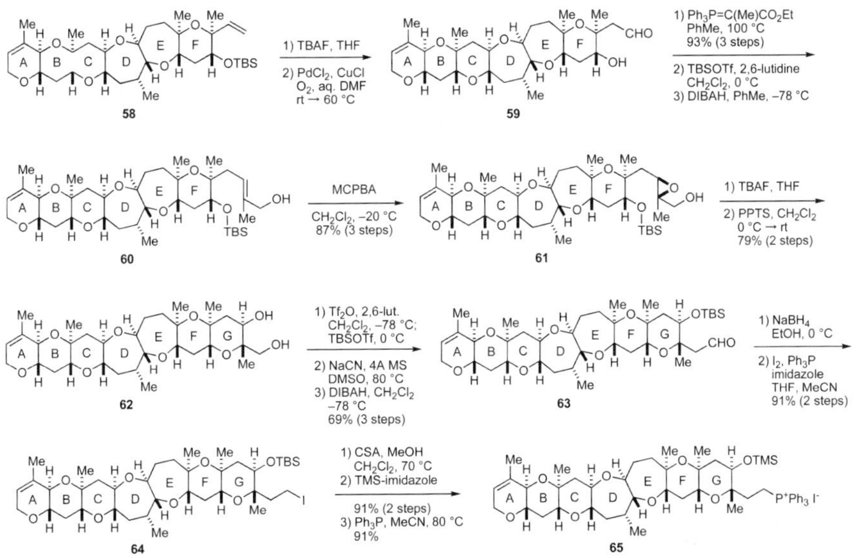

図13　左セグメントABCDEFG環の合成

α,β-不飽和エステルを導入後，F環水酸基をTBS保護，エステルをDIBAH還元しアリルアルコール60に導いた。これをMCPBA酸化に付すと立体選択的エポキシ化が進行し，β-エポキシド61を得た。TBAFでTBS基を脱保護し，PPTS処理すると6-エンド環化が進行しG環62が生成した。エポキシド61はメチル基を有しているので，ビニル基で活性化する必要がなく，望む6-エンド環化が進行した。アルコール62をワンポットでトリフラート化，シリル化した後，ニトリルを導入し，DIBAH還元でアルデヒド63に導いた。63を$NaBH_4$還元でアルコールとした後，ヨウ素化し64を得た。ついで，TBS基を除去し，TMS基に変換後，Ph_3Pを作用させ左セグメントABCDEFG環65をWittig試薬として合成した。

3.3　IJK環の合成

2-Deoxy-D-ribose（66）を出発原料としてIJK環アルデヒド（82）の合成を行った。66より67を経て導いたアルデヒド68をSmI_2環化反応に付し，I環69を立体選択的に構築した（図14）。エステル69をDIBAH還元，Wittig反応でα,β-不飽和エステル70とし，TBS保護後，DIBAH還元でアリルアルコール71に導いた。71のSharpless不斉エポキシ化でα-エポキシド72を得，TPAP酸化，Wittig反応でビニルエポキシド73を得た。脱TBS化後，PPTS処理による6-エンド環化反応でIJ環74を合成した。

さらに，アルコール74をブロモアセテートとした後，オレフィンのオゾン酸化でアルデヒド75を得た。これをSmI_2によるReformatsky型反応[12]に付すと，β-ヒドロキシラクトン76が

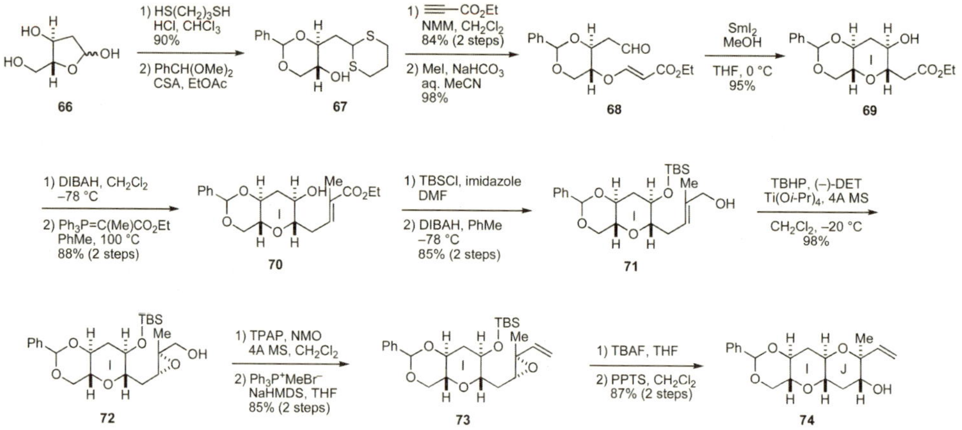

図 14　IJ 環の合成

立体選択的に得られた。ラクトン 76 の水酸基を TBS 保護後，DIBAH 還元，アセチル化でアセテート 77 に導いた。77 のベンジリデン基を接触還元で除去後，ピバロイル基で保護し 78 とした。これに TMSOTf 存在下，$CH_2=C(CH_2OAc)CH_2TMS$ を作用させると立体選択的に β-側鎖 4 炭素が導入できた。この際，一部 TBS 基が除去されたので，再度 TBS 化し 79 を得た。79 のアセテートを K_2CO_3-MeOH でメタノリシスし，生成した水酸基を TBDPS 基で保護，$LiAlH_4$ 還元でジオール 80 を得た。さらに，1 級水酸基を TBS 保護，2 級水酸基を TPAP 酸化しケトン 81 とした。ケトン 81 をチオアセタール化後，CSA-MeOH を作用させ 1 級 TBS 基を除去し，最後に SO_3·py. で酸化して右セグメント IJK 環アルデヒド 82 を合成した（図 15）。

3.4　ブレベトキシン B（1）の全合成

Nicolaou の手法に従い，ABCDEFG 環 65 と IJK 環 82 を Wittig 反応で結合し，シスオレフィンを得，PPTS-MeOH 処理で G 環 TMS 基を除去し，カップリング体 83 に導いた（図 16）。$AgClO_4$ を作用させ，*O,S*-アセタール 84 を得た後，AIBN 存在下 Ph_3SnH で還元し H 環を構築し，TBAF で TBDPS 基を除去し，ABCDEFGHIJK 環アルコール 85 に導いた。85 を PCC 酸化すると左右両末端が同時に酸化されラクトン—アルデヒド 86 を得ることができた。副生した 87 はもう一度 PCC 酸化に付すと 86 に変換できる。最後に，86 の TBS 基を除去しブレベトキシン B（1）を得ることができた。

以上，tri-*O*-acetyl-D-glucal（31）から最長ルート 59 工程，全 90 工程，平均収率 93% でのブレベトキシン B（1）の全合成を達成した。

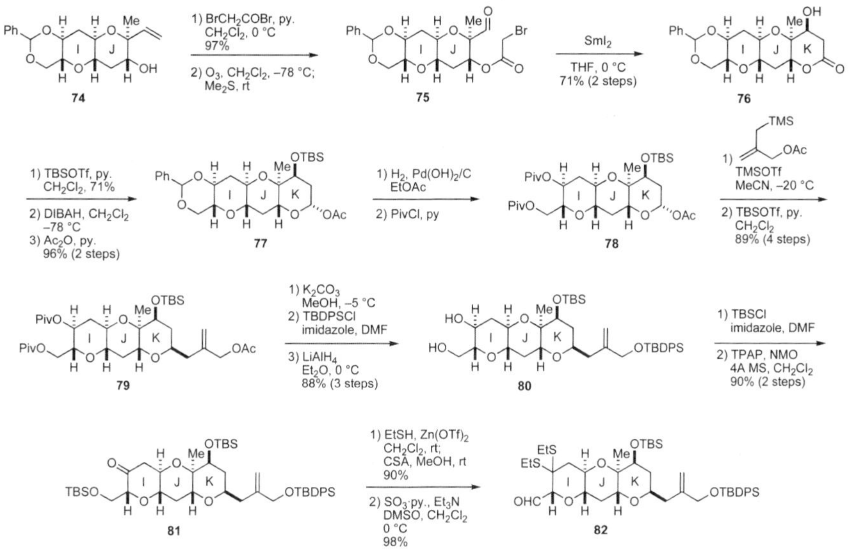

図 15　右セグメント IJK 環の合成

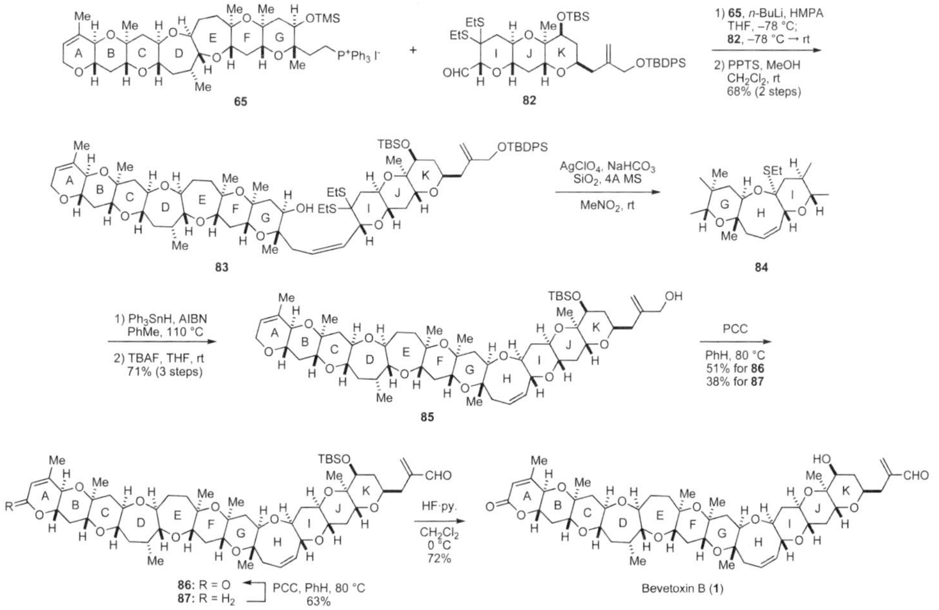

図 16　ブレベトキシン B（1）の全合成

4　おわりに

海洋産ポリエーテル系天然物の合成を目指して，SmI_2 を用いる環化反応によるポリエーテルの効率的かつ一般的合成法の開発に成功し，それを基盤としてブレベトキシン B（1）の全合成を達成した。

我々はさらにポリエーテル構築のために数種の収束的合成法を開発している[13]。またβ-アルコキシスルホンおよびスルホキシドのSmI_2環化反応を開発し[14]，環状エーテル立体異性体も合成可能となり，さらに特異なメチル基導入反応を開発し[15]，SmI_2環化で唯一合成できなかった環状エーテル**20 d**の合成も可能となった。

我々は現在，これら反応を基盤として海洋産ポリエーテル系天然物の全合成研究を展開し，ガンビエロール（**3**）の形式全合成を達成し，マイトトキシン（**4**）の合成研究を進展している[16,17]。これら開発した合成手法を基盤として，海洋産ポリエーテル系天然物の全合成研究，各種誘導体合成による生物活性発現機構の解明が進展することを期待している。

文　　献

1）Y. -Y. Lin, M. Risk, S. M. Ray, D. Van Engen, J. Clardy, J. Golik, J. C. James, K. Nakanishi, *J. Am. Chem. Soc.*, **103**, 6773（1981）

2）For reviews on marine polycyclic ethers, see：(a) T. Yasumoto, M. Murata, *Chem. Rev.*, **93**, 1897（1993）；(b) Y. Shimizu, *Chem. Rev.*, **93**, 1685（1993）；(c) P. J. Scheuer, *Tetrahedron*, **50**, 3（1994）；(d) M. Murata, T. Yasumoto, *Nat. Prod. Rep.*, 293（2000）；(e) T. Yasumoto, *Chem. Rec.*, **1**, 228（2001）

3）For reviews on synthetic studies, see：(a) T. Nakata, *Chem. Rev.*, **105**, 4314（2005）；(b) M. Inoue, *Chem. Rev.*, **105**, 4314（2005）；(c) K. C. Nicolaou, M. O. Frederick, R. J. Aversa, *Angew. Chem. Int. Ed.*, **47**, 7182（2008）

4）(a) T. Nakata, S. Nomura, H. Matsukura, *Tetrahedron Lett.*, **37**, 213（1996）；(b) N. Hori, K. Nagasawa, T. Shimizu, T. Nakata, *Tetrahedron Lett.*, **40**, 2145（1999）

5）(a) T. Nakata, S. Nomura, H. Matsukura, M. Morimoto, *Tetrahedron Lett.*, **37**, 217（1996）；(b) M. Morimoto, H. Matsukura, T. Nakata, *Tetrahedron Lett.*, **37**, 6365（1996）

6）(a) N. Hori, H. Matsukura, G. Matsuo, T. Nakata, *Tetrahedron Lett.*, **40**, 2811（1999）；(b) N. Hori, H. Matsukura, T. Nakata, *Org. Lett.*, **1**, 1099（1999）；(c) G. Matsuo, N. Hori, T. Nakata, *Tetrahedron Lett.*, **40**, 8859（1999）；(d) K. Suzuki, H. Matsukura, G. Matsuo, H. Koshino, T. Nakata, *Tetrahedron Lett.*, **43**, 8653（2002）；(e) Y. Sakamoto, G. Matsuo, H. Matsukura, T. Nakata, *Org. Lett.*, **3**, 2749（2001）；(f) G. Matsuo, H. Kadohama, T. Nakata, *Chem. Lett.*, 148（2002）；(g) N. Hori, H. Matsukura, G. Matsuo, T. Nakata, *Tetrahedron*, **58**, 1853（2002）

7）(a) K. C. Nicolaou, E. A. Theodorakis, F. P. J. T. Rutjes, M. Sato, J. Tiebes, X. -Y. Xiao, C. -K. Hwang, M. E. Duggan, Z. Yang, E. A. Couladouros, F. Sato, J. Shin, H. -M. He, T. Bleckman, *J. Am. Chem. Soc.*, **117**, 10239 (1995) ; (b) K. C. Nicolaou, F. P. J. T. Rutjes, E. A. Theodorakis, J. Tiebes, M. Sato, E. Untersteller, *J. Am. Chem. Soc.*, **117**, 10252 (1995)

8) K. C. Nicolaou, C. V. C. Prasad, P. K. Somers, C. -K. Hwang, *J. Am. Chem. Soc.*, **111**, 5330 (1989)

9) H. Sakata, Y. Aoki, I. Kuwajima, *Tetrahedron Lett.*, **31**, 1161 (1990)

10) T. Katsuki, K. B. Sharpless, *J. Am. Chem. Soc.*, **102**, 5976 (1980)

11) For a review, see : R. H. Grubbs, S. Chang, *Tetrahedron*, **54**, 4413 (1998)

12) G. A. Molander, J. B. Etter, *J. Am. Chem. Soc.*, **109**, 6556 (1987)

13) (a) G. Matsuo, H. Hinou, H. Koshino, T. Suenaga, T. Nakata, *Tetrahedron Lett.*, **41**, 903 (2000) ; (b) K. Suzuki, T. Nakata, *Org. Lett.*, **4**, 2739 (2002) ; (c) K. Kawamura, H. Hinou, G. Matsuo, T. Nakata, *Tetrahedron Lett.*, **44**, 5259 (2003) ; (d) T. Saito, T. Takeuchi, M. Matsuhashi, T. Nakata, *Heterocycles*, **72**, 151 (2007)

14) (a) T. Kimura, T. Nakata, *Tetrahedron Lett.*, **48**, 43 (2007) ; (b) T. Kimura, M. Hagiwara, T. Nakata, *Tetrahedron Lett.*, **48**, 9171 (2007)

15) A. Kimishima, T. Nakata, *Tetrahedron Lett.*, **49**, 6563 (2008)

16) 中田忠，有機合成化学協会誌，**66**，344 (2008)

17) 中田忠，ファルマシア，**45**，445 (2009)

第15章

巨大ポリエーテル天然物・ギムノシン-Aの全合成

佐々木誠　東北大学 生命科学研究科 教授
塚野千尋　京都大学 薬学研究科 助教

1　はじめに

赤潮毒ブレベトキシン類やシガテラ原因毒シガトキシン類に代表される海産ポリエーテル天然物は6-9員環エーテルが梯子上に縮環した構造が特徴であり，その生物活性は極めて強力でしかも多様である（図1）[1]。例えば，赤潮毒ブレベトキシン類や食中毒シガテラの原因毒シガトキシン類は神経細胞膜中の電位依存性Na^+チャネルに特異的に結合し強力な神経毒性を発現する一方で，ガンビエル酸類は哺乳類に対してほとんど毒性を示さないが，真菌感染症治療薬アンホテリシンBの約2000倍にも相当する強力な抗真菌活性を有する。ポリエーテル天然物のユニークで複雑な巨大分子構造は有機合成化学の標的分子として多くの注目を集め，これまで国内外の研究グループによって精力的に全合成研究が展開されてきた。また，天然から微量しか得られないため詳細な生物活性発現機構の解明にとって有機合成化学の果たすべき役割は重要であると言える。ここ数年，遷移金属を用いるクロスカップリング反応やメタセシス反応などの革新的な有機合成反応の活用により，巨大ポリエーテル天然物の合成は大きく進展した[2]。

西日本各地で頻繁に赤潮を形成する渦鞭毛藻*Karenia mikimotoi*は，天然および養殖魚介類の大量斃死を引き起こすため，水産業に多大な被害を及ぼしている。東北大学の安元・大島・佐竹らはこの魚介類斃死機構を明らかにするため，原因毒の解明に着手し，長年にわたる研究と努力により*K. mikimotoi*から強力な細胞毒性化合物群ギムノシン類を発見した。同グループは各種NMR解析，CID FAB MS/MS分析等を駆使して，現在までにギムノシン-A（**1**）とBの絶対立体配置を含めた構造を決定している[3]。両化合物は14個または15個の5～7員環飽和エーテルがトランス縮環した骨格に，α,β-不飽和アルデヒド側鎖を有する分子量1000を超えるポリエーテル天然物である（図1）。従来知られるポリエーテル天然物とは異なり顕著な細胞毒性を示す点が特徴的であるが，その活性発現機構は明らかにされていない。ギムノシン-AおよびB

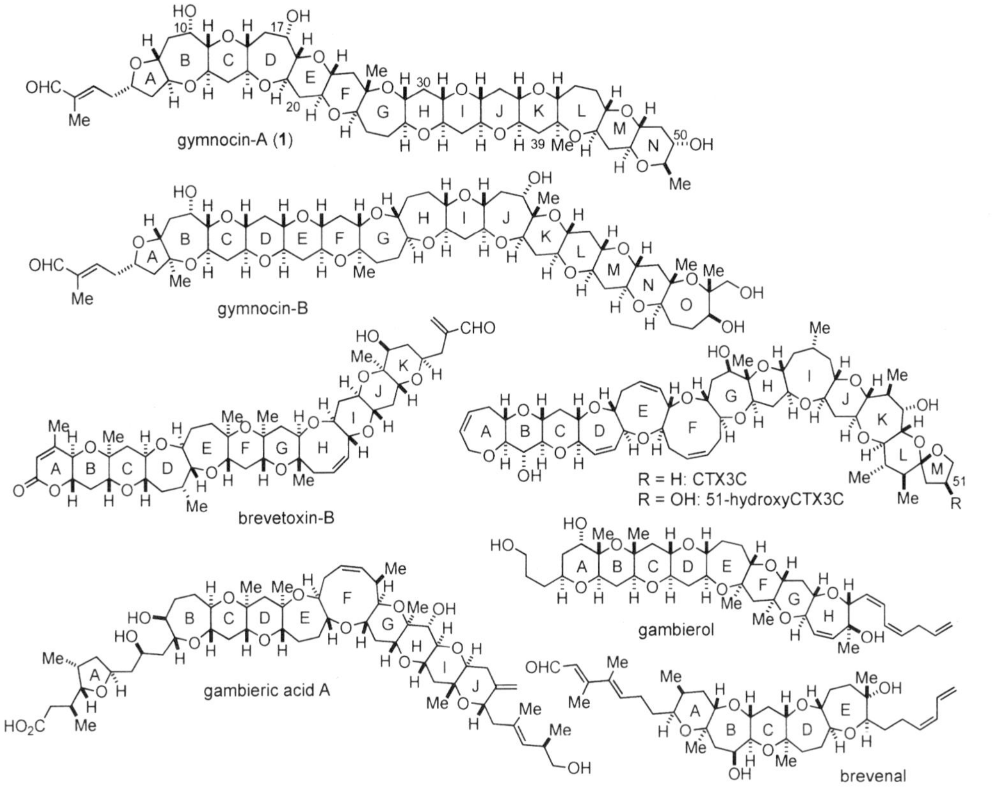

図 1　Representative polycyclic ether marine natural products.

はマウスリンパ腫細胞 P 388 に対してそれぞれ IC_{50} 値 1.3，1.7 μg/mL の細胞毒性を示す。また，ギムノシン類の中にはさらに強力な細胞毒性（IC_{50} = ca. 50 ng/mL）を示す同族体の存在が知られているが，未だ構造決定には至っていない。

筆者らのグループでは鈴木—宮浦カップリング反応を基盤とした収束的ポリエーテル骨格構築法を独自に開発し[4~6]，シガトキシン類のフラグメント合成[7]，ガンビエロールの全合成[8]，ブレベナールの全合成[9]等に適用して成功を収めている。本稿では，この合成方法論を駆使したギムノシン-A の全合成と構造活性相関研究について紹介する[10,11]。

2　ギムノシン-A の合成計画

鈴木—宮浦カップリング反応を基盤とした収束的ポリエーテル骨格構築法の概略をスキーム 1 に示した。一番のポイントとなるのはエキソオレフィン **2** を 9-BBN-H で処理して得られるアルキルボランと，ラクトン由来のエノールトリフラートもしくはホスフェート **3** の鈴木—宮浦カ

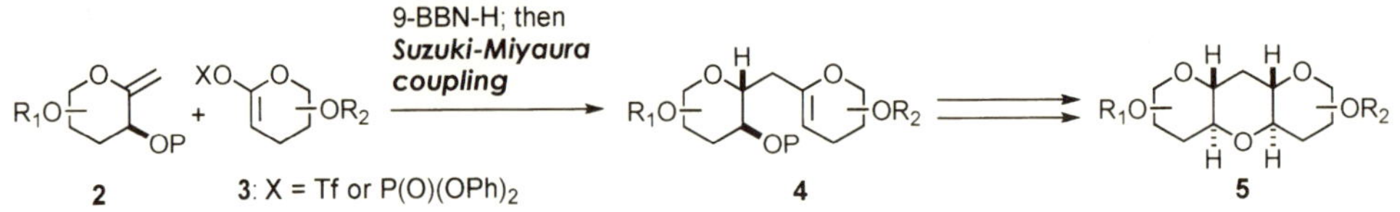

スキーム 1　Suzuki–Miyaura coupling–based methodology for convergent synthesis of polycyclic ethers.

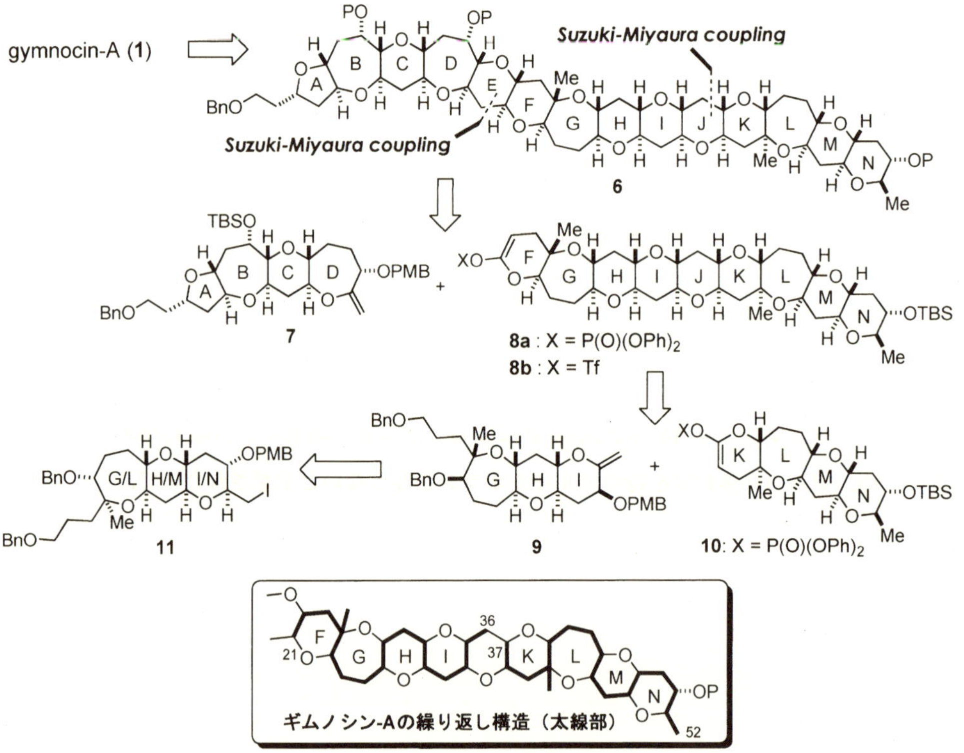

スキーム 2　Synthetic plan of gymnocin–A（**1**）.

ップリング反応による連結である。得られたカップリング生成物 4 から 6 員環アセタールの立体選択的還元を経てポリエーテル骨格 5 へと導くことができる。本合成方法論は極めて一般性が高く，種々のポリエーテルフラグメントの連結に有効である[5)]。

ギムノシン-A を全合成する上で 14 環性の巨大ポリエーテル骨格の構築が鍵となることは言うまでもない。筆者らは鈴木—宮浦カップリング反応を基盤とした収束的ポリエーテル骨格構築法を徹底的に活用することにより，この難題に取り組むこととした。ギムノシン-A の逆合成解析をスキーム 2 に示す。分子左端の α,β-不飽和アルデヒド側鎖の導入は全合成の最終段階で行うこととした。また，FGHI 環部（C 21–C 36）と KLMN 環部（C 37–C 52）に 6/7/6/6 員環エーテルの繰り返し構造があることに着目し，14 環性ポリエーテル骨格をスキーム中に示した点線部分で切断して，ほぼ大きさの等しい3つのフラグメント（ABCD環部7，GHI環部9，および KLMN環部10）から合成することを計画した[12]。これら3つのフラグメントから合成することは，収束的合成である点に加えて，炭素数の等しいGHI環部とKLMN環部フラグメント9，10を共通中間体11から合成できる点で非常に効率的であると言える。ABCD環部とFGHIJKLMN環部フラグメント7，8の連結は非常に困難であると想定されるが，同時に鈴木—宮浦カップリング反応を基盤とする収束的ポリエーテル骨格構築法の適用限界を探る機会ともなる。

3　GHI環部およびKLMN環部の合成[10a)]

繰り返し構造を有するギムノシン-A分子右側3分の2は，ABCD環部と比較してエーテル環上の官能基も少ない。そのため，フラグメント連結と閉環に注力してポリエーテル骨格の構築を展開することが可能であった。共通中間体11は，理論的には7員環エノールホスフェート12と6員環エキソオレフィン13の連結による合成，または，7員環エキソオレフィン14と6員環エノールホスフェート15の連結による合成の2通りが考えられる（スキーム3）。しかし，後者の場合，エキソオレフィン14の9-BBN-Hによるヒドロホウ素化は7員環上のメチル基の立体障害のため，望みの立体化学を持つアルキルボランを与えないと予想されたので，前者の組み合わせ（12と13）を採用して合成を開始した。

エキソオレフィン13を9-BBN-Hで処理して得られるアルキルボランと7員環ラクトン由来のエノールホスフェート12を塩基に炭酸セシウム，触媒に $PdCl_2$(dppf) を用いてDMF中50℃で反応させると，目的とするカップリング生成物16が良好な収率で得られた（スキーム4）。続く16のヒドロホウ素化は望みの立体化学を有するアルコール17aとそのジアステレオマー17bをそれぞれ42%，33%で与えた。この低い立体選択性は，7員環上のメチル基の立体障害によるものと考えられる。アルコール17aはTPAP酸化によりケトン18aとした。一方，ジアステレオマー17bは同様にケトン18bへと酸化したのち，DBUを用いた異性化により望みの立体化学を有するケトン18aへと変換することにより無駄なく利用した。続いて，ケトン

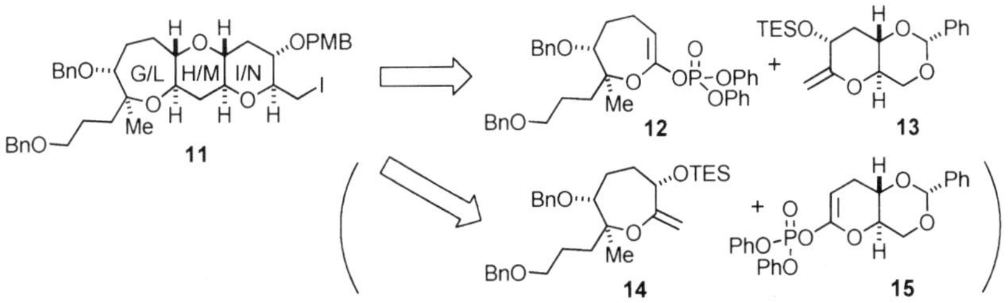

スキーム3　Retrosynthetic analysis of common intermediate 11.

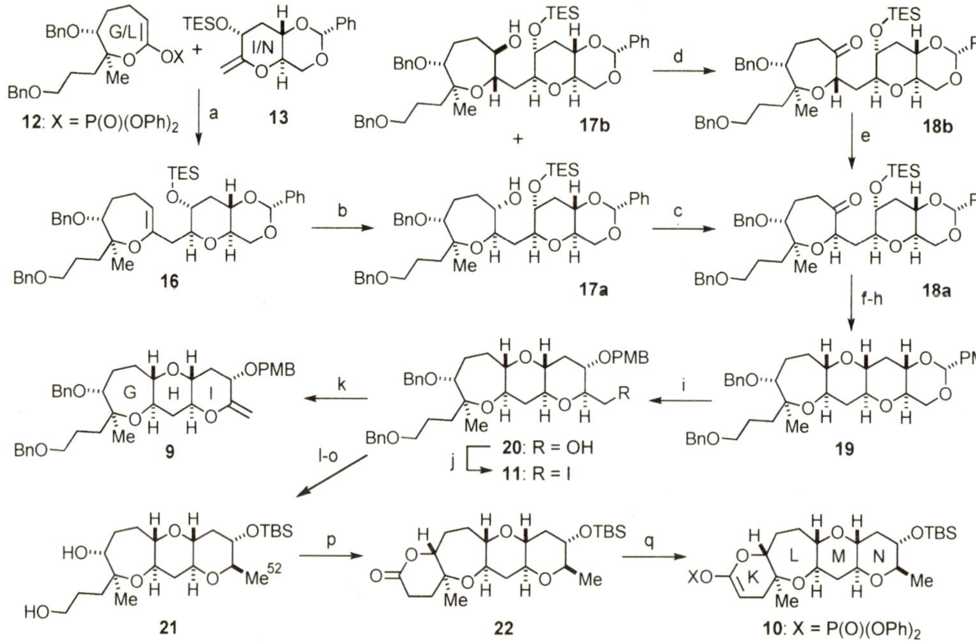

Reagents and conditions: (a) 9-BBN-H, THF, rt; then aq Cs_2CO_3, cat $PdCl_2$(dppf), DMF, 50 °C, 90%; (b) $BH_3 \cdot SMe_2$; then aq NaOH, aq H_2O_2, 42% for **17a**; 33% for **17b**; (c) TPAP, NMO, 4Å MS, CH_3CN, 98%; (d) TPAP, NMO, 4Å MS, CH_2Cl_2, 85%; (e) DBU, toluene, 110 °C, 79% (recycled three times); (f) EtSH, $Zn(OTf)_2$, 74%; (g) $MeOC_6H_4CH(OMe)_2$, CSA; (h) Ph_3SnH, AIBN, toluene, 100 °C; (i) DIBALH, -78 °C, 66% (3 steps); (j) I_2, imidazole, PPh_3, 92%; (k) *t*-BuOK, THF, 0 °C, 91%; (l) *n*-Bu_3SnH, AIBN, toluene, 100 °C; (m) DDQ, 63% (2 steps); (n) TBSOTf, 2,6-lutidine, 94%; (o) H_2, $Pd(OH)_2$, MeOH, quant.; (p) TEMPO, $PhI(OAc)_2$, 98%; (q) KHMDS, $(PhO)_2P(O)Cl$, THF/HMPA, -78 °C.

スキーム 4　Synthesis of GHI– and KLMN–ring fragments **9** and **10**.

18 a を EtSH と $Zn(OTf)_2$ で処理して TES 基の脱保護，混合チオアセタール化とベンジリデンアセタールの脱保護を一挙に行い，ジオール部位の再保護，ラジカル還元により 3 環性ポリエーテル 19 を合成した。アニシリデンアセタール部位を DIBALH により位置選択的に還元開裂してアルコール 20 とし，ヨウ素化して共通中間体 11 へと変換した。GHI 環部エキソオレフィン 9 は共通中間体 11 を *t*-BuOK で処理して合成した。また，KLMN 環部フラグメント 10 は共通中間体 11 より 6 段階で得た。52 位に相当するメチル基をラジカル還元により導入したのち，3 段階で保護基を変換した。続いてジオール 21 を TEMPO 酸化により 1 段階でラクトン 22 とし，常法に従って KLMN 環部エノールホスフェート 10 へと誘導した。共通中間体 11 は 7 員環エノールホスフェート 12 と 6 員環エキソオレフィン 13 の連結より 8 段階で迅速に合成でき，これによりフラグメント 9 と 10 の大量合成が可能となった。

4　FGHIJKLMN 環部の合成[10a)]

次に，GHI 環部および KLMN 環部フラグメント 9，10 の連結を行った。GHI 環部エキソオレフィン 9 を 9-BBN-H で処理してアルキルボランとし，炭酸セシウム水溶液と $PdCl_2$(dppf) 触媒存在下，KLMN 環部エノールホスフェート 10 と DMF 中 50℃ で反応させたところ，望むカップリング生成物 23 が収率良く得られた（スキーム 5)。カップリング体 23 の精製が困難であったため，この段階では粗精製のみで続くヒドロホウ素化へと進んだ。共通中間体合成の際のヒドロホウ素化（16 → 17 a + 17 b）とは異なり，23 では α 面に立体障害となる K 環上核間メチル基が存在するため，BH_3 は反対側の β 面より接近して望みのアルコール 24 のみを与えた。アルコール 24 を TPAP 酸化によりケトン 25 へと変換したのち，混合チオアセタール化を行った

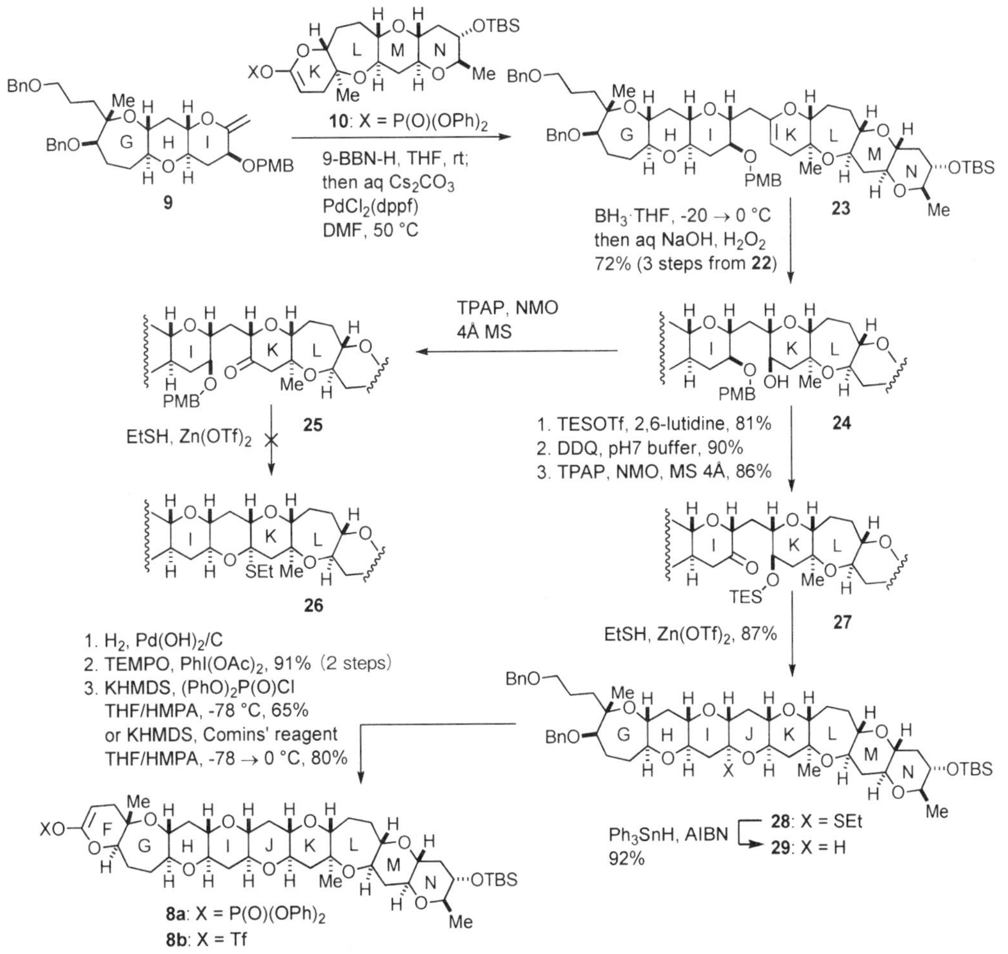

スキーム 5　Synthesis of FGHIJKLMN–ring fragments 8 a and 8 b.

が，目的の環化生成物 26 は得られなかった。これは，環化の際に核間メチル基とエチルチオ基が 1,3-ジアキシアルの関係になり，大きな立体反発を生じるためである。そこで，2 段階の保護基の変換と酸化により I 環部にケトンを有する基質 27 へと誘導し，エチルチオ基とメチル基が 1,3-ジアキシアルの立体反発を生じない系で混合チオアセタール化を行った。続いて，得られた化合物 28 をラジカル還元して 8 環性ポリエーテル骨格 29 を合成した。化合物 29 よりベンジル基の脱保護，1,5-ジオールのラクトンへの酸化，エノールホスフェート化もしくはトリフラート化により FGHIJKLMN 環部フラグメント 8 a および 8 b へと誘導することができた。ギムノシン-A の繰り返し構造を合成に最大限に生かすことにより，単環性のエノールホスフェート 12 とエキソオレフィン 13 より最長直線工程数 25 段階で 9 環性 FGHIJKLMN 環部フラグメントの合成を達成した。

5　CDEF 環部モデルの合成[10d)]

前節で合成した FGHIJKLMN 環部フラグメント 8 は ABCD 環部フラグメント 7 と連結したのち，D 環上 17 位ヒドロキシ基を導入して E 環部を閉環する計画である。実際の研究では先に ABCD 環部合成に着手しており，時間的には前後することとなるが，モデル化合物を用いた D 環部ヒドロキシ基導入と E 環閉環の検討について述べたい。D 環へのヒドロキシ基導入法の確立は，B 環部 10 位ヒドロキシ基の導入にも応用可能であり，実際に ABCD 環部の第二世代合成法の確立に大きく貢献した。スキーム 6 に示すように，17 位ヒドロキシ基導入を検討するためのモデル化合物としてケトン 31 を設定し，エノールホスフェート 32 とエキソオレフィン 33 より誘導することとした。ヒドロキシ基導入後，E 環閉環について検討し，CDEF 環部モデル 30 を合成することを計画した。

エノールホスフェート 32 とエキソオレフィン 33 より鈴木―宮浦カップリングを含む 4 段階でエノールシリルエーテル 34 を合成した（スキーム 7）。ヒドロキシケトンの合成においてエノールシリルエーテルの酸化は常套法である。数種の酸化剤を検討した結果，OsO_4 により望みの立体化学を有する α-ヒドロキシケトン 35 が単一の生成物として得られることが分かった。この酸化反応の高い立体選択性は次のように説明できる。6 員環エーテルとの縮環により立体配座の

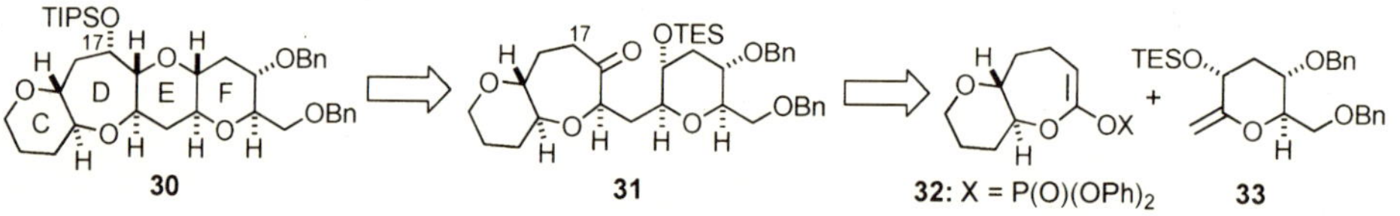

スキーム 6　Retrosynthetic analysis of CDEF–ring model 30.

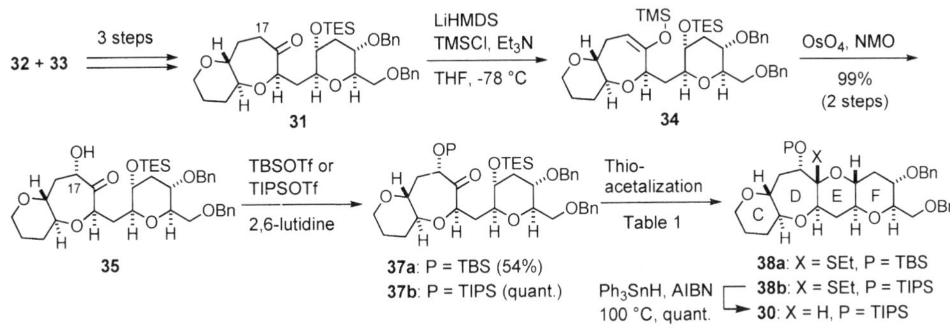

スキーム 7　Synthesis of CDEF–ring model 30.

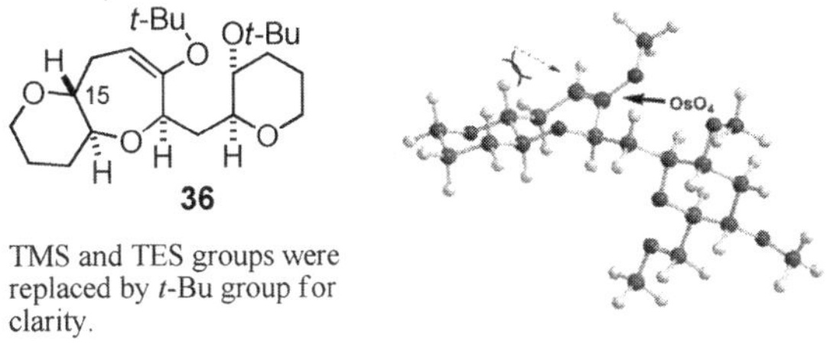
TMS and TES groups were replaced by *t*-Bu group for clarity.

図 2　Rationalization of setereoselective osmylation.

表 1　Mixed thioacetalization

Entry	Substrate	Conditions	Yield（%）
1	**35**	EtSH，Zn(OTf)$_2$	0*
2	**37 a**	EtSH，Zn(OTf)$_2$	17*
3	**37 a**	EtSH，Zn(OTf)$_2$，$NaHCO_3$	60*
4	**37 b**	EtSH，Zn(OTf)$_2$	81

*By-products were obtained.

固定されたエノールシリルエーテル 34 は，図 2 に示すモデル化合物 36 のように 15 位の核間水素が二重結合の β 面に位置し，OsO_4 接近を妨げるために立体選択的に α 面からの酸化反応が進行したと考えられる。次に E 環の閉環について検討した（表 1）。まず，ヒドロキシケトン 35 を EtSH/Zn(OTf)$_2$ で処理したが，目的とする混合チオアセタールは全く得られず，複数の副生成物が生じるのみであった（entry 1）。ヒドロキシ基を TBS 基で保護した化合物 37 a を同様の条件で処理したが，目的とする混合チオアセタール 38 a はごく低収率でしか得られなかった（entry 2）。この際に生じる副生成物は entry 1 で得られたものと同一であるため，副生成物は EtSH/Zn(OTf)$_2$ 条件下で TBS 基が除去されて生じたヒドロキシケトンがさらに分解して生成するものと考えられる。そこで副反応を抑えるために塩基を添加したところ収率の改善が見られた（entry 3）。さらに，酸に対してより安定な TIPS 基を用いることにより，副生成物を生じることなく混合チオアセタール38bを高収率（81%）で得ることができた（entry 4）。得られた化合物38bをラジカル還元することによりCDEF環部モデル30の合成を完了した。このCDEF環部モデル合成から，(1) 立体配座の固定された7員環エノールシリルエーテルのOsO_4酸化は立体選択的に進行する，(2) 化合物35のような7員環ヒドロキシケトンは酸性条件下分解しうる，という二つの知見を得た。これらはABCD環部およびA-N環部の合成を強力に推し進める原動力となった。

6 ABCD環部の合成[10b, d)]

ABCD環部フラグメントの第一世代合成では，鈴木—宮浦カップリング反応を基盤としたポリエーテル骨格構築法により7/6/7員環骨格（BCD環部）を合成後（39+40→41），B環上にヒドロキシ基を導入し（42→43），5員環A環部を分子内ラジカル環化反応により構築（44→45）していた（スキーム8）[10b)]。B環部とD環部フラグメントより32段階を経て数百mgのABCD環部フラグメント7を供給することが可能であった。しかし，立体選択的なB環ヒドロキシ基導入のために酸化—還元と保護—脱保護に多段階を要しており，効率的な合成経路とは言い難い。そこでより効率的にABCD環部フラグメント7を合成するために，前述のCDEF環部モデル合成の知見を生かし，AB環部とD環部フラグメント47，48を連結したのちにB環の10位ヒドロキシ基を導入する収束的合成経路を立案した（スキーム9）。

D環部エキソオレフィン48を9-BBN-Hで処理して得られるアルキルボランとAB環部エノールホスフェート47を炭酸セシウム水溶液と触媒量の$Pd(PPh_3)_4$を用いてDMF中室温で反応させて望みのカップリング体49を良好な収率で得た（スキーム10）。続く立体選択的ヒドロホ

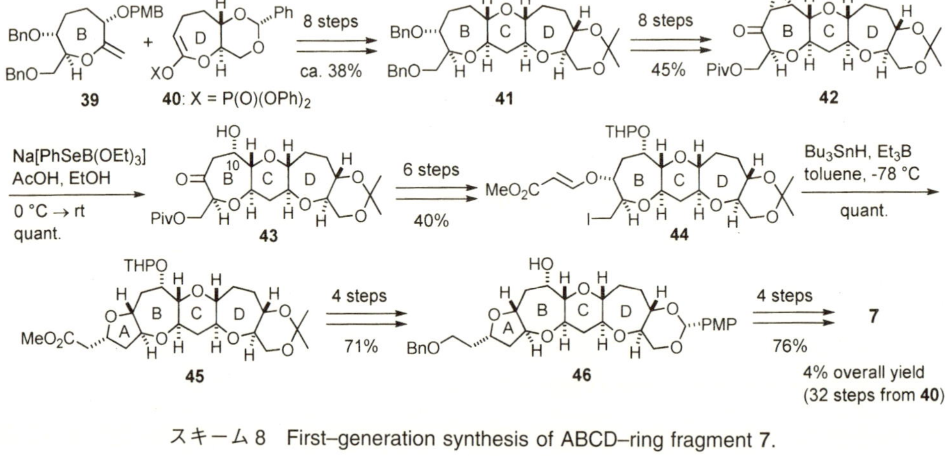

スキーム8 First–generation synthesis of ABCD–ring fragment 7.

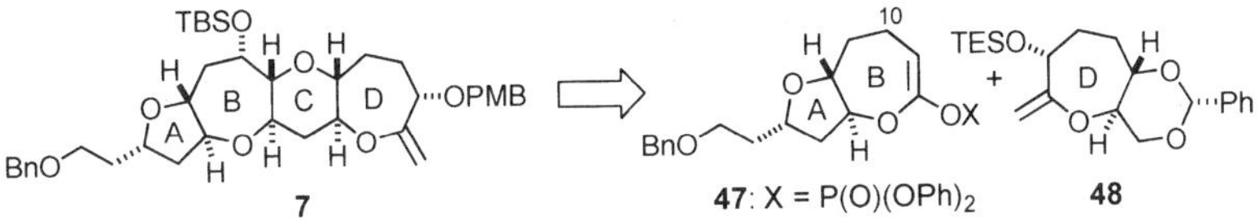

スキーム 9　Retrosynthetic analysis of ABCD–ring fragment 7.

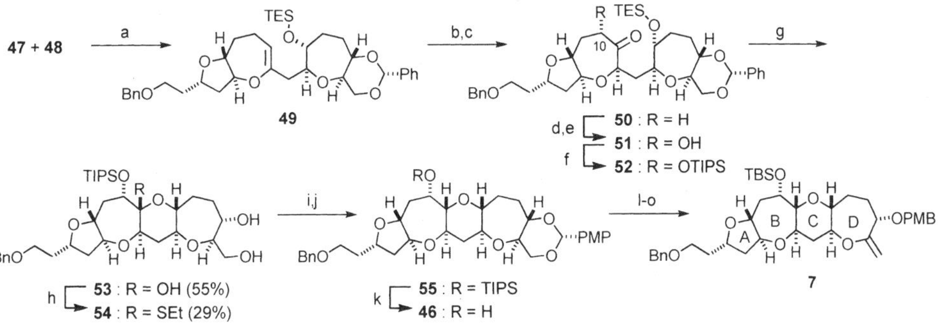

Reagents and conditions: (a) 9-BBN-H; then **47**, aq Cs_2CO_3, cat $Pd(PPh_3)_4$, DMF, rt, 84% (2 steps); (b) Thexylborane; then aq NaOH, H_2O_2, 76%; (c) TPAP, NMO, 4Å MS, 93%; (d) LiHMDS, TMSCl, Et_3N, THF, -78 °C; (e) OsO_4, NMO, 84% (2 steps); (f) TIPSOTf, 2,6-lutidine 82%; (g) EtSH, $Zn(OTf)_2$, CH_2Cl_2, 55% for **53**; 29% for **54**; (h) EtSH, $Zn(OTf)_2$, CH_2Cl_2/CH_3NO_2, 95%. (i) $MeOC_6H_4CH(OMe)_2$, CSA; (j) Ph_3SnH, AIBN, toluene, 110 °C; (k) TBAF, 71% (3 steps); (l) TBSOTf, 2,6-lutidine, 95%; (m) DIBALH, 0 °C, 93%; (n) I_2, imidazole, PPh_3, 86%; (o) *t*-BuOK, 0 °C, quant.

スキーム 10　Second–generation synthesis of ABCD–ring fragment 7.

ウ素化と生じたアルコールの TPAP 酸化によりケトン 50 とし，LiHMDS，TMSCl，Et_3N を用いたエノールシリルエーテル化と OsO_4 酸化により立体選択的に 10 位ヒドロキシ基を導入して 51 を得た（ジアステレオ選択性 8.5：1）。ヒドロキシ基を TIPS エーテルとして保護したのちジアステレオマーを分離し，続いてケトン 52 を CH_2Cl_2 中 EtSH，$Zn(OTf)_2$ で処理したところヘミアセタール 53（55%）と混合チオアセタール 54（29%）を生じた。ヘミアセタール 53 は，溶媒として CH_3NO_2/CH_2Cl_2 を用いて再度混合チオアセタール化することにより化合物 54 へと高収率で変換可能であった。この際，ケトン 52 を CH_3NO_2/CH_2Cl_2 中 EtSH，$Zn(OTf)_2$ で処理すると目的とする混合チオアセタール 54 は低収率でしか得られなかった。これは 52 の 7 員環上のシロキシケトン部位が CH_3NO_2/CH_2Cl_2 中，酸性条件下では不安定で分解するためと考えている。化合物 54 のジオール部位をアニシリデンアセタールとして保護したのち，ラジカル還元によって 4 環性ポリエーテル 55 を合成した。TIPS 基を除去して得られたアルコール 46 は，第一世代合成で得たものと同一であることを各種スペクトルデータにより確認した。保護基の変換とヨウ素化，塩基処理により ABCD 環部エキソオレフィン 7 の合成を達成した。以上述べた第二世代合成ではフラグメント連結より 15 段階でエキソオレフィン 7 の合成が可能であり，第一世代合成（同32段階）より効率的である。

7　14環性A–N環部骨格の構築とギムノシン–Aの全合成[10c, d]

以上のようにしてABCD環部およびFGHIJKLMN環部フラグメント**7**，**8**を合成できたので，次に両者の連結を検討した。このような巨大フラグメントの連結に，筆者らの開発した鈴木—宮浦カップリング反応を基盤とするポリエーテル骨格構築法が適用できるかどうかが最大のポイントであり，全合成を達成する上で最大の山場となった。

まず，FGHIJKLMN環部エノールホスフェート**8a**を用いて鈴木—宮浦カップリング反応を検討した。エノールホスフェート**8a**は安定で，シリカゲルカラムクロマトグラフィーによる粗精製も可能であり取り扱いが容易である。ABCD環部エキソオレフィン**7**より調製したアルキルボランとのカップリングについて種々検討したが，目的とする生成物**56**を得ることはできず，原料のエノールホスフェート**8a**が回収され，より強い反応条件下では基質の分解が観察された（スキーム11）。分子サイズの大きなエノールホスフェート**8a**（分子量980）の反応性が低下し，0価パラジウムに対して酸化的付加が進行しないためであると考えられた。そこで，**8a**に比べて高い反応性が期待できるエノールトリフラート**8b**を用いてカップリング反応を試みた。9環性エノールトリフラート**8b**は当初予測した以上に安定であったが，鈴木—宮浦カップリング反応には十分な反応性を備えており，炭酸セシウム水溶液と$Pd(PPh_3)_4$触媒の存在下，DMF中室温で反応を行ったところ，目的のカップリング生成物**56**を高収率（81%）で得ることに成功した。こうして得られた**56**のヒドロホウ素化は，F環上の核間メチル基が立体障害となり，望みとするアルコール**57**のみを与えた。次に，D環上17位ヒドロキシ基を導入する足がかりを得るために，2段階で保護基を変換したのち，生じたアルコールをTPAP酸化してケトン**58**とした。続いて，前述のCDEF環部モデル合成の方法を適用してD環上のヒドロキシ基導入とE環の閉環を行った。ケトン**58**より得られるエノールシリルエーテルを立体選択的にOsO_4酸化してヒドロキシケトン**59**としたのち，アルコールをTIPS基で保護した。^{1}H NMRにおいて17位水素のシグナルは，他の多くのオキシメチン水素より低磁場に観測され，この段階でROESY実験により立体化学を確認した。次いで，得られたケトン**60**を，前述の**37b**の混合チオアセタール化と同様の条件（$EtSH/Zn(OTf)_2$，CH_2Cl_2）で処理したところ，望みとする混合チオアセタール**61a**は低収率（31%）でしか得られず，ヒドロキシケトンを含む副生成物を生じた。^{1}H NMRによる解析ではヒドロキシケトンと平衡関係となるヘミアセタールは観測されず，E環が閉環した構造は熱力学的に有利でないことが示唆された。そこで，溶媒として極性溶媒であるCH_3NO_2を用いて反応を行ったところ，混合チオアセタール環化が円滑に進行した。

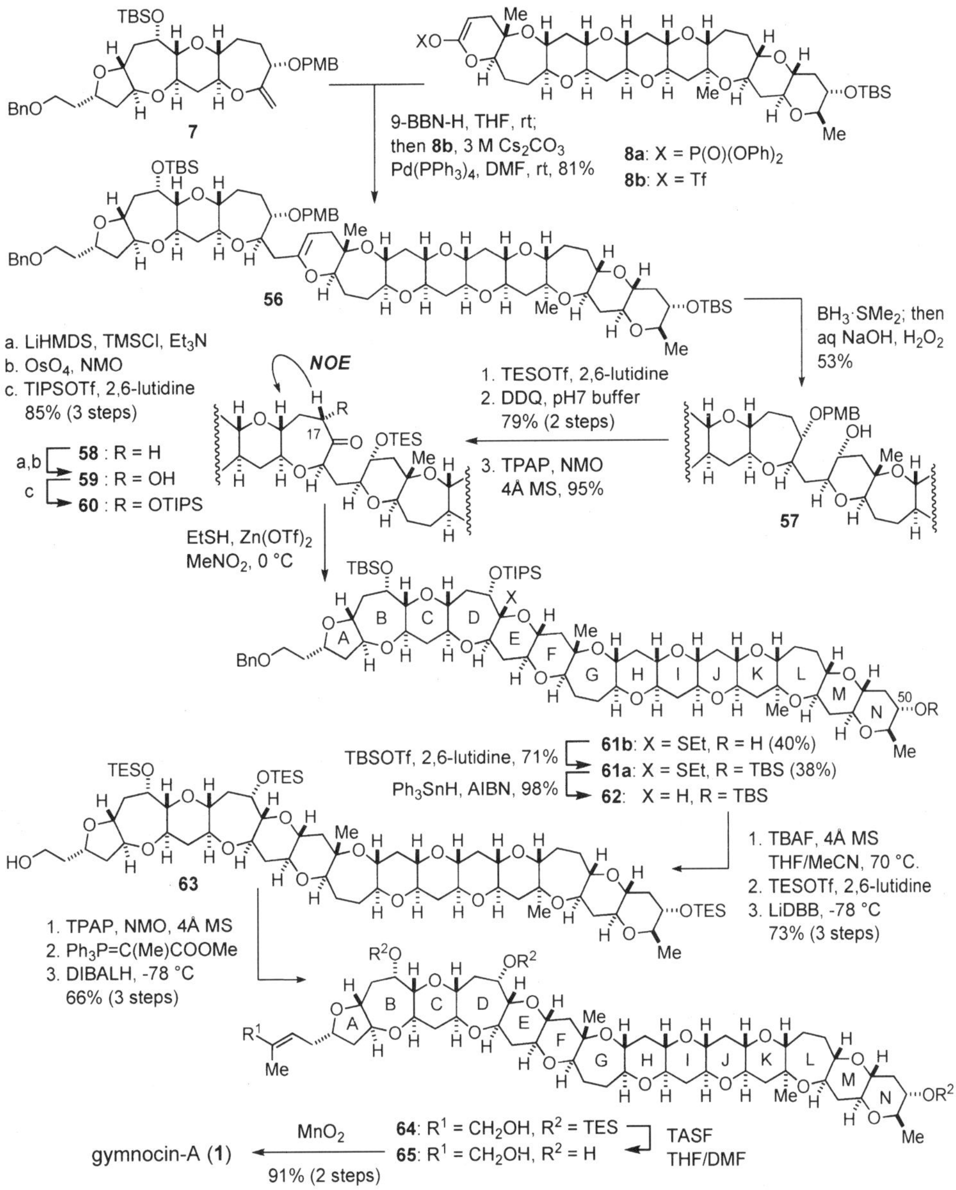

スキーム 11　Total synthesis of gymnocin–A（**1**）.

CH_3NO_2 の溶媒効果として，反応中間体のチオニウムカチオンの安定化，およびヒドロキシケトン—ヘミアセタールの平衡比率の変化への寄与が考えられる。この反応の際に N 環部アルコールの保護基が一部はずれ 61 b を生じたため再度 TBS 化し，最後にラジカル還元して 14 環性ポリエーテル骨格 62 の合成を完了した。CDEF 環部モデル合成で確立した反応条件を 14 環性骨格の構築に適用するために，さらに一工夫必要となった。「分子の大きさ」の違いにより異なる反応性を示す巨大分子合成における難しさを実感した。

14 環性ポリエーテル骨格を構築することができたので，α,β-不飽和アルデヒド側鎖の導入と保護基の除去により全合成を目指した。まず，側鎖を導入したのち，3 つのシリル基の除去を試みたが，強い反応条件では B 環または D 環上のシリル基の脱保護よりも側鎖の分解が優先して起きた。そこで，合成最終段階での脱保護が穏和な条件で行えるように保護基の変換を行った。化合物 **62** の 3 つのシリル基の除去は，THF/CH_3CN 中 70℃ で TBAF を作用させることにより行った。ここでも，分子サイズが大きいために反応性の低下が見られ，通常の脱保護（例えば，スキーム 10 中の **55** → **46**）よりも強い反応条件が必要であった。得られたトリオールをより穏和な条件で脱保護可能な TES 基で保護したのち，ベンジル基を還元条件により除去してアルコール **63** へと導いた。続く TPAP 酸化，Wittig 反応，DIBALH 還元の 3 段階でアリルアルコール **64** へ変換したのち，TASF 試薬（ジフルオロトリメチルケイ酸トリス（ジメチルアミノ）スルホニウム，$[((CH_3)_2N)_3S]^+[SiF_2(CH_3)_3]^-$）を用いてすべての TES 基を除去した。最後に，得られたテトラオール **65** のアリルアルコール部位を MnO_2 により官能基選択的に酸化してギムノシン-A（**1**）の全合成を達成した。合成した **1** の各種スペクトルデータは天然物のそれらと完全に一致した。また，合成品はマウスリンパ腫細胞 P 388 に対して天然物と同等の細胞毒性（$IC_{50}=1.3\,\mu g/mL$）を示した。

AB 環部，D 環部，G/L 環部，I/N 環部各フラグメント（**12**，**13**，**47**，**48**）からの総工程数は 61 段階，市販原料（2-デオキシ-D-リボース）からの最長直線工程数は 59 段階であり，鈴木―宮浦カップリング反応を基盤とした収束的ポリエーテル骨格構築法を徹底的に活用することにより効率的かつ収束的な全合成となった。

8　ギムノシン-A の構造活性相関[10d, 11]

ギムノシン-A の全合成は天然物そのものを提供するだけではなく，天然物から誘導できない多様な構造類縁体の合成も可能にした。筆者らはギムノシン-A の細胞毒性がどのような部分構造に由来しているのか，特に分子の長さと細胞毒性の関係に興味を持ち構造活性相関研究を行った。側鎖に関する構造類縁体やエーテル環の数を少なくした構造類縁体を種々合成し，P 388 マウスリンパ腫細胞に対する細胞毒性を指標にしてその評価を行った。その結果，細胞毒性の発現には側鎖の α,β-不飽和アルデヒド構造が必須であり，また，ポリエーテル構造の大きさ（分子長）も活性発現に重要な構造要因であることを明らかにした（図 3）。

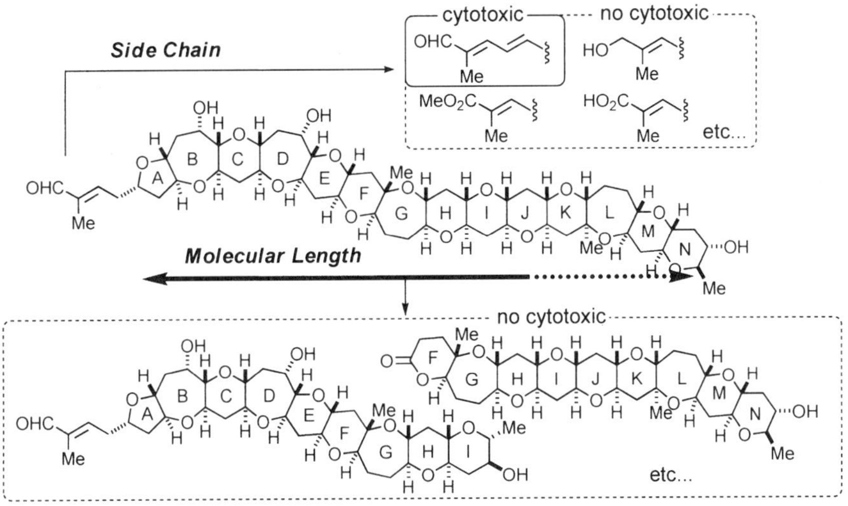

図3　Structure–activity relationships of gymnocin–A (**1**).

9　おわりに

以上筆者らは細胞毒性を示す巨大ポリエーテル天然物ギムノシン-Aを取り上げ，全合成と構造活性相関研究を行った。ギムノシン-Aの全合成には，筆者らの開発した鈴木—宮浦カップリング反応を基盤とするポリエーテル骨格構築法が分子内の5カ所で効率的かつ強力に利用された。特に，FGHIJKLMN環部に相当する巨大フラグメントの連結が高収率で進行することは筆者らの合成方法論がポリエーテル分子合成における極めて信頼性の高い，強力なフラグメントカップリング法であることを実証するものであると言える。

また，完全化学合成によるギムノシン-Aの構造活性相関研究を通じて，細胞毒性発現に必要な構造が明らかになりつつある。近い将来，有機合成を武器としてポリエーテル天然物の強力な活性発現機構の謎が明らかにされることを期待したい。

最後に本研究を推進するにあたり，天然物のNMRデータ等多くの有用な情報をご提供下さった東京大学大学院理学系研究科・佐竹真幸准教授に深謝致します。また，ご助言いただいた東京大学大学院理学系研究科・橘和夫教授に感謝致します。本稿を執筆するにあたり紙面の都合上多くの参考文献を割愛せざるを得なかった。興味を持たれた読者にはさらに原著論文を参考にして頂きたい。

文　献

1) 海産ポリエーテル天然物に関する総説：(a) T. Yasumoto, M. Murata, *Chem. Rev.*, **93**, 1897 (1993) ; (b) P. J. Scheuer, *Tetrahedron*, **50**, 3 (1994) ; (c) M. Murata, T. Yasumoto, *Nat. Prod. Rep.*, **17**, 293 (2000) ; (d) T. Yasumoto, *Chem. Rec.*, **1**, 228 (2001)

2) ポリエーテル天然物合成に関する総説：(a) M. Inoue, *Chem. Rev.*, **105**, 4379 (2005) ; (b) T. Nakata, *Chem. Rev.*, **105**, 4314 (2005) ; (c) M. Sasaki, in *Topics in Heterocyclic Chemistry*, ed. by H. Kiyota, Springer-Verlag, Heiderberg, Germany, Vol. 5, p. 149 (2006) ; (d) H. Fuwa, M. Sasaki, *Curr. Opin. Drug Discovery Dev.*, **10**, 784 (2007) ; (e) K. C. Nicolaou, M. O. Frederick, R. J. Aversa, *Angew. Chem., Int. Ed.*, **47**, 7182 (2008)

3) (a) M. Satake, M. Shoji, Y. Oshima, H. Naoki, T. Fujita, T. Yasumoto, *Tetrahedron Lett.*, **43**, 5829 (2002) ; (b) M. Satake, Y. Tanaka, Y. Ishikura, Y. Oshima, H. Naoki, T. Yasumoto, *Tetrahedron Lett.*, **46**, 3537 (2005) ; (c) K. Tanaka, Y. Itagaki, M. Satake, H. Naoki, T. Yasumoto, K. Nakanishi, N. Berova, *J. Am. Chem. Soc.*, **127**, 9561 (2005)

4) 鈴木—宮浦カップリング反応に関する総説：(a) N. Miyaura, A. Suzuki, *Chem. Rev.*, **95**, 2457 (1995) ; (b) A. Suzuki, in *Metal–Catalyzed Cross–Coupling Reactions*, eds. by F. Diederich , P. J. Stang, Wiley-VCH, Weinheim, Germany, p. 49 (1998) ; (c) S. R. Chemler, D. Trauner, S. J. Danishefsky, *Angew. Chem., Int. Ed.*, **40**, 4544 (2001) ; (d) N. Miyaura, in *Topics in Current Chemistry*, Springer-Verlag, Heidelberg, Germany, Vol. 219, p. 11 (2002) ; (e) N. Miyaura, in *Metal–Catalyzed Cross–Coupling Reactions*, 2nd ed., eds. by A. de Meijere, F. Diederich, Wiley-VCH, Weinheim, Germany, p. 41 (2004)

5) 鈴木—宮浦カップリング反応を基盤とした収束的ポリエーテル骨格構築法に関する総説：(a) M. Sasaki, H. Fuwa, *Synlett*, 1851 (2004) ; (b) M. Sasaki, *Bull. Chem. Soc. Jpn.*, **80**, 856 (2007) ; (c) M. Sasaki, H. Fuwa, *Nat. Prod. Rep.*, **25**, 401 (2008)

6) (a) M. Sasaki, H. Fuwa, M. Inoue, K. Tachibana, *Tetrahedron Lett.*, **39**, 9027 (1998) ; (b) M. Sasaki, H. Fuwa, M. Ishikawa, K. Tachibana, *Org. Lett.*, **1**, 1075 (1999)

7) (a) H. Takakura, K. Noguchi, M. Sasaki, K. Tachibana, *Angew. Chem., Int. Ed.*, **40**, 1090 (2001) ; (b) M. Sasaki, M. Ishikawa, H. Fuwa, K. Tachibana, *Tetrahedron*, **58**, 1889 (2002) ; (c) H. Takakura, M. Sasaki, S. Honda, K. Tachibana, *Org. Lett.*, **4**, 2771 (2002) ; (d) H. Fuwa, S. Fujikawa, K. Tachibana, H. Takakura, M. Sasaki, *Tetrahedron Lett.*, **45**, 4795 (2004)

8) (a) H. Fuwa, M. Sasaki, M. Satake, K. Tachibana, *Org. Lett.*, **4**, 2981 (2002) ; (b) H. Fuwa, N. Kainuma, K. Tachibana, M. Sasaki, *J. Am. Chem. Soc.*, **124**, 14983 (2002)

9) (a) H. Fuwa, M. Ebine, M. Sasaki, *J. Am. Chem. Soc.*, **128**, 9648 (2006) ; (b) H. Fuwa, M. Ebine, A. J. Bourdelais, D. G. Baden, M. Sasaki, *J. Am. Chem. Soc.*, **128**, 16989 (2006) ; (c) M. Ebine, H. Fuwa, M. Sasaki, *Org. Lett.*, **10**, 2275 (2008)

10) (a) M. Sasaki, C. Tsukano, K. Tachibana, *Org. Lett.*, **4**, 1747 (2002) ; (b) M. Sasaki, C. Tsukano, K. Tachibana, *Tetrahedron Lett.*, **44**, 4351 (2003) ; (c) C. Tsukano, M. Sasaki, *J. Am. Chem. Soc.*, **125**, 14294 (2003) ; (d) C. Tsukano, M. Ebine, M. Sasaki, *J. Am. Chem. Soc.*, **127**, 4326 (2005) ; (e) 塚野千尋，佐々木誠，有機合成化学協会誌，**64**，808 (2006)

11）　C. Tsukano, M. Sasaki, *Tetrahedron Lett.*, **47**, 6803（2006）
12）　本稿のすべての化合物の炭素番号はギムノシン-A に準じている。

第16章
ピンナトキシンAの全合成

中村精一　北海道大学 先端生命科学研究院 准教授
橋本俊一　北海道大学 薬学研究院 教授

1　はじめに

ピンナトキシン類は1995年，沖縄で採取されたタイラギの近縁種，イワカワハゴロモガイ *Pinna muricata* から上村らによって単離・構造決定された化合物群である[1)]。これらの化合物群はタイラギによる食中毒の原因物質と考えられているが，なかでもピンナトキシンBおよびCはフグ毒テトロドトキシンに匹敵する急性毒性を示すことが報告されている。やはりタイラギの仲間であるハボウキガイから得られた粗抽出物がカルシウムチャネル活性化作用をもつことから[2)]，同様の作用機序によるものと推測されている。これらの化合物の構造上の特徴として，アザスピロ（AG）環，ジスピロケタール（BCD）環，ビシクロケタール（EF）環を含む炭素27員環をもち，分子内で両性イオンを形成している点が挙げられる（図1）。特徴的なこの構造は，ポリケチド生合成経路を経て生産された長い炭素鎖をもつアミノ酸が，分子内Diels–Alder反応やシッフ塩基形成反応などにより環化して生じたものと考えられている[3)]。なお，2001年には類似の構造様式をもつプテリアトキシン類がマベガイから単離されていることから[4)]，これらの化合物の真の生産者は貝に共生あるいは寄生している有害プランクトンであることが強く示唆されている。

2　ピンナトキシン類の全合成

ピンナトキシンAの初めての全合成は1998年に岸らによって，生合成仮説に基づいた分子内Diels–Alder反応を鍵段階として達成された（図2）[5,6)]。この合成ではジスピロケタール環を構築するために酸性条件下での分子内ケタール化が用いられている。立体選択的に合成したジケトン1を基質として行われた本反応の立体選択性は最高でも3：2に過ぎないが，岸らは望みとしな

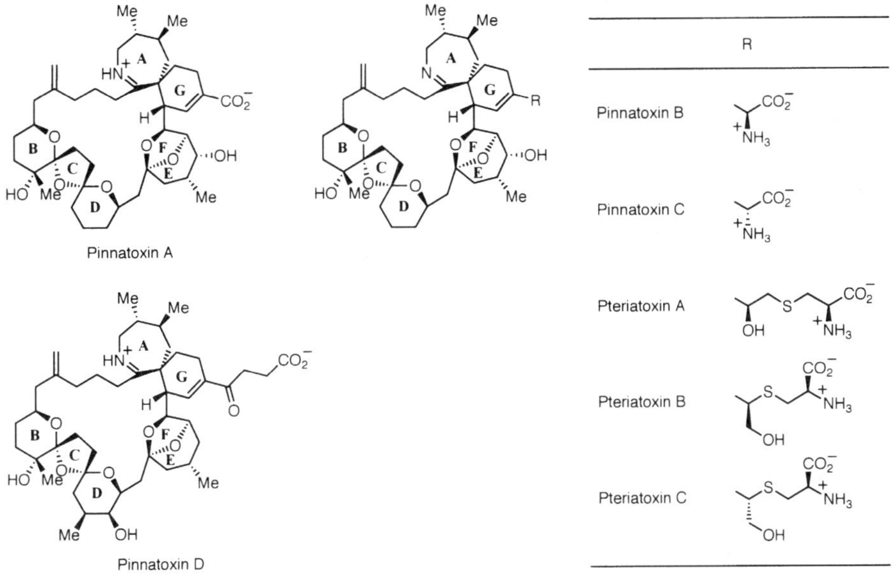

図1　ピンナトキシン類の構造

い異性体3のC15位第三級水酸基をシリル化するとC19位の異性化が起こって望みの化合物4となることを見出し，立体選択性の問題を補っている。4から21工程で導いたトリエン5の分子内Diels–Alder反応では，望みのエキソ付加環化生成物6が期待どおりに主生成物となっている。しかし，2つの立体異性体がかなりの量副生したことから，その収率は33%にとどまった。6を脱保護して得たアミノケトン7の脱水反応は，カルボニル基が第四級炭素に隣接することから進行しづらく，様々な弱酸性あるいは脱水条件下では実現できなかったと述べられている。最終的には，無溶媒で高真空下200℃で1時間加熱という過酷な条件下で達成された。最終工程である*tert*–ブチルエステルの脱保護により得られた化合物は天然物の鏡像異性体とわかり，マウスに対する急性毒性も認められなかったことが示されている。のちに岸らは，2,4,6–トリイソプロピル安息香酸のトリエチルアミン塩存在下，キシレン中80℃での加熱がイミン形成に効果的なことを見出し，ピンナトキシンB，CおよびプテリアトキシンA–Cの側鎖部に含まれる不斉炭素の立体配置を全合成によってすべて明らかにした[7]。

ピンナトキシンAに関しては，形式全合成が2004年に平間・井上らにより報告されている(図3)[8]。この合成でもジスピロケタール環の構築は分子内ケタール化により行われている。ただし，MeOH中でCSAを作用させて基質8の保護基を除去したのちに溶媒をトルエンに切り替えることにより，望みの異性体9を良好な立体選択性（7.6：1）で得ることに成功している。この結果は，C10位とC24位の水酸基間に見られる水素結合による安定化効果のためと説明されている。一方，D–グルコースより調製したメシラート11にKHMDSを反応させると，系内で生

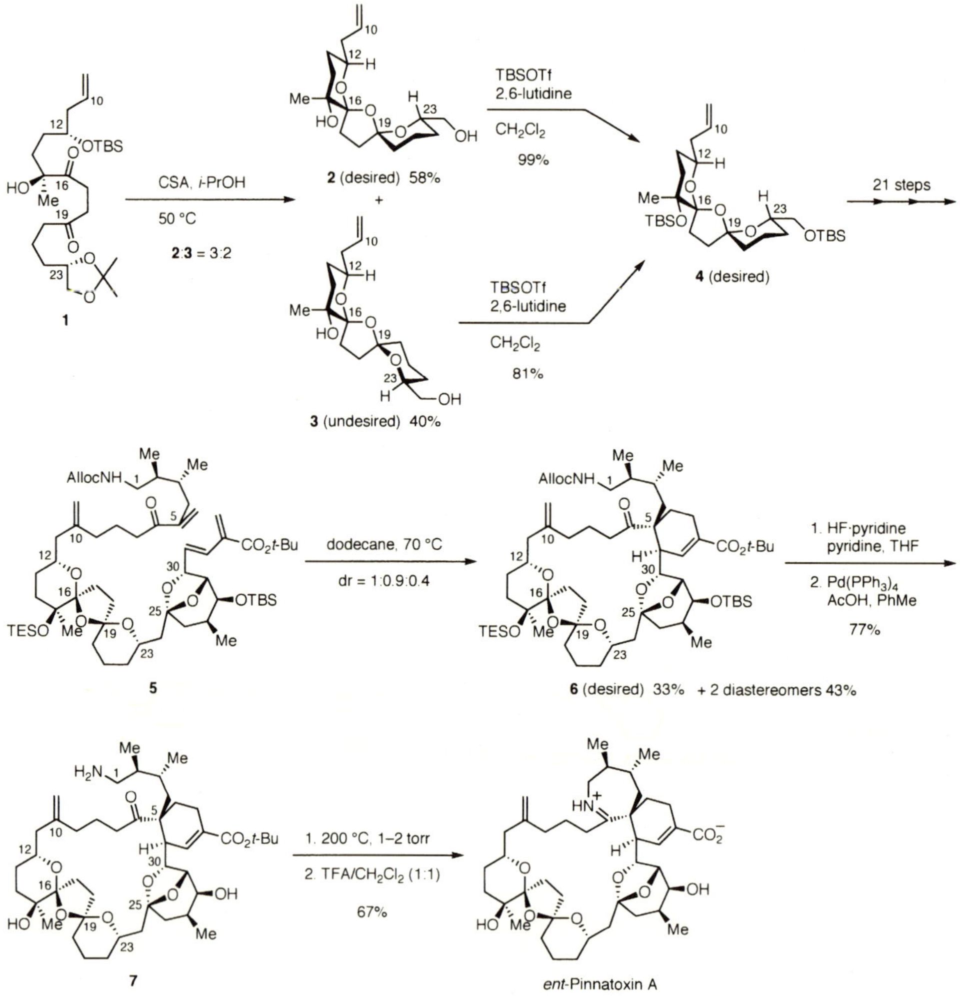

図2　岸らによる *ent*-ピンナトキシン A の全合成経路

じたエポキシニトリル 12 の分子内アルキル化が進行し，シクロヘキセン環を含む 13 が完璧な立体選択性で得られることを見出した。生じたジオール 13 を 22 工程でヨウ化物 14 へと変換したのち，ジオール 9 から調製したジチアン 10 とのカップリングを経てトリエン 16 を合成した。閉環メタセシスによる炭素 27 員環の形成に関しては，第二世代 Grubbs 触媒が有効なこと（収率 75%）を報告している。続いて脱保護と分子内ケタール化によりペンタオール 17 を得ているが，炭素 27 員環形成後の酸処理によってジスピロケタールが異性化を起こさないことは岸らの報告[5]のとおりである。17 から 12 工程で得た *ent*-7 は岸らの合成中間体の鏡像異性体であり，2 工程でピンナトキシン A に導くことができる。

我々の全合成と時を同じくして，Zakarian らも全合成を達成している（図 4）[9]。Zakarian ら

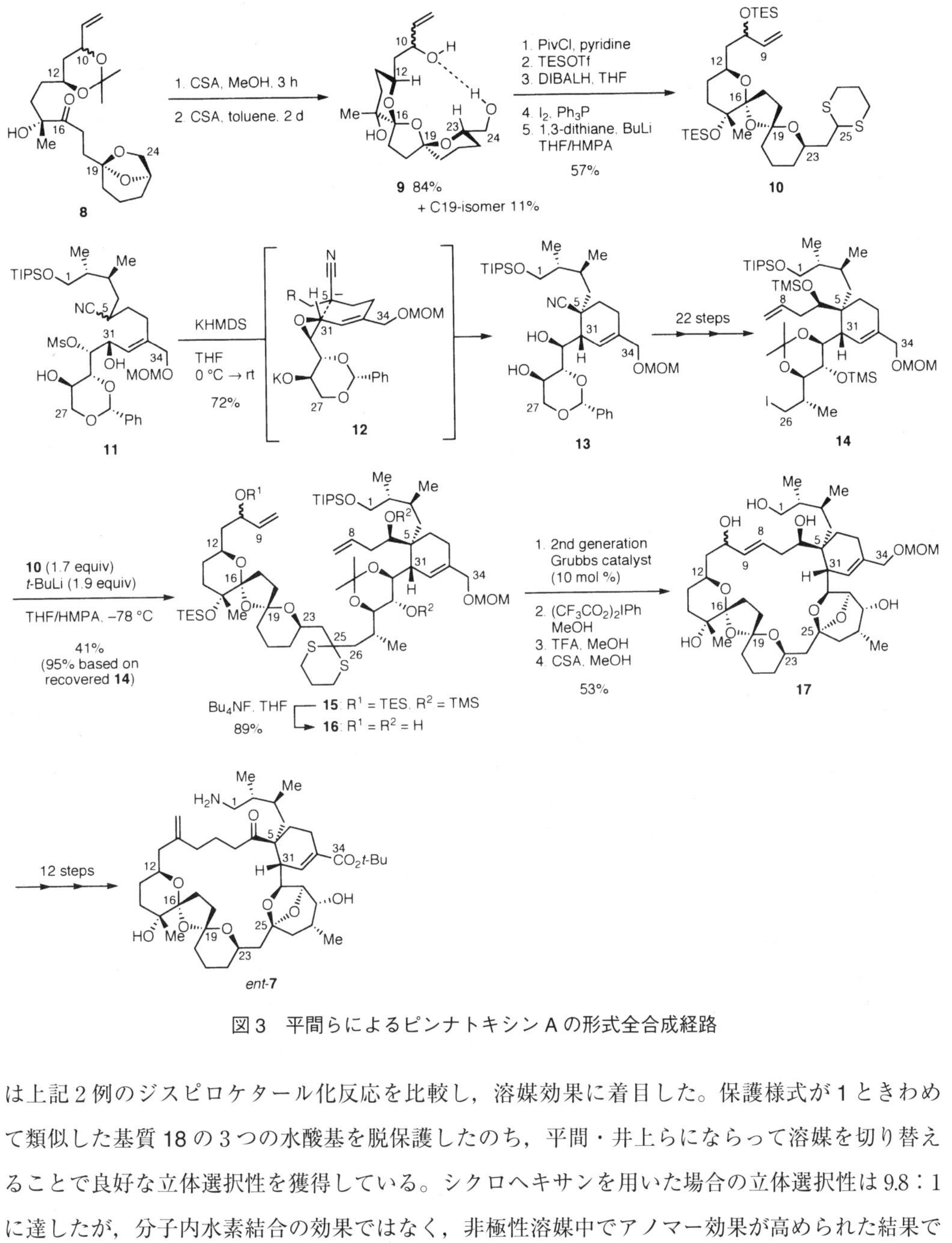

図3　平間らによるピンナトキシンAの形式全合成経路

は上記2例のジスピロケタール化反応を比較し，溶媒効果に着目した。保護様式が1ときわめて類似した基質18の3つの水酸基を脱保護したのち，平間・井上らにならって溶媒を切り替えることで良好な立体選択性を獲得している。シクロヘキサンを用いた場合の立体選択性は9.8：1に達したが，分子内水素結合の効果ではなく，非極性溶媒中でアノマー効果が高められた結果であると述べられている。シクロヘキセン環は分子内アルドール反応により構築しているが，独自に開発した四置換シリルケテンアセタールの立体選択的Ireland–Claisen転位反応[10]を利用して基質調製を行っている。この場合，古賀らのキラルリチウムアミド22[11]を塩基として用いるとD-リボース由来のエステル21からは（Z）-シリルケテンアセタール23が立体選択的に生成する

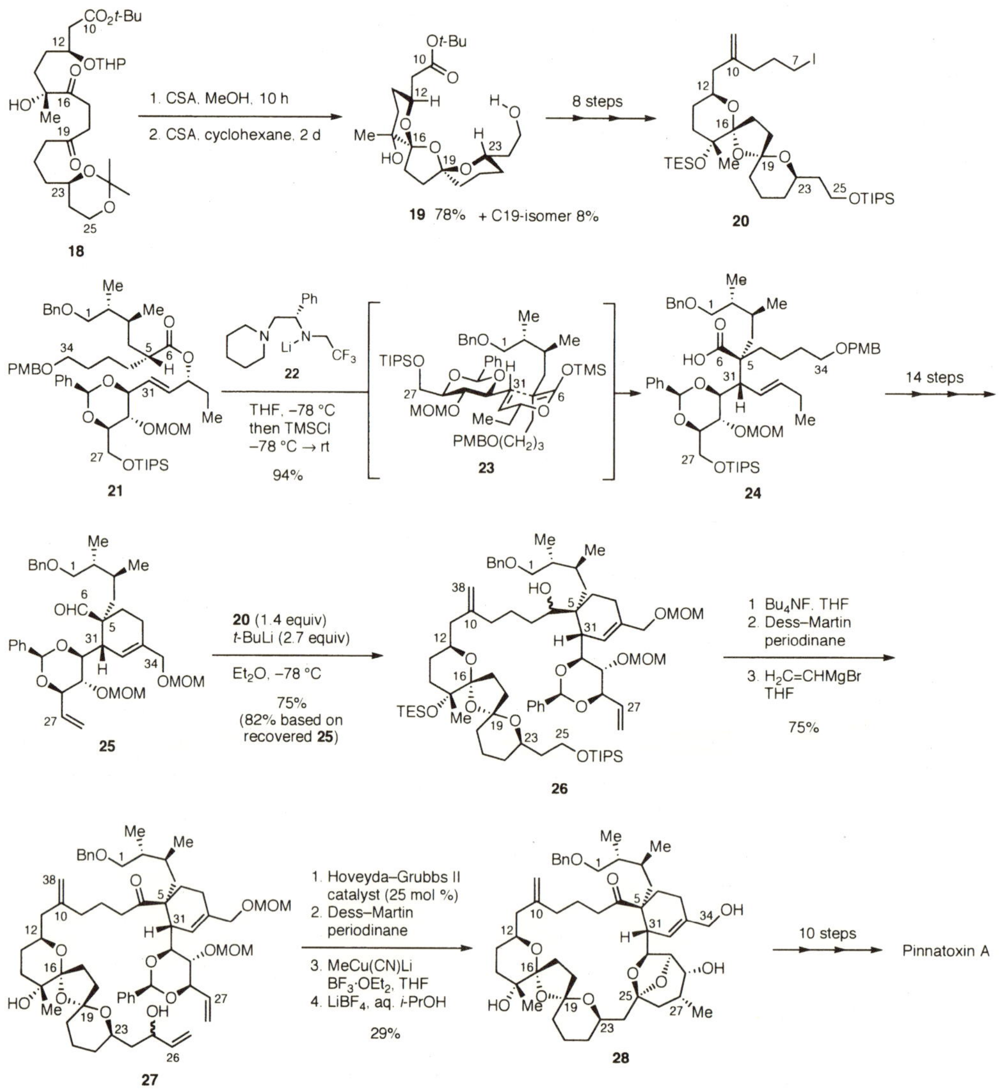

図 4　Zakarian らによるピンナトキシン A の全合成経路

ことから，転位ののちにカルボン酸 24 のみを得ることができる。24 を 14 工程でアルデヒド 25 に変換後，ジオール 19 から導いたヨウ化物 20 をリチオ化して付加させることで両フラグメントをカップリングさせ，3 工程で C 25 位にビニル基を導入して環化前駆体 27 を合成した。閉環メタセシスによる炭素 27 員環構築の際には C 10–C 38 二重結合との副反応が避けられず，続く酸化を含めた 2 工程の収率は 57% にとどまっている。生じたエノンに対して山本らの反応条件[12]を適用して C 27 位にメチル基を立体選択的に導入後，分子内ケタール化を行ってビシクロケタール 28 を得ている。平間・井上らの合成中間体に導いたのち，岸らの条件下[7a]での環状イミン形成を経て全合成を完了している。

以上の全合成以外には，BCDEF環フラグメントとAG環フラグメントの合成が石原・村井らにより報告されている[13]。

3　合成計画

ピンナトキシン類を合成する上で特に問題となるのは，①ジスピロケタール環部の立体選択的構築，②シクロヘキセン環部の立体選択的構築，③炭素27員環の構築，④7員環イミン構築の4点である。②および③に対しては，生合成仮説に従った分子内Diels–Alder反応が最も合理的な解答と考えられる。付加環化がエキソ選択的に進行して欲しいこの場合にはなおさらである。しかし，岸らの結果を踏まえ，我々はあえて分子間でのDiels–Alder反応を利用することにした。まず，環状イミン（A環）は合成の最終段階で構築することとし，アジドケトン29を前駆体として設定した（図5）。炭素27員環の構築に関してはC10位のエキソメチレンに着目し，Trostらによって報告されているエンインの環化異性化反応[14~16]を利用する計画を立てた。基質とな

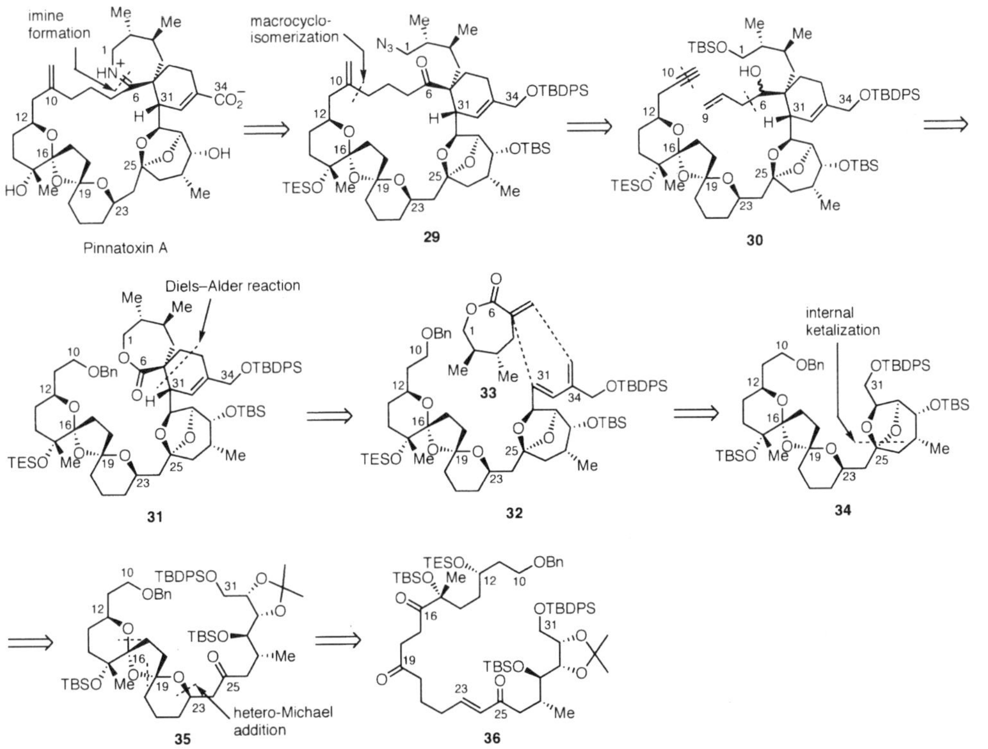

図5　ピンナトキシンAの逆合成解析

るエンイン 30 は，ジエン 32 と α-メチレンラクトン 33 の Diels–Alder 反応により得られるエキソ付加環化生成物 31 から調製可能と考えた。なお，ジエン 32 の前駆体である 34 のビシクロケタール環部は，ケトン 35 の分子内ケタール化により構築可能である。ところで，ジスピロケタールを構築する場合，対応するジヒドロキシジケトン等価体を基質として分子内ケタール化を行うのが一般的である。しかしながら，立体電子的な要因としてアノマー効果のみを考慮すればよいスピロケタールとは異なり，双極子反発の効果も加わってくるジスピロケタールを立体選択的に構築するためには何らかの工夫が必要と予想された。このことは全合成を達成した 3 グループの結果を見ても明白である。そこで我々は C 25 位のカルボニル基に着目し，トリケトン 36 から生成するヘミケタールアルコキシドの分子内ヘテロ Michael 反応により構築することを計画した。本反応により，C 16 位，C 19 位に加えて C 23 位の不斉誘起が起こることも期待した。

4　二重ヘミケタール化／ヘテロ Michael 連続型反応によるジスピロケタール環部の立体選択的な構築[17]

トリケトン 36 の合成はジチアン 37 を出発原料として行った（図 6）。まずヨウ化物 38 を用

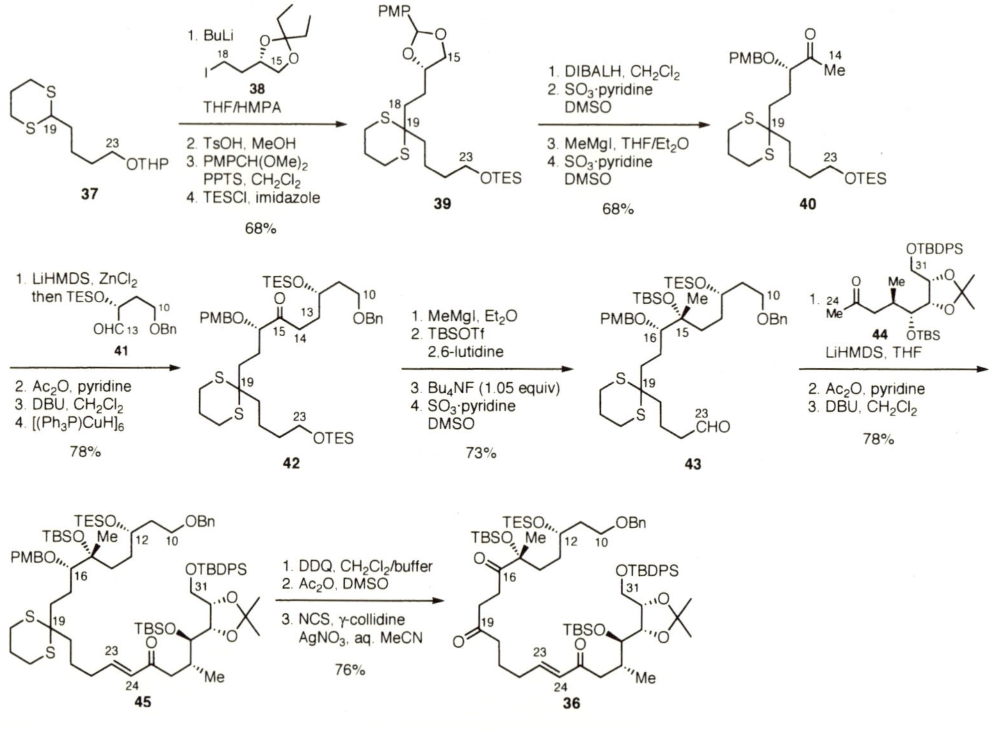

図 6　環化前駆体 36 の合成

いてアルキル化したのち，THP基およびペンチリデンケタールの除去とトリオールの選択的な保護を経て化合物39に導いた。続いて39のp-メトキシベンジリデンアセタールを位置選択的に還元的開裂させ，生じた第一級アルコールを3工程でメチルケトン40へと変換した。40とアルデヒド41をアルドール反応によりカップリングさせたのち，脱水とStryker試薬による1,4-還元[18]により不要な水酸基を除去した。得られたケトン42に対してキレーション制御を利用してC15位にメチル基を立体選択的に導入したのち，保護基の着脱，酸化を行ってアルデヒド43を合成した。アルデヒド43は，C24-C31フラグメント44とアルドール縮合したのち，脱水，C16位のPMB基の除去，Albright-Goldman酸化，ジチオケタールの脱保護を経てトリケトン36に導くことができた。

実際にトリケトン36を用いて環化反応を行う前に，構造決定を容易にする目的からC27-C31位部分をもたないトリケトン46を合成し，モデル実験を行った（図7）。46のC12位TES基を1N塩酸により選択的に除去すると複数のヘミケタール異性体の平衡混合物となったが，そのまま0℃でNaOMeを作用させると環化反応が進行し，4種の立体異性体49-52が77：8：10：5の立体選択性で収率よく（91%）得られた（表，entry 1）。主生成物が望みの立体異性体49であることは，結晶性誘導体53に導いてX線結晶解析を行うことで明らかになった。続いて反応条件の最適化を行ったところ，アルカリ金属メトキシドの中ではLiOMeが最もよい立体選択性（49：50：51：52＝84：8：3：5）を与えることがわかった（entries 1-3）。なお，本反応の経時変化を追跡した結果，反応の初期段階の主生成物は異性体50であるが，時間の経過とともに目的化合物49の生成比が向上している様子が観測された（entries 3-6）。このことは，異性化を起こさない−50℃で反応を行うことにより確認できた（entry 7）。一方，室温でNaOMeを作用させた場合の結果（49：50：51：52＝45：10：45：<1）から，立体異性体49と51はエネルギー的に差がないことが示唆された（entry 8）。2つのアノマー効果により安定化されている点では49と51に差はない。49は双極子反発の面で不利であるが，51にもC15位のTBSオキシ基とC23位の置換基の間に立体反発があるため，結果として同程度の安定性になったものと推測された。ところで，速度支配条件下で生成した49と50を比較すると，新たに生じた3つの不斉炭素の立体配置がすべて異なっている。このことは，速度支配条件下でははじめに構築されるC16位の立体配置により残り2つの立体配置が決定されていることを意味している。また，50から49への異性化の際には，レトロMichael反応ののちいったん鎖状化合物47に解離し，再び2度のケタール化，ヘテロMichael反応を起こしていることになる。51が生成する遷移状態ではC23位水素原子とTBS基の間の立体反発が避けられず，49が主生成物として得られたものと考えられた。こう考えてみると，本反応における立体選択性は速度支配と熱力学支配が都合よく働いた結果と結論づけることができる。なお，LiOMeがよい結果を与える理由とし

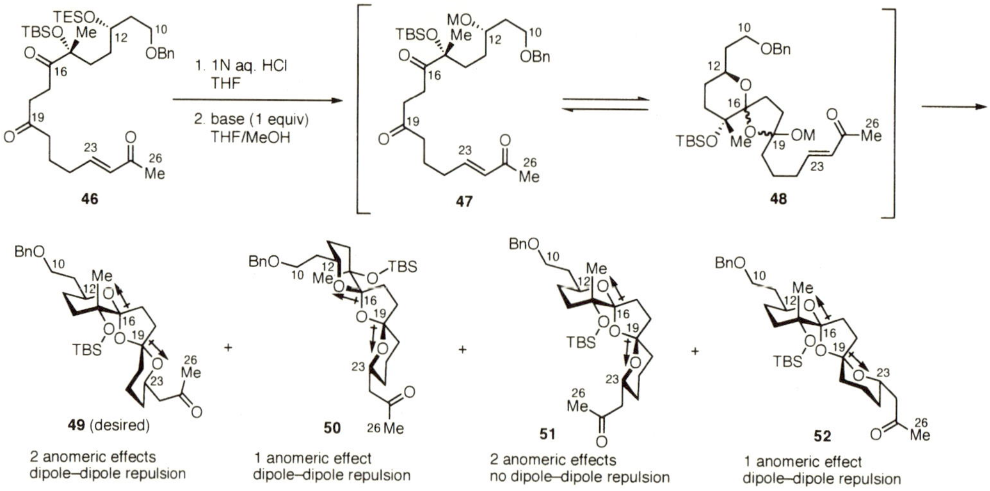

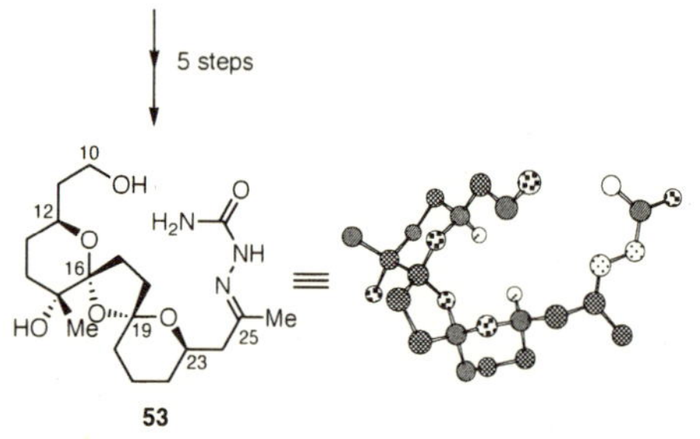

entry	base	temp	time	yield	49:50:51:52
1	NaOMe	0 °C	1 h	91%	77: 8:10: 5
2	KOMe	0 °C	2 h	90%	74: 9:12: 5
3	LiOMe	rt	4 h	92%	84: 8: 3: 5
4	LiOMe	rt	10 sec	73%	33:64: 0: 3
5	LiOMe	rt	5 min	88%	50:46: 0: 4
6	LiOMe	rt	48 h	80%	82: 8: 6: 4
7	LiOMe	−50 °C	8 h	89%	20:80: 0: 0
8	NaOMe	rt	5 h	40%	45:10:45:<1

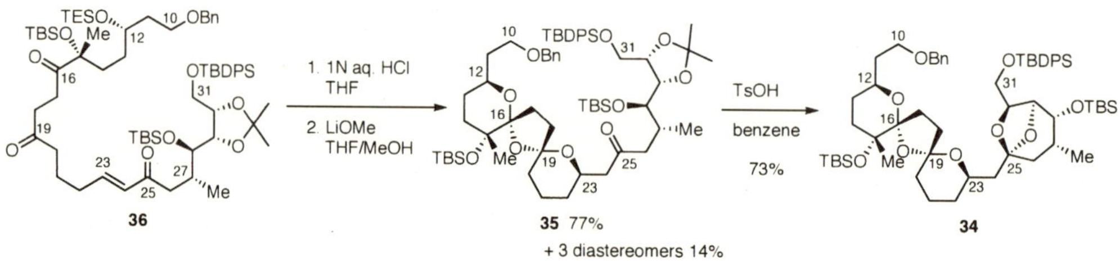

図7　二重ヘミケタール化／ヘテロ Michael 連続型反応によるジスピロケタール（BCD）環部の構築

て，塩基性度が低いため 49 のレトロ Michael 反応が起こりにくいことが挙げられる。

以上のモデル実験の結果をもとに，最適化された条件下で C 27–C 31 位部分をもつトリケトン 36 のジスピロケタール化を行うことにより，望みの立体異性体 35 を収率 77% で得ることができた。35 に対してベンゼン中で TsOH を作用させるとジスピロケタール環部の立体配置を損ねることなく分子内ケタール化が進行し，ビシクロケタール 34 が収率 73% で得られた。

5　環化異性化反応を経る全合成[19)]

以上のようにBCDEF環部の立体選択的な合成が完了したので，続いてシクロヘキセン（G）環部の構築に着手した。合成計画のところでふれたように，G環部をDiels–Alder反応で構築するためにはエキソ選択的に進行する反応系の設定が必要になる。我々は，二重結合とカルボニル基が*s*-シス配置に固定されたα,β-不飽和カルボニル化合物を求ジエン化合物として用いるとエキソ付加環化生成物が優先的に得られるというRoushらの報告[20)]に着目した。我々の場合には，C1位とC6位の間で環を形成させたラクトン**33**を用いればよいことが予想される。そこで，C10–C31フラグメント**34**に対してジエン部の導入を行った（図8）。

岸らはC15位の第三級水酸基をTBS基で保護しておくと最終段階での脱保護が困難なことを報告している[6)]。そのため，まずC15位の保護基をTBS基からTES基へ3工程で付け替えた。C31位のTBS基を選択的に除去したのち，生じた第一級アルコール**55**のDess–Martin酸化，正宗らの条件下でのHorner–Emmons反応[21)]，Wittig反応によりジエン**32**に導いた。

α-メチレンラクトン**33**[22)]を別途調製してジエン**32**と*p*-キシレン溶媒中160℃で封管中12時

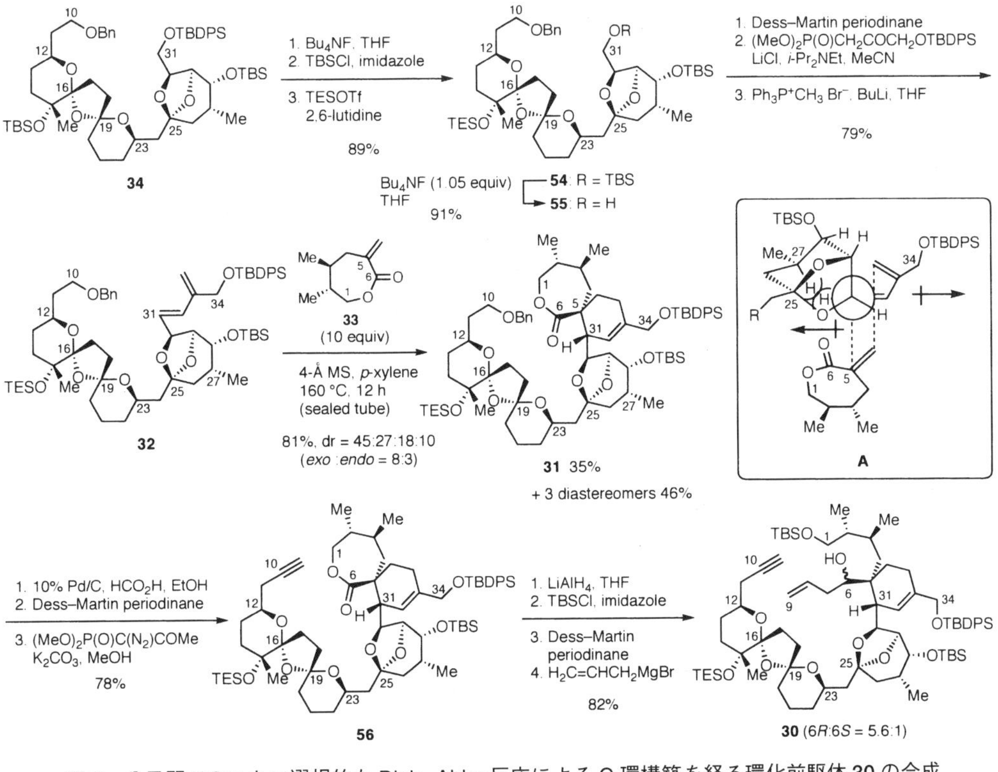

図8　分子間でのエキソ選択的なDiels–Alder反応によるG環構築を経る環化前駆体30の合成

間加熱したところ，位置選択性は完全に制御され，理論上考えられる８つの異性体のうち４つの立体異性体のみが生成していることがわかった。ROESY をもとに立体化学を決定した結果，主生成物が望みの異性体 31 であった。ただし，エキソ／エンド比は８：３，ジエンの面選択性は５：３にとどまり，目的物 31 の収率は 35% と，報告されている分子内反応（33%）[5,6]の結果とほぼ同じになった。α-メチレンラクトンを用いる Diels–Alder 反応がエキソ選択性を示す理由としては，双極子モーメントの反発が最小となるようにジエンにラクトンが接近することが挙げられる。この場合，立体電子的に有利と考えられる水素原子を内部位，炭素原子をアンチ位に配置した遷移状態 A から反応が進行すれば望みの異性体 31 が得られる。しかし，遷移状態 A には C 31 位と C 27 位の水素原子間に立体反発が存在するため，高い立体選択性が得られなかったものと推測される。立体選択性の面からは大変残念な結果であったが，望みの異性体 31 が主生成物として得られたことで，ピンナトキシン A に含まれるすべての不斉中心をこの段階で完全に導入できた。

全合成に向けた次の課題は炭素 27 員環の構築である。環化異性化反応による閉環に向け，エンイン部の導入を行った。ギ酸を水素源として加水素分解を行ってラクトン 31 の C 10 位ベンジル基を除去したのち，Dess–Martin 酸化と続く大平—Bestmann 試薬との反応[23]によりアルキン 56 を得た。ラクトン環を $LiAlH_4$ で還元してから TBS 基による C 1 位水酸基の選択的な保護，Dess–Martin 酸化，アリル Grignard 試薬の付加を経てエンイン 30 を合成することができた。

エンインを基質とする環化異性化反応は，多くの金属触媒によって引き起こされることが知られている。しかし反応の様式は多彩であり，目的とする化合物に応じて適切な触媒を選択する必要がある。この場合には枝分かれ 1,4-ジエンの生成が求められている。我々は，Trost らのアンフィジノリド A およびその立体異性体の合成[16]において 20 員環マクロライド構築に利用されているルテニウム触媒反応[14,15]に着目した（図 9）。大員環構築に用いられたのは本例のみではあるが，望みとする枝分かれ 1,4-ジエンが位置選択的に得られている上，無保護の水酸基やエポキシドを含む 57 を基質としていることからもわかるように官能基選択性に優れた反応とうたわれている点は魅力的であった。この論文から浮かび上がってくる問題点は，反応条件に関する情報が乏しいことと，収率は最高でも 58% に過ぎず，基質によっては目的化合物が全く得られないことであった。

ところで，本反応はルテナシクロペンテンを経て進行するが，大員環構築に利用する場合には位置選択性の問題も考慮しなければならない。エンイン 58 からは４種のルテナシクロペンテン 59–62 が可逆的に生成可能である。環内水素は脱離しにくいため 61 と 62 は原料 58 に戻るものの，59 と 60 からは β-ヒドリド脱離が進行してそれぞれ 1,4-ジエン 63，64 を与えるからである。ただし，通常は β-ヒドリド脱離が律速段階であり，59 の方が 60 よりも β-ヒドリド脱離を起こ

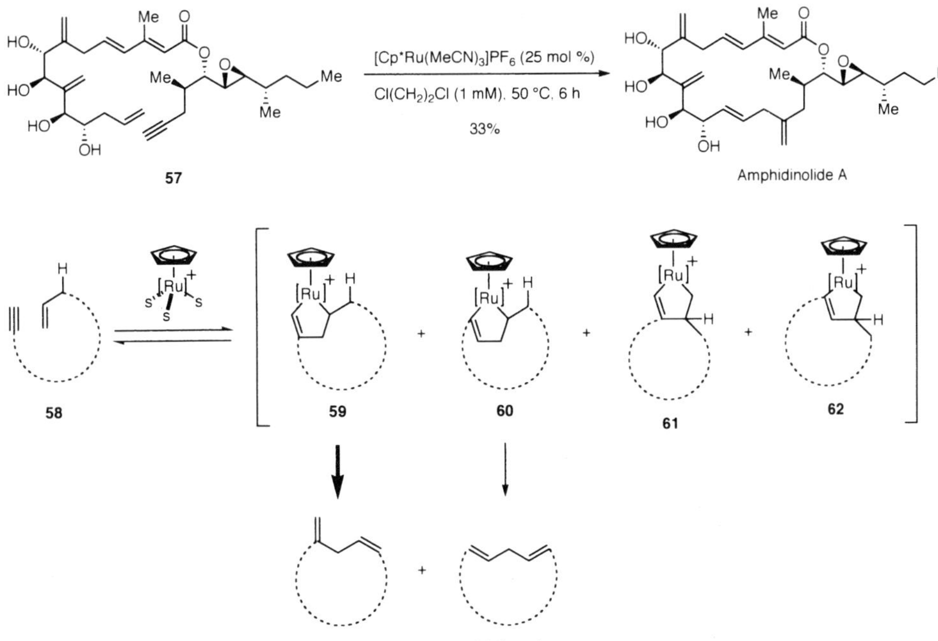

図9　Trostらによるアンフィジノリド A の全合成と環化異性化反応による大員環構築の問題点

しやすいことから，Curtin–Hammett の原理に従って枝分かれ 1,4-ジエン 63 を選択的に得ることができる。

そこで我々はまず，容易に調製可能でホモアリル位に遊離の水酸基をもつ基質を用いて予備実験を行い，反応条件に関する知見を得たのちにエンイン 30 の環化異性化反応に臨んだ（図10）。その結果，$[CpRu(MeCN)_3]PF_6$ を触媒として用い，アセトン中 50℃ で加熱することにより目的化合物 65 を得ることはできた。しかし残念ながら収率はわずか 16% であり，2種の位置異性体 66，67 の副生が確認された。環による制約がない場合，環化異性化反応では（*E*)-1,2-二置換アルケンの生成が一般的であるのに対し，66 や 67 に含まれる二重結合の一方はいずれも *Z* 配置である。このことは，ホモアリル（C6）位の水酸基が配位したルテナシクロペンテン 68 から β-ヒドリド脱離，還元的脱離が進行したためと考えられた。ルテニウム原子に対する水酸基の配位力は弱いため，通常は容易に解離して反応には影響を与えない。しかし，30 の場合には反応点近傍の配座が固定され，配位した水酸基が解離できない状態になったものと推測された。以上の考察に基づいて C6 位水酸基を TMS 基で保護してから環化異性化反応を試みた結果，66 や 67 に相当する位置異性体の副生を抑えて目的の 27 員環化合物 73 を収率 79% で得ることができた。なおこの際，二量体の副生も観察されなかった。

これで，問題点として挙げた4つのうち3つをクリアすることができた。そこで最後の関門で

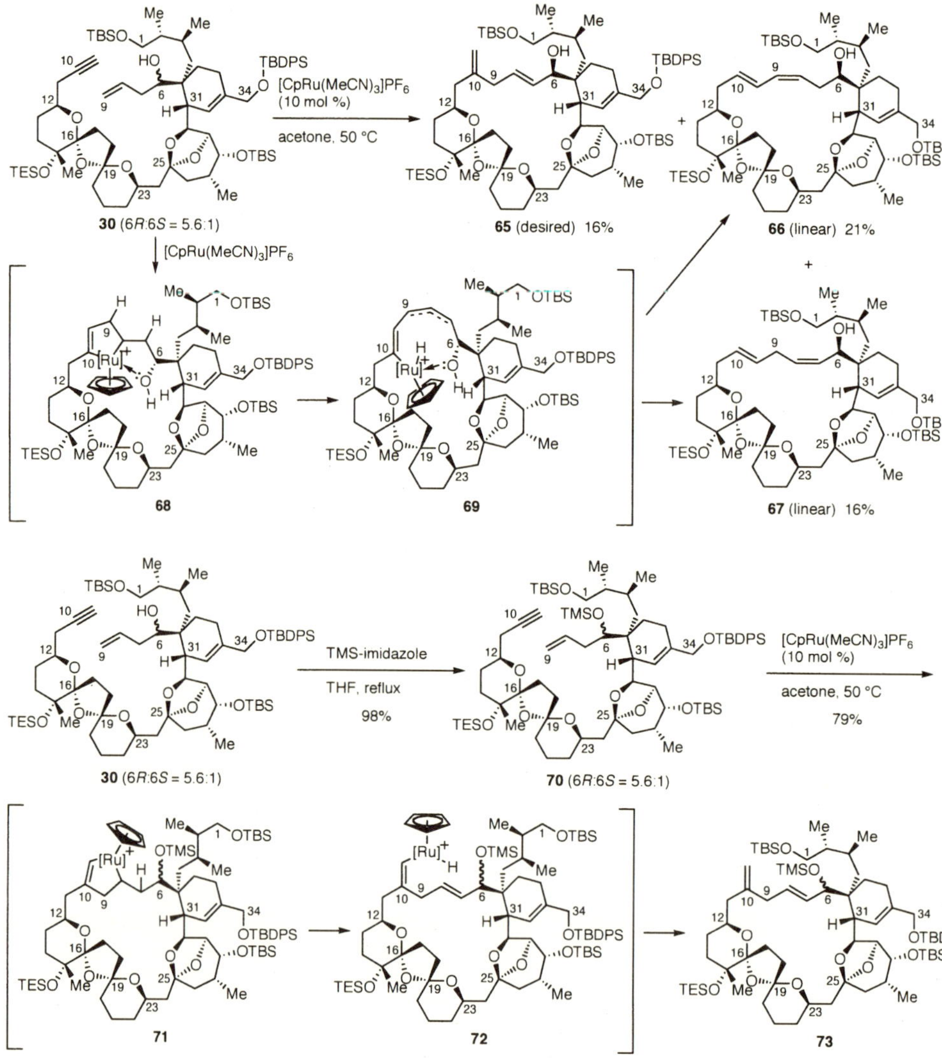

図 10　環化異性化反応による炭素 27 員環の構築

あるイミン形成に向けた変換を行った（図 11）。はじめに環化生成物 73 の C 1 位 TBS 基の選択的な除去を試みたが C 6 位 TMS 基の脱保護を一部伴ったことから，EtOH 中で PPTS を作用させて C 6 位 TMS 基も同時に除去した。生じた C 1 位水酸基を選択的にトシラートに変換してから Dess–Martin 酸化によりエノンとし，Stryker 試薬により 1,4–還元を行ってケトン 74 に導いた。NaN_3 を用いて C 1 位にアジド基を導入したのち，C 34 位 TBDPS 基の選択的な除去，段階的な酸化を行ってアジドカルボン酸 75 を得た。ここでイミン形成に備え，カルボキシ基の一時的な保護を試みたが良好な結果は得られなかった。そのため，基質がアミノ酸となり取り扱いにくくなることは承知の上で，無保護のままイミン形成を試みることにした。なお，アジド基は水

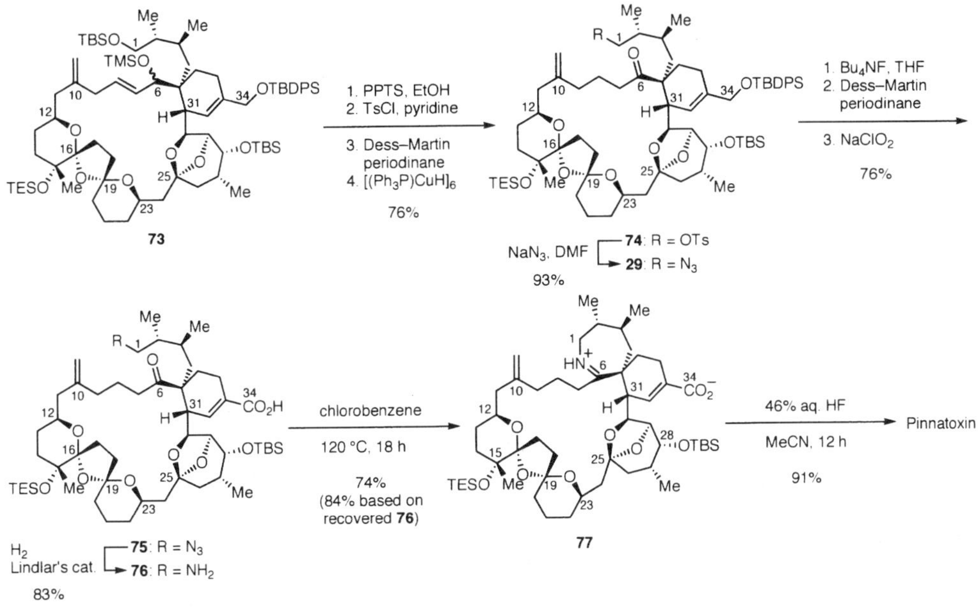

図11　ピンナトキシンAの全合成

素雰囲気下でLindlar触媒を用いることにより還元可能であった。はじめにも述べたように，対応するアミノケトンの脱水によりピンナトキシン類に含まれる環状イミンを形成することは容易ではない。しかし，我々はケトアミノ酸76を基質として反応条件を種々検討した結果，単にクロロベンゼン中120℃で18時間加熱するだけで目的の脱水反応が起こることを見出した。カルボキシ基がプロトン源となって反応を促進したものと思われる。

最終工程となるC15位のTES基およびC28位のTBS基の除去に関しては，生成物であるピンナトキシンAが水溶性のため，後処理，精製を考えると使用可能な反応条件が制約された。最終的には含水アセトニトリル中フッ化水素を作用させるとよいことがわかり，全53工程，通算収率0.25%でピンナトキシンAの全合成を完了した。

6　おわりに

ピンナトキシンAの全合成について，我々のルートを中心に紹介させて頂いた。自然界から得られる化合物は特異な構造様式および多彩な官能基群をもつことから，反応あるいは合成手法の実用性を実証するまたとない機会を提供してくれるとともに，斬新な合成戦略を案出するよいきっかけを与えてくれる。我々の場合，本研究を通じて塩基性条件下での新規ジスピロケタール合成法を開発しただけでなく，炭素大員環構築法としての環化異性化反応の可能性を提示することもできた。

おびただしい数の反応が開発されてデータベース化が進んだ結果，今日では望みの変換に対して複数の選択肢が一瞬のうちに与えられるようになった。それでもなお，天然物の多段階合成を達成することは容易ではない。しかし，全合成に満足することなく，その先にある物質供給を可能にする合成経路の確立や構造活性相関研究のための誘導体合成などを目指し，今後も努力していきたいと考えている。

謝辞

本稿に記した研究成果は共同研究者である大学院生諸氏の努力の賜物であり，この場を借りて謝意を表します。また，ピンナトキシン A の物性ならびに精製法に関しご助言頂いた慶應義塾大学上村大輔教授に感謝致します。本研究の一部は，特定領域研究『多元素環状化合物の創製』ならびに『生体機能分子の創製』のご支援のもと行われたものであり，ここに御礼申し上げます。

文　献

1) (a) D. Uemura, T. Chou, T. Haino, A. Nagatsu, S. Fukuzawa, S. Z. Zheng, H. S. Chen, *J. Am. Chem. Soc.*, **117**, 1155-1156 (1995) ; (b) T. Chou, O. Kamo, D. Uemura, *Tetrahedron Lett.*, **37**, 4023-4026 (1996) ; (c) T. Chou, T. Haino, M. Kuramoto, D. Uemura, *Tetrahedron Lett.*, **37**, 4027-4030 (1996) ; (d) N. Takada, N. Umemura, K. Suenaga, T. Chou, A. Nagatsu, T. Haino, K. Yamada, D. Uemura, *Tetrahedron Lett.*, **42**, 3491-3494 (2001)

2) S. Z. Zheng, F. L. Huang, S. C. Chen, X. F. Tan, J. B. Zuo, J. Peng, R. W. Xie, *Chin. J. Mar. Drugs*, **9**, 33-35 (1990)

3) 総説：M. Kita, D. Uemura, *Chem. Lett.*, **34**, 454-459 (2005)

4) N. Takada, N. Umemura, K. Suenaga, D. Uemura, *Tetrahedron Lett.*, **42**, 3495-3497 (2001)

5) J. A. McCauley, K. Nagasawa, P. A. Lander, S. G. Mischke, M. A. Semones, Y. Kishi, *J. Am. Chem. Soc.*, **120**, 7647-7648 (1998)

6) 長澤和夫，有機合成化学協会誌，**58**，877-886 (2000)

7) (a) F. Matsuura, R. Peters, M. Anada, S. S. Harried, J. Hao, Y. Kishi, *J. Am. Chem. Soc.*, **128**, 7463-7465 (2006) ; (b) J. Hao, F. Matsuura, Y. Kishi, M. Kita, D. Uemura, N. Asai, T. Iwashita, *J. Am. Chem. Soc.*, **128**, 7742-7743 (2006) ; (c) F. Matsuura, J. Hao, R. Reents, Y. Kishi, *Org. Lett.*, **8**, 3327-3330 (2006)

8) (a) S. Sakamoto, H. Sakazaki, K. Hagiwara, K. Kamada, K. Ishii, T. Noda, M. Inoue, M. Hirama, *Angew. Chem. Int. Ed.*, **43**, 6505-6510 (2004) ; (b) T. Noda, A. Ishiwata, S. Uemura, S. Sakamoto, M. Hirama, *Synlett*, 298-300 (1998) ; (c) A. Ishiwata, S. Sakamoto, T. Noda, M. Hirama, *Synlett*, 692-694 (1999) ; (d) A. Nitta, A. Ishiwata, T. Noda, M. Hirama,

Synlett, 695–696 (1999) ; (e) J. Wang, S. Sakamoto, K. Kamada, A. Nitta, T. Noda, H. Oguri, M. Hirama, *Synlett*, 891–893 (2003)

9) (a) C. E. Stivala, A. Zakarian, *J. Am. Chem. Soc.*, **130**, 3774–3776 (2008) ; (b) M. J. Pelc, A. Zakarian, *Org. Lett.*, **7**, 1629–1631 (2005) ; (c) M. J. Pelc, A. Zakarian, *Tetrahedron Lett.*, **47**, 7519–7523 (2006) ; (d) C. -D. Lu, A. Zakarian, *Org. Lett.*, **9**, 3161–3163 (2007) ; (e) C. E. Stivala, A. Zakarian, *Tetrahedron Lett.*, **48**, 6845–6848 (2007)

10) Y. -c. Qin, C. E. Stivala, A. Zakarian, *Angew. Chem. Int. Ed.*, **46**, 7466–7469 (2007)

11) K. Aoki, H. Noguchi, K. Tomioka, K. Koga, *Tetrahedron Lett.*, **34**, 5105–5108 (1993)

12) Y. Yamamoto, Y. Chounan, S. Nishii, T. Ibuka, H. Kitahara, *J. Am. Chem. Soc.*, **114**, 7652–7660 (1992)

13) (a) T. Sugimoto, J. Ishihara, A. Murai, *Tetrahedron Lett.*, **38**, 7379–7382 (1997) ; (b) J. Ishihara, T. Sugimoto, A. Murai, *Synlett*, 603–606 (1998) ; (c) T. Sugimoto, J. Ishihara, A. Murai, *Synlett*, 541–544 (1999) ; (d) J. Ishihara, S. Tojo, A. Kamikawa, A. Murai, *Chem. Commun.*, 1392–1393 (2001) ; (e) J. Ishihara, M. Horie, Y. Shimada, S. Tojo, A. Murai, *Synlett*, 403–406 (2002)

14) (a) B. M. Trost, F. D. Toste, *J. Am. Chem. Soc.*, **121**, 9728–9729 (1999) ; (b) B. M. Trost, F. D. Toste, *J. Am. Chem. Soc.*, **122**, 714–715 (2000) ; (c) B. M. Trost, F. D. Toste, *J. Am. Chem. Soc.*, **124**, 5025–5036 (2002)

15) 総説：(a) B. M. Trost, F. D. Toste, A. B. Pinkerton, *Chem. Rev.*, **101**, 2067–2096 (2001) ; (b) B. M. Trost, M. U. Frederiksen, M. T. Rudd, *Angew. Chem. Int. Ed.*, **44**, 6630–6666 (2005)

16) (a) B. M. Trost, P. E. Harrington, *J. Am. Chem. Soc.*, **126**, 5028–5029 (2004) ; (b) B. M. Trost, P. E. Harrington, J. D. Chisholm, S. T. Wrobleski, *J. Am. Chem. Soc.*, **127**, 13598–13610 (2005)

17) (a) S. Nakamura, J. Inagaki, T. Sugimoto, M. Kudo, M. Nakajima, S. Hashimoto, *Org. Lett.*, **3**, 4075–4078 (2001) ; (b) S. Nakamura, J. Inagaki, M. Kudo, T. Sugimoto, K. Obara, M. Nakajima, S. Hashimoto, *Tetrahedron*, **58**, 10353–10374 (2002) ; (c) S. Nakamura, J. Inagaki, T. Sugimoto, Y. Ura, S. Hashimoto, *Tetrahedron*, **58**, 10375–10386 (2002)

18) (a) W. S. Mahoney, D. M. Brestensky, J. M. Stryker, *J. Am. Chem. Soc.*, **110**, 291–293 (1988) ; (b) W. S. Mahoney, J. M. Stryker, *J. Am. Chem. Soc.*, **111**, 8818–8823 (1989)

19) S. Nakamura, F. Kikuchi, S. Hashimoto, *Angew. Chem. Int. Ed.*, **47**, 7091–7094 (2008)

20) (a) W. R. Roush, A. P. Essenfeld, J. S. Warmus, B. B. Brown, *Tetrahedron Lett.*, **30**, 7305–7308 (1989) ; (b) W. R. Roush, B. B. Brown, *Tetrahedron Lett.*, **30**, 7309–7312 (1989) ; (c) W. R. Roush, B. B. Brown, *J. Org. Chem.*, **57**, 3380–3387 (1992) ; (d) W. R. Roush, B. B. Brown, *J. Org. Chem.*, **58**, 2151–2161 (1993)

21) M. A. Blanchette, W. Choy, J. T. Davis, A. P. Essenfeld, S. Masamune, W. R. Roush, T. Sakai, *Tetrahedron Lett.*, **25**, 2183–2186 (1984)

22) S. Nakamura, F. Kikuchi, S. Hashimoto, *Tetrahedron : Asymmetry*, **19**, 1059–1067 (2008)

23) (a) S. Ohira, *Synth. Commun.*, **19**, 561–564 (1989) ; (b) S. Müller, B. Liepold, G. J. Roth, H. J. Bestmann, *Synlett*, 521–522 (1996)

第 17 章

生合成酵素による天然物の全合成

—抗腫瘍性物質エキノマイシンの合成を中心に—

渡辺賢二　静岡県立大学 薬学部 准教授
大栗博毅　北海道大学 理学研究院 准教授
及川英秋　北海道大学 理学研究院 教授

1　はじめに

天然物の全合成は，優れた洞察力で合成計画を立案し，洗練された合成手法を駆使して，必要であれば新たな方法論を開発するなど，様々な難関を乗り越えて行うのが普通である。従って，人間の叡智の限りを尽くし，複雑な構造の天然物の全合成を行うのは，困難であればある程その達成感は大きく，非常に魅力的な研究分野である。一方，生物は人間以上に優れたケミストであり，酵素という触媒を巧みに操り複雑で多様な天然物を，いとも簡単に作っている。このような生合成酵素による合成では長い年月をかけて触媒機能を適正化しているはずである。その意味では鍵反応を条件検討する必要もなく，保護基やどの時点で官能基を整えるかなども考慮することもなく，その酵素が手に入れば合成できるのは当たり前ということになり，化学的全合成の研究とは方法論が全く異なる。しかし生物がどのような反応を採用して，複雑な構造を作り上げるのかを詳細に解明しながら，最終的に天然物を酵素で合成するのは，別の意味で興味深い研究と言えよう。

天然物の代表的な生合成経路として，ポリケタイド，ポリペプチド，テルペン，フェニルプロパノイド，アルカロイド，アミノグリコシドなどかなり限られた数しか知られていない[1)]。その生合成反応は，経路に依存しない修飾反応と，経路特異的な骨格合成反応そして骨格合成に必要な基質を供給する基質供給反応に大別される。一般に天然物の多様性は，後述するように骨格合成の段階で創出されるが，そのさらなる多様性は，以下に示す様々なオプションにより作り出されている。1番目は複数の生合成経路を組み合わせるもので，例えばポリケタイド—テルペン生合成の組み合わせによりメロテルペノイドが，ポリケタイド—ペプチド生合成やテルペン—アルカロイド生合成によりハイブリッド分子なども作り出されている。2番目は経路依存的な生成物に対して特異な反応を組み合わせることで一挙に多様性を増やすもので，酸化的ラジカル縮合やポリエーテル合成等酸化反応が絡んだ例など多くのバリエーションがある。3番目として基質供給反応があり，この場合骨格合成に使用される特殊な基質（異常アミノ酸，アミノ糖，デオキシ糖など）を生合成する酵素が用意されている。生合成では多くの部品を生体成分に依存しているが，このようにあえて新規部品を組み込むことでさらなる多様性を生み出している。4番目は以上のように合成された天然物が，糖転移，水酸化（特に有機合成では通常困難な不活性部位の酸化），アルキル化，アシル化などの経路に依存しない普遍的修飾反応により，多様な分子に変換される。

1980年代半ばから，急速な遺伝子解析，生化学的解析により，二次代謝に普遍的な生合成機構が解明され，生合成遺伝子の機能推定が確度を増してきた。そしてこの構造多様性を創り出す仕組みは，その大筋が解明されようとしている。これまで研究遂行上の最大の問題点であった生合成遺伝子の同定も，解決策が見えてきた。このように酵素を使って多様性を生み出す合成法が現実性を帯びてきており，酵素を使って全合成する場合，どんな方法論を用いるのか紹介する。

2　生合成酵素を使った天然物合成の流れ

一般的な生合成酵素による天然物の合成は，以下のような流れで行われる。①生合成遺伝子の入手，②生合成経路の推定，③生合成遺伝子の発現・機能解析，④全合成。まず最初は，標的天然物を生産する生物を見出し，目的とするすべての生合成酵素遺伝子を特定する必要がある。幸いなことに微生物二次代謝産物の生合成酵素をコードする遺伝子群はほとんどの場合染色体上にクラスターとして存在することがわかってきた[2]。これは基本的な生合成経路が同じ物質の場合，相同性の高い遺伝子領域を利用して目的物質の生合成遺伝子群の同定が可能であることを意味する。そのため何らかの手段で一つの遺伝子を見出せた場合，その周辺をシーケンス解析することで（染色体歩行），一挙に取得することが可能である。そこで生産菌のゲノム全体（放線菌では約8 Mbp）をカバーするDNAライブラリー（一つのプラスミドが持つゲノムDNA断片のサイズは，30–100 kbp）を作成し，その中から適当な遺伝子の全体または部分配列（例えば天然物の骨格合成酵素遺伝子）をプローブとして用いて，相同性の高い目的遺伝子を含むプラスミドをつり上げる（コロニーハブリダイゼーション）必要がある。従来この過程は，多大な労力を必要としたが，最近高速シーケンス法が開発され[3]，シーケンスコストの低下で大幅な単純化が可能になった。すなわちゲノム解析を行った後，既知の遺伝子と相同性の高いものを絞り込み，目的の遺伝子群を容易に同定することが可能になりつつある。

2番目の生合成経路の推定であるが，一般にすべての生合成酵素を活性のある形で調製し，全部の変換を一挙に検出するのは至難の技であり，生合成酵素を改変可能な触媒として扱うためにどうしても必要な作業である。骨格合成は近縁化合物から推定し，修飾反応は，目的化合物の構造と得られた生合成酵素遺伝子と近縁酵素の機能から類推することになる。新規経路を扱っている場合は，前駆体取り込み実験や遺伝子破壊の結果より，さらに絞り込みを行う。

3番目として，取得した遺伝子クラスターが目的のものか，あるいは推定生合成経路が正しいかを判定するため，鍵となる生合成遺伝子の破壊や発現による機能解析を行うのが，一般的である。また目的とする天然物の生産菌から，近縁の発現ホストに生合成遺伝子をまるごと導入して生産させた例として，芳香族ポリケタイド抗生物質アクチノロージン[4)]やペプチド系抗生物質ダプトマイシン[5)]，サフラシンB[6)]などが知られる。しかしこれらの場合，多くの制約から自由に遺伝子を改変できず，全合成と呼ぶには抵抗がある。

以上の確認を終えれば，いよいよ酵素を用いた全合成が可能になる。これまでに生合成経路を明らかにした形で酵素的全合成している例は，エリスロマイシンC[7)]，エポチロン[8)]などがあり，最近ではポリケタイド系天然物エンテロシンに関し12個の精製酵素を用いた *in vitro* 全合成が報告されている[9)]。生合成酵素の反応機構解析を行う上で *in vitro* 全合成は重要であるが，この例のように10種以上のすべての遺伝子を大量発現精製し，ATPやNADPHなどの補酵素を添加して酵素反応するのは多大な労力を要する。そこでこれに変わる方法として，適当な宿主にすべて遺伝子を導入して行う *in vivo* での全合成があり，この場合不安定な酵素精製や高価な補酵素の使用を回避でき好都合となる。ただこうした全合成例がほとんど無いのは，遺伝子クラスターの再構築が困難なためである。これに対する一つの解決策として，ゲノム上ではなく自在に改変可能なプラスミドとして全生合成遺伝子を大腸菌に導入した例を，エキノマイシンの合成の項で触れる。以下に我々が酵素的全合成を指向して行った研究を紹介する。

3　酵素を用いた複雑な構造を有する天然物の合成の具体例

3.1　アフィディコリンの酵素合成に関する研究

3.1.1　環化酵素遺伝子の取得と機能解析

まず初めに真核生物である糸状菌由来ジテルペン，アフィディコリン（**1**）について紹介する。本物質は，ヘルペスウイルス等抗ウイルス活性を持つ薬剤として開発されたが，その後DNA複製の主役であるDNAのポリメラーゼ α 特異的阻害剤であることが判った[10)]。本化合物は連続した4級炭素からなる複雑な環構造を持つことなどから，多くの合成化学者がその全合成を競い合い，これまで10報を超える全合成の報告例がある[11)]。

一般に微生物由来の環化酵素遺伝子は相同性が低く，PCRクローニングは困難とされていた

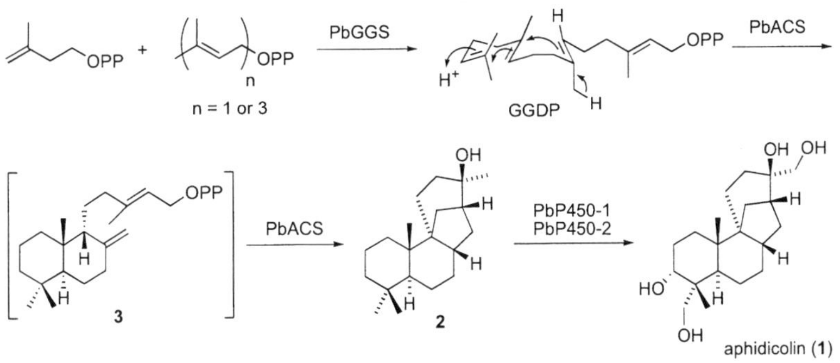

スキーム1　アフィディコリンの生合成経路

が，まず植物の環化酵素遺伝子を基に設計されたプライマーを用いて1の生産菌*Phoma betae*由来のcDNAをテンプレートにPCRおよびRACEを行い，既知の環化酵素遺伝子と比較的高い相同性（37%）を示すcDNAを得た。この単離された環化酵素遺伝子を発現ベクターに組み込み，大腸菌で大量発現させた。精製タンパクを用い，GGDPを基質として酵素反応を行ったところ，環化生成物2を与えたことから，本遺伝子産物をアフィディコラン-16β-オール合成酵素（PbACS）と同定した（スキーム1）[12]。また本反応は既知の*ent*-カウレン合成酵素と同様に2段階反応と推定されたため，合成した予想中間体*syn*-コパリル二リン酸（*syn*-CDP，3）を用いて酵素反応を行った。その結果，本反応はchair-boatの遷移状態を経由して一旦3を経た後，さらに2へと環化することを証明した[12]。この場合，予想環化生成物2は，既に単離されていたため，同定は容易であった。

3.1.2　生合成遺伝子クラスターの取得と酵素的全合成の試み

取得したPbACS遺伝子を利用して1の生合成に必要となる全遺伝子を同定するため，染色体歩行を行ない，全長約16-kbにわたる生合成遺伝子クラスターの解析に成功した（図1）[13]。相同性検索の結果，クラスター上には2種の水酸化酵素（PbP450-1，PbP450-2），GGDP合成酵素（PbGGS），耐性に必要とされるABCトランスポーターおよび転写因子をコードする遺伝子が存在することが判った。アフィディコリン（1）の生合成に関してはチトクロームP-450の特異的阻害剤を用いた実験から，スキーム1に示すようにGGDPが環化して炭素骨格が出来上がった後，3段階の水酸化を経るという極めて単純な経路で進行することが知られていたが，その

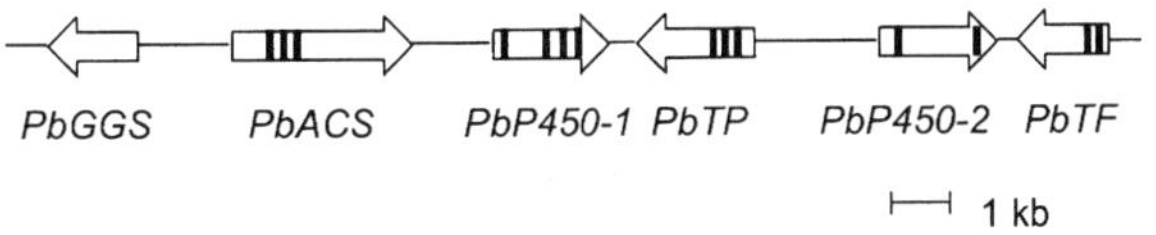

図1　アフィディコリンの生合成遺伝子クラスター

経路を支持する結果となった[14]。

最後にすべての生合成酵素遺伝子を発現させて，1の生産を試みた。大腸菌で環化酵素（PbACS）遺伝子の発現を試みたが，発現量に関して良好な結果が得られなかった。そこで，酵母（*Saccharomyces cerevisiae* BY 4743）低温誘導発現系を用いて，GGDP合成酵素（PbGGS）およびPbACSを同時発現させることで，環化体2の生産を検討した。遺伝子*PbGGS*と*PbACS*を，それぞれ選択マーカーの異なるベクターに組み込み，酵母を形質転換した。発現誘導条件の検討を行なったところ，0.2%ヒスチジン添加培地にて30℃で培養後，10℃，5日間で発現誘導を行った場合，PbACSおよびPbGGSの良好な発現が確認された。その結果中間体2が収量10 mg/Lと比較的満足のいく値が達成できた[15]。この場合，培養条件の最適化を行っておらず，まだ収量向上は可能であろう。さまざまな代謝工学的手法を駆使して，生産性を上げた例としては6-デオキシエリスロノリドの例が有名である[16]。この代表的マクロライド系抗生物質の場合，基質の効率的供給を行うべく遺伝子操作し，1.1 g/Lとほぼ工業的生産レベルの収量が達成された。現在，酵母発現系を用いて残る水酸化酵素（PbP450-1，PbP450-2）が誘導されることを確認しており，今後酵素活性の検出および1の生産を検討していく予定である。

アフィディコリンの場合は遺伝子破壊など余分な実験をすることなく，生合成遺伝子クラスターの同定と同時に遺伝子の機能解析を行えたわけである。このように骨格合成酵素を用いて生成物の構造解析するのが，生合成遺伝子クラスターを同定する上で最も手っ取り早い方法である。

3.2　エキノマイシンの酵素合成

3.2.1　非リボソーム依存性ペプチド合成酵素の反応機構

二次代謝産物の中には，ペニシリン，バンコマイシン（抗生物質），シクロスポリン（免疫抑制剤）などの臨床上重要なペプチドが数多く知られる。これらの化合物は，タンパク合成とは全く異なる合成装置，非リボソーム依存性ペプチド合成酵素（NRPS）により生合成される。多くのNRPSは，複数の酵素（機能ドメイン）が繋がったモジュールと呼ばれる基本単位からなる巨大ポリペプチドである（図2）。モジュールはアミノ酸を縮合する回数だけ存在し，アミノ酸を基質として，少なくとも縮合（C），アデニル化（A），ペプチド運搬タンパク（T）の3個の機能ドメインによりアミド結合形成反応を触媒する[17]。

NRPSの最大の特徴は，基質を運ぶための専用ドメインであるTを持ち，基質がホスホパンテテニル基という20Åのリンカーに共有結合してC，A等の触媒部位に運ばれるという確実なデリバリーシステムを持っている点にある。このため伸長単位のアミノ酸は，Aにより厳密に識別されるものの，Cにおける基質認識は甘く，注目するモジュールのTにある前駆体およびその上流のモジュールのTにのった中間体ペプチドをとにかく縮合して下流に流す仕組みにな

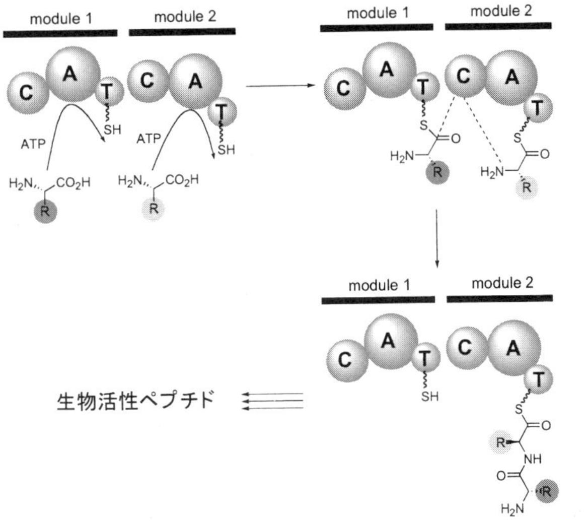

図2　NRPSのペプチド鎖伸長機構

っている。この触媒機構は，NRPSの部品であるドメインやモジュールは自由に入れ換え可能であることを意味し，原理的には有機合成の場合と同様に構造が予想可能な形で人工的に新たな生成物を合成できることになる。また主鎖アミドNへのメチル化，アミノ酸部のエピ化，側鎖官能基とアミド部分間でのヘテロ環形成などを行う修飾ドメインや切り出しドメイン（TE：加水分解，大環状化；R：還元）が存在し，生物活性に重要な機能を付加するオプションも用意されている。

3.2.2　エキノマイシン生合成遺伝子群の同定

DNA二本鎖へのインターカレーター能を有し，強力な抗腫瘍性活性を示す二量体型ペプチド系抗生物質エキノマイシン（**4**）[18]の生合成酵素による全合成を検討した（図3）。既にNRPS遺伝子をクローニングするためのプローブ配列は，相同性の高い領域を有するAドメインで設計した縮重プライマーよって得られるPCR産物を用いる手法が確立している。そこでまず生合成遺伝子クラスターが存在すると予想されたエキノマイシン生産菌である*Streptomyces lasaliensis*の持つ巨大な線状プラスミドDNAをテンプレートとして，NRPSにおけるValを活性化するA-ドメインをコードするPCR産物を得た。このDNA断片をプローブとして生産菌のDNAライブラリーをスクリーニングし，得られたコスミドクローンのシーケンス解析から，全長約40 kbからなるエキノマイシン生合成遺伝子クラスターが同定された[19]。

このクラスターは19個の遺伝子からなり，相同性の高い既知遺伝子の機能から，ほぼすべての遺伝子の機能が予測可能であった。本クラスターがエキノマイシン生産に関与することは，以下の実験から明らかになった。既に生産菌を用いた取り込み実験によりトリオスチンA（**5**）は，

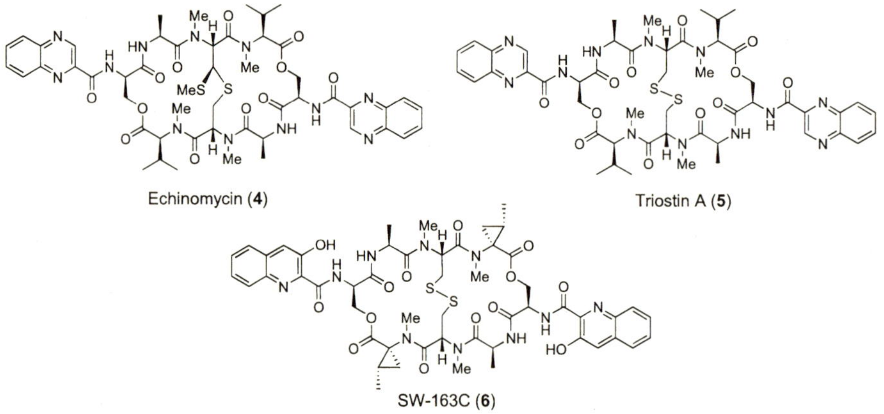

図3　エキノマイシンおよびその構造類縁体

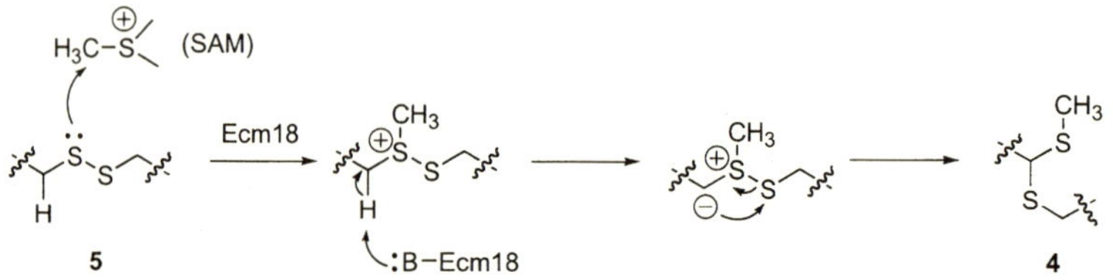

スキーム2　Ecm18のチオアセタール形成機構

4に変換されることが判っており，その変換にはメチル化酵素が関与すると予想されていた。そこでクラスター上に見出されたメチル化酵素遺伝子 *ecm18* を大腸菌で発現させ，メチル供与体 *S*-アデノシルメチオニン（SAM）存在下，5を基質として酵素反応を行ったところ4に変換された。この興味深い酵素反応の機構としては，5のジスルフィドがメチル化されて一旦スルフォニウムイリド中間体が生じた後，チオアセタールへと転位するという仮説が妥当と考えられる（スキーム2）[19]。

3.2.3　エキノマイシンの生合成経路の推定

既に我々がクラスター解析を終えた時期にスターターであるキノキサリン-2-カルボン酸（7, Qxc）を下流のNRPSであるEcm6に受け渡すには7を活性化するEcm1とアシルキャリアプロテイン（FabC）が必要なことが明らかになっていた[20]。これを参考に骨格合成経路をスキーム3のように推定した。まずNRPSのAドメインと高い相同性を示すEcm1によって，7がアデニル化された後，FabCとアリールチオエステル酵素中間体を形成する。次いでNRPSであるEcm6およびEcm7によって生合成されたペプチド鎖は，二量化および環化してマクロラクトン骨格が構築される。さらに，酸化酵素Ecm17によりジスルフィド結合が形成されて生じた5は，Ecm18の作用で4へ変換される。

訂　正　表

267頁の「スキーム3」に誤りがありました。お詫びして訂正いたします。下記のスキームと差し替えて下さい。

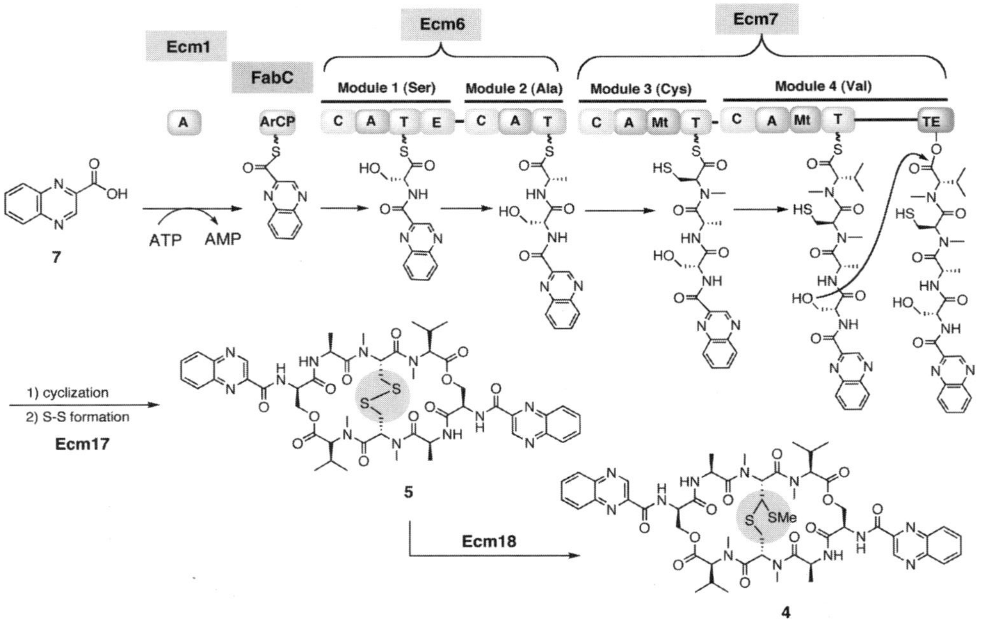

スキーム3　エキノマイシンの生合成経路

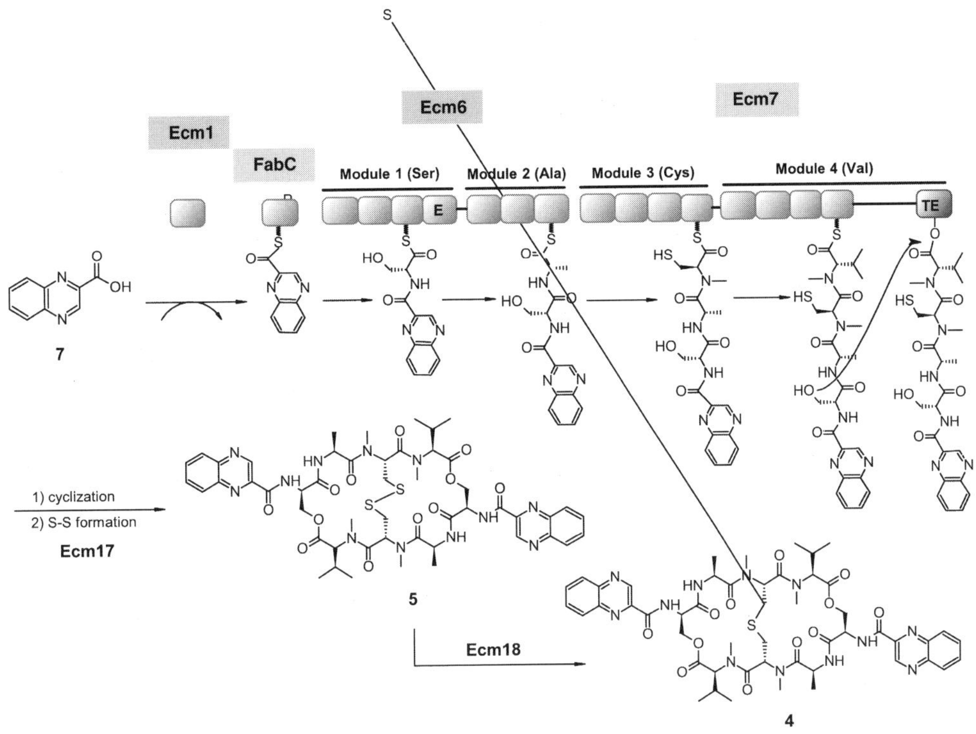

スキーム 3　エキノマイシンの生合成経路

購入した試薬を使う化学合成とは異なり，生物はすべての基質を自前で供給する必要がある。エキノマイシンの生合成において抗腫瘍活性発現に重要な役割を果たすクロモフォア 7 は比較的安価な試薬であるが，同位体標識化合物の取り込み実験から生産菌では L-Trp から生合成されることが判っていた。最終的に生合成クラスター上の遺伝子情報に加え，L-Trp の代謝および既知のアミノ酸の β 位水酸化経路から，8 個の酵素により L-Trp から 7 が生合成されると推定した（スキーム 4）。すなわち L-Trp は Ecm13，Ecm12，Ecm2 の 3 種の酵素により β 位水酸化体 8 に，次いで Ecm11（Ecm14）により，β ヒドロキシキニュレニン（9）に変換される。次いで 9 はフラビン依存型モノオキシゲナーゼである Ecm4 の作用により，アスパラギン酸誘導体に変換され，最後は Ecm3 による酸化，引き続く非酵素的変換により 7 が生成すると考えた。これら推定前駆体 8，9 が鍵中間体であることは，後に合成した同位体標識化合物の取り込み実験によって証明された[21,22]。特に Ecm4 の窒素官能基の酸化的転位反応は，7 の生合成経路で最も興味深い反応である。

3.2.4　エキノマイシンの *de novo* 合成

生合成遺伝子を導入する宿主としては，簡便な遺伝子操作法が確立していて，様々な宿主菌株―ベクター系が揃っている大腸菌が最適である。ただし，大腸菌で安定に保持できるベクターの

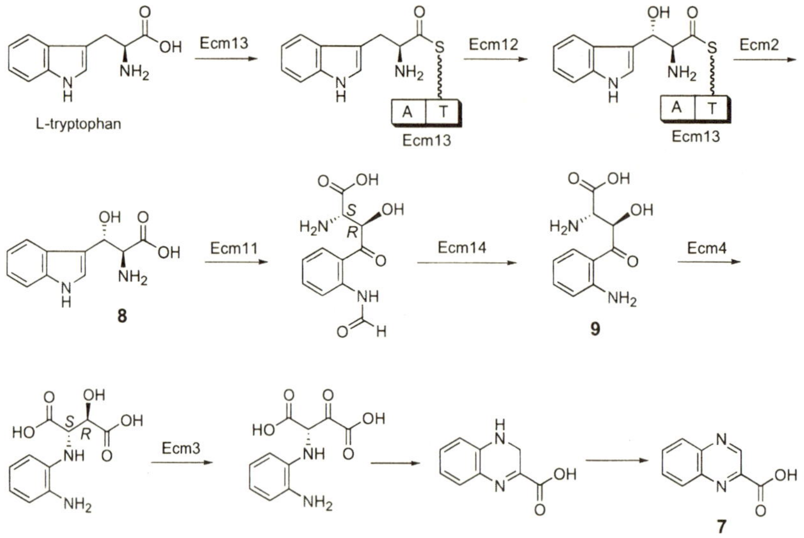

スキーム4　キノキサリン-2-カルボン酸の生合成経路

数は限られているため，一つのベクターに複数の遺伝子を簡便に導入できるシステムが必要であることから，新たに考案した手法を用いてそれぞれ3種の異なる複製開始点および薬剤耐性遺伝子を持つベクターによる発現システムを構築した[19]。まず2個のサイズの大きなNRPSは一つのベクターにまとめ，NRPSをホスホパンテテニル化する酵素遺伝子 *sfp* と4が持つ毒性に対する耐性遺伝子 *ecm16* の他，2個の修飾遺伝子および7のローディングに必要な *ecm1*，*fabC* はすべてまとめてもう一つのベクターに組み込んだ。最後に7の生合成遺伝子8個を3番目のベクターに導入した。上記のように全生合成遺伝子16個（合計約37 kb）を組み込んだ3個の発現プラスミドを市販の大腸菌BL21（DE3）で共発現して培養した結果，エキノマイシン（4）の生成が確認でき，大腸菌内で前駆体を添加することなく4の *de novo* 合成に成功した[19]。当初収量は0.6 mg/Lであったが，市販のクロモフォア7を培地に添加することにより，13 mg/Lまで改善された[23]。

3.2.5　エキノマイシン誘導体の酵素合成

酵素反応を用いた合成で問題となるのは，酵素自体の基質特異性である。しかし最近ポリケタイド合成酵素などの骨格合成酵素や水酸化酵素チトクロームP-450，糖転移酵素などの修飾酵素が比較的広い基質特異性を持つことがわかってきた。仮に遺伝子の変異などで中間体の構造が変わった時，下流の酵素の基質許容性が高い場合はその化合物で生合成経路は停止せずに，良く似た化合物を作ってしまうことになる。この仮説が正しいとすると天然物が何故多様性を獲得できたかをある程度理解でき，化学合成した基質アナログもある程度許容して変換することが予想できる。今回開発した16個もの放線菌由来天然物生合成遺伝子の大腸菌での発現は，様々な遺伝子改変による誘導体合成を可能にすることが期待された。

そこでNRPSを用いたコンビナトリアル合成の可能性を検証するため，生合成上機能別に仕分けされた遺伝子を持つ発現プラスミドを用いて，遺伝子工学的手法によりどの程度本来の生成物の構造を改変できるか検討した。まずエキノマイシン（4）とのハイブリッド化合物の合成を目指して，構造の類似したSW-163（6）の生合成遺伝子クラスター取得を検討した。同時に不明であった6の絶対配置の決定も行なった[24]。その結果，アミノ酸配列レベルでエキノマイシンNRPSと高い相同性を示す2種のNRPS（*swb16*，*swb17*）を同定することができた。次いで新たに得られたNRPS遺伝子（*swb17*）と同等な機能を有する*ecm7*を入れ換えたプラスミドを構築し，このNRPS遺伝子を搭載したプラスミドを既に導入したものと入れ換えた大腸菌を調製した。本大腸菌ではシクロプロパンアミノ酸供給系が存在しないため，合成したノルコロナミン酸（10）を培地に添加して培養したところ，予想した分子量を持つハイブリッド化合物11の生産を確認できた（スキーム5）[25]。これは異なる物質を生産するNRPSを組み合わせて骨格を構築できた最初の例である。

次に骨格合成酵素への変異導入と修飾酵素遺伝子の除去を試みた。まず4の*N*-メチル基を除くため，NRPS（*ecm7*）に存在する2個のメチル化ドメインの触媒モチーフ配列に変異を導入した*ecm7**を調製した後，この遺伝子と*ecm7*を入れ換えたプラスミドを新たに構築した。こ

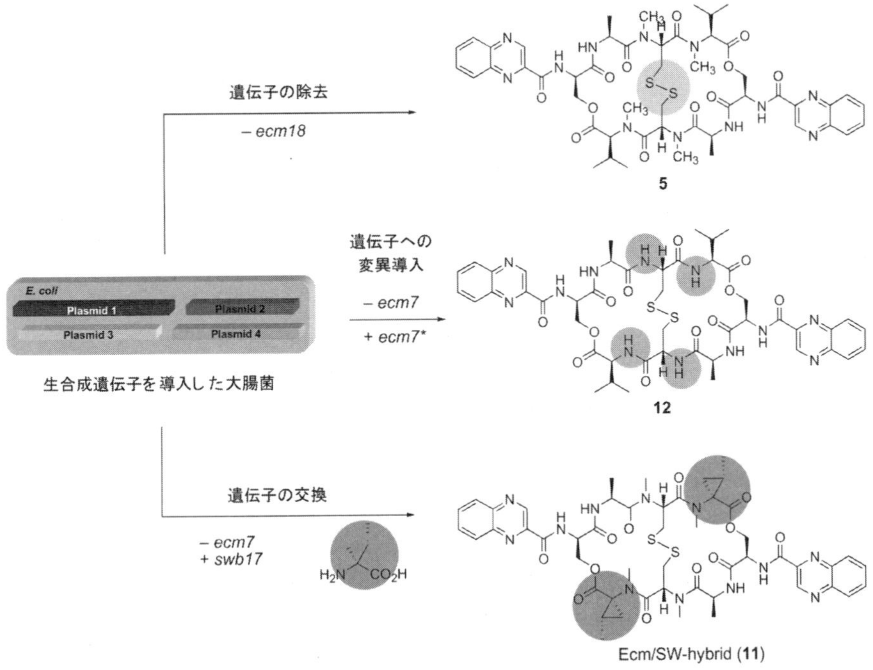

スキーム5　遺伝子工学的手法によるEcm生合成酵素の機能改変

れを導入した大腸菌を用いて培養を行い，予想した生成物 TANDEM（12）の生産に成功した（スキーム 5）[25]。さらに修飾酵素をコードする *ecm18* をプラスミドから除去すると 4 の前駆体である 5 が得られた。以上述べたように遺伝子の改変（入換え，変異導入，除去）では，NRPS が上流の中間体の構造変化に緩やかな基質許容性を示したため，様々な誘導体合成が可能なことを支持する結果が得られた。今後 4 と近縁のペプチド以外の遺伝子や機能ドメインを使った大胆な改変により，クロモフォアや骨格にさらに多様性を与えることが可能であろう。このように，一旦機能別に仕分けした複数の発現用プラスミドが構築されれば，個々の遺伝子の改変が自在にでき様々な展開ができる。

最後にモジュラー型酵素の一部のドメインを発現させ，それを用いたコンビナトリアル合成の可能性を探ることにした。そこで NRPS のドメインの一つで分子量約 30 kDa と比較的小さなタンパクであるチオエステラーゼ（Ecm-TE）ドメインを用いた誘導体合成についても検討を行った。まず固相法により，クロモフォアとしてキノキサリン環を有するテトラペプチド二量体の *N*-アシルシステアミン（SNAC）誘導体を種々合成した（図 4）。最終的にラクトン化に必須な Ser を除く 3 種のアミノ酸を入れ換えた 9 種の誘導体を合成し，大量発現した Ecm-TE を用いた酵素反応に供したところ，すべての置換体が環化生成物を与えることを見出した（図 4）[26]。この際，マクロラクトン化と同時に加水分解が進行したため，これを抑制する目的で合成 DNA

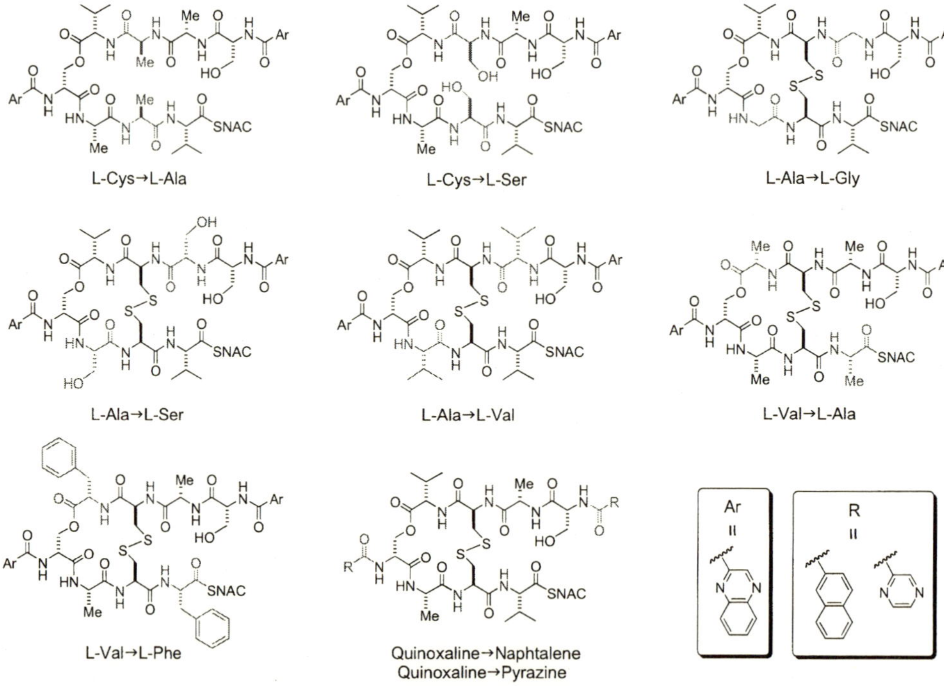

図 4　Ecm-TE による環化反応に用いた基質アナログ

を添加したところ，加水分解は顕著に減少し，環化生成物を主生成物として得ることに成功した。

以上の例から，NRPSの論理的機能改変が可能であることを実証するとともに，非天然型誘導体の合成に成功した。

3.3　サフラマイシンの酵素合成研究

3.3.1　サフラマイシン生合成遺伝子クラスターの取得と骨格合成鍵酵素の推定

最後の例として特異なテトラヒドロイソキノリン骨格を持つ抗腫瘍性抗生物質サフラマイシン（13）の合成を紹介する（図5）。この化合物の構造類縁体にはホヤ由来のエクチナサイジン743という現在臨床用に市販されている抗ガン剤がある。本物質は，天然から少量しか単離されないため，近縁の天然物から供給されているものの，その生産効率はそれほど高くない[27]。従って酵素法により供給できれば，大量供給する上での一つの解決策となり得る。

サフラマイシンに構造上近縁なサフラマイシンMx1[28]およびサフラシンB[6]の遺伝子クラスターは既に明らかにされていたが，本来ペプチド結合形成しか触媒しないNRPSがどのような機構で複雑な5環性骨格を合成するのかは不明であった。そこで詳細な比較を行うため13の遺伝子クラスターの取得を，エキノマイシンと同様，相同性に基づいたPCRクローニングにより行い，全長62 kbにわたる30個の遺伝子からなることを突き止めた。これは同時期に中国のグループが同定したものと同一であり[29]，得られた3個のNRPSは4個のモジュールを持っていた。最後のモジュールは一つのNRPSタンパク（SfmC）であり，ペプチド鎖の切り出しを行う還元ドメイン（R）を持っているため，このNRPSが多段階の反応を触媒するものと予想した。

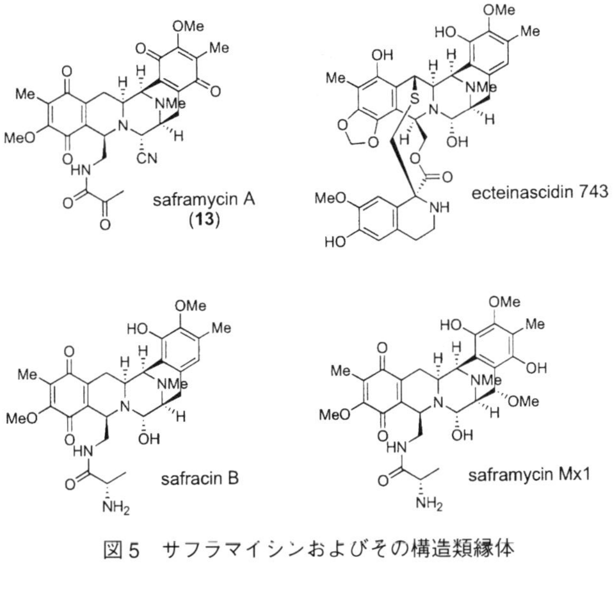

図5　サフラマイシンおよびその構造類縁体

3.3.2　NRPS SfmC を用いたサフラマイシンの *in vitro* 骨格合成

本来ペプチド鎖の伸長は，ホスホパンテテニル（PP）鎖を介して NRPS に結合した形で進行するが，PP 鎖の末端構造を模した部分構造を持つジペプチド中間体アナログ 14 と有機合成的に調製したアミノ酸 15 を基質として，ATP，NADPH 存在下大量発現した SfmC による酵素反応を行ったところ，サフラマイシン型骨格を有する生成物 16 が得られた（スキーム 6）[30]。この際，ジペプチドの還元体 17，およびジペプチドとアミノ酸が縮合した後，C–C 結合形成および末端チオエステルが還元された予想中間体 18 を得たことから，反応機構はスキーム 7 のように

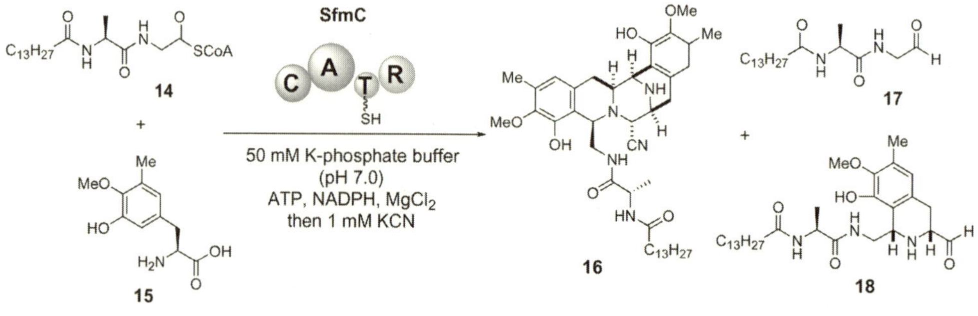

スキーム 6　SfmC による酵素反応

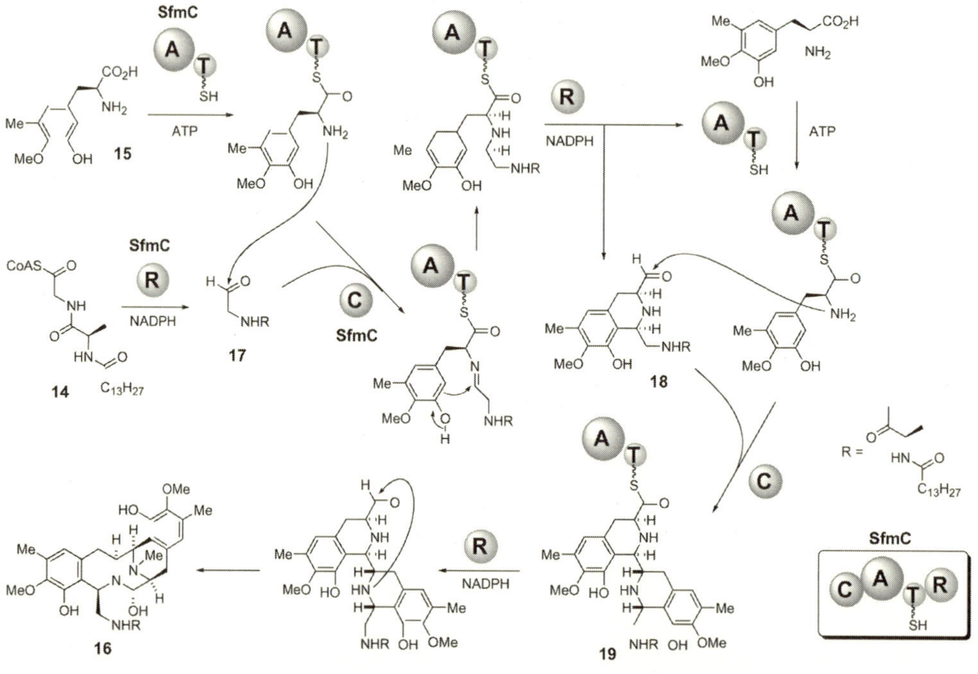

スキーム 7　SfmC によるサフラマイシン骨格合成の触媒機構

推定した。まずCドメインは，チオエステル14がRドメインにより還元されたアルデヒド17と15から生じたイミンに対し，Pictet-Spengler型反応を触媒した後，還元されて生じたアルデヒド中間体18は，もう一度類似のサイクルを繰り返し，2個のテトラヒドロイソキノリン環を有する中間体19となった後，さらなる還元を受け，生じたアルデヒドと環状アミン部分からアミナール構造が形成されてサフラマイシン型骨格16が形成されたものと推定した。

今回明らかになったNRPSの触媒機構は，Cドメインが本来の縮合ではなく，イミン形成とC-C結合形成を触媒し，通常は1回しか使われないモジュールが2回使用されるほか，Rドメインが3回の還元反応を触媒するという特殊な例であった。たった一つの酵素が，多段階の反応を触媒する例は他にもあるが，単純な基質から一挙に複雑な骨格を組み上げるサフラマイシンNRPSの例は非常に興味深い。サフラマイシンと類似の骨格を持つ天然物の全合成は多数報告されているが，全合成経路に類似のイミンに対するPictet-Spengler型反応を利用しているMyersらの例があり[31]，期せずしてバイオミメティックな合成となっている点も興味深い。

以上のように一番問題となった骨格合成が解決されたため，残るNRPSであるSfmAおよびSfmBとの反応および数工程の修飾反応を*in vitro*で行い，関連化合物の中で最も単純なサフラシンBの全合成を達成することは可能であろう。また化合物16のグリシン部分がグリコール酸になったものは，エクチナサイジン743という抗腫瘍性物質の合成中間体と等価な構造となるため，その工業的利用価値も高い。

4　おわりに

本章で紹介したように天然物の構造多様性は，比較的単純な仕組みで生み出される。天然物生合成に使用される酵素という触媒は，細胞でリボソームという普遍的なシステムで作られるため，酵素をコードする遺伝子を用意すれば基本的には，望む天然物が合成可能である。つまり原理的には，酵素による化合物合成システムは，一度確立されれば，天然物の構造に依存すること無く，どのタイプの天然物の合成にも利用できる普遍的な方法論ということになる。紹介した3例を見れば，今まさに複雑な構造の天然物を量的に供給可能にするという点において，革新的な方法論になろうとしていることがわかっていただけたと思われる。一方で酵素合成は，進化の過程で触媒能を最適化してきた酵素という触媒を用いて行うため，化学合成のような知的好奇心を満たすことができないという主張もある。しかしサフラマイシンの骨格合成酵素のように，既に確立された機構では説明できない例が多数ある。その意味で，基質あるいは中間体を自在に駆使して，機構解明が行える有機化学者が解決すべき興味ある課題も多い。

最も困難だった遺伝子の入手が容易になり，効率の良い発現が達成されれば，稀少生物由来の有望な医薬品候補物質の生産が可能になるであろう。また，これまで経験が支配していた微生物の培養条件検討による生産性の向上が，物質生産，工業利用を目指す場合は必須であるが，反応経路が明確になった場合は，律速段階を洗い出し，代謝工学的手法を駆使して，企業の研究者，微生物の専門家と共同でプロセスを最適化するなど明確な解決策が見えてくる。現在のところ，触媒する酵素の立体構造や反応機構解明はされても，未だ酵素の機能を論理的に改変できるレベルに無い。しかし今後，基質供給，骨格構築，修飾反応を触媒する酵素の改変が自在に行えるようになれば，不斉中心を多数有する複雑な天然物の誘導体合成が現実的なものとなるはずである。

文　献

1) 医薬品天然物化学，南江堂（2004），P. M. Dewick（著），海老塚豊（翻訳）

2) Bode, H. B.; Muller, R. *Angew. Chem. Int. Ed. Engl.*, **44**, 6828-6846 (2005)

3) Shendure, J.; Porreca, G. J.; Reppas, N. B.; Lin, X.; McCutcheon, J. P.; Rosenbaum, A. M.; Wang, M. D.; Zhang, K.; Mitra, R. D.; Church, G. M. *Science*, **309**, 1728-1732 (2005); Margulies, M.; Egholm, M.; Altman, W. E.; Attiya, S.; Bader, J. S.; Bemben, L. A.; Berka, J.; Braverman, M. S.; Chen, Y. J.; Chen, Z.; Dewell, S. B.; Du, L.; Fierro, J. M.; Gomes, X. V.; Godwin, B. C.; He, W.; Helgesen, S.; Ho, C. H.; Irzyk, G. P.; Jando, S. C.; Alenquer, M. L.; Jarvie, T. P.; Jirage, K. B.; Kim, J. B.; Knight, J. R.; Lanza, J. R.; Leamon, J. H.; Lefkowitz, S. M.; Lei, M.; Li, J.; Lohman, K. L.; Lu, H.; Makhijani, V. B.; McDade, K. E.; McKenna, M. P.; Myers, E. W.; Nickerson, E.; Nobile, J. R.; Plant, R.; Puc, B. P.; Ronan, M. T.; Roth, G. T.; Sarkis, G. J.; Simons, J. F.; Simpson, J. W.; Srinivasan, M.; Tartaro, K. R.; Tomasz, A.; Vogt, K. A.; Volkmer, G. A.; Wang, S. H.; Wang, Y.; Weiner, M. P.; Yu, P.; Begley, R. F.; Rothberg, J. M. *Nature*, **437**, 376-380 (2005)

4) McDaniel, R.; Ebert-Khosla, S.; Hopwood, D. A.; Khosla, C. *Science*, **262**, 1546-1550 (1993)

5) Baltz, R. H. *Curr. Top. Med. Chem.*, **8**, 618-638 (2008)

6) Velasco, A.; Acebo, P.; Gomez, A.; Schleissner, C.; Rodríguez, P.; Aparicio, T.; Conde, S.; Muñoz, R.; de la Calle, F.; Garcia, J. L.; Sánchez-Puelles, J. M. *Mol. Microbiol.*, **56**, 144-154 (2005)

7) Peiru, S.; Menzella, H. G.; Rodriguez, E.; Carney, J.; Gramajo, H. *Appl. Environ. Microbiol.*, **71**, 2539-2547 (2005)

8) Mutka, S. C.; Carney, J. R.; Liu, Y. Q.; Kennedy, J. *Biochemistry*, **45**, 1321-1330 (2006)

9) Cheng, Q.; Xiang, L.; Izumikawa, M.; Meluzzi, D.; Moore, B. S. *Nat. Chem. Biol.*, **3**, 557-558 (2007)

10) Ikegami, S.; Taguchi, T.; Ohashi, M.; Oguro, M.; Nagano, H.; Mano, Y. *Nature*, **275**, 458-

460（1978）
11) Toyota, M.; Ihara, M. *Tetrahedron*, **55**, 5641–5679（1999）
12) Oikawa, H.; Toyomasu, T.; Toshima, H.; Ohashi, S.; Kawaide, H.; Kamiya, H.; Ohtsuka, M.; Shinoda, S.; Mitsuhashi, W.; Sassa, T. *J. Am. Chem. Soc.*, **123**, 5154–5155（2001）
13) Toyomasu, T.; Nakaminami, K.; Toshima, H.; Mie, T.; Watanabe, K.; Ito, H.; Matsui, H.; Mitsuhashi, W.; Sassa, T.; Oikawa, H. *Biosci. Biotechnol. Biochem.*, **68**, 146–152（2004）
14) Oikawa, H.; Ohashi, S.; Ichihara, A.; Sakamura, S. *Tetrahedron*, **55**, 7541–7554（1999）
15) Tsukagoshi, T.; Tokiwano, T.; Ohgiya, S.; Sahara, T.; Oikawa, H. unpublished results.
16) Lau, J.; Tran, C.; Licari, P.; Galazzo, J. *J. Biotechnol.*, **110**, 95–103（2004）
17) Fischbach, M. A.; Walsh, C. T. *Chem. Rev.*, **106**, 3468–96（2006）
18) Yoshida, T.; Katagiri, K.; Yokozawa, S. *J. Antibiot. Ser. A*, **14**, 330–334（1961）
19) Watanabe, K.; Hotta, K.; Praseuth, A. P.; Koketsu, K.; Migita, A.; Boddy, C. N.; Wang, C. C.; Oguri, H.; Oikawa, H. *Nat. Chem. Biol.*, **2**, 423–428（2006）
20) Schmoock, G.; Pfennig, F.; Jewiarz, J.; Schlumbohm, W.; Laubinger, W.; Schauwecker, F.; Keller, U. *J. Biol. Chem.*, **280**, 4339–4349（2005）
21) Koketsu, K.; Oguri, H.; Watanabe, K.; Oikawa, H. *Org. Lett.*, **8**, 4719–4722（2006）
22) Hirose, Y.; Watanabe, K.; Minami, A.; Nakamura, T.; Oguri, H.; Oikawa, H. unpublished results.
23) Praseuth, A. P.; Praseuth, M. B.; Oguri, H.; Oikawa, H.; Watanabe, K.; Wang, C. C. C. *Biotechnol. Prog.*, **24**, 134–139（2008）
24) Nakaya, M.; Oguri, H.; Takahashi, K.; Fukushi, E.; Watanabe, K.; Oikawa, H. *Biosci. Biotechnol. Biochem.*, **71**, 2969–2976（2007）
25) Watanabe, K.; Hotta, K.; Nakaya, M.; Praseuth, A. P.; Wang, C. C.; Inada, D.; Takahashi, K.; Fukushi, E.; Oguri, H.; Oikawa, *J. Am. Chem. Soc.*, **131**, 9347–9353（2009）; Watanabe, K.; Hotta, K.; Praseuth, A. P.; Wang, C. C.; Searcey, M.; Oguri, H.; Oikawa, H. *ChemBioChem.*, **10**, 1965–1968（2009）
26) Koketsu, K.; Oguri, H.; Watanabe, K.; Oikawa, H. *Chem. Biol.*, **15**, 818–828（2008）
27) Cuevas, C.; Perez, M.; Martin, M. J.; Chicharro, J. L.; Fernandez-Rivas, C.; Flores, M.; Francesch, A.; Gallego, P.; Zarzuelo, M.; de La Calle, F.; Garcia, J.; Polanco, C.; Rodriguez, I.; Manzanares, I. *Org. Lett.*, **2**, 2545–2548（2000）
28) Pospiech, A.; Bietenhader, J.; Schupp, T. *Microbiology*, **142**, 741–746（1996）
29) Li, L.; Deng, W.; Song, J.; Ding, W.; Zhao, Q. F.; Peng, C.; Song, W. W.; Tang, G. L.; Liu, W. *J. Bacteriol.*, **190**, 251–263（2008）
30) Koketsu, K.; Watanabe, K.; Suda, H.; Oguri, H.; Oikawa, H. unpublished results.
31) Myers, A. G.; Kung, D. W. *J. Am. Chem. Soc.*, **121**, 10828–10829（1999）

第Ⅴ編
生物活性天然物の高効率大量合成

第 18 章

ラボオートメーション技術を活用したタキソールおよび9員環エンジイン化合物の合成

高橋　孝志　東京工業大学 理工学研究科 教授
布施新一郎　東京工業大学 理工学研究科 助教

1　はじめに

多様な官能基を持つ複雑な天然物を合成する際の醍醐味の一つは，様々な反応条件を検討する中で，目的の官能基のみを反応させられる最適条件を見つけ出し，新規合成経路を構築していくことである（図 1)。本作業には，高度な技術，知識，思考が要求され，合成化学者の手腕が問われるところである。研究目標を効率よく達成するためには，この重要な作業に合成化学者は可能な限り多くの労力を費やすことが望ましい。

しかしながら，複雑な天然物の合成研究では，合成中間体の供給に多段階を要するため，既に

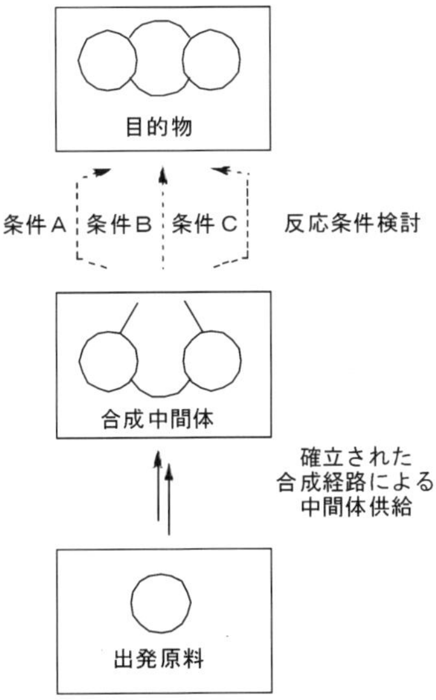

図 1

確立した合成経路を用いた供給作業であっても，多大な労力と時間が必要になる。加えて，同じグループに属していた前任者が確立した合成経路であっても，稀にこれを再現するのが困難な場合がある。論文で他のグループより報告された反応が容易に追試できないことも少なくない。これらの場合，合成化学者は本来不必要なはずの労力と時間を反応の再検討作業に費やすこととなる。この主な要因の一つとして，個々の研究者による合成操作の差異が挙げられる。例えば5分の間に，シリンジにより試薬を基質溶液に加える操作を考える。ある研究者は初めのうちは滴下速度を非常に遅くし，後半は早く加えるかもしれない。一方で別の研究者は5分間同一速度での滴下を続けるかもしれない。この混合操作の微妙な差は反応液の温度，濃度に影響を及ぼす。とりわけ，多種多様な反応点を分子中に有する複雑な構造の天然物の合成においては，実験ノートや論文の実験項の記述に現れにくい微妙な合成操作の差異が時に反応結果に大きく影響する。

天然物合成におけるラボオートメーション（Lab Automation；以下LA）技術の活用は，本問題に対する解決策として魅力的である。なぜなら合成経路を確立した後に，各反応を自動合成装置に行わせ，その際に用いた装置の運転プログラムをデジタルデータとして保存しておけば，いつ，どこで，誰がその反応を行ったとしても，同一の原料と装置を用いれば同一の結果が得られるはずだからである。これにより，合成中間体供給作業に必要な労力を軽減できるのみならず，再現性の問題も克服できると期待でき，合成化学者はより多くの時間を新規合成経路の構築作業に費やすことが可能になる[1,2]。

ここで課題となるのは，天然物合成において一般的な液相での合成操作をいかに自動化するかという点である。そもそもLA技術はオリゴペプチドやオリゴ核酸の固相合成技術の発展と相まって成長を遂げてきた[3]。これは固相合成が，①化合物を担持した樹脂に試薬溶液を作用させて反応，②ろ過により試薬溶液を除去，レジンを溶媒で洗浄，といった非常に単純な合成操作の繰り返しで済むため，その自動化が容易であるという事情に起因する。液相合成は，化合物の滴下混合作業，分液作業，抽出・洗浄作業など固相合成に比べてはるかに多様な合成操作からなり，これらを自動化するのは容易ではない。これらの事情から，これまで限られた反応に対応する液相自動合成装置が開発され，利用されてきた。しかしながら，これでは複雑な天然物の合成に利用しようとすると何台もの合成装置が必要となり，実用的ではない。そこで我々は，あらゆる液相合成反応に対応する汎用的な自動合成装置を用いて中間体供給作業の自動化に取り組んできた。本稿では，マスクされた9員環エンジイン化合物およびタキソールの合成研究におけるLA技術の導入について紹介する。

2　タキソール

タキソールは強力な抗腫瘍活性を有し，現在臨床で抗がん剤として使用されている化合物である。本化合物はその合成の困難さが有名であり，1971年の構造決定以来，世界中の30以上のグループが合成研究を展開したが，Holtonらによる初の全合成までに実に20年以上の歳月を要している[4)]。タキソールのように，合成に多段階を要する化合物の全合成研究では，チームを組み，合成経路の構築に向けて，反応条件の検討を行う研究者と，確立した合成経路を利用して中間体を繰り返し供給する研究者で作業を分担することは珍しくない。もし後者の作業を自動合成装置に担わせられるのであれば，例え学生一人の力でも複雑な天然物の全合成を達成することが可能になると我々は期待した。実際に鍵中間体5の合成経路計36工程を自動化し，タキソールの形式全合成を達成したので以下に述べる[5)]。

我々の合成戦略を図2に示す。タキサン骨格のエンド型構造のため，13位水酸基はC環の近傍に位置しており，C環上の官能基変換に影響すること，および9位カルボニル基存在下，レトロアルドール・アルドール連続反応により7位水酸基が容易にエピ化することを考慮し，9，13位に酸素官能基のないエノン3をTaxolの前駆体とした。すなわち，9，13位酸素官能基は10位カルボニルおよび11，12位アルケンを足がかりとして合成終盤で導入することとした。また，酸性，塩基性両条件下におけるD環の開裂が容易に起こることを考慮し，オキセタン環は合成後半でABC環エノン4が持つ二つのアルケンのうち，エキソアルケンのみを足がかりとして立

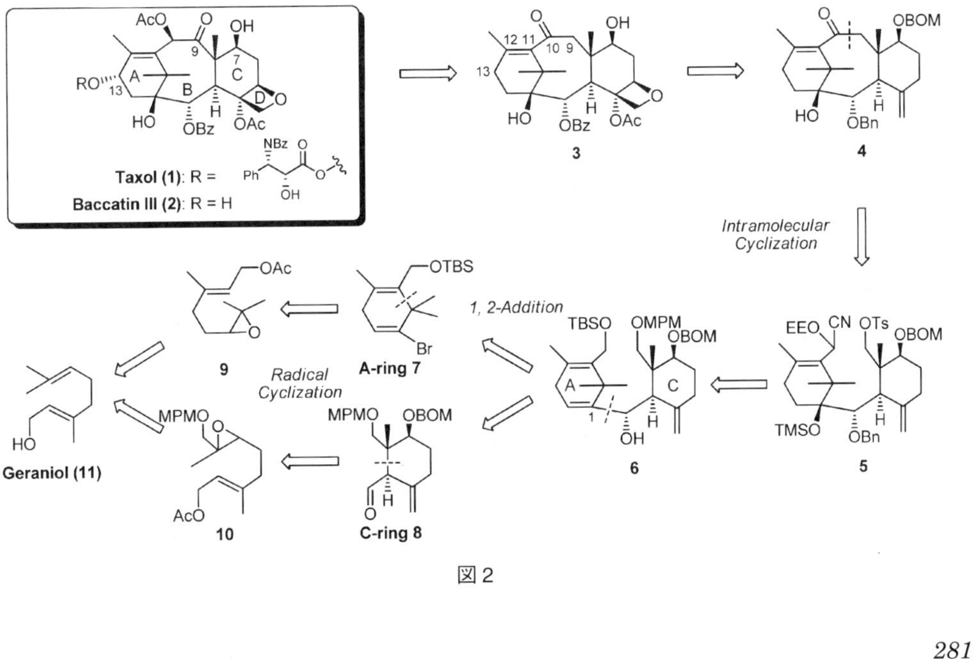

図2

体選択的に構築しようと考えた。合成上の最大の課題である8員環構築はシアノヒドリンを用いた分子内アルキル化反応を利用しようと考えた[6,7]。これは保護されたシアノヒドリンから発生するアニオンが熱的に安定で加熱条件を用いることができるため，8員環構築におけるエンタルピー，エントロピー的不利を補えると期待したためである。シアノヒドリン**5**はアリルアルコール**6**への1位水酸基の位置および立体選択的な導入，続く保護基の変換により合成できると考えた。アリルアルコール**6**はA環ビニルブロミド**7**から発生させたビニルアニオンをC環アルデヒド**8**に対して立体選択的に1,2-付加することにより得ようと考えた。また，A環，C環は共通の出発原料であるゲラニオール（**11**）からエポキシアルケン**9**，**10**へ誘導し，ラジカル環化反応により合成しようと考えた[8]。なお，本合成経路はエポキシド**10**の立体化学からTaxol上の全ての置換基の立体化学を誘起できることから，光学活性なエポキシド**10**を用いれば不斉合成への展開が可能である。

A環およびC環の自動合成について説明する。まず，市販の液相自動合成装置Sol-capaに15ヶ所以上の改良を施し，多大な労力を要するマルチグラムスケール反応の後処理を自動的に行う第一世代自動合成装置を開発した（図3）[9,10]。なお，本合成装置はLAN上の他のPCより遠隔操作，遠隔監視することが可能である。

次に各反応が合成装置に適用可能か検証した（図4）。結果いくつかの反応は，装置の性能に合わせて反応条件を変更する必要があった（図4：イタリック，太字の反応）。すなわち，A環，C環合成の鍵段階であるラジカル環化反応（図4：d，q）においては化学量論量のチタン試薬を用いるため，後処理時に大量のチタン塩が生成し，移送が困難であった。そこで，新規触媒的環化反応条件を探索し，確立した新規反応条件（d：0.1 eq. Cp_2TiCl_2，Mn，Et_3B，lutidine・HCl，q：0.1 eq. Cp_2TiCl_2，Mn，Et_3B，TMSCl）を用いて自動化に成功した[11]。また，エステルの加

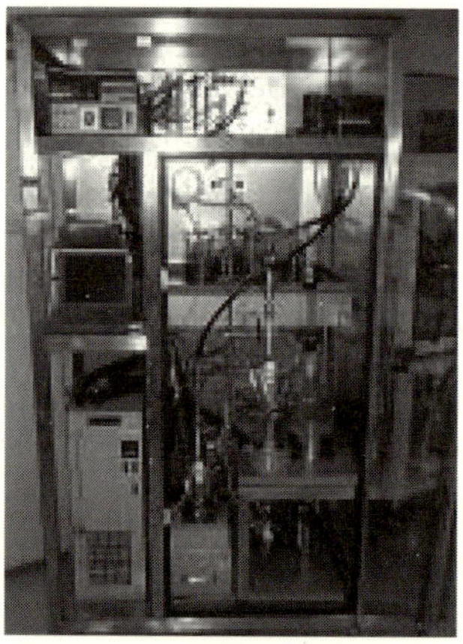

図3

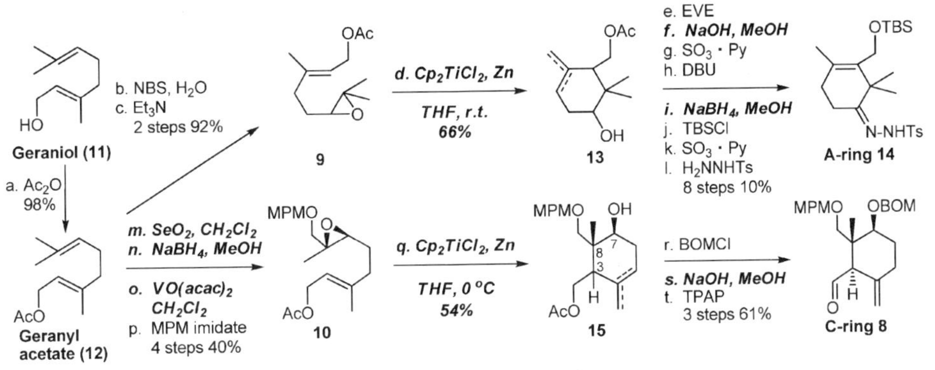

図4

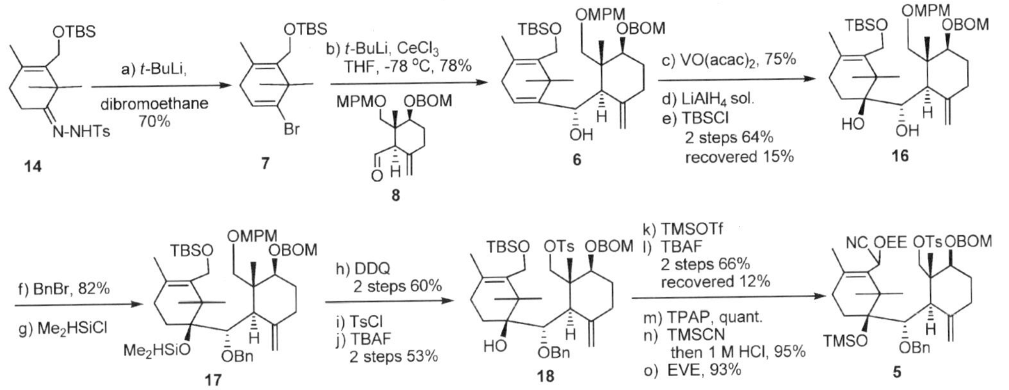

図5

溶媒分解反応およびアルデヒドの還元反応（図4：f，i，n，s）については溶媒として大量のメタノールを用いていたため，有機層が塩を溶解して導電性を持ち，装置が分液作業を行えなかった。これは，本装置が導電性の差をセンサーにより検知して二層分離を行うためである。そこで，これらの反応については溶媒を水／THF／メタノールの混合溶媒に変更することで問題を解決した。酸化反応（図4：m，o）では溶媒として大量の塩化メチレンを用いていたため，分液時にエマルジョンが生成し，装置による二層分離作業が困難であった。そこで，反応mではヘキサンを，反応oではトルエンを替わりに用いることにより問題を解決した。これらの工夫によりA環，C環合成経路計18工程を数十グラムから数百グラムスケールで自動化することができた。なお，マニュアル合成時と純度，収率共に遜色ないことを確認している。

続いて鍵中間体5の自動化を検討した（図5）。合成経路中には*t*-ブチルリチウムやビニルリチウム，水素化リチウムアルミニウムといった禁水性の化合物を扱う反応，気体が大量に発生する反応があるため，第一世代自動合成装置の利用は困難であった。また，反応条件を変更して自動化する場合，収率や選択性を維持するのは困難であった。

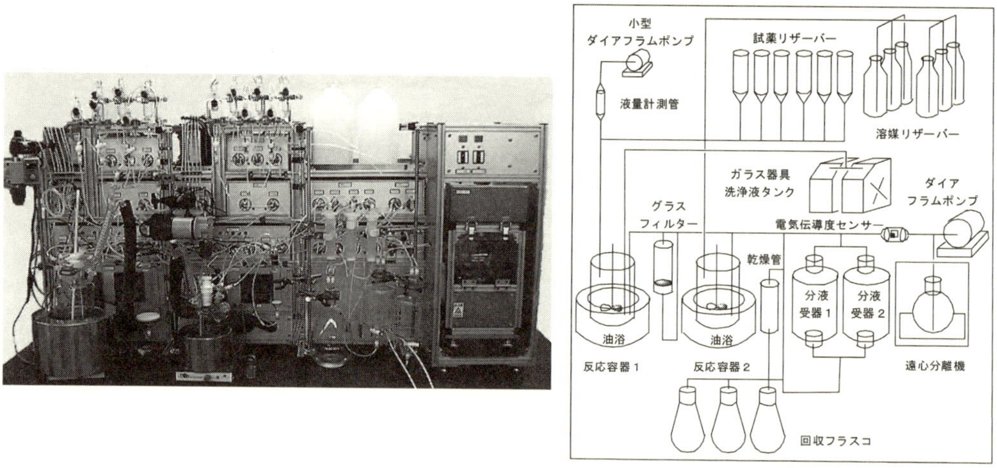

図 6

そこで，これらの反応にも対応できる第二世代自動合成装置を開発した（図 6：左：全景，右：配管図）[12]。本合成装置は小～中スケールにおいて，温度制御下の化合物の混合，撹拌，分液操作を伴う後処理，粗生成物の濃縮，ガラス容器の洗浄といった作業を不活性ガス雰囲気下全自動で行える。以下に自動合成の手順について説明する。まず，PC 上でプロシージャーを入力し，溶媒，試薬，洗浄液をリザーバー，タンクに用意する。なお，固体化合物は反応容器に入れておく。ここで，PC 上のプログラムを作動させ，自動運転を開始する。試薬や基質の滴下混合作業は反応液温を一定に保持しつつ行える。例えば反応液温を－10 ℃ に設定した場合，滴下作業により液温が－8 ℃ 以上に上昇すると自動的に滴下が停止され，反応液が冷却される。そして液温が－8 ℃ 以下になると滴下が自動的に再開される。設定時間経過後，反応停止剤が添加されて後処理操作が開始されるが，固体成分が生じる場合にはグラスフィルターに通してこれを除去できる。液相自動合成装置にとって，エマルジョン生成時の分液操作は最大の問題であるが，本機は遠心分離機を搭載しており，これによりエマルジョンを解消できる。続いてセンサーが導電性の差を検知することにより二層分離され，二つの受器にそれぞれ移送される。この際，水層を反応容器に戻し，有機溶媒を加えて再抽出することや，集めた有機層を反応容器に移して，重曹水や塩水等で洗浄することが可能である。最終的に有機層は乾燥管を通して脱水し，回収フラスコへ集める。粗生成物の精製が不要であれば，そのまま得られた溶液をもう一つの反応容器へ移送し，濃縮後，次の反応を行うことも可能である。また乾燥管の代わりに市販のシリカゲルカラム管を合成装置に設置することにより，簡単なカラム精製も行える。なお，全操作終了後，すべてのガラス器具はアセトンと水により自動洗浄される。

第二世代合成装置を利用することにより，図 5 に示した全 15 工程の自動化に成功した。また，

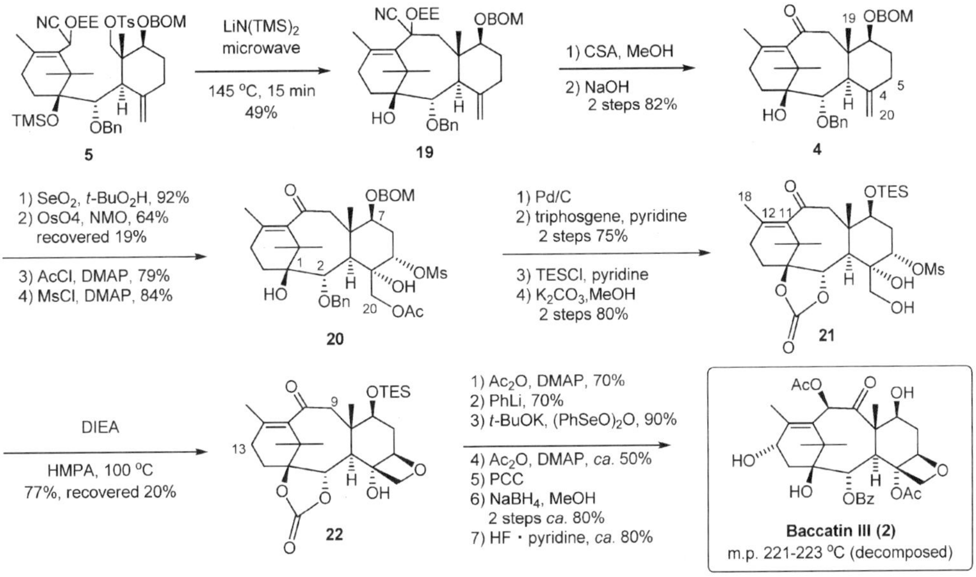

図7

そのうちの6工程については上述の機能を用い，2工程ずつ連続的に自動運転することに成功した。これにより，夜に基質，溶媒，試薬をセットし，自動運転を開始させておけば朝には2工程終了後の生成物が得られるようになり，大変効率的になった。なお，マニュアル合成時と純度，収率共に遜色ないことを確認している。

次に得られたシアノヒドリン**5**を用いてB環構築の検討を行った（図7）。なお，ここからの作業は手作業で行った。

その結果，同温度条件下においても通常の油浴による加熱に比べ，マイクロ波照射による加熱では収率を低下させることなく，9分の1の時間で反応が完結するという興味深い知見を見出した。また，さらに検討を重ねた結果，145℃で15分間（油浴による加熱条件に比べ40分の1の時間）マイクロ波を照射することにより最高収率49%で環化体を得ることに成功した。なお，本反応系では大きな立体反発が伴う系で8員環構築を行っているため，この収率は決して低くないものと考えている。

続いてシアノヒドリンを変換して得たエノン**4**を用い，D環構築を検討した。4，5，20位に対する水酸基の導入は19位メチル基を避けて，α面側から立体選択的に進行し，単一の望むトリオールを高収率で合成することができた。続いて5位水酸基を脱離基とするため，20位水酸基を一時的に保護した後，望むメシラート**20**を得た。次に，1，2，7，20位水酸基の保護基を変換し，ジオール**21**へ誘導した後，D環構築を検討したところ，これまでに報告されてたいずれの条件を用いても望む環化体は全く得られず，11，12位アルケンの12，18位への異性化が優先して進行した。そこで，さらに詳細な検討を重ねた結果，HMPA 溶媒中でジイソプロピルエチルアミンを塩基として用い，100℃ で 10 時間加熱することにより，望む環化体 22 を良好な収率で合成することに成功した。得られた環化体を用いて保護基の変換，9，13 位に対する酸素官能基の導入を行った結果，天然物である Baccatin Ⅲ（2）のラセミ全合成を達成した[5)]。

3 マスクされた 9 員環エンジイン化合物の合成研究

ケダルシジンクロモフォア（23）や C-1027 クロモフォア（24）に代表される 9 員環エンジイン抗生物質は，その強力な抗腫瘍活性から医薬品候補化合物として注目を集めてきた（図 8）[13,14)]。本化合物の抗腫瘍活性は正宗―Bergman 反応により生成するビラジカルの DNA 切断活性に由来すると考えられている。また近年，抗腫瘍活性が DNA 切断以外の現象に起因する可能性も示唆されている。これらの 9 員環エンジイン化合物の持つ性質は，生理活性小分子をプローブとして活用して生命現象の解明を目指すケミカルバイオロジー研究におけるケミカルツールとしても魅力的である。我々の研究室では既に，DNA 切断活性を有するマスクされた 9 員環エ

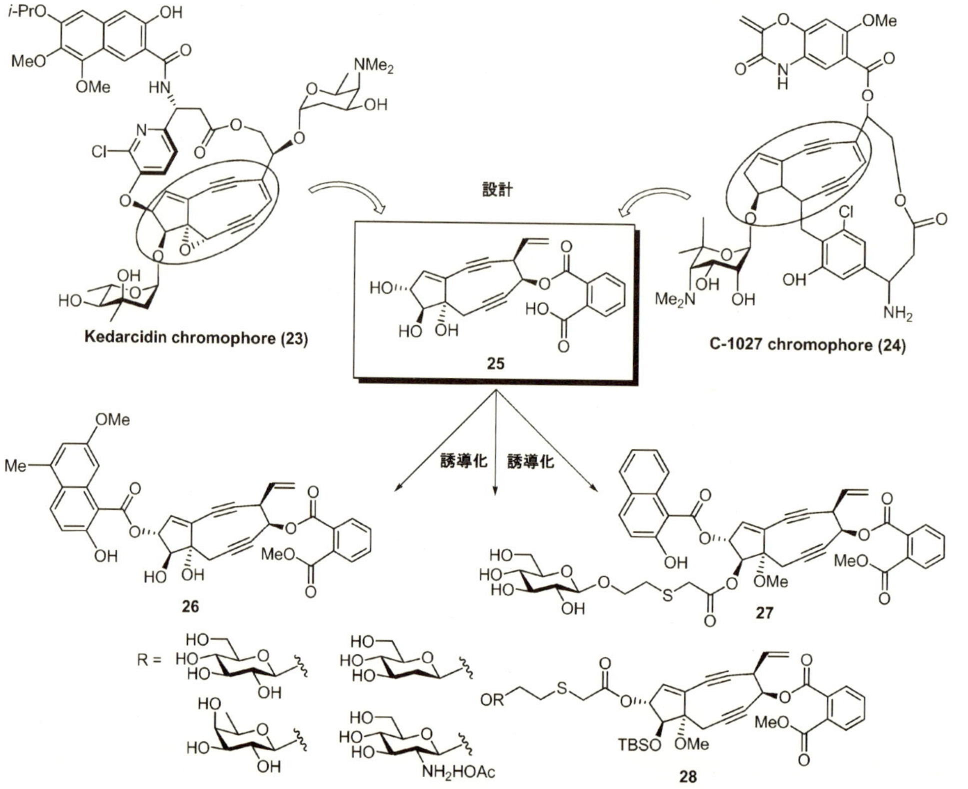

図 8

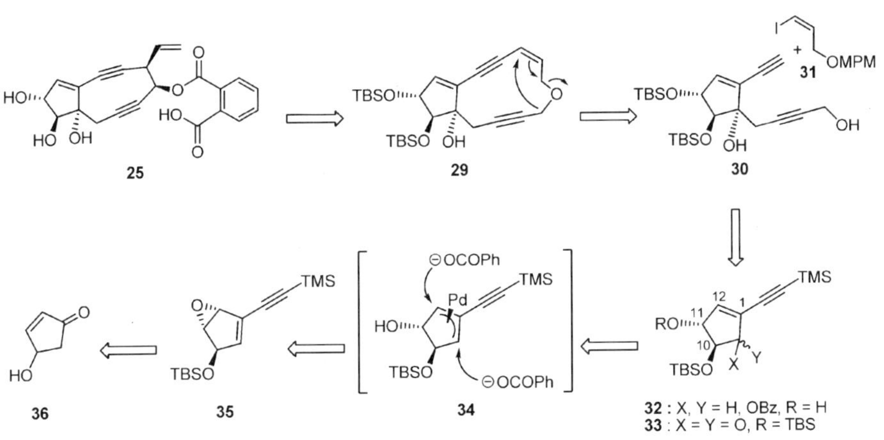

図 9

ンジイン化合物 25[15,16]およびその誘導体 26–28[17,18]の設計・合成に成功している。

現在さらに高機能な誘導体の創出に向けて研究を進めているが，本研究にはマスクされた 9 員環エンジイン化合物の十分量の供給が不可欠である。しかしながら，これには高度な技術を要する多段階合成が必要であり，多大な労力と時間を費やさねばならない。そこで，我々は本供給作業の自動化に取り組んだ。合成戦略を図 9 に示す。

マスクされた 9 員環エンジイン化合物 25 の歪んだ 9 員環ジイン部位は，12 員環エーテル 29 の渡環的［2,3］-Wittig 転位により構築し，この時に生じる 5 位の二級水酸基に，ビラジカル形成のトリガーとなるフタル酸を導入して 25 を合成しようと計画した。なお，環状エーテル 29 はアルキン 30 とアルケニルヨウ素 31 の薗頭反応によりカップリング後，分子内エーテル化反応により得られるものと考えた。アルキン 30 はエノン 33 のカルボニル基を足掛かりとしてアルキル化することにより合成することとし，化合物 33 はジエンモノエポキシド 35 に対するパラジウム触媒を用いた安息香酸の付加により 10，11 位のトランスジオールと 1，12 位アルケンを構築しつつ合成しようと考えた[19]。本反応では，π-アリルパラジウム中間体 34 に対して安息香酸が付加する際の面選択性，および位置選択性により四種類の位置および立体異性体が生じうるが，三工程の変換を経ることによりその全てをエノン 33 に収束させられる。ジエンモノエポキシド 35 は出発物の 4-ヒドロキシシクロペンテノン（36）のエポキシ化とカルボニル基を足掛かりとしたアルキン導入により合成しようと計画した。なお，本合成経路は 4-ヒドロキシシクロペンテノン（36）の水酸基の立体化学から全ての置換基の立体化学を誘起できることから，光学活性な 36 を用いれば不斉合成への展開が可能である。

自動合成に取り組むにあたりその標的化合物を環状エーテル 29 に設定した。これは本化合物が長期保存に適する安定な白色固体なためである。合成経路を図 10 に示す。

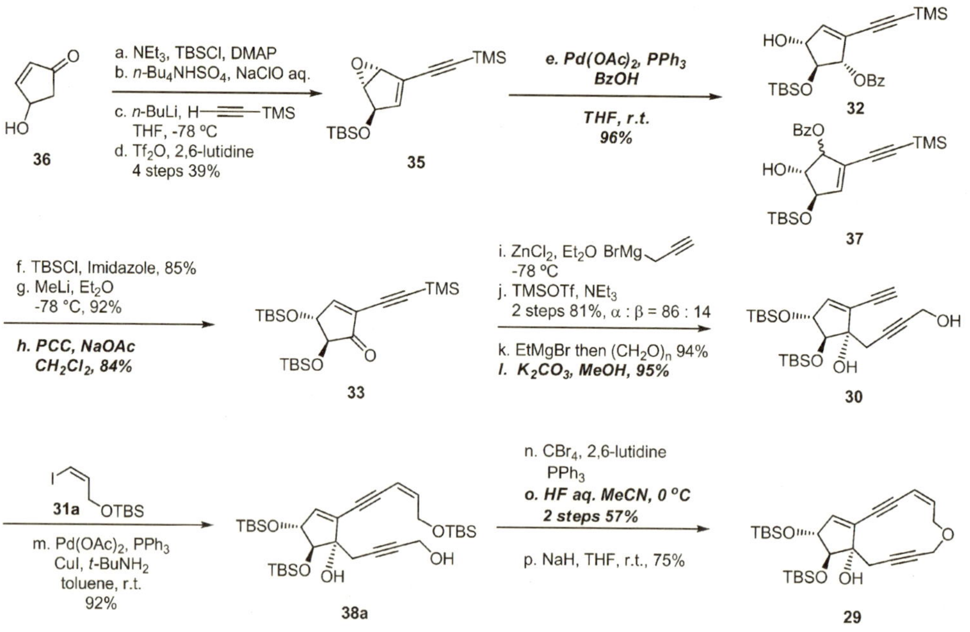

図 10

第二世代自動合成装置を用いて自動化に着手した。その際に条件に変更が必要だった反応をイタリック太字で示した。鍵段階であるパラジウム触媒による安息香酸の付加反応（図 10：e）において，マニュアル合成時は安息香酸の固体を系中に添加して反応していたが，本合成装置は固体の移送操作を行えない。そこで，安息香酸は THF に可溶であることから溶液を調製して用いることとした。溶液濃度を検討した結果，収率を低下させることなく自動化できた。アルコールの酸化によるエノン 33 の合成（図 10：h）では，大量の難溶性のクロム酸塩が生成するため，移送が困難であった。そこで，Swern 酸化，Parikh–Doering 酸化，Dess–Martin 酸化，TEMPO–NaClO 酸化を含む種々の酸化反応を検討したが，満足な結果が得られなかった。一方，IBX を酸化剤として用い，DMSO 溶媒中で反応させると不溶性の固体等を生成することなく目的物が得られることがわかり，本条件を用いて自動化に成功した。脱 TMS 化反応（図 10：l）では，前述の通り大量のメタノールを溶媒として用いていたため，合成装置による後処理時の二層分離が問題となった。そこで，メタノール／THF の混合溶媒を用いることにより問題を解決した。フッ化水素酸を用いた TBS 基の選択的脱保護（図 10：o）では，高収率で目的物を得るためには繰り返し TLC 分析を行い，反応時間を微調整する必要があった。これは，反応時間の延長により 10，11 位 TBS 基が脱保護されてしまうためである。本合成装置では，あらかじめプログラムした設定時間経過後に自動的に後処理操作が開始されるため，本反応は自動化した際に収率が安定しないことが懸念された。そこで 1 級アリルアルコールの保護基を変更した。合成戦略で

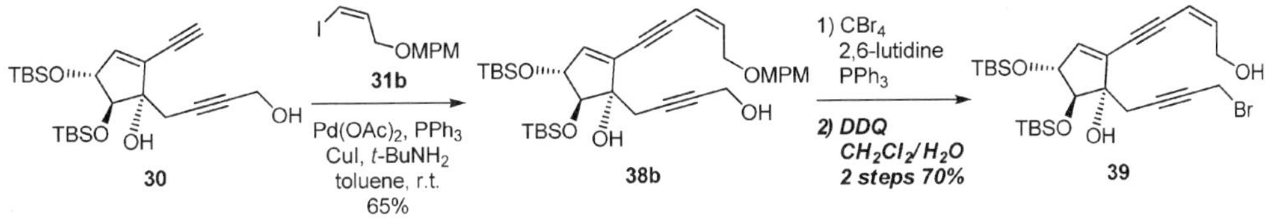

図11

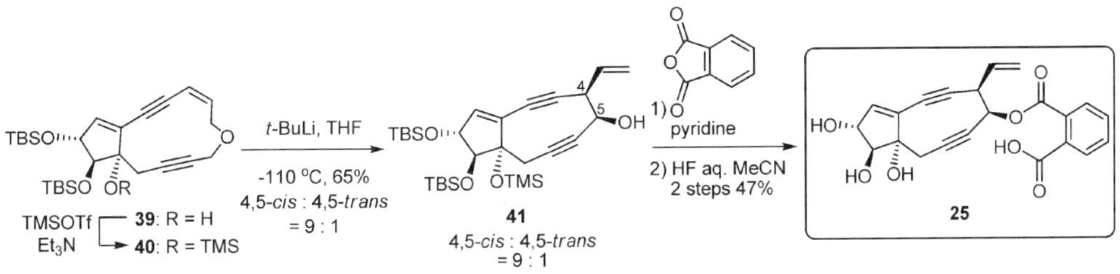

図12

述べたとおり，本保護基は，パラジウムカップリング反応条件下で安定に存在し，なおかつ他の官能基を損なわずに非常に穏やかな条件で脱保護時できることが望ましい。検討の結果，MPM基がこの条件を満たすことがわかった（図11）。DDQを用いた脱保護条件では，反応時間を微調整しなくとも副反応は起きず，安定した収率で目的物が得られた。また本条件を用いることにより自動化に成功した。

分子内エーテル化反応では分子間反応を阻止するため低濃度で反応を行う必要があり，大量のTHFを溶媒として用いていた（図10：p）。マニュアル合成時には大容量の分液ロートを用い，大量の酢酸エチルを添加して液—液抽出をしていた。しかしながら自動合成装置では，遠心分離機の内容量が最大700 mLのため，大量の酢酸エチルの添加は困難であった。そこで反応終了後，減圧化THFを留去してから後処理を開始するプロシージャーを作成し，自動化に成功した。以上の検討により計16工程の反応について自動化を達成した[20]。なお，マニュアル合成時と純度，収率共に遜色ないことを確認している。

さて，環状エーテル39の9位三級アルコールをTMS基で保護した後，鍵段階である［2,3］-Wittig転位反応を行った。*t*-ブチルリチウムを塩基とし，THF溶媒中−110 ℃で反応を行ったところ，望む4,5-シス体41が主生成物として得られた。本生成物に，無水フタル酸を反応させ，続いてフッ化水素酸を用いて，すべてのシリル基を除去することによりマスクされた9員環エンジイン化合物25の合成に成功した（図12）。

表1　自動化した反応の一覧

炭素—炭素結合形成反応	
アルケニルリチウム反応剤の求核付加反応	*t*-BuLi，$CeCl_3$，vinyl bromide，THF，−78 ℃
ラジカル環化反応	cat. Cp_2TiCl_2，Mn，TMSCl，K_2CO_3，0 ℃
ラジカル環化反応	cat. Cp_2TiCl_2，Mn，BEt_3，lutidine·HCl，THF，25 ℃
シアノヒドリン形成反応	TMSCN，KCN，18-crown-6，25 ℃，then 1 M HCl
アルキニルリチウム反応剤の求核付加反応	Trimethylsilylacetylene，*n*-BuLi，THF，−78 to −40 ℃
Grignard 反応剤の求核付加反応	$ZnCl_2$，propargyl magnesium bromide，Et_2O，−78 ℃
Grignard 反応剤の求核付加反応	EtMgBr，THF，$(CH_2O)_n$，50 to 25 ℃
薗頭カップリング反応	$Pd(OAc)_2$，PPh_3，CuI，*t*-$BuNH_2$，toluene，25 ℃
酸化反応	
ブロモヒドリン形成反応	NBS，H_2O，*t*-BuOH，r. t.
Parikh-Doering 酸化反応	SO_3·Py，DMSO，Et_3N，CH_2Cl_2，0 ℃
TPAP 酸化反応	TPAP，NMO，CH_2Cl_2，25 ℃
エポキシ化反応	$VO(acac)_2$，TBHP，benzene，6 ℃
二酸化セレン酸化反応	SeO_2，TBHP，salicylic acid，hexane，60 ℃
IBX 酸化反応	IBX，DMSO，50 ℃
次亜塩素酸ナトリウム酸化反応	*n*-Bu_4NHSO_4，NaClO aq.，CH_2Cl_2，0 ℃
還元反応	
水素化リチウムアルミニウム還元反応	$LiAlH_4$ Et_2O sol.，40 ℃
水素化ホウ素ナトリウム還元反応	$NaBH_4$，MeOH/H_2O/THF，0 ℃
水酸基の保護	
アセチル基の導入	Ac_2O，Et_3N，DMAP，r. t.
エトキシエチル基の導入	EVE，CSA，CH_2Cl_2，0 ℃
メトキシフェニルメチル基の導入	MPM imidate，TfOH，Et_2O，r. t.
ベンジルオキシメチル基の導入	BOMCl，*i*-Pr_2NEt，CH_2Cl_2，r. t.
ベンジル基の導入	BnBr，*n*-Bu_4NHSO_4，50% aq. KOH，25 ℃
t-ブチルジメチルシリル基の導入	TBSCl，Et_3N，CH_2Cl_2，r. t.
t-ブチルジメチルシリル基の導入	TBSCl，Et_3N，DMAP，CH_2Cl_2，25 ℃
t-ブチルジメチルシリル基の導入	TBSCl，imidazole，CH_2Cl_2，25 ℃
t-ブチルジメチルシリル基の導入	TBSCl，imidazole，DMF，25 ℃
トリメチルシリル基の導入	TMSOTf，2,6-lutidine，*i*-Pr_2NEt，0 ℃
トリメチルシリル基の導入	TMSOTf，NEt_3，CH_2Cl_2，0 ℃
トシル基の導入	TsCl，DMAP，$CHCl_3$，50 ℃
水酸基の脱保護	
エステル加水分解反応	NaOH，MeOH/H_2O/THF，r. t.
脱シリル化反応	TBAF，THF，25 ℃
脱ベンゾイル化反応	MeLi，Et_2O，−78 to 0 ℃
MPM 基の酸化的除去反応	DDQ，CH_2Cl_2/buffer，25 ℃
その他の反応	
Shapiro-臭素化反応	*t*-BuLi，1,2-dibromoethane，THF，−78 ℃
エポキシ化反応	Et_3N，toluene，reflux
アルケンの異性化	DBU，CH_2Cl_2，r. t.
水酸基の脱離反応	Tf_2O，2,6-lutidine，CH_2Cl_2，−78 to 0 ℃
パラジウム触媒による安息香酸の付加反応	$Pd(OAc)_2$，PPh_3，BzOH，THF，25 ℃
脱シリル化反応	K_2CO_3，MeOH/THF，25 ℃
臭素化反応	CBr_3，PPh_3，MeCN，0 to 25 ℃
エーテル化反応	NaH，THF，cat. H_2O，25 ℃

4　自動化した反応リスト

2，3 節で自動化に成功した反応を種類ごとにまとめ，表 1 に示す。これらの中には，毒性，催涙性，禁水性，悪臭をもつ化合物を扱う反応も多数含まれており，効率や再現性の向上以外に，作業者の安全性向上の観点からも自動化の意義は大きいものと考えている。

5　おわりに

日本が蓄積してきた天然物化学の分野での知識，技術は膨大であり，世界をリードする立場にあるのは周知の通りである。また，天然物を由来とする医薬品は非常に多く，今後も天然物の重要性は変わらないものと考えられる。一方，複雑な三次元構造，多種多様な官能基を持つ天然物の合成には多大な労力，時間を要するため，魅力的な生理活性を有していてもこれをリードとする創薬研究は避けられる傾向にある。過去 10 年近くにわたり，我々が磨いてきた LA 技術はこの労力，時間を軽減させるためのものである。冒頭でも述べたとおり，LA 技術が合成化学者の全ての仕事をカバーすることは不可能であるが，本来合成化学者がする必要のない，または合成化学者が好まない，繰り返し作業を省力化するための切り札にはなりうると信じている。我々の培ってきた LA 技術が，日本の世界に誇る天然物合成力を企業での創薬研究に，また大学での天然物科学研究に活かす際の一助となることを願ってやまない。

文　献

1) Laboratory Automation in the Chemical Industries ; Cork, D. G. ; Sugawara, T., Eds. ; Marcel Dekker Inc. : New York, 2002.
2) Sugawara, T. *J. Synth. Org. Chem Jpn.*, **60**, 465–475 (2002)
3) Gutte, B. ; Merrifie.Rb *J. Am. Chem. Soc.*, **91**, 501–502 (1969)
4) Nicolaou, K. C. ; Dai, W. M. ; Guy, R. K. *Angew. Chem. Int. Ed.*, **33**, 15–44 (1994)
5) Doi, T. ; Fuse, S. ; Miyamoto, S. ; Nakai, K. ; Sasuga, D. ; Takahashi, T. *Chem. Asian J.*, **1**, 370–383 (2006)
6) Takahashi, T. ; Iwamoto, H. ; Nagashima, K. ; Okabe, T. ; Doi, T. *Angew. Chem. Int. Ed.*, **36**, 1319–1321 (1997)
7) Miyamoto, S. ; Doi, T. ; Takahashi, T. *Synlett*, 97–99 (2002)
8) Nakai, K. ; Kamoshita, M. ; Doi, T. ; Yamada, H. ; Takahashi, T. *Tetrahedron Lett.*, **42**, 7855–

7857 (2001)
9) Sol-capa is commercially available from MORITEX Inc.: 3-1-14 Jingu-mae, Shibuya-ku Tokyo 150-0001, Japan.
10) 高橋孝志，布施新一郎，化学フロンティア，14 (2004)
11) Fuse, S.; Hanochi, M.; Doi, T.; Takahashi, T. *Tetrahedron Lett.*, 45, 1961-1963 (2004)
12) ChemKonzert is commercially available from ChemGenesis Inc.: 4-10-2 Nihonbashi-honcho, Chuo-ku Tokyo 103-0023, Japan.
13) Smith, A. L.; Nicolaou, K. C. *J. Med. Chem.*, 39, 2103-2117 (1996)
14) Comprehensive Natural Products Chemistry; Barton, D. H. R.; Nakanishi, K., Eds.; Elsevier: Amsterdam, 1999; Vol. 7.
15) Takahashi, T.; Tanaka, H.; Sakamoto, Y.; Yamada, H. *Heterocycles*, 43, 945-948 (1996)
16) Takahashi, T.; Tanaka, H.; Yamada, H.; Matsumoto, T.; Sugiura, Y. *Angew. Chem. Int. Ed.*, 35, 1835-1837 (1996)
17) Takahashi, T.; Tanaka, H.; Yamada, H.; Matsumoto, T.; Sugiura, Y. *Angew. Chem. Int. Ed.*, 36, 1524-1526 (1997)
18) Takahashi, T.; Tanaka, H.; Matsuda, A.; Doi, T.; Yamada, H. *Bioorg. Med. Chem. Lett.*, 8, 3299-3302 (1998)
19) Takahashi, T.; Kataoka, H.; Tsuji, J. *J. Am. Chem. Soc.*, 105, 147-149 (1983)
20) Tanaka, Y.; Fuse, S.; Tanaka, H.; Doi, T.; Takahashi, T. manuscript in preparation.

第19章

新規抗癌剤E 7389（eribulin mesylate）の工業的製造プロセスの開発

田上克也　エーザイプロダクトクリエーションシステムズ
原薬研究部長

1　はじめに

天然物は数千年もの昔から医薬品として人類に利用されその健康に貢献してきた。現代においても，市場に存在する医薬品の多くは天然物をその起源としている。癌化学療法剤の分野においては，現在臨床に使用されている抗癌剤のうち実に半数以上は天然物およびその誘導体である。一方，現代の創薬研究においては，独創性に溢れる新たなシード化合物を発掘することは最も重要なテーマの一つである。天然物は人間の想像力を遥かに凌駕するユニークな化学構造と生物活性の提供により創薬研究へ多大な貢献をしてきた。また，生命現象のメカニズムを解明する貴重なツールとしての役割も果たしてきた。天然物の中でも，70万種にも及ぶとされる海洋生物と彼らに共生する微生物が産生する海洋天然物は，ひときわ高い構造上の新奇性とユニークな生物活性から，医薬品およびそのシード化合物として大いに期待されるものが多い。しかしながら，その構造の複雑さに起因する合成の困難さや，天然からの供給量が極めて微量であることを理由に医薬品としての開発を断念せざるを得ないことも少なくない。

E 7389（eribulin mesylate）は，複雑な構造を有する海洋天然物ハリコンドリンB（HB）の合成アナログ誘導体である。微小管動態に対しユニークな作用を発現するとともに，いくつかのヒト腫瘍移植動物モデルにおいてパクリタキセルよりも優れた抗腫瘍活性を示す。ヒトにおいても既存の抗癌剤にはないユニークな薬効・安全性プロファイルの発現が期待され，これらを実証するための臨床試験が世界規模で進行中である。

E 7389の構造は，HBを大幅に単純化したものではあるが，合成医薬品候補化合物としては依然として複雑であり，治験薬としての一貫した品質と臨床試験をサポートする十分な量を化学合成によって供給することは大きな挑戦であった。医薬品開発研究におけるプロセス化学の役割は，前臨床および臨床研究をサポートする原薬を恒常的な品質で製造できる堅牢性の高いプロセスを確立し，必要量をタイムリーに供給していくことである。また，工業化の観点から安全性，操作性，経済性，環境負荷に優れた将来の商業生産を見据えたプロセスを開発することである。これらは構造的に複雑で多段階の製造工程を要するE 7389においても例外ではなく，E 7389プロジェクトにとっては前臨床・臨床研究の進展をも左右する重大な課題でもあった。

2 海洋天然物ハリコンドリンB

ハリコンドリン類は，1985年に平田，上村らにより太平洋沿岸に広く生息する海綿動物の一種クロイソカイメン（*Halichondria okadai* Kadota）より単離，その構造が報告されたポリエーテルマクロライドである[1)]。*in vitro* で非常に強力な細胞毒性を示し，その中でもHBは，*in vivo* における強力な抗腫瘍活性も示した[2)]。ハリコンドリン類縁化合物は，その後 *Axinella* sp., *Phakellia carteri*，最近では *Lissodendoryx* sp. などの海綿類からも単離され，これらはC 10，C 12，C 13位の酸化状態の違いと炭素骨格の長さの違いにより図1の様に分類されている。

HBは，メカニズム的にはチューブリン作用性有糸分裂阻害剤に位置づけられるが，ビンカアルカロイドなどの抗有糸分裂剤とは作用メカニズム上の違いを有する[3)]。チューブリン脱重合剤

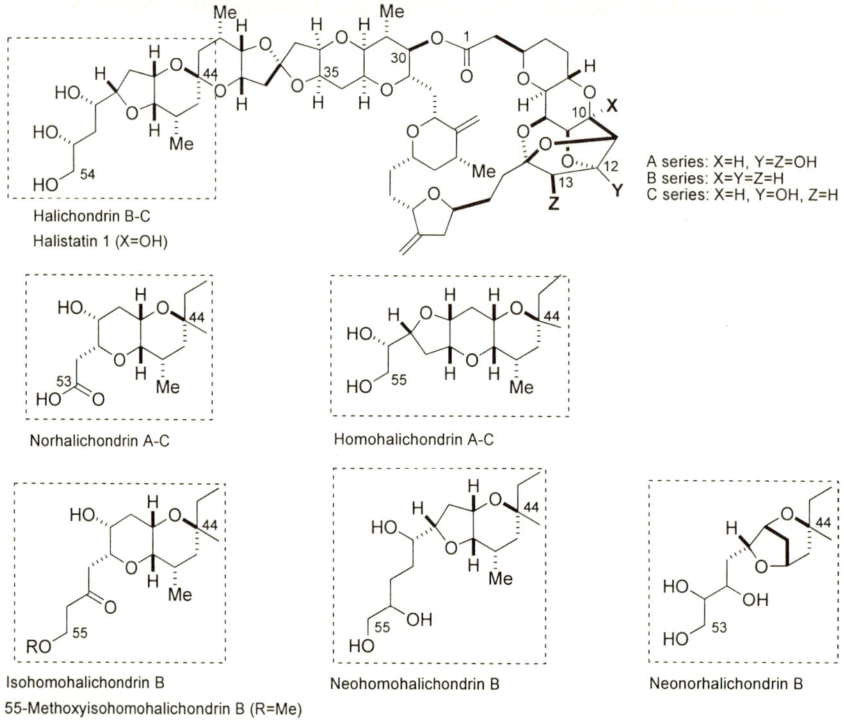

図1 ハリコンドリン類

に分類されるが，チューブリンとの相互作用のパターンは極めて特異的である[4]。1992年，米国国立癌研究所（NCI）は，HBの非常に強力な活性とユニークな活性プロファイルは既存のチューブリン作用性薬剤に比べてユニークな癌特異性やより好ましい臨床効果を示すのではないかという大きな期待のもと，HBを癌化学療法剤としての前臨床開発候補品として選択するに至った。しかしながら，天然からの供給による必要量の確保は困難を極め，さらに品質的な観点からはHBを他のハリコンドリン類縁体から分離し，また，同時に単離される主要な代謝産物であるオカダ酸のような非常に毒性の強い不純物を完全に除去することの困難さも加わり，HBの医薬品としての開発は暗礁に乗り上げることとなった。

3　ハリコンドリンの全合成研究

HBの強力な生物活性と挑戦的な化学構造は世界中の合成化学者の興味を引きつけ，多くのグループが合成研究を報告しているが，これまでで唯一の全合成の成功例は1992年の岸らによる報告のみである[5]。なお，ごく最近になって，Phillipsらがノルハリコンドリン Bの全合成を報告している[6]。岸らの全合成手法は高度にConvergentであり4つの主要なフラグメントを最終骨格合成へと持ち込むものであるが，これらフラグメントの結合形成にNi-Crカップリング反

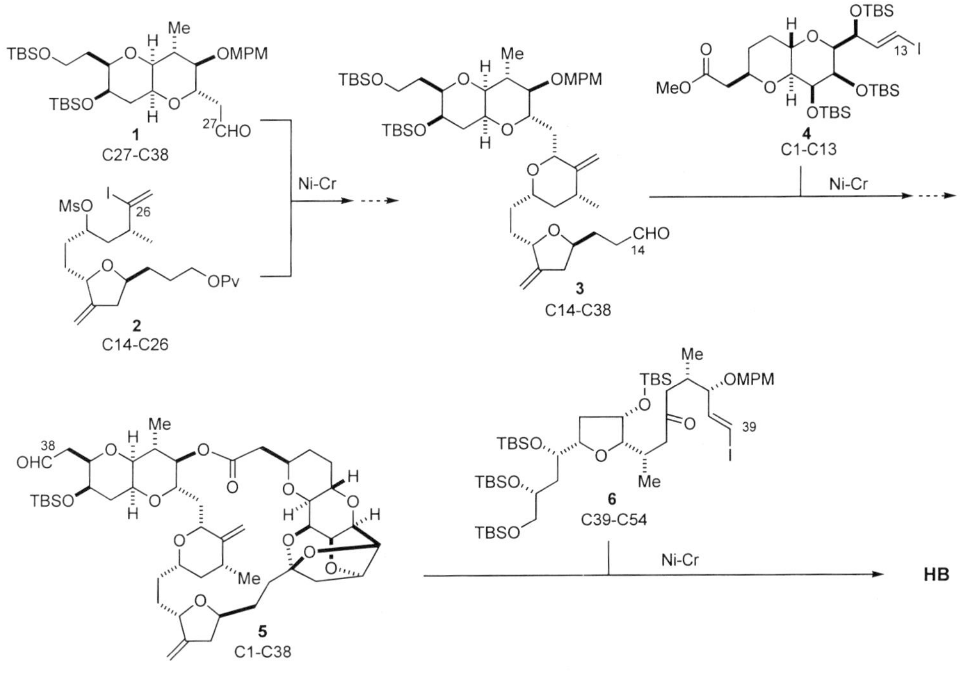

図2　岸らのハリコンドリンB全合成

応が効果的に適用されていることも特徴の一つである（図2）。C 26 ヨウ化ビニル**2**とC 27 アルデヒド**1**とのカップリング後，テトラヒドロピラン環を閉環し，C 14 位の脱保護，酸化によりC 14 アルデヒド**3**とする。C 13 ヨウ化ビニル**4**とカップリング後，分子内ラクトン化，トリシクロケタール環を構築してRight halfマクロラクトンとし，保護基変換の後C 38 アルデヒド**5**とする。最後にLeft halfヨウ化ビニル**6**とカップリングしてHBへと誘導するものである。岸らの全合成法の開発は，天然では成し得なかった高純度のHBの安定的な供給による前臨床研究への道を開いた。同時に，そのConvergentな合成手法はフラグメントごとの構造修飾と合成法改良を独立して行うことを可能にし，Pharmacophoreの探索と構造活性相関研究，さらにはプロセス開発研究への展開をも容易にする完成度の高い合成戦略であった。

4 ハリコンドリン誘導体の構造活性相関研究とE 7389の発見

岸らの合成HBはNCIにより活性評価がなされ，改めてその強力な細胞増殖抑制活性が実証された。しかし，この巨大な分子を全合成で供給し続け，前臨床研究を続行していくことはハードルが高く，次なる興味はこの大きな分子のどこに活性発現部位が存在し，活性を保持したまま如何に分子を簡略化していけるかという点に移っていった。合成フラグメントより得られる各種誘導体の活性評価の結果から，ラクトン環を含むRight halfが活性発現に必須であり，ラクトン**7**（図3）は非常に強力な*in vitro*での活性を保持していることが示された[5b,c)]。このブレークスルーとなる結果を受け，Eisai Research Institute（ERI）はHarvard大学との合意のもとHB誘導体の本格的な探索合成研究に着手した。化合物**7**はDLD-1ヒト結腸癌細胞を用いた増殖抑制アッセイにおいてHBと同等の*in vitro*活性を示し，細胞周期をG 2/M期でブロックした。さらにNCIの60 cell linesにおいてHBと同様の*in vitro*活性プロファイルを示したことから，**7**はHBと同様の作用メカニズムを有すると考えられ，HBのPharmacophoreはマクロラクトン環を含むRight halfに存在することを強く示唆するものであった。しかしながら，*in vitro*での強力な活性にもかかわらず，**7**は*in vivo* LOXメラノーマ移植モデルにおいては全く活性を示さなかった。その後，*in vivo*での活性発現とさらなる構造の単純化を狙い膨大な数の誘導体の全合成と構造活性相関研究がERIにおいて実行された。構造修飾は，*in vitro*の活性を保持したまま構造変換が可能であったC 29–C 38 disaccharide部を中心に行い，このパートはビシナルジオール側鎖を有するテトラヒドロフラン環へと単純化された。さらに，ラクトン部のケトンへの変換による代謝的安定化により強力な*in vivo*活性を有する**8**を見出した。最終的には，ジオールのC 35 末端へアミノ基を導入することにより，より優れた*in vivo*活性を有する開発候補化合物E 7389の発見に至った（図3）[7a,b,c,8)]。天然物の部分構造である**7**に対するE 7389の構造

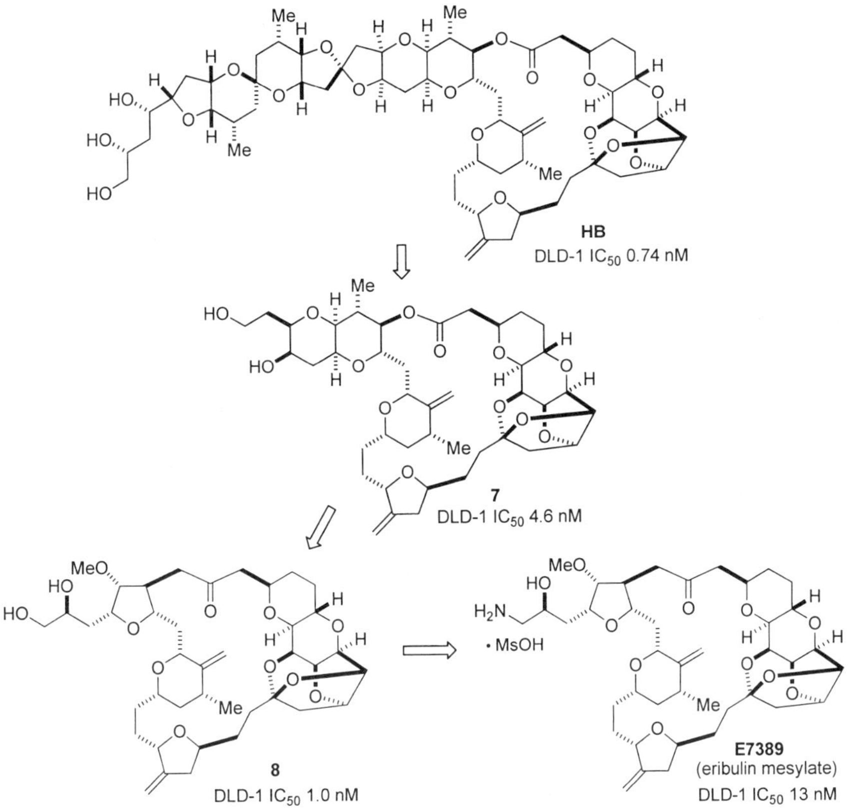

図3　ハリコンドリンBの構造単純化と *in vivo* 活性向上を図った構造変換

上の新規性に関する評価は読者の判断に委ねるが，構造単純化のみならず *in vivo* での活性発現という決定的な価値を天然物の骨格に付加した有機合成化学の力とERIの研究者の偉業に対し著者は心より敬意を表したい。これがまさに天然物化学と有機合成化学の融合による創薬の真骨頂である。

その後，E 7389は様々な *in vivo* ヒト癌移植モデルにおいて評価がなされ，MDA-MB-435乳癌，COLO 205結腸癌，LOX melanoma，NIH：OVCAR-3卵巣癌を含む数種のモデルにおいて0.05-1 mg/kgという極めて低用量で有効性を示した[8)]。また，MTD（最大耐用量）以下の比較的幅広い用量で薬効を示し，他の殺細胞性薬剤には見られない安全域の広さを示した。

5　E 7389の合成研究

5.1　フラグメントと合成戦略

図4にE 7389の合成の概略を示した[9)]。岸らのHB Right half全合成法[5)]をほぼ踏襲したフラ

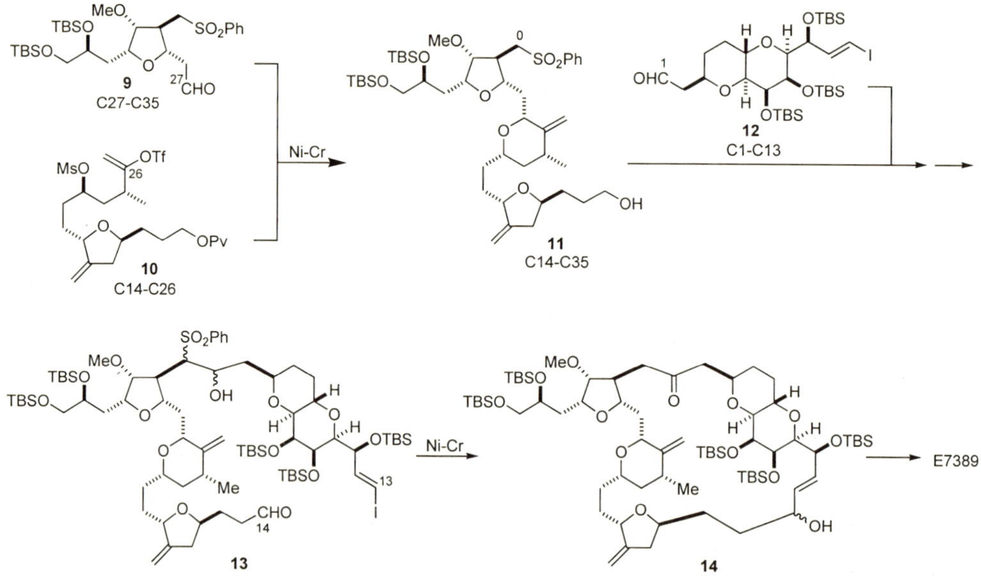

図4　E 7389の合成フラグメントと合成ルート

グメント戦略により合成される。ケトン部分はスルホン 11 とアルデヒド 12 とのジュリア型のカップリング後，酸化，脱スルホニル化によって構築し，マクロ環の構築は分子内 Ni-Cr カップリングによる閉環反応によって達成している。また，鍵となるフラグメントカップリングには不斉 Ni-Cr カップリング反応[10]を適用している。

以下，各フラグメントの合成と E 7389 までの誘導について詳しく述べていく。

5.2　C 1-C 13 フラグメント

このフラグメントは，HB との共通フラグメント 4 のエステルのアルデヒドへの部分還元により得られる。4 の合成に関しては，岸らのグループにより L-マンノラクトンから出発する改良合成法が報告されている[11a, b]。しかし，L-マンノラクトンはその入手性や価格から大量製造には不向きであると考えられた。一方，C 11 位に相当する位置の立体化学はアルデヒド 15 の段階で消失することを考慮するとそのエピマーである D-グロノラクトンが有望な出発原料になると期待された。D-グロノラクトンは，バルクでの調達が可能であり，入手性，価格面から大量合成を考えると極めて合理的である（図 5）。

D-グロノラクトンからの合成を図 6 に示した。シクロヘキシリデン保護した後，水素化ジイソブチルアルミニウム（DIBAL）によりラクトールへ還元，Wittig 反応によりメチルエノールエーテルとする。オスミウムによるジヒドロキシル化は *E*，*Z* で選択性に差が見られるものの Total では約 3：1 の選択性で進行し，結晶化により望む C 7 位立体化学を有する 17 を得ること

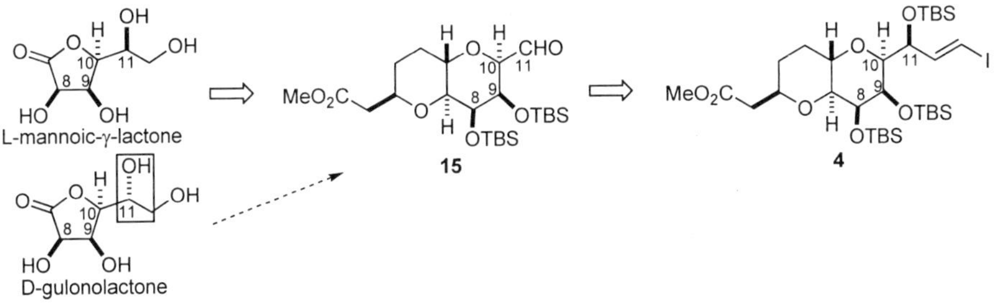

図 5　C 1–C 13 フラグメントの合理化戦略

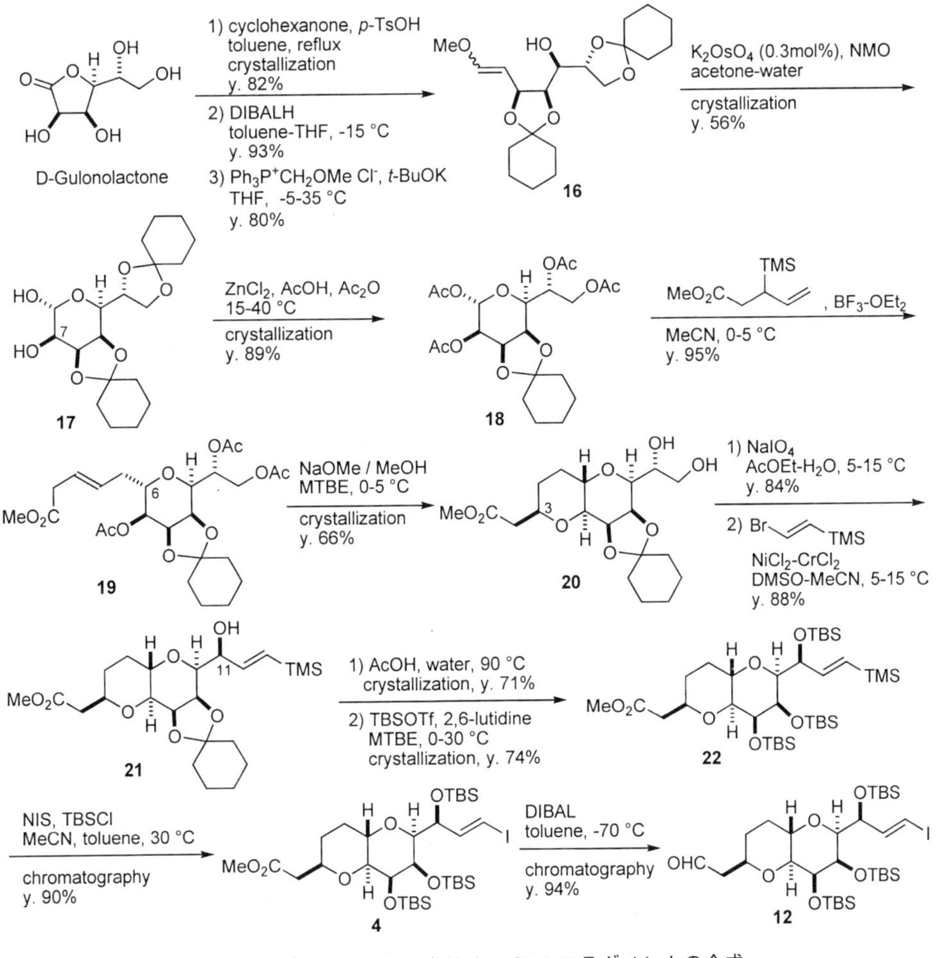

図 6　D-グロノラクトンより C 1–C 13 フラグメントの合成

ができる。塩化亜鉛，酢酸存在下無水酢酸によるアセチル化は側鎖アルキリデンの選択的脱保護を伴いテトラアセテート **18** を与える。BF_3エーテル錯体存在下の*C*-アリル化反応は高選択的に進行し，C6アキシャル成績体 **19** を与える。これをメチル*tert*-ブチルエーテル（MTBE）中ナトリウムメトキシドで処理すると脱アセチル，二重結合の異性化，オキシマイケル閉環反応が一挙に進行し，C3位の平衡反応により熱力学的生成物であるジオール **20** を与える。過ヨウ素酸でアルデヒドとした後，トリメチルシリルビニルブロマイドとのNi-Crカップリング反応は約10：1の選択性で進行しC11アリルアルコール **21** を与える。脱保護，結晶化，*tert*-ブチルジメチルシリルエーテル（TBS）化後，ヨード脱シリル化反応[12]，カラム精製によりエステル **4** を得る。エステルのDIBALによる還元，カラム精製により目的とするC1-C13フラグメント **12** を与える。

5.3　C14-C26フラグメント

このフラグメントはHBのC14-C26フラグメント **2** とほぼ共通であるが，HB全合成法では工程数が長く，またTebbe試薬やStriker試薬など大量合成に適用困難な反応が使用されていた。このため，スケールアップ合成は図7のようなC20-C26サブフラグメント **23** とC14-C19サブフラグメント **24** をNi-Cr反応でカップリング後，テトラヒドロフラン環を閉環する戦略をとっている。

23 は，*R*-エポキシヘキセンより7工程で得られる（図8）。マロン酸ジエチルのアニオンとの反応後得られるエトキシカルボニルラクトンを加水分解，脱炭酸によりラクトン **26** とする。**26** への立体選択的メチル化反応によりC25位メチル基は約6：1の選択性で導入される。ラクトンをWeinrebアミドへ開環，水酸基をTBS保護，末端オレフィンをアルデヒドへと変換し目的とするC20-C26サブフラグメント **23** を得る。

24 は，2,3-ジヒドロフランよりSMB法（擬似移動床法）による光学分割を含む5工程で得られる（図9）。ラセミ体のジオール **29** の1級水酸基を*tert*-ブチルジフェニルシリル（TBDPS）

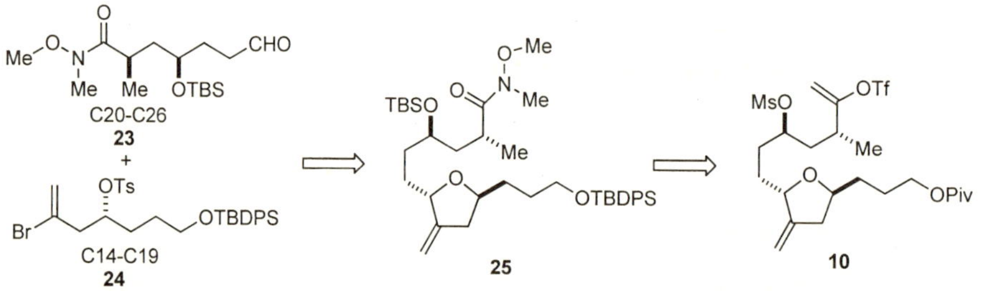

図7　C14-C26フラグメント

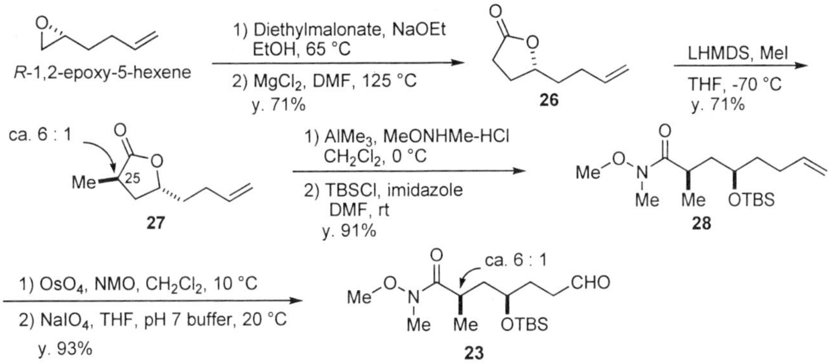

図 8　C 20–C 26 サブフラグメントの合成

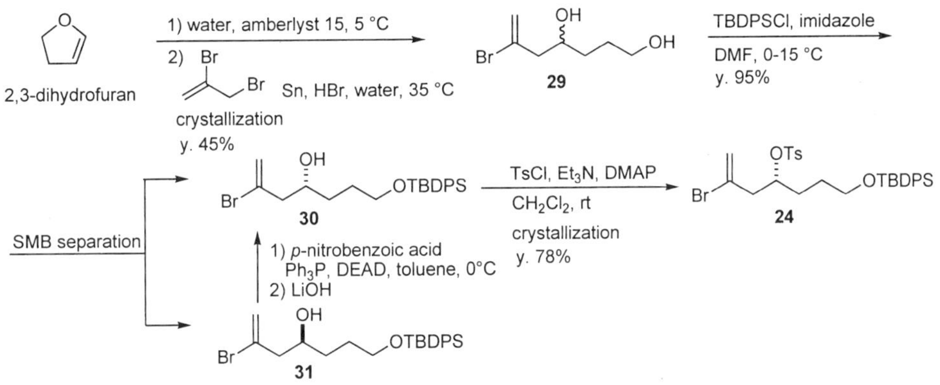

図 9　C 14–C 19 サブフラグメントの合成

基で保護した後，光学分割を行い望む *R* 体 30 を得る。なお，分離された *S* 体は光延法により *R* 体へ変換可能である。30 の 2 級水酸基をトシル化し目的とする C 14–C 19 サブフラグメント 24 とする。

23 と 24 のカップリングは *R* 配置を持つキラルリガンドを用いる不斉 Ni-Cr 反応により約 8：1 の選択性で達成され，テトラヒドロフラン環への閉環を経て C 14–C 26 基本骨格を形成する（図 10）。メチルケトン化，エノールトリフレート化後，脱保護したジオール体 33 で HPLC 精製を行い異性体の分離を行う。1 級水酸基をピバロイルで保護，2 級水酸基をメシル化し目的とする C 14–C 26 フラグメント 10 を得る。

5.4　C 27–C 35 フラグメント

前述の通りこのフラグメントは，HB Right half にはない E 7389 特有の部分構造であり，構造活性相関研究の中で唯一活性を維持したまま構造修飾が可能なパートであった。その合成に関し

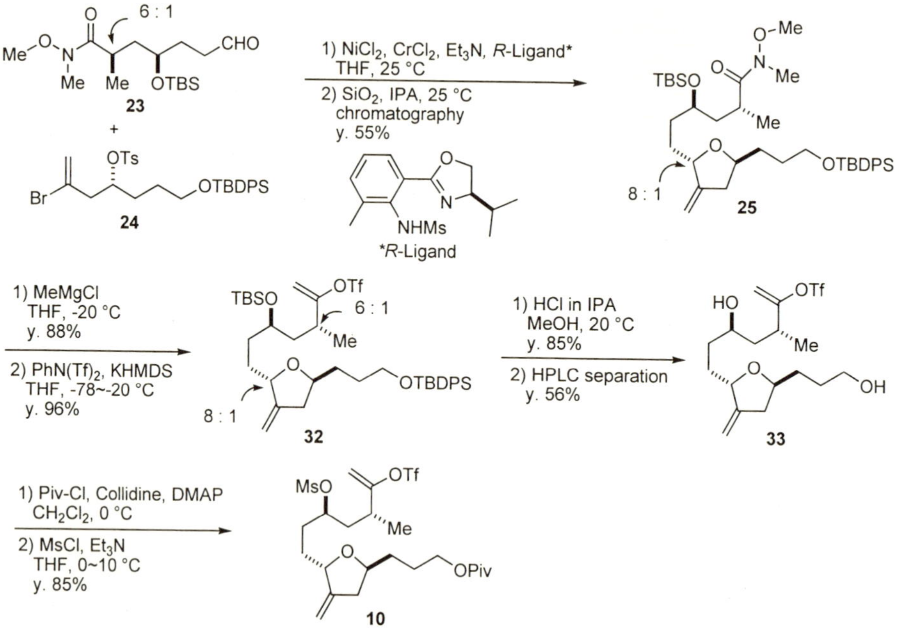

図 10　C 14–C 26 フラグメントの合成

ては岸らの方法[13]を応用しD–グルクロノラクトンより合成されている（図 11）。すなわちD–グルクロノラクトンより3工程で誘導できるラクトン **34** をDIBALによりラクトールへと還元しPeterson型のオレフィン化，水酸基のベンジルエーテルによる保護を行い **36** とする。Sharplessの不斉ジヒドロキシル化は約3：1の選択性であるが望むC 34水酸基を与える。ジオールをジベンゾエートで保護し **37** とした後，**37** への *C*–アリル化はほぼ完全な選択性で進行し **38** を与える。**38** の分別結晶化によりC 34の異性体は完全に除去することが可能である。次にC 30位水酸基をケトンへ酸化し，Horner–Wadsworth–Emmons反応により不飽和スルホン **39** とした後C 31位ベンジルエーテルをヨウ化トリメチルシランで脱保護する。このC 31位水酸基のDirecting効果によりトリアセトキシボロハイドライドによる不飽和スルホンの1,4–還元は高立体選択的に進行し望むC 30位の立体化学を有する飽和スルホンを与える。ベンゾエートを脱保護したトリオール **40** は水溶性が高く，また結晶性であるので分液操作や結晶化の組み合わせにより様々な不純物やジアステレオマーの効率的な除去が可能である。1,4–還元後，直接C 31水酸基をメチル化し，脱ベンゾエート，TBS化により **42** へ誘導する方が短段階であるが，工程数を犠牲にしてあえて精製効率の高い中間体を通ることもプロセス化学上は重要な戦略の一つである。**40** をアセトナイド保護の後，C 31水酸基をメチル化し，脱アセトナイド，TBS保護，アリル基のオゾン酸化—リンドラー還元によるアルデヒドへの変換を経て目的とするC 27–C 35フラグメント **9** を得る。この20工程のプロセスはカラム精製を完全に排除したプロセスが確立して

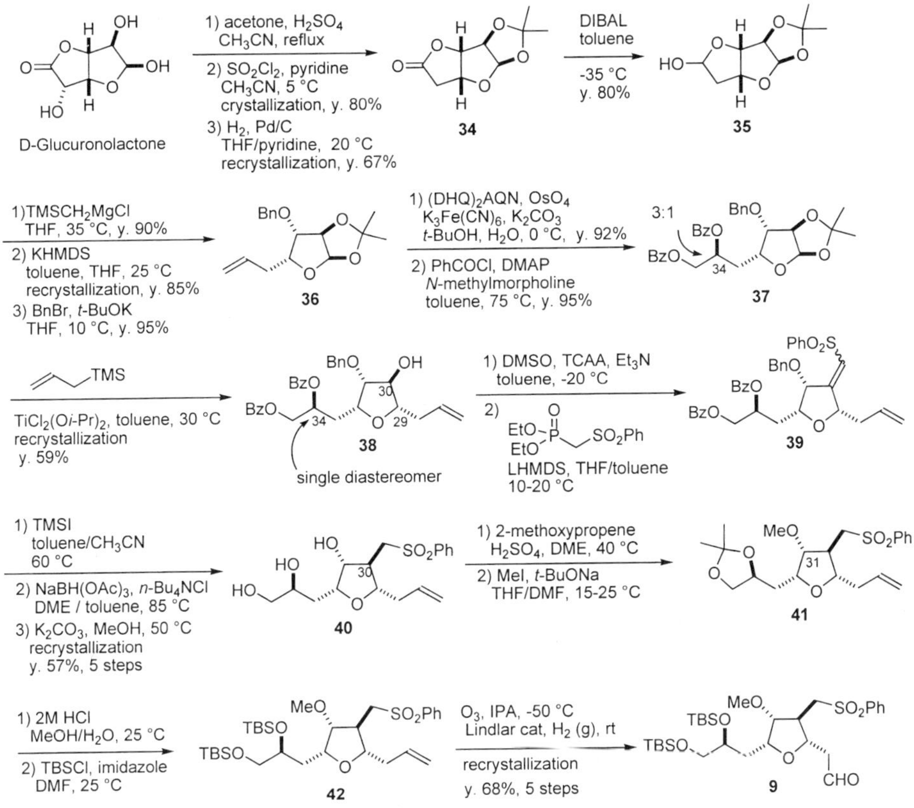

図 11　C 27–C 35 フラグメントの合成

いる。

5.5　C 14–C 35 フラグメント

フラグメント 9 と 10 のカップリングは *S* 配置を持つキラルリガンドを用いる不斉 Ni–Cr カップリング反応により C 27 位の選択性約 20：1 で達成される（図 12）。カリウムヘキサメチルジシラジド（KHMDS）処理によるテトラヒドロピラン環への閉環反応，DIBAL によるピバロイル基の還元的脱保護により C 14–C 35 フラグメント 11 を得る。

5.6　E 7389 への Final assembly 工程

E 7389 への最終工程を図 13 に示した。ヒドロキシスルホン 11 を *n*-BuLi により処理し，ジアニオンとした後アルデヒド 12 と反応させ，その後 Dess–Martin 試薬により 1 級，2 級水酸基を同時に酸化しケトアルデヒドとした後，MeOH–THF 中，ヨウ化サマリウムにより脱スルホニル化を行い 44 を得る。分子内 Ni–Cr カップリング反応による閉環反応は，*S* 配置を有するキラ

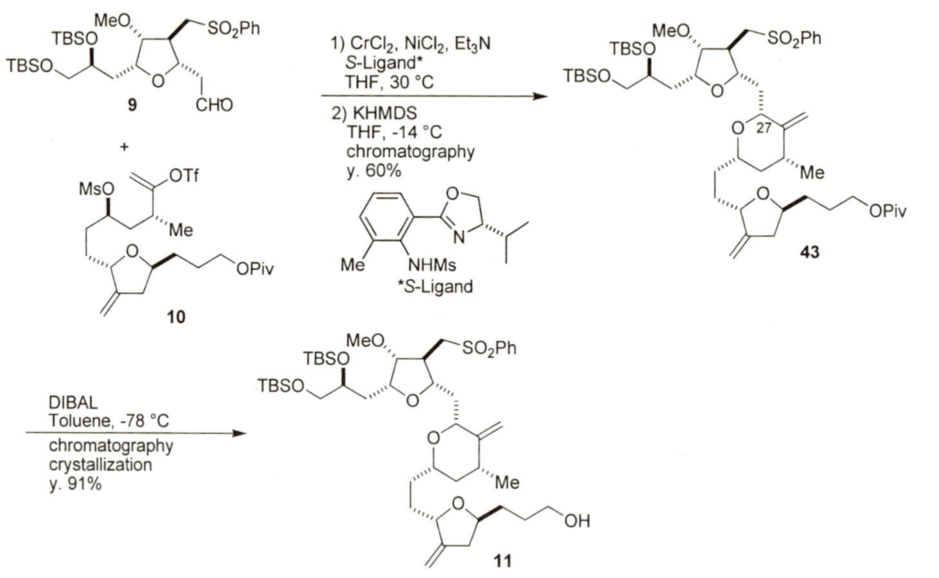

図 12　C 14–C 35 フラグメントの合成

ルリガンドの添加により著しく加速され高希釈条件下好収率で目的とする生成物を与える。大環状アリルアルコールを Dess–Martin 試薬により酸化し，エノン 45 へと誘導する。

高生理活性を有する最終骨格の構築にあたって，製造上特に注意すべき点は中間体の生物活性の発現と製造設備における取り扱いである。*in vitro* の細胞毒性の結果よりエノン 45 までは一般化合物と同等レベルの設備対応で取り扱い可能である。一方 45 以降の工程は，非常に強力な細胞毒性を発現する中間体を経るため，作業者の安全確保と化学物質の外部環境への流出を回避するため高度な封じ込め対応のパイロット設備での製造が必要となる。基本的には化合物は溶液状態で閉鎖系での取り扱いとなり，固体状態での取り扱いはアイソレーター内に限られる。

45 はイミダゾール塩酸塩で緩衝化したフッ化テトラ-*n*-ブチルアンモニウム（TBAF）により 5 つの TBS 基の脱保護と同時に C 9 位水酸基のオキシマイケル付加反応が進行し約 85：15 の選択性で望む立体のテトラヒドロフラン環を形成する。これを *p*-トルエンスルホン酸ピリジニウム（PPTS）処理することにより望む立体異性体のみトリシクロケタール化が進行し，化合物 8 を与える。不要な C 12 位異性体 46 は未反応のままカラムにより除去される。ジオール 8 をコリジン—ピリジン存在下，無水トシル酸により末端の C 35 位水酸基を選択的にトシル化し，そのままアンモニア水処理によりエポキシド経由でアミノ基へと変換し，最後にメシル酸塩化することにより eribulin mesylate の全工程の製造が完結する。

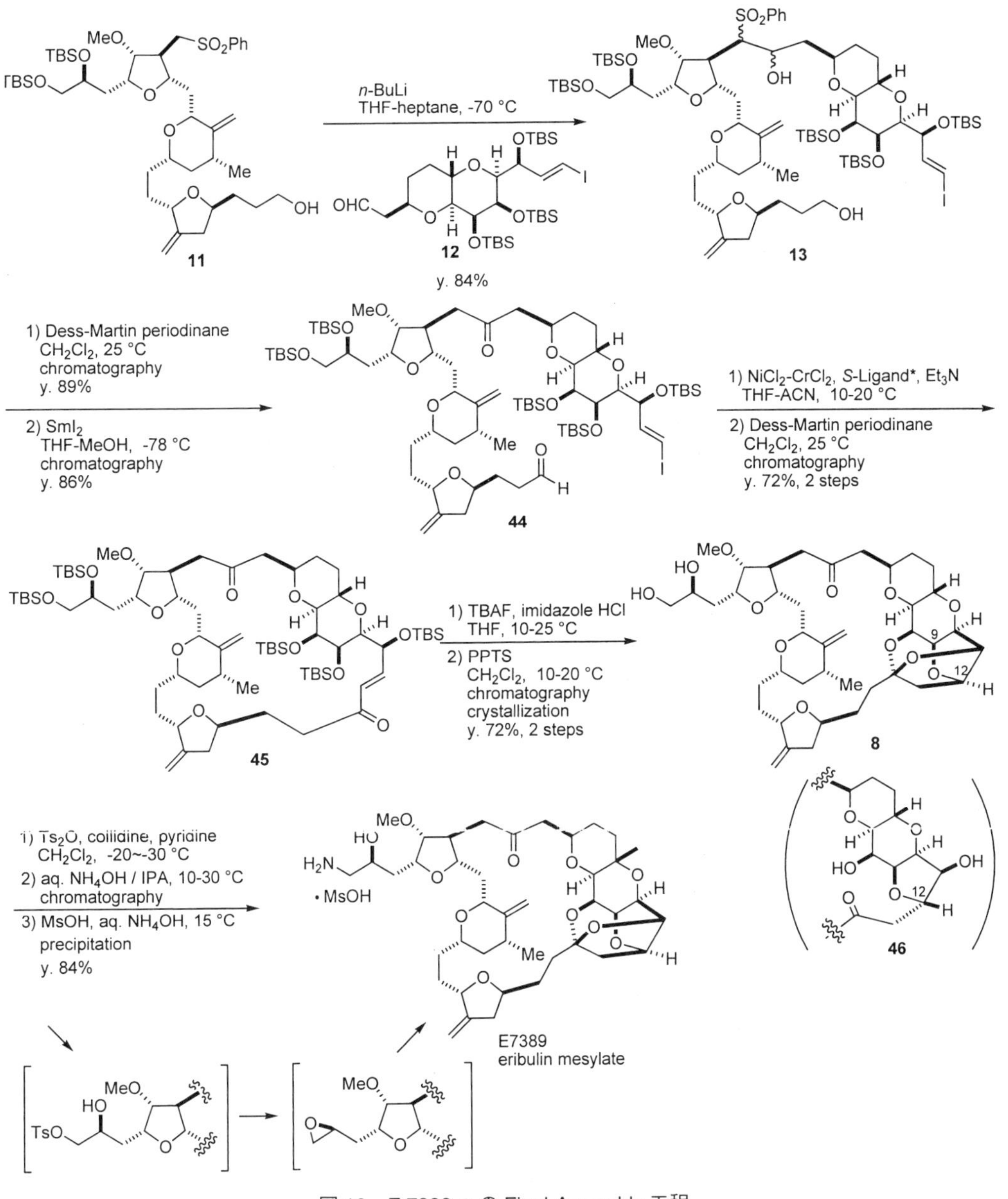

図13　E 7389 への Final Assembly 工程

6　まとめ

E 7389の全合成ルートを図14にまとめた。これまで述べてきたように，4つの出発原料より最終物へ至る60以上にも及ぶ工程は，超低温，禁酸素など繊細で厳密な化学反応，高生理活性

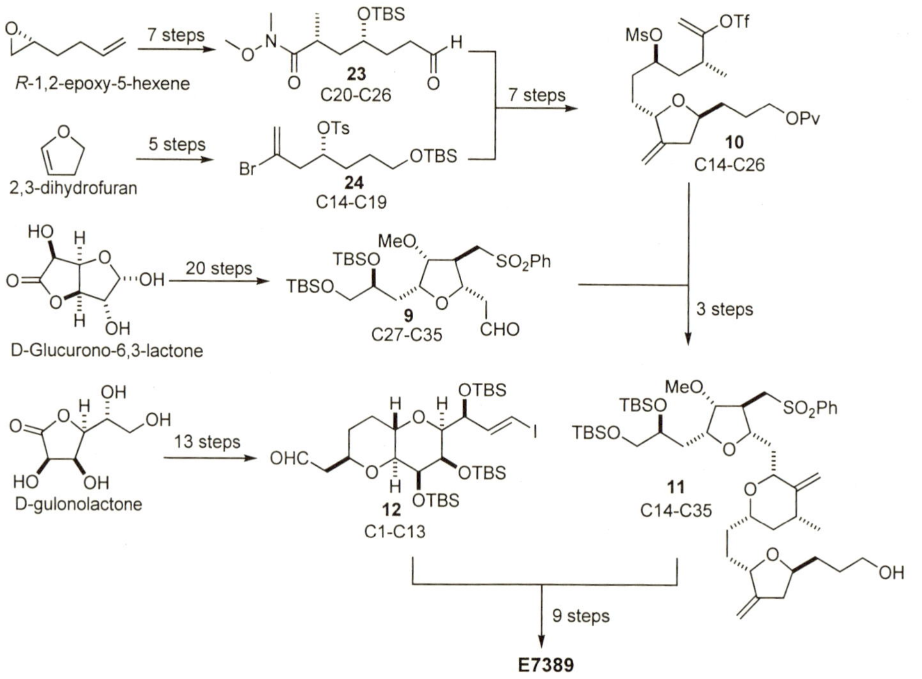

図 14　E 7389 の全合成ルート

物質の取り扱いを含む非常に難易度の高いものである。さらに，治験用の原薬として臨床の現場に供するためには，厳格な GMP（Good Manufacturing Practices）の管理下，ICH（日米欧医薬品規制調和国際会議）のガイドラインを満たす品質で恒常的に供給するとともに，円滑な臨床研究の進行をサポートするためのタイムリーな安定供給が要求される。これらに応えるためには，有機合成の技術のみでなくそれを実現できる設備の設計と導入，シミュレーション，スケールアップ技術，高品質・恒常性を側面から支える分析技術などの融合が必須である。我々は，E 7389 の治験用原薬を恒常的高品質で供給することを可能とする工業的製造プロセスをここに確立した。しかし，HB に比較すれば単純化されたとは言え，E 7389 の化学構造は現在市場にある全合成医薬品のどれよりも複雑で，合成的には依然挑戦的なターゲットであり，今後も有機合成面からのプロセス改良が必要であることは言うまでもない。癌と戦う世界中のより多くの患者様に高品質で十分な量の E 7389 をお届けするためには，さらなる効率性と低コストで供給する必要があり，それを使命として我々の挑戦は今後も続いていくであろう。

7　おわりに

最新の研究より E 7389 は nonproductive なチューブリンの重合を引き起こすことにより微小

管動態を抑制していることが明らかとなった[14)]。これはビンブラスチン，パクリタキセルなど他のチューブリン作用性薬剤とは明白に異なり，前臨床試験におけるユニークな活性プロファイルを裏付けている。臨床試験においても，アントラサイクリン，タキサン抵抗性の進行性・再発性乳癌患者様の臨床第2相試験において良好な有効性を示している。

平田，上村らが初めてハリコンドリンを報告して以来20余年，この複雑な海洋天然物は人工的な科学技術との融合により，より単純な優れた誘導体へと進化を成し遂げた。天然では成し得なかった高純度での安定供給という課題も化学の力で達成されようとしている。その道のりはこれまでも，そして今後も険しく平坦ではないが，世界中の癌患者様の新たな希望を創り出したいと願うエーザイの *hhc*（human health care）理念の下に集う多くの科学者達の情熱と強力なコミットメントにより必ず達成できるものと確信している。

紙面の都合で個々の研究者の氏名を記載することはできないが，本研究は，多くのエーザイ科学者のハードワーク，Harvard大学岸研究室，NCIからの多くの援助により達成できた成果である。この場を借りて心より感謝を表したい。そして，近い将来，このeribulinが抗癌剤として世界中の癌患者様のために貢献できる日が来ることを夢見てここにペンを置きたい。

文　　献

1) Uemura D., Hirata Y., *et al.*, *J. Am. Chem. Soc.*, **107**, 4796（1985）
2) Hirata Y., Uemura D., *Pure Appl. Chem.*, **58**, 701（1986）
3) Fodstad Ø., *et al.*, *J. Exp. Ther. Oncol.*, **1**, 119（1996）
4) Hamel E., *Pharmacol. Ther.*, **55**, 31（1992）
5) a）Kishi Y., *et al.*, *J. Am. Chem. Soc.*, **114**, 3162, 1992；b）Kishi Y., *et al.*, U. S. Patent 5338865；c）Kishi Y., *et al.*, WO 9317690
6) Phillips, A. J. *Angew. Chem. Int. Ed.*, **48**, 2346（2009）
7) a）Yu M. J., *et al.*, *Bioorg. Med. Chem. Lett.*, **10**, 1029, 2000；b）Yu M. J., *et al.*, *Bioorg. Med. Chem. Lett.*, **14**, 5547, 2004；c）Yu M. J., *et al.*, *ibid.*, p. 5551
8) Towle M.J., *et al.*, *Cancer Res.*, **61**, 1013（2001）
9) Fang F. G., *et al.*, WO 2005 118565
10) Kishi Y., *et al.*, *Org Lett.*, **4**, 4431, 2002
11) a）Kishi Y., *et al.*, *Tetrahedron Lett.*, **34**, 7541（1993）；b）Kishi Y., *et al.*, *Tetrahedron Lett.*, **37**, 8643（1996）
12) Kishi Y., *et al.*, *Tetrahedron Lett.*, **37**, 8647（1996）
13) Kishi Y., *et al.*, *Pure Appl. Chem.*, **75**, 1（2003）

14） Jordan M. A., *et al.*, *Mol. Cancer Ther.*, 4, 1086-1095（2005）

天然物全合成の最新動向

2009年11月30日　第１版発行

監　修　北　泰行　(B0907)
発行者　辻　賢司
発行所　株式会社シーエムシー出版
東京都千代田区内神田１-13-１　（豊島屋ビル）
電話 03(3293)2061
大阪市中央区南新町１-２-４　（椿本ビル）
電話 06(4794)8234
http://www.cmcbooks.co.jp/
カバーデザイン　大塚　光

〔印刷　美研プリンティング株式会社〕

定価はカバーに表示してあります。
落丁・乱丁本はお取替えいたします。

ISBN978-4-7813-0164-8 C3043 ¥8000E